注册消防工程师资格考试专用教材

消防安全
技术综合能力

注册消防工程师资格考试命题研究中心　编

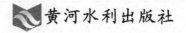

 黄河水利出版社

图书在版编目(CIP)数据

消防安全技术综合能力/注册消防工程师资格考试命题研究中心编. —郑州:黄河水利出版社,2016.3 (2019.8修订重印)

ISBN 978-7-5509-1381-3

Ⅰ.①消… Ⅱ.①注… Ⅲ.①消防-安全技术-工程师-资格考试-教材 Ⅳ.①TU998.1

中国版本图书馆 CIP 数据核字(2016)第 048830 号

策划编辑:刘 晶

出 版 社:黄河水利出版社
地 址:郑州市金水区顺河路黄委会综合楼14层
邮 编:450003
发行单位:黄河水利出版社
发行电话:0371-56623217 66026940
承印单位:辉县市宏大印务有限公司
开 本:787mm×1092mm 1/16
印 张:27
字 数:562千字
版 次:2016年3月第1版
印 次:2019年8月第5次印刷

定 价:60.00元

消防工程师考试考情分析

一、考试介绍

注册消防工程师制度暂行规定所称注册消防工程师,是指经考试取得相应级别注册消防工程师资格证书,并依法注册后,从事消防设施检测、消防安全监测等消防安全技术工作的专业技术人员。

注册消防工程师分为高级注册消防工程师、一级注册消防工程师和二级注册消防工程师。高级注册消防工程师评价办法另行制定。

人力资源社会保障部、公安部共同负责注册消防工程师制度的政策制定,并按照职责分工对该制度的实施进行指导、监督和检查。

各省、自治区、直辖市人力资源社会保障行政主管部门和消防机构,按照职责分工负责本行政区域内注册消防工程师制度的实施与监督管理。

一级注册消防工程师资格实行全国统一大纲、统一命题、统一组织的考试制度。考试原则上每年举行一次。

公安部组织成立注册消防工程师资格考试专家委员会,负责拟定一级和二级注册消防工程师资格考试科目、考试大纲,组织一级注册消防工程师资格考试的命题工作,研究建立并管理考试试题库,提出一级注册消防工程师资格考试合格标准建议。

人力资源社会保障部组织专家审定一级和二级注册消防工程师资格考试科目、考试大纲和一级注册消防工程师资格考试试题,会同公安部确定一级注册消防工程师资格考试合格标准,并对考试工作进行指导、监督和检查。

省、自治区、直辖市人力资源社会保障行政主管部门会同消防机构,按照全国统一的考试大纲和相关规定组织实施二级注册消防工程师资格考试,并研究确定本地区二级注册消防工程师资格考试的合格标准。

一级注册消防工程师资格考试合格,由人力资源社会保障部、公安部委托省、自治区、直辖市人力资源社会保障行政主管部门,颁发人力资源社会保障部统一印制,人力资源社会保障部、公安部共同用印的《中华人民共和国一级注册消防工程师资格证书》。该证书在全国范围内有效。

二级注册消防工程师资格考试合格,由省、自治区、直辖市人力资源社会保障行政主管部门颁发,省级人力资源社会保障行政主管部门和消防机构共同用印的《中华人民共和国二级注册消防工程师资格证书》。该证书在所在行政区域内有效。

二、考试科目

一级注册消防工程师资格考试科目共三科:《消防安全技术实务》、《消防安全技术综合能力》和《消防安全案例分析》。考试时长、题型、分值如下:

一级消防工程师考试题型及分值			
科目	时长	题型	分值
《消防安全技术实务》	2.5 小时	单选题(80 道)、多选题(20 道)	120 分
《消防安全技术综合能力》	2.5 小时	单选题(80 道)、多选题(20 道)	120 分
《消防安全案例分析》	3 小时	主观题(6 道)	120 分

三、考试时间

根据《注册消防工程师制度暂行规定》,一级注册消防工程师资格考试由人力资源社会保障部人事考试中心统一组织实施,实行全国统一大纲、统一命题、统一组织的考试制度,每年人力资源社会保障部会下发考试计划,人事考试中心会公布具体考试时间。一级注册消防工程师资格考试定于每年第四季度进行。二级注册消防工程师资格考试由省级人社部门和消防机构按照全国统一的考试大纲和相关规定组织实施,每年考试时间由各省人事考试中心确定。

一级注册消防工程师资格考试成绩实行滚动管理方式。参加全部 3 个科目(级别为考全科)考试的人员必须在连续 3 个考试年度内通过全部考试科目,参加 2 个科目(级别为免 1 科)考试的人员必须在连续 2 个考试年度内通过应试科目,方能获得资格证书。

二级注册消防工程师资格考试由省级人社部门和消防机构共同组织实施,在本省内考试。

四、考试报名时间和报考方式

按国家统考资格考试惯例,各省区市人事考试中心将发布《考试公告》,公告内容会明确:考试名称、考试科目设置、考试时间及报名日期、地点、报考条件等。一级注册消防工程师资格考试实行"网上报名＋现场审核"的形式确定考生是否符合报考条件。人社部公布考试通知后,会在中国人事考试网(www.cpta.com.cn)或省人事考试网开放报名窗口。

二级注册消防工程师资格考试报名方式和报考条件等问题请查阅各省人事考试中心网站公布的报考文件或咨询当地公安消防部门。

五、就业前景

近年来,我国的消防工作取得了长足的发展,但重特大火灾仍时有发生,这暴露出我国消防工作社会化程度、管理水平与消防安全保障能力尚有待进一步优化、完善,而究其最根本的原因,体现于行业人才队伍的建设与规范——市场缺乏专业的社会化消防技术服务及消防专业技术服务人才。据有关部门统计,目前,我国从事消防专业技术的人员约为20万。长期缺乏有效的规范管理,职业素质良莠不齐,同时,由于职业制度的不规范,社会缺乏对从业人员的正确认知与有效评价,这些均极大地制约了社会消防技术人才队伍的建设和发展,也影响了社会消防管理水平的提高,行业对高素质、专业化、职业化消防专业技术人才的需求迫切。

所以考取注册消防工程师资格证书将有以下就业前景:(1)市场需求大。(2)就业指数高。(3)薪资待遇高。(4)证书含金量高。

六、复习指南

1.把握重点、先易后难、抓大放小

教材较厚,知识点较多,考点覆盖面大,所以复习时通过真题,把书变薄,在第一时间找到重点章节和各章节的复习重点,即"考点"。学习备考的全部核心内容就是:始终遵循"先易后难、抓大放小"的原则。先学分数多的章节,后学分数少的章节。对重要的点,要全盘掌握,逐字逐句理解吃透,融会贯通,灵活应用。而在此范围外的点,则大可以一眼带过。这样一来,负担一下少了很多。消防设施部分技术实务重点是设计规范,综合能力重点是施工验收及维护保养规

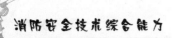

范,案例是综合应用。

2. 掌握记忆技巧,避免重复工作

消防规范多,教材厚,需要记忆的量也非常大,没有合适的记忆方法,往往是记住后过几天又忘了,还得再重新翻看记忆。找到合适的记忆方法,避免重复的工作。

理解记忆。只有深刻理解了的知识才能牢固地记住它。对于消防设施的组成,工作原理,各部件的作用、要求等,不要采取逐字逐句强记硬背的方式,而是首先理解其基本涵义,通过思维进行分析综合,把握各部分的特点和内在的逻辑联系,使之纳入已有的知识结构,以便保持在记忆中。对于理解的东西,往往也还需要多次重复才能记住。

图表记忆。有的人理解了某个学习内容,就以为学习过程已经结束,没有有意识地要求自己记住它们,不再通过重复来加深印象,那么,是不可能把学习内容完全、准确地记住的。消防教材的知识点非常散,把各种类似、相同、对立的这些点用表格、图表汇总在一起,对比记忆,效率比单独记忆会提升不少,最重要的一点是,不容易记混。在复习过程中,用总结归纳出来的图表进行加深记忆要比机械式的记忆更容易牢记,而且不易记混。

3. 熟记规范,补充知识

消防考试专业性强,技术性强,注重实操,而且考试题较灵活,并且内容不局限于教材,所以消防规范一定要学,其中又以《建规》《水规》《火规》《自喷规》《灭火器规范》为重点掌握对象,《建规》和《水规》建议配合相应的图集加深理解。同样规范也需要每隔一段时间拿出来重新阅读记忆。这样会让后面的冲刺很轻松。

4. 多练习,会答题

消防考试题目是灵活的,这就需要我们考前多练习、多模拟。可以在复习的时候把往年的真题认真做做,熟悉题型、题量、难度和考查方向,这样在进行复习的时候就有了侧重点。然后选择一定深度和成套模拟题,按考试时间要求来进行模拟考试,每做完一套题,认真分析错题,做到举一反三。

前言 *Foreword*

《社会消防技术服务管理规定》(公安部令第 129 号)明确规定:消防技术服务机构应当设立技术负责人,对本机构的消防技术服务实施质量监督管理,对出具的书面结论文件进行技术审核。技术负责人应当具备注册消防工程师资格,一级资质、二级资质的消防技术服务机构的技术负责人应当具备一级注册消防工程师资格。国家重点防火单位必须具备有注册消防工程师执业资格证书的人员及岗位。由此可见,未来注册消防工程师的需求数量将迅速增长,参加注册消防工程师资格考试的人也会越来越多,竞争将趋激烈。

为适应注册消防工程师资格考试的需要,方便应试人员复习备考,帮助考生尽量用较短的时间得到更高效率的复习质量,我们研究中心根据考试大纲编写了本套教材。本套教材具有以下特点:

☆紧跟步伐,全新编著

本书在编写过程中,紧跟考试步伐和消防相关法律法规,极具时效性,以奋斗在一线的消防技术人员为顾问,邀请有着丰富教学经验的消防专家为考生编写本书。没有最好,我们努力做到更好!

☆栏目清晰,层次合理

以真题为参照,我们把握知识脉络,把教材内容进行整合,帮考生把厚书读

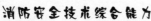
薄,析取重点。《消防安全技术实务》和《消防安全技术综合能力》设有"考纲导读""知识框架""考点梳理""考点精讲""通关练习"等板块,《消防安全案例分析》设有"考纲导读""思路分析"等板块,让考生可以轻松掌握重点内容,复习更有针对性。

消防是紧跟社会发展的一门学科。科技在进步,规范跟着变化,对消防的要求也在不断地更新和进步,问题的解决具有复杂性和综合性,所以难免有不足之处。我们真诚地欢迎更多的考生分享自己的学习方法和心得。

预祝广大考生顺利通过考试。

本书编写组

目录 Contents

第三部分 消防设施安装、检测与维护管理

第五部分　消防安全管理

第一部分 消防法律法规与职业道德

考纲导读

1. 消防法及相关法律法规

根据《消防法》《行政处罚法》和《刑法》等法律以及《机关、团体、企业、事业单位消防安全管理规定》和《社会消防技术服务管理规定》等行政规章的有关规定,分析、判断建设工程活动和消防产品使用以及其他消防安全管理过程中存在的消防违法行为及其相应的法律责任。

了解与消防工作密切相关的法律、规章和规范性文件的基本内容,熟悉《中华人民共和国消防法》中的有关规定,掌握消防工作方针和基本原则的要求,熟悉注册消防工程师的权利、义务与执业范围,明确单位消防安全责任。

2. 注册消防工程师执业资格规定

根据《消防法》《社会消防技术服务管理规定》和《注册消防工程师制度暂行规定》,确认注册消防工程师执业活动的合法性和注册消防工程师履行义务的情况,确认规范注册消防工程师执业行为和职业道德修养的基本原则和方法,分析、判断注册消防工程师执业行为的法律责任。

3. 注册消防工程师职业道德

熟悉注册消防工程师职业道德修养的主要内容,掌握注册消防工程师职业道德的基本原则和基本规范,了解注册消防工程师的执业范围、享有的权利和应尽的义务。

根据相关法律和规范性文件,辨识和分析注册消防工程师执业行为的合法性,提出规范执业行为、加强职业道德修养的方法。

第一章　消防法及相关法律法规

知识框架

中华人民共和国消防法
- 关于消防工作的方针、原则和责任制
- 关于单位的消防安全责任
- 关于公民在消防工作中的权利和义务
- 关于建设工程消防设计审查、消防验收和备案抽查制度
- 关于公众聚集场所投入使用、营业前的消防安全检查
- 关于举办大型群众性活动的消防安全要求
- 关于消防产品监督管理
- 关于消防技术服务机构和执业人员
- 关于法律责任的规定

消防法及相关法律法规

相关法律
- 中华人民共和国城乡规划法
- 中华人民共和国建筑法
- 中华人民共和国产品质量法
- 中华人民共和国安全生产法
- 中华人民共和国行政处罚法
- 中华人民共和国行政许可法
- 中华人民共和国刑法

部门规章
- 公共娱乐场所消防安全管理规定
- 机关、团体、企业、事业单位消防安全管理规定
- 社会消防安全教育培训规定
- 消防监督检查规定
- 火灾事故调查规定
- 消防产品监督管理规定
- 注册消防工程师管理规定
- 专业技术人员资格考试违纪违规行为处理规定

消防法及相关法律法规	规范性文件	《人力资源社会保障部、公安部关于印发〈注册消防工程师制度暂行规定和注册消防工程师资格考试实施办法及注册消防工程师资格考核认定办法〉的通知》
		《公安部消防局关于印发〈注册消防工程师继续教育实施办法〉的通知》
		《劳动部、人事部关于颁发〈职业资格证书规定〉的通知》
		《人事部关于印发〈职业资格证书制度暂行办法〉的通知》

考点梳理

1. 消防工作方针和原则。

2. 单位的消防安全责任。

3. 注册消防工程师的执业范围。

4. 注册消防工程师考试科目的设置。

考点精讲

第一节　中华人民共和国消防法

一、关于消防工作的方针、原则和责任制

消防工作贯彻预防为主、防消结合的方针,按照政府统一领导、部门依法监管、单位全面负责、公民积极参与的原则,实行消防安全责任制,建立健全社会化的消防工作网络。

二、关于单位的消防安全责任

《消防法》关于单位的消防安全责任的规定主要有:

(1)在总则中规定,任何单位都有维护消防安全、保护消防设施、预防火灾、报告火警的义务;任何单位都有参加有组织的灭火工作的义务;机关、团体、企业、事业等单位应当加强对本单位人员的消防宣传教育。

(2)规定了单位消防安全职责:

①落实消防安全责任制,制定本单位的消防安全制度、消防安全操作规程,制定灭火和应急疏散预案;

②按照国家标准、行业标准配置消防设施、器材,设置消防安全标志,并定期组织检验、

维修,确保完好有效;

③对建筑消防设施每年至少进行一次全面检测,确保完好有效,检测记录应当完整准确,存档备查;

④保障疏散通道、安全出口、消防车通道畅通,保证防火防烟分区、防火间距符合消防技术标准;

⑤组织防火检查,及时消除火灾隐患;

⑥组织进行有针对性的消防演练;

⑦法律、法规规定的其他消防安全职责。

(3)规定消防安全重点单位除履行单位消防安全职责外,还应当履行下列特殊的消防安全职责:

①确定消防安全管理人,组织实施本单位的消防安全管理工作;

②建立消防档案,确定消防安全重点部位,设置防火标志,实行严格管理;

③实行每日防火巡查,并建立巡查记录;

④对职工进行岗前消防安全培训,定期组织消防安全培训和消防演练。

(4)规定同一建筑物由两个以上单位管理或者使用的,应当明确各方的消防安全责任,并确定责任人对共用的疏散通道、安全出口、建筑消防设施和消防车通道进行统一管理。

(5)规定任何单位不得损坏、挪用或者擅自拆除、停用消防设施、器材,不得埋压、圈占、遮挡消火栓或者占用防火间距,不得占用、堵塞、封闭疏散通道、安全出口、消防车通道。

(6)规定任何单位都应当无偿为报警提供便利,不得阻拦报警,严禁谎报火警;发生火灾,必须立即组织力量扑救,邻近单位应当给予支援。

(7)被责令停止施工、停止使用、停产停业的,应当在整改后向公安机关消防救援机构报告,经公安机关消防救援机构检查合格,方可恢复施工、使用、生产、经营。

任何单位都有权对住房和城乡建设主管部门、消防救援机构及其工作人员在执法中的违法行为进行检举、控告。收到检举、控告的机关,应当按照职责及时查处。

三、关于公民在消防工作中的权利和义务

(1)任何人都有维护消防安全、保护消防设施、预防火灾、报告火警的义务;任何成年人都有参加有组织的灭火工作的义务。

(2)任何单位、个人不得损坏、挪用或者擅自拆除、停用消防设施、器材,不得埋压、圈占、遮挡消火栓或者占用防火间距,不得占用、堵塞、封闭疏散通道、安全出口、消防车通道。

(3)任何人发现火灾都应当立即报警;任何人都应当无偿为报警提供便利,不得阻拦报警;严禁谎报火警。

(4)火灾扑灭后,发生火灾的单位和相关人员应当按照消防救援机构的要求保护现场,接受事故调查,如实提供与火灾有关的情况。

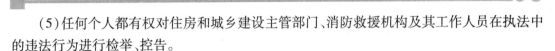

(5)任何个人都有权对住房和城乡建设主管部门、消防救援机构及其工作人员在执法中的违法行为进行检举、控告。

四、关于建设工程消防设计审查、消防验收和备案抽查制度

(1)对按照国家工程建设消防技术标准需要进行消防设计的建设工程,实行建设工程消防设计审查验收制度。

(2)国务院住房和城乡建设主管部门规定的特殊建设工程,建设单位应当将消防设计文件报送住房和城乡建设主管部门审查,住房和城乡建设主管部门依法对审查的结果负责。前款规定以外的其他建设工程,建设单位申请领取施工许可证或者申请批准开工报告时应当提供满足施工需要的消防设计图纸及技术资料。

(3)特殊建设工程未经消防设计审查或者审查不合格的,建设单位、施工单位不得施工;其他建设工程,建设单位未提供满足施工需要的消防设计图纸及技术资料的,有关部门不得发放施工许可证或者批准开工报告。

(4)国务院住房和城乡建设主管部门规定应当申请消防验收的建设工程竣工,建设单位应当向住房和城乡建设主管部门申请消防验收。前款规定以外的其他建设工程,建设单位在验收后应当报住房和城乡建设主管部门备案,住房和城乡建设主管部门应当进行抽查。依法应当进行消防验收的建设工程,未经消防验收或者消防验收不合格的,禁止投入使用;其他建设工程经依法抽查不合格的,应当停止使用。

(5)建设工程消防设计审查、消防验收、备案和抽查的具体办法,由国务院住房和城乡建设主管部门规定。

五、关于公众聚集场所投入使用、营业前的消防安全检查

(1)公众聚集场所在投入使用、营业前,建设单位或者使用单位应当向场所所在地的县级以上地方人民政府消防救援机构申请消防安全检查。

(2)消防救援机构应当自受理申请之日起10个工作日内,根据消防技术标准和管理规定,对该场所进行消防安全检查。

(3)对公众聚集场所未经消防安全检查或者经检查不符合消防安全要求的,不得投入使用、营业。

六、关于举办大型群众性活动的消防安全要求

规定举办大型群众性活动时,承办人应当依法向公安机关申请安全许可,制定灭火和应急疏散预案并组织演练,明确消防安全责任分工,确定消防安全管理人员,保持消防设施和消防器材配置齐全、完好有效,保证疏散通道、安全出口、疏散指示标志、应急照明和消防车通道符合消防技术标准和管理规定。

七、关于消防产品监督管理

（1）明确了对消防产品的基本要求，规定消防产品必须符合国家标准；没有国家标准的，必须符合行业标准。禁止生产、销售或者使用不合格的消防产品以及国家明令淘汰的消防产品。

（2）明确了消防产品强制认证制度，规定依法实行强制性产品认证的消防产品，由具有法定资质的认证机构按照国家标准、行业标准的强制性要求认证合格后，方可生产、销售、使用。新研制的尚未制定国家标准、行业标准的消防产品，应当按照国务院产品质量监督部门会同国务院应急管理部门规定的办法，经技术鉴定符合消防安全要求的，方可投入生产、销售和使用。

（3）明确了消防产品的监督管理主体，规定产品质量监督部门、工商行政管理部门、消防救援机构应当按照各自职责加强对消防产品质量的监督检查，并依法进行处罚。

《消防法》还规定了消防产品监督管理中的产品质量监督部门、工商行政管理部门、消防救援机构等部门的协作制度。

八、关于消防技术服务机构和执业人员

消防产品质量认证、消防设施检测、消防安全监测等消防技术服务机构和执业人员，应当依法获得相应的资质、资格；依照法律、行政法规、国家标准、行业标准和执业准则，接受委托提供消防技术服务，并对服务质量负责。

九、关于法律责任的规定

《消防法》强化了法律责任追究，共设有警告、罚款、拘留、责令停产停业（停止施工、停止使用）、没收违法所得、责令停止执业（吊销相应资质、资格）6 类行政处罚。例如，依法应当进行消防设计审查的建设工程，未经依法审查或者审查不合格，擅自施工的，由住房和城乡建设主管部门、消防救援机构按照各自职权责令停止施工、停止使用或者停产停业，并处 3 万元以上 30 万元以下罚款。建筑设计单位不按照消防技术标准强制性要求进行消防设计的，由住房和城乡建设主管部门责令改正或者停止施工，并处 1 万元以上 10 万元以下罚款。消防产品质量认证、消防设施检测等消防技术服务机构出具虚假文件的，责令改正，处 5 万元以上 10 万元以下罚款，并对直接负责的主管人员和其他直接责任人员处 1 万元以上 5 万元以下罚款；有违法所得的，并处没收违法所得；给他人造成损失的，依法承担赔偿责任；情节严重的，由原许可机关依法责令停止执业或者吊销相应资质、资格。消防技术服务机构出具失实文件，给他人造成损失的，依法承担赔偿责任；造成重大损失的，由原许可机关依法责令停止执业或者吊销相应资质、资格。

第二节　相关法律

一、中华人民共和国城乡规划法

(一)适用范围

《城乡规划法》所称的城乡规划,指由城镇体系规划、城市规划、镇规划、乡规划和村庄规划组成的一个规划体系,调整的是城市、镇、乡、村庄等居民点以及居民点之间的相互关系,不是覆盖全部国土面积的规划。

(二)城乡规划与其他规划的关系

城乡规划是一项全局性、综合性、战略性很强的工作,它与国民经济和社会发展规划、土地利用总体规划密切相关,只有与这些综合性规划相互衔接、相互协调,才能充分发挥其功能和作用。因此,城市总体规划、镇总体规划以及乡规划和村庄规划的编制,应当依据国民经济和社会发展规划,并与土地利用总体规划相衔接。在规划区内进行建设活动,应当遵守土地管理、自然资源和环境保护等法律、法规的规定。

(三)城乡规划的制定

明确规划制定和实施的原则;明确规划编制的主体和审批程序;明确了规划制定的程序;增加规划的透明度。

(四)城乡规划的实施

(1)要求各级地方人民政府有计划、分步骤地实施当地的总体规划,并根据当地的总体规划,制定近期建设规划。

(2)控制频繁修改城乡规划。

(3)明确规划修改的审批程序。

(4)强调规划许可证的法律效力。

(5)强化监督检查措施。

(五)法律责任

《城乡规划法》设专章规定了城乡规划与建设的各类违法行为的法律责任,特别强调了对不同类型违法建设行为的责任追究,明确对无法采取改正措施消除影响的违法建筑予以拆除,不能拆除的,没收实物或者违法收入,可以并处罚款,加大了对恶意违法建设的查处力度。

二、中华人民共和国建筑法

(一)适用范围

《建筑法》重点规范各类房屋建筑及其附属设施的建造和与其配套的线路、管道、设备的

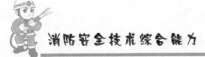

安装活动。

（二）建筑许可

建筑许可包括建筑工程施工许可以及对从业资格的规定。建筑工程开工前，建设单位应当按照国家有关规定向工程所在地县级以上人民政府建设主管部门申请领取施工许可证。但并非所有的建筑工程都需要申领施工许可证，该法授权国务院建设主管部门根据实际情况确定一个限额，限额以下小型工程不需要申领施工许可证。此外，按照国务院规定的权限和程序批准开工报告的建筑工程，不再领取施工许可证。需要注意的是，任何单位和个人不得将应当申领施工许可证的工程分解为若干限额以下的工程以规避申领施工许可证。招标工程应以招标的标的为申请办理施工许可证的最小单位，非招标工程以立项批准文件中批准投资和规模作为办理施工许可证的最小单位。第二章第十二条至第十四条对建筑业企业从业资格作出规定，明确从事建筑活动的建筑施工企业、勘察企业、设计企业、工程监理单位及其专业技术人员，包括建筑师、勘察设计工程师、监理工程师等，必须拥有相应的资质或者从业资格，并在相应的资质等级许可范围内从事建筑活动。

（三）建筑工程发包与承包

建筑工程发包与承包，应当遵循"公开、公正、平等竞争"的原则，按照招标投标的法定程序，采取招标发包和直接发包的方式，择优确定承包单位。同时，还就建筑工程发包、总包、承包单位采购权、联合体承包建筑工程以及总承包单位与分包单位就分包工程对建设单位承担连带责任等做了明确的法律规定。

（四）建筑工程监理制度

工程监理单位须在其资质等级许可的监理范围内，承担工程监理业务。工程监理单位与被监理工程的承包单位以及建筑材料、建筑构配件和设备供应单位不得有隶属关系或者其他利害关系。对工程监理单位不得转让工程监理业务，也做了明确的规定。

（五）建筑安全生产管理及建筑工程质量管理

强调建筑工程安全生产管理必须坚持"安全第一、预防为主"的方针，并对工程设计、施工安全等内容作出规定。对影响建筑工程质量的勘察、设计和施工单位提出了具体要求。

（六）法律责任

法律责任，是指行为人由于违法行为、违约行为或者由于法律规定而应承受的某种不利的法律后果。法律规定，若责任人是多数人的，则根据各责任人之间的共同关系，可将共同责任分为按份责任、连带责任。对权利人而言，连带责任相比按份责任能更充分、更便利也更有效地保护权利人的利益。

三、中华人民共和国产品质量法

为了加强对产品质量的监督管理，提高产品质量水平，明确产品质量责任，保护消费者的合法权益，维护社会经济秩序，制定了《中华人民共和国产品质量法》，以下简称《产品质量法》。

（一）调整范围

《产品质量法》所称产品是指经过加工、制作，用于销售的产品。建设工程不适用本法规定，但是用于建设工程的建筑材料、构配件、设备，如果作为一个独立的产品而被使用的，则应属于产品质量法的调整范围。另外，服务业中从事经营性服务所使用的材料和零配件，将其视同销售，纳入产品质量法的调整范围。

（二）产品质量的监督

《产品质量法》明确提出了对产品质量都应经检验合格的要求，并以法律形式确立了国家对产品质量实施监督的基本制度，主要包括：

（1）对涉及保障人体健康和人身、财产安全的产品实行严格的强制监督管理的制度。

（2）产品质量监督部门依法对产品质量实行监督抽查并对抽查结果进行公告的制度。

（3）推行企业质量体系认证和产品质量认证的制度。

（4）产品质量监督部门和工商行政管理部门对涉嫌在产品生产、销售活动中从事违反本法的行为可以依法实行强制检查和采取必要的查封、扣押等强制措施的制度等。

（三）产品质量责任制度

《产品质量法》以生产者的产品质量责任和义务以及销售者的产品质量责任和义务构成产品质量责任制度，主要内容有：

（1）生产者、销售者是产品质量责任的承担者，是产品质量的责任主体。

（2）生产者应当对其生产的产品质量负责，产品存在缺陷造成损害的，生产者应当承担赔偿责任。

（3）由于销售者的过错使产品存在缺陷，造成危害的，销售者应当承担赔偿责任。

（4）因产品缺陷造成损害的，受害人可以向生产者要求赔偿，也可以向销售者要求赔偿。

（5）产品质量有瑕疵的，生产者、销售者负瑕疵担保责任，采取修理、更换、退货等补救措施；给购买者造成损失的，承担赔偿责任。

（6）产品质量应当是不存在危及人身、财产安全的不合理的危险，具备产品应当具备的使用性能，符合在产品或者其包装上注明采用的产品标准，符合以产品说明、实物样品等方式表明的质量状况。

（7）禁止生产、销售不符合保障人体健康和人身、财产安全的标准和要求的工业产品。

（8）产品质量应当检验合格，不得以不合格产品冒充合格产品。

（四）消费者权益保护

《产品质量法》从4个方面为消费者合法权益提供了保证：

（1）明确了消费者的社会监督权利。消费者有权对产品质量问题进行查询、申诉。

（2）经销者必须对消费者购买的产品质量负责。消费者发现产品质量有问题，有权要求销售者对出售的产品进行修理、更换、退货。

（3）消费者因产品质量问题受到人身伤害、财产损失后，有权向生产者或销售者的任何一方提出赔偿要求。享有诉讼的选择权利和获得及时、合理的损害赔偿的要求。

（4）发生产品质量民事纠纷后，消费者可以选择协商、调解、协议仲裁或者起诉等各种渠道解决。

（五）法律责任

处罚的重点主要是生产、销售不符合保障人体健康和人身、财产安全的国家标准、行业标准的产品的行为，制假售假行为，以及其他违法产品的生产、销售行为。

处罚的手段多样，如警告，罚款，责令停止生产、销售，没收违法所得，没收非法财物，吊销执照，撤销资格，行政处分，追究民事责任、刑事责任；处罚的方式更有可操作性，如罚款，采用计算货值这种易于计算罚款的基数，并包含了加重处罚。

处罚的对象范围宽泛，不仅有产品生产者、销售者，而且还有产品质量中介机构、产品质量的监督者、国家机关工作人员，以及参与质量违法活动的运输、保管、仓储、制假技术的提供者。

四、中华人民共和国安全生产法

（一）调整范围

《安全生产法》第二条规定了其调整范围："在中华人民共和国领域内从事生产经营活动的单位（以下统称生产经营单位）的安全生产，适用本法；有关法律、行政法规对消防安全和道路交通安全、铁路交通安全、水上交通安全、民用航空安全以及核与辐射安全、特种设备安全另有规定的，适用其规定。"这确定了《安全生产法》的安全生产基本法的地位，也说明了与其他相关法律、法规的关系。

（二）安全生产工作方针和工作机制

强化生产经营单位的主体责任，建立了安全生产的新的工作机制，规定安全生产工作应当以人为本，坚持安全发展，坚持安全第一、预防为主、综合治理的方针，强化和落实生产经营单位的主体责任，建立生产经营单位负责、职工参与、政府监督、行业自律和社会监督机制。

（三）生产经营单位的安全生产保障

生产经营单位的安全生产条件；生产经营单位的主要负责人的安全生产职责；安全生产责任制的建立和落实；安全生产资金投入；安全生产管理机构和安全生产管理人员的设置和配备以及相关职责；安全生产教育培训和资格要求；安全设施的"三同时"原则和安全评价；安全设施设计、施工验收和监督核查；安全设备管理；特种设备以及危险物品的容器、运输工具的特殊管理；对严重危及生产安全的工艺、设备的淘汰制度；危险物品及废弃危险物品监管；重大危险源管理；生产经营场所和宿舍安全管理；危险作业现场的安全管理；安全检查和报告义务；生产经营单位发包或者出租的情况下的安全生产责任；生产安全事故的处理；工伤保险和安全生产责任险等。

(四)从业人员的权利和义务

(1)从业人员与生产经营单位订立的劳动合同应当载明与从业人员劳动安全有关的事项,以及生产经营单位不得以协议免除或者减轻安全事故伤亡责任。

(2)从业人员有权了解其作业场所和工作岗位存在的危险因素、防范措施及事故应急措施,有权对本单位的安全生产工作提出建议。

(3)从业人员有权对本单位存在的安全问题提出批评、检举、控告,有权拒绝违章指挥和强令冒险作业。

(4)从业人员有权在发现直接危及人身安全的紧急情况时停止作业或者在采取可能的应急措施后撤离作业场所,生产经营单位不得因从业人员采取上述措施而降低其工资、福利等待遇或者解除与其订立的劳动合同。

(5)因生产安全事故受到损害的从业人员享有有关赔偿的权利。规定从业人员权利的同时,也要求从业人员必须遵守安全生产法律法规以及规章制度,照章操作;接受安全生产培训;对事故隐患或者不安全因素进行报告等义务。

(6)生产经营单位使用被派遣劳动者的,被派遣劳动者享有《安全生产法》规定的从业人员的权利,履行从业人员的义务。

(五)安全生产的监督管理

主要包括政府及安全生产监督管理部门的职责、安全生产事项的审批、政府监管要求、监督检查的实施、安全生产举报制度、安全生产舆论监督、建立安全生产违法信息库等。

(六)生产安全事故的应急救援与调查处理

国家加强生产安全事故应急救援能力建设和建立统一的生产安全事故应急救援信息系统;县级以上人民政府应当制定生产安全事故应急救援预案,建立救援体系。生产经营单位生产安全事故应急预案制定、演练及应急救援义务;安全监督管理部门的事故报告义务;事故抢救、调查和处理;行政部门失职、渎职法律责任;事故定期统计分析和定期公布等。

五、中华人民共和国行政处罚法

(一)行政处罚的概念和种类

行政处罚是指国家行政机关和法律、法规授权组织依照有关法律、法规和规章,对公民、法人或者其他组织违反行政管理秩序的行为所实施的行政惩戒。对实施处罚的主体来说,行政处罚是一种制裁性行政行为,对承受处罚的主体来说,行政处罚是一种惩罚性的行政法律责任。

规定的行政处罚种类有警告、罚款、没收违法所得、没收非法财物、责令停产停业、暂扣或者吊销许可证、暂扣或者吊销执照、行政拘留、法律、行政法规规定的其他行政处罚。

(二)行政处罚的设定权

《行政处罚法》对行政处罚种类严格加以限制的同时,又对法律、行政法规、地方性法规、部门规章、政府规章各自的行政处罚设定权予以明确的规定。除此之外,任何规范性文件不得设定行政处罚。

（三）行政处罚的原则

处罚法定原则;处罚公正、公开原则;处罚与教育相结合原则;权利保障原则;一事不再罚原则。

（四）行政处罚的程序

行政处罚的程序分为一般程序、简易程序两大类,分别适用于不同条件的行政处罚行为。一般程序由受案、调查取证、告知、听取申辩和质证、决定等阶段构成。简易程序适用于违法事实确凿并有法定依据,当场作出的对公民处以警告或较少罚款的行政处罚。听证程序作为一般程序中可能经历的一个阶段,因其程序要求的特殊性,《行政处罚法》单节作出了具体规定,这种程序只适用于行政机关作出责令停产停业、吊销许可证或者执照、较大数额罚款等行政处罚。

（五）违法处罚的法律责任

《行政处罚法》规定,对违法实施行政处罚的人员追究法律责任。根据其行为的性质和程度,构成犯罪的,对直接负责的主管人员或其他直接责任人员追究刑事责任;不构成犯罪的,给予行政处分。

六、中华人民共和国行政许可法

（一）行政许可概念

行政许可是指行政机关根据公民、法人或者其他组织的申请,经依法审查准予其从事特定活动的行为。有关行政机关对其他机关或者对其直接管理的事业单位的人事、财物、外事等事项的审批,不属于行政许可。

（二）基本原则

合法原则;公开、公平、公正原则;便民原则;救济原则;信赖保护原则;监督原则。

（三）行政许可的设定

《行政许可法》第十二条规定了6类可以设定行政许可的事项:直接涉及国家安全、公共安全、经济宏观调控、生态环境保护以及直接关系人身健康、生命财产安全等特定活动,需要按照法定条件予以批准的事项;有限自然资源开发利用、公共资源配置以及直接关系公共利益的特定行业的市场准入等,需要赋予特定权利的事项;提供公众服务并且直接关系公共利益的职业、行业,需要确定具备特殊信誉、特殊条件或者特殊技能等资格、资质的事项;直接关系公共安全、人身健康、生命财产安全的重要设备、设施、产品、物品,需要按照技术标准、技术规范,通过检验、检测、检疫等方式进行审定的事项;企业或者其他组织的设立等,需要确定主体资格的事项;法律、行政法规规定可以设定行政许可的其他事项。

（四）行政许可的撤销

被许可人以欺骗、贿赂等不正当手段取得行政许可的,行政机关应当予以撤销。行政机关工作人员滥用职权、玩忽职守,违法作出行政许可决定的,有关行政机关根据利害关系人的请求或者依据职权,可以撤销行政许可。但可能对公共利益造成重大损害的,不予撤销。

(五)行政审批不得收取任何费用

行政机关实施行政许可和对行政许可事项进行监督检查,不得收取任何费用。但是,法律、行政法规另有规定的,依照其规定。

(六)法律责任

(1)行政机关及其工作人员的法律责任。针对该许可不许可、不该许可乱许可以及不依法履行监督责任或者监督不力等违法犯罪行为,对行政机关直接负责主管人员和其他直接责任人员依法追究刑事、行政和民事责任。

(2)以不正当手段获取行政许可的行政相对人将受惩处。主要包括:①行政许可申请人隐瞒有关情况或提供虚假材料申请行政许可的违法行为;②被许可人以欺骗、贿赂等不正当手段取得行政许可的违法犯罪行为;③被许可人违法从事行政许可,涂改、转让、倒卖、出租和出借行政许可证件或者非法转让行政许可的违法犯罪行为;④被许可人违法从事行政许可,超越行政许可范围进行活动的违法犯罪行为;⑤向监督检查机关隐瞒有关情况,提供虚假材料或者拒绝提供真实材料的违法犯罪行为;⑥被许可人未经行政许可,擅自从事行政许可活动的违法犯罪行为。针对这些违法犯罪行为,对被许可人依法追究刑事、行政和民事责任。

七、中华人民共和国刑法

(一)失火罪

失火罪指由于行为人的过失引起火灾,造成严重后果,危害公共安全的行为。

1.立案标准

《最高人民检察院、公安部关于公安机关管辖的刑事案件立案追诉标准的规定(一)》[以下简称《规定(一)》]第一条规定,过失引起火灾,涉嫌下列情形之一的,应予以立案追诉:

(1)导致死亡1人以上,或者重伤3人以上的。

(2)导致公共财产或者他人财产直接经济损失50万元以上的。

(3)造成10户以上家庭的房屋以及其他基本生活资料烧毁的。

(4)造成森林火灾,过火有林地面积2公顷以上或者过火疏林地、灌木林地、未成林地、苗圃地面积4公顷以上的。

(5)其他造成严重后果的情形。

2.刑罚

《刑法》第一百一十五条第二款规定,犯失火罪的,处3年以上7年以下有期徒刑;情节较轻的,处3年以下有期徒刑或者拘役。

(二)消防责任事故罪

消防责任事故罪指违反消防管理法规,经消防监督机构通知采取改正措施而拒绝执行,造成严重后果,危害公共安全的行为。

1.立案标准

根据《最高人民法院、最高人民检察院关于办理危害生产安全刑事案件适用法律若干问题的解释》第六条规定,违反消防管理法规,经消防监督机构通知采取改正措施而拒绝执行,涉嫌下列情形之一的,应予立案追诉:

(1)导致死亡1人以上,或者重伤3人以上的。

(2)直接经济损失100万元以上的。

(3)其他造成严重后果或者重大安全事故的情形。

2.刑罚

《刑法》第一百三十九条第一款规定,犯消防责任事故罪的,对直接责任人员处3年以下有期徒刑或者拘役;后果特别严重的,处3年以上7年以下有期徒刑。

(三)重大责任事故罪

重大责任事故罪指在生产、作业中违反有关安全管理的规定,因而发生重大伤亡事故或者造成其他严重后果的行为。

1.立案标准

根据《最高人民法院、最高人民检察院关于办理危害生产安全刑事案件适用法律若干问题的解释》第六条规定,在生产、作业中违反有关安全管理的规定,涉嫌下列情形之一的,应予以立案追诉:

(1)造成死亡1人以上,或者重伤3人以上的。

(2)造成直接经济损失100万元以上的。

(3)其他造成严重后果或者重大安全事故的情形。

2.刑罚

《刑法》第一百三十四条第一款规定,在生产、作业中违反有关安全管理的规定,因而发生重大伤亡事故或者造成其他严重后果的,处3年以下有期徒刑或者拘役;情节特别恶劣的,处3年以上7年以下有期徒刑。

(四)强令违章冒险作业罪

强令违章冒险作业罪,指强令他人违章冒险作业,因而发生重大伤亡事故或者造成其他严重后果的行为。

1.立案标准

《规定(一)》第九条规定,强令他人违章冒险作业,涉嫌下列情形之一的,应予以立案追诉:

(1)造成死亡1人以上,或者重伤3人以上的。

（2）造成直接经济损失 50 万元以上的。

（3）发生矿山生产安全事故，造成直接经济损失 100 万元以上的。

（4）其他造成严重后果的情形。

2. 刑罚

《刑法》第一百三十四条第二款规定，强令他人违章冒险作业，因而发生重大伤亡事故或者造成其他严重后果的，处 5 年以下有期徒刑或者拘役；情节特别恶劣的，处 5 年以上有期徒刑。

（五）重大劳动安全事故罪

重大劳动安全事故罪，指安全生产设施或者安全生产条件不符合国家规定，因而发生重大伤亡事故或者造成其他严重后果的行为。

1. 立案标准

根据《最高人民法院、最高人民检察院关于办理危害生产安全刑事案件适用法律若干问题的解释》第六条规定，安全生产设施或者安全生产条件不符合国家规定，涉嫌下列情形之一的，应予以立案追诉：

（1）造成死亡 1 人以上，或者重伤 3 人以上的。

（2）造成直接经济损失 100 万元以上的。

（4）其他造成严重后果或者重大安全事故的情形。

2. 刑罚

《刑法》第一百三十五条第一款规定，安全生产设施或者安全生产条件不符合国家规定，因而发生重大伤亡事故或者造成其他严重后果的，对直接负责的主管人员和其他直接责任人员，处 3 年以下有期徒刑或者拘役；情节特别恶劣的，处 3 年以上 7 年以下有期徒刑。

（六）大型群众性活动重大安全事故罪

大型群众性活动重大安全事故罪，指举办大型群众性活动违反安全管理规定，因而发生重大伤亡事故或者造成其他严重后果的行为。

1. 立案标准

根据《最高人民法院、最高人民检察院关于办理危害生产安全刑事案件适用法律若干问题的解释》第六条规定，举办大型群众性活动违反安全管理规定，涉嫌下列情形之一的，应予以立案追诉：

（1）造成死亡 1 人以上，或者重伤 3 人以上的。

（2）造成直接经济损失 100 万元以上的。

（3）其他造成严重后果或者重大安全事故的情形。

2. 刑罚

《刑法》第一百三十五条第二款规定，举办大型群众性活动违反安全管理规定，因而发生重大伤亡事故或者造成其他严重后果的，对直接负责的主管人员和其他直接责任人员，处 3

年以下有期徒刑或者拘役;情节特别恶劣的,处3年以上7年以下有期徒刑。

(七)工程重大安全事故罪

工程重大安全事故罪,指建设单位、设计单位、施工单位、工程监理单位违反国家规定,降低工程质量标准,造成重大安全事故的行为。

1.立案标准

《规定(一)》第十三条规定,建设单位、设计单位、施工单位、工程监理单位违反国家规定,降低工程质量标准,涉嫌下列情形之一的,应予以立案追诉:

(1)造成死亡1人以上,或者重伤3人以上的。

(2)造成直接经济损失50万元以上的。

(3)其他造成严重后果的情形。

2.刑罚

《刑法》第一百三十七条规定,建设单位、设计单位、施工单位、工程监理单位违反国家规定,降低工程质量标准,造成重大安全事故的,对直接责任人员,处5年以下有期徒刑或者拘役,并处罚金;后果特别严重的,处5年以上10年以下有期徒刑,并处罚金。

第三节　部门规章

一、公共娱乐场所消防安全管理规定

(一)概念

公共娱乐场所是指供公众休闲娱乐的室内场所。它包括以下几个方面:

(1)演出、放映场所,如体育馆、影剧院,礼堂、录像厅等。

(2)音乐、歌舞场所,如夜总会、舞厅、卡拉OK厅、音乐茶座、KTV场所等。

(3)游艺、游乐场所。

(4)营业性健身、休闲场所,如保龄球馆、旱冰场、桑拿浴室等。

(二)消防行政许可办理

公共娱乐场所应当依法办理消防设计审查、竣工验收和消防安全检查,其消防安全由经营者负责。

(三)公共娱乐场所的消防安全技术及管理要求

《公共娱乐场所消防安全管理规定》第六条至第十三条规定了公共娱乐场所的消防安全技术要求,包括设置场所、防火分区设置、内部装修设计、安全疏散、应急照明设置、电气线路敷设以及地下建筑内设置公共娱乐场所技术要求等内容。同时,第十四条至第十七条设定了禁止性条款,规定公共娱乐场所内严禁带入和存放易燃易爆物品;严禁在公共娱乐场所营业时进行设备检修、电气焊、油漆粉刷等施工、维修作业;演出、放映场所的观众厅内禁止吸

烟和明火照明;公共娱乐场所在营业时,不得超过额定人数等。

(四)公共娱乐场所及其从业人员的消防安全管理责任

公共娱乐场所应当制定防火安全管理制度、全员防火安全责任制度,制定紧急疏散方案,指定专人在营业期间、营业结束后进行安全巡视检查工作。

二、机关、团体、企业、事业单位消防安全管理规定

(一)消防安全责任人、消防安全管理人的确定

单位应当确定消防安全责任人、消防安全管理人。一般法人单位的法定代表人或非法人单位的主要负责人是单位的消防安全责任人。政府主要负责人为辖区消防安全责任人。消防安全管理人是负责消防安全具体工作的责任人。

(二)单位消防安全管理工作中的两项责任制落实

单位应逐级落实消防安全责任制和岗位消防安全责任制,明确逐级和岗位消防安全职责,确定各级各岗的消防安全责任人,对本级、本岗位的消防安全负责,建立起单位内部自上而下的逐级消防安全责任制度。

(三)消防安全责任人的消防安全职责

(1)贯彻执行消防法规保证单位消防安全符合规定,掌握本单位的消防安全情况。

(2)将消防工作与本单位的生产、科研、经营、管理等活动统筹安排,批准实施年度消防工作计划。

(3)为本单位的消防安全提供必要的经费和组织保障。

(4)确立逐级消防安全责任,批准实施消防安全制度和保障消防安全的操作规程。

(5)组织防火检查,督促落实火灾隐患整改,及时处理涉及消防安全的重大问题。

(6)根据消防法规的规定建立专职消防队、志愿消防队。

(7)组织制定符合本单位实际的灭火和应急疏散预案,并实施演练。

(四)消防安全管理人的消防安全职责

(1)拟定年度消防工作计划,组织实施日常消防安全管理工作。

(2)组织制定消防安全制度和保障消防安全的操作规程,并检查督促落实。

(3)拟定消防安全工作的资金投入和组织保障方案。

(4)组织实施防火检查和火灾隐患整改工作。

(5)组织实施对本单位、本部门的消防设施、灭火器材和消防安全标志的维护保养,确保其完好有效,确保消防疏散通道和安全出口畅通。

(6)组织管理兼职志愿消防队。

(7)在员工中组织开展消防知识、技能的宣传教育和培训,组织灭火和应急疏散预案的实施和演练。

(8)单位、部门消防安全责任人委托的其他消防安全管理工作。消防安全管理人员要定期向消防安全责任人报告消防安全情况及时报告涉及消防安全的重大问题。

(五)强化消防安全管理

确定消防安全重点单位,严格管理;明确公众聚集场所应当具备的消防安全条件;强化消防安全制度和消防安全操作规程的建立健全,明确单位动火作业要求;明确单位禁止性行为和消防安全管理义务。

(六)加强防火检查,落实火灾隐患整改

消防安全重点单位应当进行每日防火巡查,并确定巡查的人员、内容、部位和频次。消防设施、器材应当依法进行维修保养检测。对发现的火灾隐患要按照规定及时、坚决地整改。

(七)开展消防宣传教育培训和疏散演练

消防安全重点单位对每名员工应当至少每年进行一次消防安全培训;公众聚集场所对员工的消防安全培训应当至少每半年进行一次;单位应当组织新上岗和进入新岗位的员工进行上岗前的消防安全培训;单位应当制定灭火和应急疏散预案。其中,消防安全重点单位至少每半年按照预案进行一次演练;其他单位至少每年组织一次演练。

(八)建立消防档案

消防安全重点单位应当建立健全包括消防安全基本情况和消防安全管理情况的消防档案,并统一保管、备查。其他单位也应当将本单位的基本概况、消防救援机构填发的各种法律文书、与消防工作有关的材料和记录等统一保管、备查。

三、社会消防安全教育培训规定

(一)部门管理职责

公安、教育、民政、人力资源社会保障、住房城乡建设、文化、广电、安监、旅游、文物等部门应当依法开展有针对性的消防安全培训教育工作,并结合本部门职业管理工作,将消防法律法规和有关消防技术标准纳入执业或从业人员培训、考核内容中。

(二)消防安全教育培训

单位应当建立健全消防安全教育培训制度,保障教育培训工作经费,按照规定对职工进行消防安全教育培训;在建工程的施工单位应当在施工前对施工人员进行消防安全教育,并做好建设工地宣传和明火作业管理工作等,建设单位应当配合施工单位做好消防安全教育工作;各类学校、居(村)委会、新闻媒体、公共场所、旅游景区、物业服务企业等单位应依法履行消防安全教育培训工作职责。

(三)消防安全培训机构

国家机构以外的社会组织或者个人利用非国家财政性经费,创办消防安全专业培训机构,面向社会从事消防安全专业培训的,应当经省级教育行政部门或者人力资源社会保障部门依法批准,并到省级民政部门申请民办非企业单位登记。消防安全专业培训机构应当按

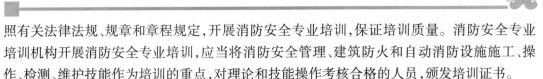

照有关法律法规、规章和章程规定,开展消防安全专业培训,保证培训质量。消防安全专业培训机构开展消防安全专业培训,应当将消防安全管理、建筑防火和自动消防设施施工、操作、检测、维护技能作为培训的重点,对理论和技能操作考核合格的人员,颁发培训证书。

(四)奖惩

地方各级人民政府及有关部门和社会单位对在消防安全教育培训工作中有突出贡献或者成绩显著的单位或个人,给予表彰奖励。公安、教育、民政、人力资源社会保障、住房城乡建设、文化、广电、安全监管、旅游、文物等部门依法对不履行消防安全教育培训工作职责的单位和个人予以处理。

四、消防监督检查规定

(一)适用范围

本规定适用于消防救援机构和公安派出所依法对单位遵守消防法律、法规情况进行消防监督检查。有固定生产经营场所且具有一定规模的个体工商户,纳入消防监督检查范围。

(二)消防监督检查形式

(1)对公众聚集场所在投入使用、营业前的消防安全检查。

(2)对单位履行法定消防安全职责情况的监督抽查。

(3)对举报投诉的消防安全违法行为的核查。

(4)对大型群众性活动举办前的消防安全检查。

(5)根据需要进行的其他消防监督检查。

(三)分级监管

(1)消防救援机构依法对机关、团体、企业、事业等单位进行消防监督检查,并将消防安全重点单位作为监督抽查的重点。

(2)公安派出所可以对居民住宅区的物业服务企业、居民委员会、村民委员会履行消防安全职责的情况和上级公安机关确定的单位实施日常消防监督检查。

(四)火灾隐患判定

具有影响人员安全疏散或者灭火救援行动,不能立即改正的;消防设施未保持完好有效,影响防火灭火功能的;擅自改变防火分区,容易导致火势蔓延、扩大的;在人员密集场所违反消防安全规定,使用、储存易燃易爆危险品,不能立即改正的;不符合城市消防安全布局要求,影响公共安全的;其他可能增加火灾实质危险性或者危害性的情形等情形之一的,应当确定为火灾隐患。

五、火灾事故调查规定

(一)调查任务

火灾事故调查的任务是调查火灾原因,统计火灾损失,依法对火灾事故作出处理,总结

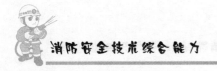

火灾教训。

(二)管辖分工

根据具体情形分为地域管辖、共同管辖、指定管辖和特殊管辖。火灾事故调查一般由火灾发生地消防救援机构按照规定分工进行。

(三)调查程序

具有规定情形的火灾事故,可以适用简易调查程序,由一名火灾事故调查人员调查。除依照规定适用简易程序外的其他火灾事故,适用一般调查程序,火灾事故调查人员不得少于两人。

(四)复核

当事人对火灾事故认定有异议的,可以自火灾事故认定书送达之日起 15 日内,向上一级消防救援机构提出书面复核申请。

六、消防产品监督管理规定

(一)适用范围

消防产品是指专门用于火灾预防、灭火救援和火灾防护、避难、逃生的产品。在中华人民共和国境内生产、销售、使用消防产品,以及对消防产品质量实施监督管理,适用本规定。

(二)市场准入

1. 强制性产品认证制度

依法实行强制性产品认证的消防产品,由具有法定资质的认证机构按照国家标准、行业标准的强制性要求认证合格后,方可生产、销售、使用。

2. 消防产品技术鉴定制度

新研制的尚未制定国家标准、行业标准的消防产品,经消防产品技术鉴定机构技术鉴定符合消防安全要求的,方可生产、销售、使用。

(三)产品质量责任和义务

1. 生产者责任和义务

消防产品生产者应当对其生产的消防产品质量负责,建立有效的质量管理体系和消防产品销售流向登记制度;不得生产应当获得而未获得市场准入资格的消防产品、不合格的消防产品或者国家明令淘汰的消防产品。

2. 销售者责任和义务

消防产品销售者应当建立并执行进货检查验收制度,采取措施,保持销售产品的质量;不得销售应当获得而未获得市场准入资格的消防产品、不合格的消防产品或者国家明令淘汰的消防产品。

3. 使用者责任和义务

消防产品使用者应当查验产品合格证明、产品标识和有关证书,选用符合市场准入的、合格的消防产品。机关、团体、企业、事业等单位定期组织对消防设施、器材进行维修保养，确保完好有效。

（四）监督检查

质量监督部门、工商行政管理部门、消防救援机构分别对生产领域、流通领域、使用领域的消防产品质量进行监督检查。任何单位和个人在接受消防产品质量监督检查时，应当如实提供有关情况和资料；不得擅自转移、变卖、隐匿或者损毁被采取强制措施的物品，不得拒绝依法进行的监督检查。

（五）法律责任

对生产者、销售者的消防产品违法行为，依法予以从重处罚；对建设、设计、施工、工程监理等单位、各类场所在使用领域存在的消防产品违法行为以及消防产品技术鉴定机构出具虚假文件的违法行为，由消防救援机构依法予以处罚；构成犯罪的，依法追究刑事责任。

七、注册消防工程师管理规定

（一）审批主体和监管责任

（1）统一审批主体。将二级注册消防工程师注册审批权下放，明确一级、二级注册消防工程师注册统一由省级消防救援机构审批。

（2）明确监管职责。规定县级以上消防救援机构对本行政区内注册消防工程师的注册、执业和继续教育实施指导和监督管理。

（3）推动行业自律。鼓励依托消防协会成立注册消防工程师行业协会，推动行业自律管理和诚信建设，促进行业健康发展。

（二）注册审批的条件和程序

（1）明确审批程序。

（2）明确不予注册情形。

（3）明确执业印章使用要求，以加强执业监督，便于追溯执业责任。

（三）注册执业制度

（1）确定注册消防工程师注册执业制度。

（2）明确执业范围。规定一级注册消防工程师可以在全国范围内执业，二级注册消防工程师在注册所在省、自治区、直辖市区域内执业；同时，结合消防技术服务行业发展实际，明确一级、二级注册消防工程师具体执业范围。

（3）规范执业文件。按照注册消防工程师执业类型划分，明确消防设施维护保养检测、消防安全评估书面结论文件、消防安全重点单位年度消防工作综合报告等5类消防安全技术文件，由相应级别的注册消防工程师签名、加盖执业印章并承担法律责任。同时，明确修改经注册消防工程师签名确认的执业文件所需程序及相应的法律责任。

（4）明确注册消防工程师的权力、义务和禁止行为。

（四）继续教育制度

（1）明确参加继续教育的义务。

（2）明确继续教育组织实施主体。

（3）确定继续教育方式。

（五）消防监督检查

（1）明确监督检查的主体、方式和内容。

（2）建立执法联动制度。

（3）完善法律责任。

八、专业技术人员资格考试违纪违规行为处理规定

（一）适用范围

专业技术人员资格考试中违纪违规行为的认定和处理，依照本规定进行处理。

（二）处理权限

人力资源社会保障部负责全国专业技术人员资格考试工作的综合管理与监督。各级考试主管部门、考试机构或者有关部门按照考试管理权限依据本规定对考试工作人员的违纪违规行为进行认定与处理。地方各级考试主管部门、考试机构依据本规定对应试人员的违纪违规行为进行认定与处理。其中，造成重大影响的严重违纪违规行为，由省级考试主管部门会同省级考试机构或者由省级考试机构进行认定与处理，并将处理情况报告人力资源社会保障部和相应行业的考试主管部门。

（三）应试人员违纪违规行为处理

（1）应试人员在考试过程中有下列违纪违规行为之一的，给予其当次该科目考试成绩无效的处理：

①携带通信工具、规定以外的电子用品或者与考试内容相关的资料进入座位，经提醒仍不改正的；

②经提醒仍不按规定书写、填涂本人身份和考试信息的；

③在试卷、答题纸、答题卡规定以外位置标注本人信息或者其他特殊标记的；

④未在规定座位参加考试，或者未经考试工作人员允许擅自离开座位或者考场，经提醒仍不改正的；

⑤未用规定的纸、笔作答，或者试卷前后作答笔迹不一致的；

⑥在考试开始信号发出前答题，或者在考试结束信号发出后继续答题的；

⑦将试卷、答题卡、答题纸带出考场的；

⑧故意损坏试卷、答题纸、答题卡、电子化系统设施的；

⑨未按规定使用考试系统，经提醒仍不改正的；

⑩其他应当给予当次该科目考试成绩无效处理的违纪违规行为。

（2）应试人员在考试过程中有下列严重违纪违规行为之一的，给予其当次全部科目考试成绩无效的处理，并将其违纪违规行为记入专业技术人员资格考试诚信档案库，记录期限为五年：

①抄袭、协助他人抄袭试题答案或者与考试内容相关资料的；

②互相传递试卷、答题纸、答题卡、草稿纸等的；

③持伪造证件参加考试的；

④本人离开考场后，在考试结束前，传播考试试题及答案的；

⑤使用禁止带入考场的通信工具、规定以外的电子用品的；

⑥其他应当给予当次全部科目考试成绩无效处理的严重违纪违规行为。

（3）应试人员在考试过程中有下列特别严重违纪违规行为之一的，给予其当次全部科目考试成绩无效的处理，并将其违纪违规行为记入专业技术人员资格考试诚信档案库，长期记录：

①串通作弊或者参与有组织作弊的；

②代替他人或者让他人代替自己参加考试的；

③其他情节特别严重、影响恶劣的违纪违规行为。

（4）应试人员应当自觉维护考试工作场所秩序，服从考试工作人员管理，有下列行为之一的，终止其继续参加考试，并责令离开考场；情节严重的，按照上述第（2）（3）项的规定处理；违反《中华人民共和国治安管理处罚法》等法律法规的，交由公安机关依法处理；构成犯罪的，依法追究刑事责任：

①故意扰乱考点、考场等考试工作场所秩序的；

②拒绝、妨碍考试工作人员履行管理职责的；

③威胁、侮辱、诽谤、诬陷工作人员或者其他应试人员的；

④其他扰乱考试管理秩序的行为。

（5）应试人员有提供虚假证明材料或者以其他不正当手段取得相应资格证书或者成绩证明等严重违纪违规行为的，由证书签发机构宣布证书或者成绩证明无效，并按照上述第（2）项规定处理。

（6）在阅卷过程中发现应试人员之间同一科目作答内容雷同，并经阅卷专家组确认的，由考试机构或者考试主管部门给予其当次该科目考试成绩无效的处理。应试人员之间同一科目作答内容雷同，并有其他相关证据证明其违纪违规行为成立的，视具体情形按照本上述第（2）（3）项规定处理。

（四）考试工作人员违纪违规行为处理

（1）考试工作人员有下列情形之一的，停止其继续参加当年及下一年度考试工作，并由考试机构、考试主管部门或者建议有关部门给予处分：

①不严格掌握报名条件的；

②擅自提前考试开始时间、推迟考试结束时间及缩短考试时间的；

③擅自为应试人员调换考场或者座位的；

④提示或者暗示应试人员答卷的；

⑤未准确记录考场情况及违纪违规行为，并造成一定影响的；

⑥未认真履行职责，造成考场秩序混乱或者所负责考场出现雷同试卷的；

⑦未执行回避制度的；

⑧其他一般违纪违规行为。

（2）考试工作人员有下列情形之一的，由考试机构、考试主管部门或者建议有关部门将其调离考试工作岗位，不得再从事考试工作，并给予相应处分：

①因命（审）题（卷）发生错误，造成严重后果的；

②以不正当手段协助他人取得考试资格或者取得相应证书的；

③因失职造成应试人员未能如期参加考试，或者使考试工作遭受重大损失的；

④擅自将试卷、试题信息、答题纸、答题卡、草稿纸等带出考场或者传给他人的；

⑤故意损坏试卷、试题载体、答题纸、答题卡的；

⑥窃取、擅自更改、编造或者虚报考试数据、信息的；

⑦泄露考务实施工作中应当保密信息的；

⑧在评阅卷工作中，擅自更改评分标准或者不按评分标准进行评卷的；

⑨因评卷工作失职，造成卷面成绩错误，后果严重的；

⑩指使或者纵容他人作弊，或者参与考场内外串通作弊的；

⑪监管不严，使考场出现大面积作弊现象的；

⑫擅自拆启未开考试卷、试题载体、答题纸等或者考试后已密封的试卷、试题载体、答题纸、答题卡等的；

⑬利用考试工作之便，以权谋私或者打击报复应试人员的；

⑭其他严重违纪违规行为。

（3）造成在保密期限内的考试试题、试卷及相关材料内容泄露、丢失的，由相关部门视情节轻重，分别给予责任人和有关负责人处分；构成犯罪的，依法追究刑事责任。

（五）资格考试诚信档案库建立

专业技术人员资格考试诚信档案库由人力资源社会保障部统一建立。考试诚信档案库纳入全国信用信息共享平台，向用人单位及社会提供查询，相关记录作为专业技术人员职业资格证书核发和注册、职称评定的重要参考。考试机构可以视情况向社会公布考试诚信档案库记录相关信息，并通知当事人所在单位。

（六）救济权利

被处理的应试人员对处理决定不服的，可以依法申请行政复议或者提起行政诉讼。

第四节　规范性文件

一、《人力资源社会保障部、公安部关于印发〈注册消防工程师制度暂行规定和注册消防工程师资格考试实施办法及注册消防工程师资格考核认定办法〉的通知》

2012 年 9 月 27 日，人力资源社会保障部、公安部发布《人力资源社会保障部、公安部关于印发注册消防工程师制度暂行规定和注册消防工程师资格考试实施办法及注册消防工程师资格考核认定办法的通知》（人社部发〔2012〕56 号），确立了由《注册消防工程师制度暂行规定》（以下简称《暂行规定》）、《注册消防工程师资格考试实施办法》（以下简称《考试实施办法》）、《一级注册消防工程师资格考核认定办法》（以下简称《考核认定办法》）三项基本制度构成的注册消防工程师制度。

（一）《暂行规定》

《暂行规定》是建立注册消防工程师制度的基础性规定。

（1）概念。注册消防工程师是指经考试取得相应级别注册消防工程师资格证书，并依法注册后，从事消防设施检测、消防安全监测等消防安全技术工作的专业技术人员。

（2）监督管理。人力资源社会保障部、国务院消防救援机构共同负责注册消防工程师制度的政策制定，并按照职责分工对该制度的实施进行指导、监督和检查。各省、自治区、直辖市人力资源社会保障主管部门和消防救援机构，按照职责分工负责本行政区域内注册消防工程师制度的实施与监督管理。

（3）资格考试。人力资源社会保障部、国务院消防救援机构以及省、自治区、直辖市人力资源社会保障主管部门和消防救援机构按照职责分工开展注册消防工程师资格考试相关工作。

（4）注册执业。取得注册消防工程师资格证书的人员，经注册后方可以相应级别注册消防工程师名义执业。注册消防工程师应当在一个经批准的消防技术服务机构或者消防安全重点单位，开展与该机构业务范围和本人资格级别相符的消防安全技术执业活动。

消防安全技术职业活动主要包括消防技术咨询与消防安全评估、消防安全管理与技术培训、消防设施检测与维护、消防安全监测与检查、火灾事故技术分析、国务院消防救援机构或省级消防救援机构规定的其他消防安全技术工作等。

（5）权利义务。注册消防工程师享有使用注册消防工程师称谓；在规定范围内从事消防安全技术执业活动；对违反相关法律、法规和技术标准的行为提出劝告，并向本级别注册审批部门或者上级主管部门报告；接受继续教育；获得与执业责任相应的劳动报酬；对侵犯本人权利的行为进行申诉等权利。同时履行遵守法律、法规和有关管理规定，恪守职业道德；

执行消防法律、法规、规章及有关技术标准；履行岗位职责，保证消防安全技术执业活动质量、并承担相应责任；保守知悉的国家秘密和聘用单位的商业、技术秘密；不得允许他人以本人名义执业；不断更新知识，提高消防安全技术能力；完成注册管理部门交办的相关工作等义务。

（6）聘任优先。对通过考试取得相应级别注册消防工程师资格证书，且符合《工程技术人员职务试行条例》中工程师、助理工程师技术职务任职条件的人员，用人单位可根据工作需要择优聘任相应级别专业技术职务人员。通过考试取得的一级注册消防工程师资格，是消防安全监测、消防设施检测领域申请评定消防专业高级工程师职称的必备条件。

（二）《考试实施办法》

《考试实施办法》是关于注册消防工程师资格考试的规定。

（1）考试组织实施机构。人力资源社会保障部、国务院消防救援机构共同委托人力资源社会保障部人事考试中心承担一级注册消防工程师资格考试的具体考务工作。各省、自治区、直辖市人力资源社会保障主管部门和消防救援机构共同负责本地区的考试工作。

（2）考试科目设置。一级注册消防工程师资格考试设《消防安全技术实务》《消防安全技术综合能力》和《消防安全案例分析》3 个科目，分 3 个半天进行，前两个科目考试时间均为 2.5 小时，第三个科目的考试时间为 3 小时。二级注册消防工程师资格考试设《消防安全技术综合能力》和《消防安全案例分析》两个科目，分两个半天进行，第一个科目的考试时间为 2.5 小时，第二个科目的考试时间为 3 小时。

（3）考试成绩管理。一级注册消防工程师资格考试成绩实行 3 年为一个周期的滚动管理办法，在连续的 3 个考试年度内参加应试科目的考试并合格，方可取得一级注册消防工程师资格证书；二级注册消防工程师资格考试成绩实行两年为一个周期的滚动管理办法，在连续的两个考试年度内参加应试科目的考试并合格，方可取得二级注册消防工程师资格证书。

（4）免试条件。符合《暂行规定》中一级注册消防工程师资格考试报名条件，并具备规定条件的，可免试《消防安全技术实务》科目，只参加《消防安全技术综合能力》和《消防安全案例分析》两个科目的考试。

（三）《考核认定办法》

根据我国现行注册执业资格制度设计形式，通常在实施注册工程师资格考试前，对部分已经达到相应条件的人员经过个人申请、单位推荐和相关部门的层层审查后，认定其取得注册执业工程师资格。《考核认定办法》即参照我国现行注册执业资格制度通行做法而制定的特许资格办法，实施资格考试后不再进行。该办法主要包括申报条件、认定组织、申报材料、认定程序、申报日期及要求等内容。

二、《公安部消防局关于印发〈注册消防工程师继续教育实施办法〉的通知》

（一）继续教育的范围

注册消防工程师继续教育的对象是年龄未超过 70 周岁，且已经取得《中华人民共和国注册消防工程师资格证书》的人员。

（二）继续教育的内容及课时安排

注册消防工程师继续教育主要内容包括：消防法律法规和职业道德、消防技术标准、消防安全管理规范和消防安全领域的新技术、新标准等。

注册消防工程师每年接受继续教育的时间累计不少于 20 学时。其中，消防法律法规和职业道德不少于 4 学时，消防技术标准不少于 12 学时，消防安全管理不少于 4 学时。

（三）继续教育的方式

注册消防工程师继续教育主要采取网络教学形式。省级消防救援机构可以采取实操培训、集中面授等多种形式开展补充教学。

（四）禁止行为及处理

注册消防工程师有下列行为之一的，取消相应的继续教育学时：

(1)由他人代替参加继续教育的；

(2)以不正当方式获取继续教育学时或者通过继续教育课程测试的；

(3)其他违反继续教育有关规定的行为。

注册消防工程师有上述行为，隐瞒有关情况或者提供虚假材料申请注册的，依照《注册消防工程师管理规定》处理。

三、《劳动部、人事部关于颁发〈职业资格证书规定〉的通知》

（一）概念

职业资格是对从事某一职业所必备的学识、技术和能力的基本要求，包括从业资格和执业资格。从业资格是指从事某一专业(工种)学识、技术和能力的起点标准；执业资格是指政府对某些责任较大、社会通用性强，关系公共利益的专业(工种)实行准入控制，是依法独立开业或从事某一特定专业(工种)学识、技术和能力的必备标准。

（二）证书作用

职业资格证书是国家对申请人专业(工种)学识、技术能力的认可，是求职、任职、独立开业和单位录用的主要依据。

（三）主要原则

职业资格证书制度遵循自愿、费用自理、客观公正的原则。凡中华人民共和国公民和获准在我国境内就业的其他国籍的人员都可按照国家有关政策规定和程序申请相应的职业资格。

（四）国际互认

国家职业资格证书参照国际惯例，实行国际双边或多边互认。

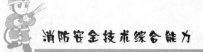
四、《人事部关于印发〈职业资格证书制度暂行办法〉的通知》

(一)主要原则

国家按照有利于经济发展、社会公认、国际可比、事关公共利益的原则,在涉及国家、人民生命财产安全的专业技术工作领域,实行专业技术人员职业资格制度。

(二)从业资格

具备本专业中专以上学历,见习一年期满,经单位考核合格者;按国家有关规定已担任本专业初级专业技术职务或通过专业技术资格考试取得初级资格,经单位考试合格者;在本专业岗位工作,经过国家或国家授权部门组织的从业资格考试合格者等条件之一的,可确认从业资格。

(三)执业资格

执业资格通过考试方法取得。执业资格考试定期举行,参加执业资格考试的报名条件根据不同专业规定。

(四)资格证书

经职业资格考试合格的人员,由国家授予相应的职业资格证书。

(五)注册管理

执业资格实行注册登记制度。取得《执业资格证书》者,应在规定的期限内到指定的注册管理机构办理注册登记手续。

(六)责任追究

执业资格应考人员、考试工作人员和其他有关人员在考试和考务工作中有违法行为的,追究其法律责任。对骗取、转让、涂改职业资格证书的人员,一经发现,发证机关应取消其资格,收回证书,并报国务院业务主管部门和当地同级人事部门备案。对伪造职业证书者,依法追究责任。

第二章 注册消防工程师职业道德

知识框架

注册消防工程师职业道德
- 注册消防工程师职业道德概述
  - 内涵
  - 特点
- 注册消防工程师职业道德的原则
  - 根本原则
  - 特点
  - 作用
- 注册消防工程师职业道德规范
  - 内涵
  - 具体内容
- 注册消防工程师职业道德修养
  - 必要性
  - 主要内容
  - 途径和方法

考点梳理

1. 注册消防工程师职业道德的根本原则。
2. 注册消防工程师职业道德基本规范。
3. 提高职业道德修养的途径和方法。

考点精讲

第一节 注册消防工程师职业道德概述

职业道德是所有从业人员在职业活动中应该遵循的行为准则,涵盖了从业人员与服务对象、职业与职工、职业与职业之间的关系。

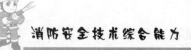

一、内涵

注册消防工程师职业道德,是指注册消防工程师行业的从业人员在执业过程中所应遵循的一种职业行为规范,主要调整注册消防工程师行业内部、注册消防工程师与消防技术服务机构、消防安全重点单位等执业单位及社会之间的道德关系。

二、特点

(一)执行消防法规标准的原则性

注册消防工程师是以其所掌握的知识和技能独立地从事消防设施检测、消防安全监测等消防安全技术工作的专业技术人员。虽然受聘于消防技术服务机构或者消防安全重点单位,但其执业行为必须独立、公正、合法,不为利益所诱,不惧权势所迫,始终自觉以维护消防法规标准的正确实施、服务对象的合法权益和社会公共安全为执业行为的目的,这也是衡量注册消防工程师职业道德的基本标准。

(二)维护社会公共安全的责任性

注册消防工程师依法开展消防安全技术工作,作为推进消防工作社会化的一项重大创新,对于提高社会防控火灾能力具有十分重要的意义。

(三)高度的服务性

注册消防工程师服务于消防技术服务机构和消防安全重点单位,广泛开展消防技术咨询与消防安全评估、消防设施检测与维护、消防安全监测与检查等消防安全技术工作。因此,注册消防工程师在执业中必须树立服务意识,不断提升服务质量。

(四)与社会经济联系的密切性

作为社会意识形态的职业道德都是社会经济状况的产物,与社会经济活动有着直接或间接的联系。因此,注册消防工程师职业道德是直接影响社会经济活动的精神力量。

第二节　注册消防工程师职业道德的原则

消防工作的原则是"政府统一领导、部门依法监管、单位全面负责、公民积极参与"。注册消防工程师职业道德原则是调整注册消防工程师行业内部和外部各种职业关系所应当遵循的根本的指导原则,是注册消防工程师在执业中处理各种利益关系、调整和评价一切职业活动的根本准则,是注册消防工程师职业道德体系的核心。

一、根本原则

(一)维护公共安全

消防安全是公共安全的重要组成部分,维护公共安全是开展消防工作的根本目的。

（二）诚实守信

诚实守信作为注册消防工程师职业道德的根本原则,具有很强的现实针对性。

二、特点

（1）本质性:本质性是注册消防工程师职业道德对社会本质最直接、最集中的反映,是注册消防工程师职业道德区别于其他类型道德最根本、最显著的标志。

（2）基准性:基准性是注册消防工程师职业行为的基本准则,对注册消防工程师的职业行为具有普遍的约束力和指导意义。

（3）稳定性:相对于职业道德规范来说,注册消防工程师职业道德原则特点比较稳定,这是由它的核心地位和本身所具有的约束力和抽象性决定的。

（4）独特性:注册消防工程师职业道德原则具有注册消防工程师行业的职业特点,与其他行业的道德规范有根本性的区别。

三、作用

注册消防工程师职业道德原则在整个注册消防工程师道德体系中居于核心和主导地位,其主要作用体现在以下两个方面。

（一）指导、制约作用

注册消防工程师职业道德原则对于注册消防工程师职业道德规范具有指导、制约作用,它不仅决定着职业道德规范的性质和具体内容,使其具体内容符合社会主义道德和注册消防工程师职业的本质要求,而且能够随着社会的进步,推进职业道德体系的发展,指明注册消防工程师职业道德行为的发展方向。

（二）处理职业关系

注册消防工程师职业道德原则对注册消防工程师的职业行为具有最普遍的指导作用和约束力,不仅是注册消防工程师的道德行为所要遵循的"基本纲领",是他们处理职业关系最基本的出发点和归宿,同时也是社会评价注册消防工程师职业行为善恶的根本依据。

第三节　注册消防工程师职业道德规范

一、内涵

注册消防工程师职业道德规范指社会为了调整注册消防工程师职业活动中的利益关系,依照注册消防工程师职业道德原则,向注册消防工程师提出的在职业活动中应当普遍遵守的具体行为准则。职业道德原则、具体的行为标准、规则和指导、约束注册消防工程师的职业行为都属于注册工程师执业道德规范体系的范畴。

二、具体内容

(一)爱岗敬业

爱岗敬业是注册消防工程师职业道德的基础和核心,也是注册消防师职业道德建设所倡导的首要规范。

(二)依法执业

作为注册消防工程师职业的基本内容,依法执业不仅是注册消防工程师行业的法律规范,也是行业重要的职业道德规范。

(三)客观公正

注册消防师必须确保执业结果真实可信,符合有关规定。

(四)公平竞争

公平竞争指注册消防工程师及其聘用单位要遵循公开、平等、公正和诚实信用的市场原则,严格按照有关法律、法规及政策开展消防安全技术工作等服务活动,参与市场竞争,其目的是保障执业市场规范运作。

(五)提高技能

提高技能是注册消防工程师为了适应工作需要,提高自身职业技能或专业胜任能力的要求。

(六)保守秘密

保守秘密,指注册消防工程师要保守执业过程中所知晓的上述商业秘密,除非获得授权或国家法律有特别规定,不得对外泄露。

(七)奉献社会

注册消防工程师应当将奉献社会作为职业道德的最高目标指向,不断加强自身职业道德建设,实现更高层次、更深意义的人生价值。

第四节 注册消防工程师职业道德修养

注册消防工程师职业道德修养是一个伦理学的概念,指注册消防工程师依据职业道德原则、规范进行自我评价、自我教育、自我磨炼和自我提高的过程,以及由此所达到的职业道德境界和水平。它包含两层含义:一是按照职业道德原则、规范进行自我反省、检查和自我批评的行为和过程;二是经过努力所达到的职业道德水平。修养的根本目的在于提高自己的职业道德素质和培养高尚的职业道德品质。

一、必要性

重视道德修养是我国历代伦理思想的一个突出特点,也是中外优秀人才的成才之道。

作为注册消防工程师,也必须高度重视职业道德修养。重视职业道德修养,是促进注册消防工程行业兴旺发达的需要;是促进注册消防工程师进步和成才的需要;是做好本职工作、维护服务对象合法权益和消防安全的需要;是促进社会精神文明建设的重要措施。

二、主要内容

职业道德修养是注册消防工程师为锤炼职业道德品质、提高职业道德境界所进行的一种自我教育、自我改造和自我完善的过程。主要内容包括以下几点。

(一)理论修养

政治理论修养和思想道德理论修养。

(二)业务知识修养

加强有关专业知识的学习,是注册消防工程师职业道德修养的基本要求。

(三)人生观的修养

人生观既是职业道德教育的主要内容,也是职业道德修养的主要内容。

(四)职业道德品质修养

自觉锻炼和培养消防工程师应当具备的"忠于职守、诚实守信、工作认真、吃苦耐劳、廉洁正直、热情服务"基本职业道德品质是消防工程是个人职业道德修养的重要方面。

三、途径和方法

坚持结合日常工作,在履行职业责任过程中进行职业道德修养,这是注册消防工程师职业道德修养的根本途径和根本方法。具体方法主要有以下几点:自我反思、向榜样学习、坚持"慎独"、提高道德选择能力。

注册消防工程师的职业道德选择应当建立在对所从事职业的全面、准确认识的基础上,充分发挥意识的能动性,要具有前瞻意识。在执业行为的过程中,注册消防工程师要根据实践的发展,随时对自己符合职业道德要求的情感、意志和信念予以激励和支持;对因客观情况和客观要求变化而出现的问题,及时调整和修正自己的执业行为方向和方法。

通关练习

一、单项选择题

1.消防救援机构应当自受理申请之日起(　　　)个工作日内,根据消防技术标准和管理规定,对该场所进行消防安全检查。

A.7　　　　　　　　　　　　　　　　B.10

C.14　　　　　　　　　　　　　　　 D.15

2.《中华人民共和国建筑法》规定,建筑工程开工前,建设单位应当按照国家有关规定向

工程所在地(　　)申请领取施工许可证。

　　A.市级以上人民政府　　　　　　　　　B.市级以上人民政府建设主管部门

　　C.县级以上人民政府　　　　　　　　　D.县级以上人民政府建设主管部门

　　3.建设工程消防设计审查、消防验收、备案和抽查的具体办法,由(　　)规定。

　　A.县级以上人民政府　　　　　　　　　B.市级以上人民政府

　　C.消防救援机构　　　　　　　　　　　D.国务院住房和城乡建设主管部门

　　4.下列不属于注册消防工程师职业道德规范的是(　　)。

　　A.爱岗敬业　　　　B.客观公正　　　　C.提高技能　　　　D.提高修养

　　5.《中华人民共和国消防法》规定,(　　)都有参加有组织的灭火工作的义务。

　　A.任何人　　　　　B.任何成年人　　　C.任何单位　　　　D.任何机构

二、多项选择题

　　1.《中华人民共和国消防法》规定,(　　)等消防技术服务机构和执业人员,应当依法获得相应的资质、资格;依照法律、行政法规、国家标准、行业标准和执业准则,接受委托提供消防技术服务,并对服务质量负责。

　　A.消防产品质量认证　　　　　　　　　B.消防设施检测

　　C.消防安全标志配置　　　　　　　　　D.消防安全监测

　　E.消防器材维护

　　2.《中华人民共和国建筑法》的适用范围有(　　)。

　　A.重点规范各类房屋建筑及其附属设施的建造

　　B.与重点规范各类房屋建筑配套的线路敷设

　　C.与重点规范各类房屋建筑配套的管道安装

　　D.与重点规范各类房屋建筑配套的设备安装

　　E.与重点规范各类房屋建筑配套的绿化植被

　　3.下列属于注册消防工程师职业道德的根本原则的是(　　)。

　　A.依法执业原则　　　　　　　　　　　B.维护公共安全原则

　　C.客观公正原则　　　　　　　　　　　D.公平竞争原则

　　E.诚实守信原则

　　4.注册消防工程师提高职业道德修养的方法有(　　)。

　　A.自我反思　　　　B.向榜样学习　　　C.坚持"慎独"　　　D.提高道德选择能力

　　E.扩展知识

　　5.行政处罚的原则有(　　)。

　　A.处罚法定原则　　　　　　　　　　　B.处罚与教育相结合原则

　　C.行政监督原则　　　　　　　　　　　D.权利保障原则

　　E.一事不再罚原则

参考答案及解析

一、单项选择题

1. B 【解析】消防救援机构应当自受理申请之日起10个工作日内，根据消防技术标准和管理规定，对该场所进行消防安全检查。

2. D 【解析】建筑工程开工前，建设单位应当按照国家有关规定向工程所在地县级以上人民政府建设主管部门申请领取施工许可证。

3. D 【解析】《中华人民共和国消防法》规定，建设工程消防设计审查、消防验收、备案和抽查的具体办法，由国务院住房和城乡建设主管部门规定。

4. D 【解析】注册消防工程师职业道德的规范可以归纳为爱岗敬业、依法执业、客观公正、公平竞争、奉献社会、保守秘密、提高技能。

5. B 【解析】《中华人民共和国消防法》规定，任何成年人都有参加有组织的灭火工作的义务。

二、多项选择题

1. ABD 【解析】《中华人民共和国消防法》第三十四条规定，消防产品质量认证、消防设施检测、消防安全监测等消防技术服务机构和执业人员，应当依法获得相应的资质、资格；依照法律、行政法规、国家标准、行业标准和执业准则，接受委托提供消防技术服务，并对服务质量负责。

2. ABCD 【解析】《中华人民共和国建筑法》的适用范围：重点规范各类房屋建筑及其附属设施的建造和与其配套的线路、管道、设备的安装活动。

3. BE 【解析】注册消防工程师职业道德的根本原则有维护公共安全原则和诚实守信原则。

4. ABCD 【解析】注册消防工程师提高职业道德修养的方法有自我反思、向榜样学习、坚持"慎独"、提高道德选择能力。

5. ABDE 【解析】行政处罚的原则有：(1)处罚法定原则；(2)处罚公正、公开原则；(3)处罚与教育相结合原则；(4)权利保障原则；(5)一事不再罚原则。

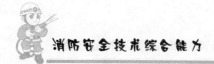

第二部分　建筑防火检查

考纲导读

1.建筑分类和耐火等级检查

根据消防技术标准规范,运用相关消防技术,了解建筑分类的标准、耐火等级的判定依据等基本知识,并掌握对建筑分类和耐火等级开展防火检查的具体内容和方法,为下一步总平面标准布局与平面布置、防火防烟分区、安全疏散、灭火设施等方面的检查提供相应的判定标准。

2.总平面布局与平面布置检查

根据消防技术标准规范,运用相关消防技术,确认总平面布局与平面布置检查的内容和方法,辨识和分析总平面布局和平面布置、建筑耐火等级、消防车道和消防车作业场地及其他灭火救援设施等方面存在的不安全因素,组织研究解决消防安全技术问题。

3.防火防烟分区检查

根据消防技术标准规范,运用相关消防技术,确定防火防烟分区检查的主要内容和方法,辨识和分析防火分区与防烟分区划分、防火分隔设施设置等方面存在的不安全因素,组织研究解决防火防烟分区的消防安全技术问题。

4.安全疏散设施检查

根据消防技术标准规范,运用相关消防技术,了解安全出口和疏散出口、疏散走道和避难走道、疏散楼梯间和避难救援设施等基础知识,确定掌握开展安全疏散设施检查的主要内容和具体方法,辨识和分析消防安全疏散设施方面存在的不安全因素,组织研究解决建筑中安全疏散的消防技术问题。

5.易燃易爆场所防爆检查

根据消防技术标准规范,运用相关消防技术,确定易燃易爆场所防火防爆检查的主要内容和方法,辨识、分析易燃易爆场所存在的火灾爆炸等不安全因素,组织研究解决易燃易爆场所防火防爆的技术问题。

6.建筑装修和建筑外墙保温检查

根据消防技术标准规范,运用相关消防技术,了解建筑内部装修材料。根据使用部位和功能的具体分类以及建筑幕墙的设置等基础知识,确定建筑装修和建筑外墙保温系统检查的主要内容和方法,辨识建筑内部装修和外墙保温材料的燃烧性能,分析建筑装修和外墙保温系统的不安全因素,组织研究解决建筑装修和建筑外墙保温系统的消防安全技术问题。

第一章 建筑分类和耐火等级检查

知识框架

建筑分类和耐火等级检查
- 建筑分类
  - 建筑分类
  - 检查内容
  - 检查方法
- 建筑耐火等级
  - 概念
  - 检查内容
  - 检查方法

考点梳理

1. 建筑分类和检查的主要内容。
2. 不同耐火等级的厂房层数的要求。
3. 钢结构建筑构件防火涂料检查。

考点精讲

第一节 建筑分类

一、建筑分类

建筑可分为工业建筑和民用建筑。

（一）工业建筑

工业建筑包括单层、多层和高层的厂房和仓库。

（二）民用建筑

民用建筑类别根据建筑高度、使用功能、火灾危险性和扑救难易程度进行确定,主要分为住宅建筑和公共建筑两大类。

（1）住宅建筑：对于住宅建筑，以建筑高度 27m 区分多层和高层住宅建筑，高层住宅建筑中又以 54m 划分一类和二类高层住宅建筑。

（2）公共建筑：对于公共建筑，以建筑高度 24m 区分多层和高层公共建筑，在高层公共建筑中又将性质重要、火灾危险性大、疏散和扑救难度大的建筑划分为一类高层公共建筑。

二、检查内容

（一）建筑高度

建筑高度是界定建筑是否为高层的依据，建筑高度大于 27m 的住宅建筑（包括设置商业服务网点的住宅建筑）和其他建筑高度大于 24m 的非单层厂房、仓库和其他民用建筑属于高层建筑，建筑高度检查时，需要注意：

（1）建筑屋面为坡屋面时，建筑高度为建筑室外设计地面至檐口与屋脊的平均高度。

（2）建筑屋面为平屋面（包括有女儿墙的平屋面）时，建筑高度为建筑室外设计地面至屋面面层的高度。

（3）同一座建筑有多种形式的屋面时，建筑高度按上述方法分别计算后，取其中的最大值。

（4）对于台阶式地坪，位于不同高程地坪上的同一建筑之间有防火墙分隔，各自有符合规范规定的安全出口，且可沿建筑的两个长边设置贯通式或尽头式消防车通道时，可分别确定各自的建筑高度。否则，建筑高度按其中建筑高度最大者确定。

（5）局部突出屋顶的瞭望塔、冷却塔、水箱间、微波天线间，或设施、电梯机房、排风和排烟机房以及楼梯出口小间等辅助用房占屋面面积不大于 1/4 时，不需计入建筑高度。

（6）对于住宅建筑，设置在底部且室内高度不大于 2.2m 的自行车库、储藏室、敞开空间，室内外高差或建筑的地下或半地下室的顶板面高出室外设计地面的高度不大于 1.5m 的部分，不计入建筑高度。

（二）建筑层数

建筑层数按建筑的自然层数确定。检查建筑层数时，需要注意：

室内顶板面高出室外设计地面的高度不大于 1.5m 的地下室、半地下室，建筑底部设置的高度不超过 2.2m 的自行车库、储藏室、敞开空间，以及建筑屋顶上突出的局部设备用房、出屋面的楼梯间等，不计入建筑层数内。

当住宅建筑或设置有其他功能空间的住宅建筑中有 1 层或若干层的层高超过 3m 时，先对这些层按其高度总和除以 3m 进行层数折算，余数不足 1.5m 时，多出部分不计入建筑层数；余数大于等于 1.5m 时，多出部分按 1 层计入建筑层数。

（三）厂房的火灾危险性

厂房的火灾危险性根据生产中使用或产生的物质性质及其数量等因素进行确定，主要分为甲、乙、丙、丁、戊等五类。检查厂房火灾危险性时，需要注意：

（1）同一座厂房或厂房的任一防火分区内有不同火灾危险性生产时,厂房或防火分区内的生产火灾危险性类别按火灾危险性较大的部分确定;当生产过程中使用或产生易燃、可燃物的数量较少,不足以构成爆炸或火灾危险时,按实际情况确定。

（2）火灾危险性较大的生产部分占本层或本防火分区面积的比例小于5%,或丁、戊类厂房内的油漆工段小于10%,且发生火灾事故时不足以蔓延至其他部位,或火灾危险性较大的生产部分采取了有效的防火措施时,按火灾危险性较小的部分确定。

（3）对于丁、戊类厂房内的油漆工段,当采用封闭喷漆工艺,封闭喷漆空间内保持负压、油漆工段设置可燃气体探测报警系统或自动抑爆系统,且油漆工段占其所在防火分区面积的比例不大于20%时,按火灾危险性较小的部分确定。

（四）仓库火灾的危险性

仓库的火灾危险性根据储存物品的性质和储存物品中的可燃物数量等因素进行确定,主要分为甲、乙、丙、丁、戊等五类。仓库火灾危险性类别检查时,需要注意:同一座仓库或仓库的任一防火分区内储存不同火灾危险性物品时,仓库或防火分区的火灾危险性应按火灾危险性最大的物品确定。丁、戊类物品本身虽属于难燃烧或不燃烧物质,但当可燃包装的质量大于物品本身质量的1/4或可燃包装（如泡沫塑料等）的体积大于物品本身体积的1/2时,仓库的火灾危险性应按丙类确定。

（五）民用建筑类别

民用建筑类别根据建筑高度、使用功能、火灾危险性和扑救难易程度进行确定,主要分为住宅建筑和公共建筑两大类。对于住宅建筑,以建筑高度27m区分多层和高层住宅,高层住宅建筑中又以54m划分一类和二类高层住宅建筑;对于公共建筑,以建筑高度24m区分多层和高层公共建筑,在高层建筑中又将性质重要、火灾危险性大、疏散和扑救难度大的建筑划分为一类高层公共建筑。民用建筑类别检查时,需要注意:

（1）现行国家标准《民用建筑设计通则》（GB 50352—2005）将民用建筑分为居住建筑和公共建筑两大类,其中居住建筑包括住宅建筑、宿舍建筑等。在防火方面,除住宅建筑外,其他非住宅类居住建筑（如宿舍、公寓等）的火灾危险性与公共建筑相近,防火要求按公共建筑的有关规定执行。

（2）在实际建筑防火检查中,建筑高度大于24m的单层公共建筑的情况比较复杂,可能存在单层和多层组合建造的情况,难以确定是按单层建筑、多层建筑还是高层建筑进行检查。这是需要根据建筑各使用功能的层数和建筑高度综合确定。

（3）在实际建筑防火检查中,如遇到规范中未列举的建筑,需要根据建筑功能的具体情况,通过类比划分的标准确定建筑类别。

（六）汽车库、修车库、停车场的类别

汽车库、修车库、停车场的类别根据停车（车位）数量和总建筑面积进行确定,主要分为Ⅰ、Ⅱ、Ⅲ、Ⅳ等四类。汽车库、修车库、停车场类别检查时需要注意:当屋面露天停车场与下

部汽车库共用汽车坡道时,停车数量计算在汽车库的车辆总数内。室外坡道、屋面露天停车场的建筑面积可不计入汽车库的建筑面积之内。公交汽车库的建筑面积可按规定值增加2倍。

三、检查方法

(1)查阅资料:通过查阅消防设计文件、建筑平面图、剖面图等有关资料,了解消防设计时确定的建筑层数、建筑高度、火灾危险性等确定建筑类别的基础数据后开展现场检查。

(2)实地勘探:实地查看建筑层数、测量建筑高度,查看每层使用功能及布局、生产中使用或产生的物质性质及数量或储存物品的性质和可燃物数量等,检查建筑分类的准确性。

第二节　建筑耐火等级

一、概念

建筑耐火等级指建筑物整体的耐火性能,由组成建筑物的墙、柱、梁、楼板等主要构件的燃烧性能和最低耐火极限决定,分为一、二、三、四级。

二、检查内容

(一)建筑构件的燃烧性能和耐火极限

建筑主要构件的燃烧性能和耐火极限不得低于相应建筑耐火等级的要求。一级耐火等级建筑的主要构件都是不燃烧体;二级耐火等级建筑的主要构件,除吊顶为难燃烧体外,其余都是不燃烧体;三级耐火等级建筑的主要构件,除吊顶和隔墙为难燃烧体外,民用建筑的屋顶承重构件可以采用可燃烧体;四级耐火等级建筑的主要构件,除防火墙体外,其余构件可采用难燃烧体或可燃烧体。以木柱承重且以不燃烧材料作为墙体的建筑,其耐火等级按四级确定。

如果建筑内存在金属建筑构件,在高温条件下存在强度降低和蠕变现象,极易失去承载力,因此应检查其是否需要进行防火保护,并应检查保护的措施是否满足现行国家工程建设消防技术标准的规定,且不低于建筑耐火等级对应的最低耐火极限要求。目前,钢结构构件的防火保护措施主要有两种:一种是采用砖石、砂浆、防火板等无机耐火材料包覆的方式;另一种是钢结构防火涂料,即将防火涂料施涂于建筑物和构筑物钢结构构件表面,形成耐火隔热保护层,以提高钢结构耐火极限。按其涂层厚度及性能特点可分为厚型、薄型、超薄型三类。由于钢结构防火涂料目前所存在的固有缺陷,因此在实际运用中首先考虑采用不燃材料包覆的方式。具体检查要求为:

(1)一级耐火等级的单、多层厂房(仓库),当采用自动喷水灭火系统进行全保护时,其

屋顶承重构件的耐火极限不应低于1.00h。需要注意的是,对于厂房内虽设置了自动灭火系统,但对这些构件无保护作用时,屋顶承重构件的耐火极限不应低于1.50h。

(2)建筑内预制钢筋混凝土结构金属构件的节点和明露的钢结构承重构件部位,是构件的防火薄弱环节,往往又是保证结构整体承载能力的关键部位,需要采取防火保护措施并保证节点的耐火极限不低于该节点部位连接构件中要求的耐火极限最高者。

(3)民用建筑的中庭和屋顶承重构件采用金属构件时,通过采取外包敷不燃材料、设置自动喷水灭火系统和喷涂防火涂料等措施,保证其耐火极限不低于耐火等级的要求。

(4)考虑到粮食库的高度较低,粮食火灾对结构的危害作用与其他物质的作用有所区别,因此,二级耐火等级的散装粮食平房仓可采用无防火保护的金属承重构件。

(二)建筑分类与耐火等级的适应性

主要检查建筑耐火等级的选定与建筑高度、使用功能、重要性质和火灾扑救难度等是否适应。

1.厂房和仓库

(1)使用或储存特殊、贵重的机器、仪表、仪器等设备或物品时,建筑耐火等级不低于二级。

(2)高层厂房,甲、乙类厂房,使用或产生丙类液体的厂房以及有火花、明火、赤热表面的丁类厂房,油浸变压器室、高压配电装置室,锅炉房,高架仓库、高层仓库、甲类仓库和多层乙类仓库和储存可燃烧液体的多层丙类仓库,粮食筒仓等建筑的耐火等级不低于二级。

(3)单、多层丙类厂房,多层丁、戊类厂房,单层乙类仓库,单层丙类仓库,储存可燃固体的多层丙类仓库和多层丁、戊类仓库,粮食平房仓等建筑的耐火等级不低于三级。

(4)建筑面积不大于300m²的独立甲、乙类单层厂房,建筑面积不大于500m²的单层丙类厂房或建筑面积不大于1000m²的单层丁类厂房,锅炉的总蒸发量不大于4t/h的燃煤锅炉房,可采用三级耐火等级的建筑材料。

2.民用建筑

地下、半地下建筑(室)和一类高层建筑的耐火等级不低于一级;单、多层重要公共建筑和二类高层建筑的耐火等级不低于二级;老年人照料设施,除木结构建筑外其耐火等级不应低于三级。("重要公共建筑"主要是指对某一地区的政治、经济和生产活动以及居民的正常生活有很大影响的公共建筑,如电信、医疗、电力调度等建筑。)

3.汽车库、修车库

地下、半地下和高层汽车库,甲、乙类物品运输车的汽车库、修车库以及Ⅰ类汽车库、修车库的耐火等级不应低于一级。Ⅱ、Ⅲ类汽车库、修车库的耐火等级不低于二级。Ⅳ类汽车库、修车库的耐火等级不低于三级。

(三)最多允许层数与耐火等级的适应性

(1)厂房:二级耐火等级的乙类厂房建筑层数最多为6层;三级耐火等级的丙类厂房建

筑层数最多为2层;三级耐火等级的丁、戊类厂房建筑层数最多为3层;甲类厂房和四级耐火等级的丁、戊类仓库只能为单层。

(2)仓库:甲类仓库,三级耐火等级的乙类仓库,四级耐火等级的丁、戊类仓库,都只能为单层建筑。一、二级耐火等级的乙类易燃液体、固体、氧化剂仓库,三级耐火等级的丙类固体仓库和丁、戊类仓库建筑层数最多为3层;一、二级耐火等级的乙类易燃气体、助燃气体、氧化自燃物品和丙类液体仓库建筑层数最多为5层。

(3)民用建筑:对于多层的民用建筑,当其耐火等级为三级时,建筑层数最多为5层;当其耐火等级为四级时,建筑层数最多为2层。商店建筑、展览建筑、托儿所、幼儿园的儿童用房和儿童游乐厅等儿童活动场所、医院和疗养院的住院部分、教学建筑、食堂、菜市场、剧场、电影院、礼堂等采用三级耐火等级建筑时,建筑层数最多为2层;商店建筑、展览建筑、托儿所、幼儿园的儿童用房和儿童游乐厅等儿童活动场所、医院和疗养院的住院部分、教学建筑、食堂、菜市场、采用四级建筑时,只能为单层建筑。独立建造的一、二级耐火等级的老年人照料设施的建筑高度不宜大于32m,不应大于54m;独立建造的三级耐火等级的老年人照料设施,不应超过2层。

三、检查方法

(一)查阅资料

查阅资料,了解建筑性质、规模和类别,确定建筑耐火等级、构件的燃烧性能和耐火极限满足需要。

(二)开展现场检查

实地查看建筑的结构形式、基本构件的种类,对照消防设计文件和施工、监理记录,对构件截面尺寸、保护层厚度及金属构件的防火处理等方面进行测量和分析,核实耐火等级是否符合规定。

(三)钢结构防火涂料检查

(1)对比样品。检查钢结构防火涂料的品种与颜色是否与设计选用及规定的相符。室内裸露钢结构、轻型屋盖钢结构及有装饰要求的钢结构,当规定其耐火极限在1.5h及以下时,钢结构防火涂料宜选用薄涂型。室内隐蔽钢结构、高层全钢结构及多层厂房钢结构,当规定其耐火极限在1.5h以上时,钢结构防火涂料宜选用厚涂型。露天钢结构防火涂料宜选用适合室外用的类型。

(2)检查涂层外观。目测涂层颜色及漏涂和裂缝情况,用质量为0.75~1kg的榔头轻击涂层检测其强度等;用1m直尺检测涂层平整度;检查防火涂层无开裂、脱落;用黑色平绒布轻擦薄涂型钢结构防火涂层表面5次,平绒布不变色;薄涂型钢结构防火涂层表面如有个别裂缝,其宽度不大于0.5mm。

(3)检查涂层厚度。选取至少5个不同部位,用测厚仪测量其厚度。厚度为测厚点的平

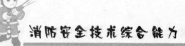

均值。对需满足的耐火极限,现场已施工涂层厚度不低于型式检验合格报告描述的对应厚度。厚涂型涂层最薄处厚度不低于设计要求的85%且厚度不足部位的连续长度不大于1m,在5m内不再出现。

(4)检查膨胀倍数。薄型(膨胀型)、超薄型涂料需检查膨胀倍数。在已施工涂料的构件上,选取3个不同部位,用磁性测厚仪测量。然后点燃2L汽油喷灯对准选定的3个位置,喷灯外焰应充分接触涂层,供火时间不低于10min。停止供火后观察涂层是否膨胀发泡,用精度为0.1mm的游标卡尺测量其发泡层厚度。膨胀倍数为涂层厚度与涂料发泡层厚度的比值,结果以3个测试值的平均值表示。其中,薄型(膨胀型)的膨胀倍数≥5;超薄型的膨胀倍数≥10。

第二章 总平面布局与平面布置检查

知识框架

总平面布局与平面布置检查
- 总平面布局
  - 概念
  - 城市总体布局
  - 企业总平面布局
  - 防火间距
  - 消防车道
  - 消防车登高操作场地
- 平面布置
  - 厂房
  - 仓库
  - 民用建筑
  - 汽车库、修车库
  - 人防工程
- 救援设施的布置
  - 消防电梯
  - 直升机停机坪
  - 消防救援口

考点梳理

1.总平面布局的影响因素。

2.不同建筑防火间距的要求。

3.消防通道、消防电梯等设施防火检查的内容。

4.对厂房、仓库和民用建筑防火检查的主要内容。

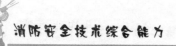

第一节　总平面布局

一、概念

建筑的总平面布局是根据城市规划和消防安全布局的要求,结合周围环境、地势条件、主导风向等因素合理划分功能分区、选择建筑位置、设置必要的防火间距,对其进行合理布局,避免建筑火灾、爆炸后可能造成的严重后果,并且为消防救援人员和消防车辆扑救火灾提供可靠的保证的合理设计。

二、城市总体布局

城市总体布局是一个整体统筹而非孤立的概念,它需要在满足城乡的总体规划和城市消防规划的基础上,从保障城市消防安全出发,合理布置大型易燃易爆物品生产储存场所、汽车加油、加气站、易燃易爆化学物品的专用码头、车站、城市消防站等。城市总体布局不但关系到土地的合理利用,还对建筑的安全使用有着重要的意义。检查要求为:

(1)易燃易爆物品的工厂、仓库,甲、乙、丙类液体储罐区,液化石油气储罐区,可燃、助燃气体储罐区,可燃材料堆场等布置在城市(区域)的边缘或相对独立的安全地带,并位于城市(区域)全年最小频率风向的上风侧;与影剧院、会堂、体育馆、大型商场、游乐场等人员密集的公共建筑或场所保持足够的防火安全距离。

(2)散发可燃气体、可燃蒸气和可燃粉尘的工厂和大型液化石油气储存基地布置在城市全年最小频率风向的上风侧,并与居住区、商业区或其他人员集中地区保持足够的防火安全距离。

(3)大中型石油化工企业、石油库、液化石油气储罐站等,沿城市、河流布置时,布置在城市河流的下游,并采取防止液体流入河流的可靠措施。

(4)汽车加油、加气站远离人员集中的场所和重要的公共建筑。一级加油站、一级加气站、一级加油加气合建站和CNG加气母站布置在城市建成区和中心区域以外的区域。输油、输送可燃气体干管上不得有违法修建的建筑物、构筑物或堆放物质。

(5)地下建筑(包括地铁、城市隧道等)与加油站的埋地油罐及其他用途的埋地可燃液体储罐保持足够的防火安全距离,其出口和风亭等设施与邻近建筑保持足够的防火安全距离。

(6)汽车库、修车库、停车场远离易燃、可燃液体或可燃气体的生产装置区和储存区;汽车库与甲、乙类厂房、仓库分开建造。

(7)装运液化石油气和其他易燃易爆化学物品的专用码头、车站布置在城市或港区的独立安全地段。装运液化石油气和其他易燃易爆化学物品的专用码头,与其他物品码头之间的距离不小于最大装运船舶长度的两倍,距主航道的距离不小于最大装运船舶长度的一倍。

(8)街区道路中心线间距离一般在160m以内;市政消火栓沿可通行消防车的街区道路布置,间距不得大于120m。

(9)甲、乙、丙类液体储罐(区)尽量布置在地势较低的地带;当条件受限确需布置在地势较高的地带时,需设置可靠的安全防护设施,如加强防火堤设置,或者增设防护墙等。

需要注意的是,对于旧城区中严重影响城市消防安全的企业,要及时将其纳入改造计划,并采取限期迁移或改变生产使用性质等措施。对于耐火等级低的建筑密集区和棚户区,要结合改造工程,拆除一些破旧房屋,建造一、二级耐火等级的建筑;对一时不能拆除重建的,可划分占地面积不大于2500m²的分区,各分区之间留出不小于6m的通道或设置高出建筑屋面不小于50cm的防火墙。对于无市政消火栓或消防给水不足、无消防车通道的区域,要结合本区域内城市给水管道的改建,增加给水管道管径和市政消火栓,或根据具体条件修建容量为100~200m³的消防蓄水池。

三、企业总平面布局

企业工程选址、总平面布局要在经城乡规划主管部门审批同意的建设工程用地红线范围内规划。首先要考虑周围环境,既要保证企业内厂(库)房本身的安全,又要保证相邻企事业单位和居住区的安全;其次,还要考虑厂(库)址的地形条件和当地的主导方向,并处理好与消防车道和水源的关系。常见企业在总平面布局方面主要检查以下内容。

(一)石油化工企业

(1)主要出入口:厂区主要出入口不少于两个,并必须设置在不同方位。生产区的道路宜采用双车道。工艺装置区、液化烃储罐区、可燃液体的储罐区、装卸区及化学危险品仓库区按规定设置环形消防车通道。

(2)企业消防站:消防站的设置位置应便于消防车迅速通往工艺装置区和储罐区,宜位于生产区全年最小频率风向的下风侧,且避开工厂主要人流道路。

(二)火力发电厂

(1)厂区选址:厂址应布置在厂区地势较低的边缘地带,安全防护设施可以布置在地形较高的边缘地带。对于布置在厂区内的点火油罐区,其围栅高度不小于1.8m。当利用厂区围墙作为点火油罐区的围栅时,实体围墙的高度不小于2.5m。

(2)主要出入口:厂区的出入口不少于两个,其位置应便于消防车出入。主厂房、点火油罐区及储煤场周围设置环形消防车通道。

(三)钢铁冶金企业

(1)厂区选址:储存或使用甲、乙、丙类液体、可燃气体、明火或散发火花以及产生大量烟气、粉尘、有毒有害气体的车间,必须布置在厂区边缘或主要生产车间、职工生活区全年最小频率风向的上风侧。

(2)围墙的设置:煤气罐区四周均须设置围墙,实地测量罐体外壁与围墙的间距。当总容积不超过 200000m³ 时,罐体外壁与围墙的间距不宜小于 15.0m;当总容积大于 200000m³ 时,罐体外壁与围墙的间距不宜小于 18.0m。

(3)储罐的间距:露天布置的可燃气体与不可燃气体固定容积储罐之间的净距、氧气固定容积储罐与不可燃气体固定储罐之间的净距、露天布置的液氧储罐或不可燃的液化气体储罐与不可燃的液化气体储罐之间的净距均不得小于 2.0m。

(4)管道的敷设:高炉煤气、发生炉煤气、转炉煤气和铁合金电炉煤气的管道不能埋地敷设。氧气管道不得与燃油管道、腐蚀性介质管道以及电缆、电线同沟敷设,动力电缆不得与可燃、助燃气体和燃油管道同沟敷设。

四、防火间距

防火间距是指防止着火建筑在一定时间内引燃相邻建筑,便于消防扑救的间隔距离。防火检查中,主要通过查阅消防设计说明、总平面图等资料,了解建筑类别确定需满足的防火间距后开展现场检查。

检查内容主要包括不同类别的建筑之间、U 型或山型建筑的两翼之间和成组布置的建筑之间的防火间距。对于加油加气站、石油化工企业、石油天然气工程、石油库等建设工程,需要同时检查建设工程与周围居住区、相邻厂矿企业、设施以及建设工程内部建筑物、设施之间的防火间距。

(一)防火间距的测量

1. 数值要求

对防火间距实地进行测量时,沿建筑周围选择相对较近处测量间距,测量值的允许负偏差不得大于规定值的 5%。

2. 测量方法

(1)建筑之间的防火间距,从相邻建筑外墙的最近水平距离进行测量,当外墙有凸出的可燃或难燃构件时,从凸出部分的外缘进行测量。

(2)建筑与储罐之间的防火间距,按建筑外墙至储罐外壁的最近水平距离测量;与堆场之间的防火间距,按建筑外墙至堆场中相邻堆垛外缘的最近水平距离测量。

(3)储罐之间的防火间距,从相邻两个储罐外壁的最近水平距离测量;储罐与堆场之间的防火间距,按储罐外壁至堆场中相邻堆垛外缘的最近水平距离测量。

(4)堆场之间防火间距,从两堆场中相邻堆垛外缘的最近水平距离测量。

(5)变压器之间的防火间距,从相邻变压器外壁的最近水平距离测量。变压器与建筑物、储罐或堆场的防火间距,按变压器外壁至建筑外墙、储罐外壁或相邻堆垛外缘的最近水平距离测量。

（6）道路、铁路与建筑物、储罐或堆场的防火间距，从道路或铁路距建筑外墙、储罐外壁或相邻堆垛外缘最近一侧路边及铁路线中心线的最小水平距离测量。

（二）防火间距不足时的处理

当防火间距不足时，需检查建筑是否采取满足现行国家工程建设消防技术标准要求的加强措施。因场地等各种原因仍无法满足要求时，可根据具体情况采取以下措施：

（1）改变建筑内的生产或使用性质，尽量减少建筑物的火灾危险性；改变房屋部分结构的耐火性能，提高建筑物的耐火等级。

（2）调整生产厂房的部分工艺流程和库房的储存物品的数量；调整部分构件的耐火性能和燃烧性能。

（3）将建筑物的普通外墙改为防火墙。

（4）拆除部分耐火等级低、占地面积小、适用性不强且与新建建筑相邻的原有陈旧建筑物。

（5）设置独立的防火墙等。

五、消防车道

消防车道是指供消防车灭火时通行的道路，其设置可以保证消防车火灾时顺利到达火场，消防救援人员迅速开展灭火战斗，最大限度减少人员伤亡和火灾损失。

防火检查中，通过对建筑消防车道的设置形式，消防车道的净高、净宽、转弯半径和回车场地及承受荷载的检查，核实消防车道的设置是否符合现行国家工程建设消防技术标准的要求。

（一）检查内容

消防车道常见设置形式有环形消防车道、尽头式消防车道、穿越建筑的消防车道和与环形消防车道相连的中间消防车道等。针对不同的建筑、露天堆场和储罐区，具体检查要求为：

1. 消防车道的设置

（1）工厂、仓库。工厂、仓库区内设置消防车通道。对于高层厂房，占地面积大于3000m² 的甲、乙、丙类厂房和占地面积大于1500m² 的乙、丙类仓库，消防车通道的设置形式为环形，确有困难时，可沿建筑物的两个长边设置消防车道。

（2）民用建筑。对于高层民用建筑，超过3000个座位的体育馆，超过2000个座位的会堂，占地面积大于3000m² 的展览馆等单、多层公共建筑，消防车通道的设置形式为环形，确有困难时，可沿建筑的两个长边设置消防车道。对于住宅建筑和山坡地或河道边临空建造的高层民用建筑，消防车通道可设置在沿建筑的一个长边，但该长边所在建筑立面为消防车登高操作面。

（3）沿街建筑和设有封闭内院或天井的建筑物。对于沿街道部分的长度大于150m或总长度大于220m的建筑，设置穿过建筑物的消防车通道。确有困难时，可沿建筑四周设置环形消防车通道。对于设有短边长度大于24m的封闭内院或天井的建筑物，宜设置进入内院或天井的消防车通道。

（4）汽车库、修车库。除Ⅳ类汽车库、修车库以外，消防车道的设置形式为环形，确有困难时，可沿建筑物的一个长边和另一边设置。

（5）堆场区、储罐区。可燃材料露天堆场区，液化石油气储罐区，甲、乙、丙类液体储罐区和可燃气体储罐区，应设置消防车道；储量大于规定值的堆场区、储罐区，宜设置环形消防车道。对于占地面积大于30000m²的可燃材料堆场，液化石油气储罐区，甲、乙、丙类液体储罐区，可燃气体储罐区，设置与环形消防车通道相连通的中间消防车通道。

2.消防车通道的净宽和净高

主要检查消防车通道的净宽度和净空高度均不小于4.0m，其坡度不宜大于8%。

3.消防车通道的荷载

消防车通道路面、扑救作业场地及其下面的管道和暗沟等能承受重型消防车的压力即消防车通道的荷载，有些情况需要利用裙房屋顶或高架桥等作为灭火操作场地或消防车道时，更要仔细核算相应的设计承载力。

4.消防车通道的最小转弯半径

中间消防车通道和环形消防车通道的交接处必须满足消防车转弯半径的要求。目前，我国普通消防车的转弯半径为9m，登高车的转弯半径为12m，一些特种车辆的转弯半径为16～20m。

5.消防车通道的回车场

环形消防车通道至少有两处与其他车道相通，对于尽头式消防车通道，应检查其设置的回车道或回车场。回车场面积一般不宜小于12m×12m，高层民用建筑的回车场面积不宜小于15m×15m，供重型消防车使用时，回车场面积不宜小于18m×18m。

（二）检查方法

通过查阅消防设计说明、总平面图、消防车道流线图等资料，了解建筑物的性质、高度、沿街长度和规模，确定是否需要设置消防车道，并开展现场检查。

（1）沿消防车道全程查看消防车道路面情况，消防车道与厂房（仓库）、民用建筑之间不得设置妨碍消防车作业的树木、架空管线等障碍物；消防车道利用交通道路时，合用道路需满足消防车通行与停靠的要求。

（2）选择车道路面相对较窄部位以及车道4m净空高度内两侧突出物最近距离处进行测量，以最小宽度确定为消防车道宽度。宽度测量值的允许负偏差不得大于规定值的5%，且不影响正常使用。

（3）选择消防车道正上方距车道相对较低的突出物进行测量，以突出物与车道的垂直高度确定为消防车道净高,高度测量值的允许负偏差不大于规定值的5%。

(4)不规则回车场以消防车可以利用场地的内接正方形为回车场地或根据实际设置情况进行消防车通行试验,满足消防车回车的要求。

(5)核查消防车道设计承受荷载及施工记录,查验消防车通行试验报告。当消防车道设置在建筑红线外时,还需查验是否取得权属单位的同意,确保消防车道正常使用。

六、消防车登高操作场地

防火检查中,通过对消防车登高面的设置及消防车登高操作场地的长度、宽度、承载能力、坡度等检查,核实消防车登高操作场地的设置是否符合现行国家工程建设消防技术标准的要求。

(一)检查内容

1. 登高面的设置

高层建筑沿一个长边或周边长度的1/4且不小于一个长边长度的底边连续布置消防车登高面,此范围内裙房的进深不大于4m,且在此范围内设有直通室外的楼梯或直通楼梯间的入口。对于建筑高度不大于50m的高层建筑,消防车登高面可间隔布置,间隔的距离不得大于30m。

2. 登高操作场地的设置

消防车登高操作场地应符合下列规定:场地与厂房、仓库、民用建筑之间不应设置妨碍消防车操作的树木、架空管线等障碍物和车库出入口。场地的长度和宽度分别不应小于15m和10m。对于建筑高度不小于50m的建筑,场地的长度和宽度分别不应小于20m和10m。场地应与消防车道连通,场地靠建筑外墙一侧的边缘距离建筑外墙不宜小于5m,且不应大于10m,场地的坡度不宜大于3%。

3. 登高操作场地荷载

消防车登高操作场地及其下面的建筑结构、管道和暗沟等,应能承受重型消防车的压力。当建筑屋顶或高架桥等兼作消防车登高操作场地时,屋顶或高架桥等的承载能力要符合消防车载满时的停靠要求。

对于建筑高度超过100m的建筑,还需考虑大型消防车辆灭火救援作业的需求。例如,对于举升高度为112m、车长19m、展开支腿跨度为8m、车重75t的消防车,一般情况下,灭火救援场地的平面尺寸不小于20m×10m,场地的承载能力不小于$10kg/cm^2$,转弯半径不小于18m。

(二)检查方法

通过查阅消防设计文件、总平面图和消防车道流线图等资料,了解建筑高度、规模、使用性质和重要性等,确定是否需要设置消防车登高操作场地,并开展现场检查。

(1)沿消防车道全程查看消防车登高操作场地路面情况,消防车登高操作场地与厂房、仓库、民用建筑之间不得设置妨碍消防车操作的架空高压电线、树木、车库出入口等障碍。

（2）沿消防车登高面全程测量消防车登高操作场地的长度、宽度、坡度、场地靠建筑外墙一侧的边缘至建筑外墙的距离等数据。长度、宽度测量值的允许负偏差不得大于规定值5%。

（3）查验施工记录、消防车登高车通行及操作试验报告，核查消防车登高场地设计承受荷载。当消防车登高场地设置在建筑红线外时，还需查验是否取得权属单位的同意，确保消防登高场地正常使用。

第二节 平面布置

一、厂房

（一）检查内容

1. 员工宿舍的设置
厂房内严禁设置员工宿舍。

2. 办公室、休息室的布置
对于甲、乙类厂房，办公室、休息室等不得设置在厂房内，必须设置时只能与耐火等级不低于二级的厂房贴邻建造，采用耐火极限不低于3.00h的不燃烧体防爆墙隔开，并设置独立的安全出口。对于在丙类厂房内设置为厂房服务的办公室、休息室，必须采用耐火极限不低于2.50h的不燃烧体隔墙和1.00h的楼板与厂房隔开，并设置至少1个独立安全出口，为方便沟通而设置的与生产区域相通的门要采用乙级防火门。

3. 中间仓库的布置
为满足厂房日常生产的需要，需要从仓库或上道工序的厂房（或车间）取得一定数量的原材料、半成品、辅助材料存放在厂房内，存放上述物品的场所称为中间仓库。有条件时，中间仓库要尽量设置直通室外的出口。需要注意的是，在同一座建筑内，整座建筑物必须采用同一耐火等级，且该耐火等级要按仓库和厂房两者中要求较高者确定。例如，对于丙类仓库，均须采用防火墙和耐火极限不低于1.50h的不燃性楼板与生产作业部位隔开，并划分为不同的功能区。检查要求为：

（1）对于甲、乙类中间仓库，储量不宜超过一昼夜的需要量；靠外墙布置，并采用防火墙和耐火极限不低于1.50h的不燃烧体楼板与其他部分隔开。对于需用量较少的厂房，如有的手表厂用于清洗的汽油，一昼夜的需用量只有20kg，则可适当调整到存放1～2昼夜的用量；如一昼夜的需用量较大，则要严格控制为一昼夜用量。

（2）丙、丁、戊类物品中间仓库，火灾危险性大的物品库房要尽量设置在建筑的上部。在厂房内设置的丙类中间仓库需采用防火墙和耐火极限不低于1.50h的不燃性楼板与其他部

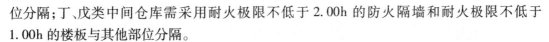

位分隔;丁、戊类中间仓库需采用耐火极限不低于2.00h的防火隔墙和耐火极限不低于1.00h的楼板与其他部位分隔。

(3)中间仓库的耐火等级和面积要同时符合仓库的相关规定,且中间仓库与所服务车间的建筑面积之和不得大于该类厂房有关一个防火分区的最大允许建筑面积。例如,在一级耐火等级的丙类多层厂房内设置丙类2项物品库房,厂房每个防火分区的最大允许建筑面积为6000m²,每座仓库的最大允许占地面积为4800m²,每个防火分区的最大允许建筑面积为1200m²,则该中间仓库与所服务车间的允许建筑面积之和不应大于6000m²,其中,用于中间库房的最大允许建筑面积一般不能大于1200m²;当设置自动喷水灭火系统时,仓库的占地面积和防火分区面积可按规定相应增加。

需要注意:在厂房内设置中间仓库时,生产车间和中间仓库的耐火等级应当一致,且该耐火等级要按仓库和厂房两者中要求较高者确定。对于物流建筑,当建筑功能以分拣、加工等作业为主时,参照中间仓库的相关标准对其仓储部分进行防火检查。

4. 中间储罐的布置

厂房内的丙类液体中间储罐应设置在单独房间内,每个单独房间内储罐的量不大于5m³。设置中间储罐的房间,必须采用耐火极限不低于3.00h的防火隔墙和不低于1.50h的楼板与其他部位分隔,房间门为甲级防火门。

5. 变、配电站的布置

变、配电站不得设置在甲、乙类厂房内或贴邻建造,且不得设置在爆炸性气体、粉尘环境的危险区域内;如果生产上确有需要,变电站、配电站仅向与其贴邻的甲、乙类厂房供电,而不向其他厂房供电时,可在厂房的一面外墙贴邻建造,并且用无门窗洞口的防火墙隔开。

对于乙类厂房的配电站,如氨压缩机房的配电站,为观察设备、仪表运转情况而需要设观察窗时,允许在配电站的防火墙上设置采用不燃材料制作并且不能开启的甲级防火窗。

变电站、配电站的其他防爆、防火要求须符合现行国家标准《爆炸危险环境电力装置设计规范》(GB 50058—2014)等规范的相关规定。

(二)检查方法

通过查阅消防设计文件、建筑平面图,门窗表和防火门(窗)产品质量证明文件等资料,了解厂房内主要功能布局、生产的火灾危险性类别、附属建筑的组成等,并开展现场检查。重点检查安全出口的设置、用于分隔的建筑构件燃烧性能和耐火极限是否符合相关规定。

二、仓库

(一)检查内容

(1)对于甲、乙类仓库,严禁在仓库内设置员工宿舍办公室、休息室等,且不得贴邻建造。

(2)对于丙、丁类仓库,在仓库内可设置办公室、休息室,必须采用耐火极限不低于2.50h的不燃烧体隔墙和1.00h的楼板与库房隔开,并设置独立的安全出口;隔墙上开设连通门采用乙级防火门。

（二）检查方法

查阅建筑平面图,查阅门窗表和门窗大样、防火门产品质量证明文件的资料,了解建筑主要功能布局,储存的火灾危险性类别、附属建筑的组成等,并开展现场检查。重点检查用于分隔的建筑构件燃烧性能和耐火极限是否符合相关规定。

三、民用建筑

（一）检查内容

1. 营业厅、展览厅

营业厅、展览厅不得设置在地下三层及以下楼层;三级耐火等级建筑内的营业厅、展览厅只能设置在二层或首层,四级耐火等级建筑内的营业厅、展览厅只能设置在首层。地下或半地下营业厅、展览厅经营、储存和展示商品的火灾危险性不得为甲、乙类。当地下商业营业厅总建筑面积大于 20000m^2 时,必须采用不开设门、窗、洞口的防火墙将其分隔为多个建筑面积不大于 20000m^2 的区域。对确需局部连通的相邻区域,检查是否采取下沉式广场、防火隔间、避难走道和防烟楼梯间等方式进行连通。

2. 托儿所、幼儿园的儿童用房等室外开敞空间和儿童游乐厅等其他儿童活动场所

设置在其他民用建筑内时,采用耐火极限不低于 2.00h 的不燃烧体墙和耐火极限不低于 1.00h 的楼板与其他场所或部位隔开,必须在墙上开设的门、窗应为乙级防火门、防火窗。不得设置地下、半地下(室)内。可设在一、二级耐火等级建筑的首层、二层、三层;三级耐火等级的建筑的首层或二层;四级耐火等级建筑的首层。设置在高层建筑内时,宜设置独立的安全出口和疏散楼梯;设置在单、多层建筑内时,宜设置单独的安全出口和疏散楼梯,即这些场所要有不与其他使用功能或用途空间合用的疏散楼梯或出入口。

3. 老年人照料设施

老年人照料设施是为老年人提供集中照料服务的设施,是老年人全日照料设施和老年人日间照料设施的统称,属于公共建筑。独立建造的一、二级耐火等级的老年人照料设施的建筑高度不宜大于 32m,不应大于 54m;独立建造的三级耐火等级的老年人照料设施,不应超过 2 层。老年人照料设施要尽量独立建造。对于与其他建筑上、下组合的老年人照料设施,应采用耐火极限不低于 2.00h 的防火隔墙和耐火极限不低于 1.00h 的楼板与其他场所或部位分隔,墙上必须设置的门、窗应采用乙级防火门、窗。老年人照料设施中的老年人公共活动用房、康复与医疗用房,设置在建筑地下、半地下时,应设置在地下一层;当设置在地下一层或地上四层及以上时,每间用房的建筑面积不应大于 200m^2 且使用人数不应大于 30 人。

4. 医院和疗养院住院部分

不得设置在地下、半地下(室)内。可设在三级耐火等级建筑的首层或二层;四级耐火等级建筑的首层。医院和疗养院的病房楼内相邻护理单元之间应采用耐火极限不低于2.00h的防火隔墙分隔,隔墙上的门应为乙级防火门,设置在走道上的防火门应为常开防火门。

5.教学建筑、食堂、菜市场

教学建筑、食堂、菜市场等场所可设在三级耐火等级建筑的首层或二层以及四级耐火等级建筑的首层。小学教学楼的主要教学用房不得设置在四层以上,中学教学楼的主要教学用房不得设置在五层以上。

6.剧场、电影院、礼堂

剧场、电影院、礼堂宜设置在独立的建筑内,如必须设置在其他民用建筑内时,应至少设置1个独立的安全出口和疏散楼梯,并采用耐火极限不低于2.00h的防火隔墙和甲级防火门与其他区域分隔。宜布置在一、二级耐火等级的多层或高层建筑的首层、二层或三层;设置在三级耐火等级建筑内时,不得布置在三层及以上楼层;设置在地下或半地下时,宜设置在地下一层,不得设置在地下三层及以下楼层。观众厅设置在高层民用建筑或多层民用建筑的四层及以上楼层时,每个观众厅的建筑面积不宜大于400m²,且一个厅、室的疏散门不应少于两个。

7.歌舞娱乐、放映、游艺场所

应采用耐火极限不低于2.00h的不燃烧体墙和耐火极限不低于1.00h的不燃性楼板与其他场所或部位隔开,该场所与建筑内其他部位相通的门应为乙级防火门,不得布置在地下二层及以下楼层,宜布置在一、二级耐火等级建筑物内的首层、二层或三层的靠外墙部位;若布置在袋形走道的两侧或尽端时,直通疏散走道的房间疏散门至最近安全出口的直线距离不超过9m。受条件限制时,可布置在地下一层,但应确保地下一层地面与室外出入口地坪的高差不大于10m。厅、室是指歌舞娱乐、放映、游艺场所中相互分隔的独立房间,如卡拉OK的每间包房、桑拿浴的每间按摩房或休息室。厅、室之间及与建筑的其他部位之间应采用耐火极限不低于2.00h的防火隔墙和耐火极限不低于1.00h的不燃性楼板分隔,在厅、室墙上的门应为乙级防火门。建筑面积大于50m²的厅、室的疏散门不得少于两个。布置在地下一层或四层及以上楼层时,一个厅、室的建筑面积不得大于200m²,即使设置自动喷水灭火系统,其面积也不能增加。

8.综合楼内的住宅部分

应采用耐火极限不低于1.50h的不燃性楼板和耐火极限不低于2.00h且无门、窗、洞口的防火隔墙完全分隔;当为高层建筑时,应采用耐火极限不低于2.00h的不燃性楼板和无门、窗、洞口的防火墙完全分隔,住宅部分与非住宅部分相接处应设置高度不小于1.2m的防火挑檐,相接处上、下开口之间的墙体高度不应小于4.0m。住宅部分与非住宅部分的安全出口和疏散楼梯必须分别独立设置,为住宅部分服务的地上车库应设置独立的疏散楼梯或安全出口。地下车库的疏散楼梯当与地上部分共用楼梯间时,在首层需采用耐火极限不低于2.00h的防火隔墙和乙级防火门将地下部分与地上部分的连通部位完全分隔并设置明显的标志。

9. 燃油或燃气锅炉房

锅炉房受条件限制必须贴邻民用建筑时,该建筑的耐火等级不得低于二级,锅炉房与所贴邻的建筑采用防火墙分隔,且不得贴邻人员密集场所;必须布置在民用建筑内时,不得布置在人员密集场所的上一层、下一层或贴邻。锅炉房设置在首层或地下一层的靠外墙部位,如为常(负)压燃油或燃气锅炉,可设置在地下二层或屋顶上。设置在屋顶上的常(负)压燃气锅炉,距离通向屋面的安全出口不小于6m。采用相对密度(与空气密度的比值)不小于0.75的可燃气体为燃料的锅炉,不得设置在地下或半地下。与其他部位之间采用耐火极限不低于2.00h的防火隔墙和不低于1.50h的不燃性楼板分隔。必须在隔墙上开设的门、窗为甲级防火门、窗。疏散门直通室外或安全出口。锅炉房内设置的储油间总储存量不得大于1m³,且储油间采用耐火极限不低于3.00h的防火墙与锅炉间分隔。必须在防火墙上开设的门为甲级防火门。布置在建筑外的储油罐与建筑间防火间距符合规定。当设置中间罐时,中间罐的容量不得大于1m³,设置在一、二级耐火等级的单独房间时,房间门为甲级防火门。在进入建筑物前和设备间内的管道上设置自动和手动切断阀;储油间的油箱密闭且设置通向室外的通气管,通气管设置带阻火器的呼吸阀,油箱的下部设置防止油品流散的设施。锅炉房设置火灾报警装置、独立的通风系统和与建筑规模相适应的灭火设施,燃气锅炉房还需检查是否设置爆炸泄压设施。

10. 变压器室

变压器室设有油浸变压器、充有可燃油的高压电容器和多油开关,且受条件限制必须贴邻民用建筑时,该建筑的耐火等级不得低于二级,锅炉房与所贴邻的建筑之间采用防火墙分隔,且未贴邻人员密集场所;必须布置在民用建筑内时,不得布置在人员密集场所的上一层、下一层或贴邻。变压器室设置在首层或地下一层的靠外墙部位。变压器室之间、变压器室与配电室之间、变压器室与其他部位之间采用耐火极限不低于2.00h的防火隔墙和不低于1.50h的不燃性楼板分隔。必须在隔墙上开设的门、窗为甲级防火门、窗。疏散门直通室外或安全出口。油浸变压器的总容量不大于1260kV·A,单台容量不大于630kV·A。油浸变压器、多油开关室、高压电容器室,应设置火灾报警装置、防止油品流散的设施和与建筑规模相适应的灭火设施。对于油浸变压器,还需要检查其下面是否设置能储存变压器全部油量的事故储油设施。

11. 柴油发电机房

柴油发电机房不得布置在人员密集场所的上一层、下一层或贴邻,宜布置在建筑物的首层及地下一、二层。采用耐火极限不低于2.00h的不燃烧体隔墙和1.50h的不燃性楼板与其他部位隔开,门为甲级防火门。检查机房内设置储油间的总储存量不大于1m³,且储油间采用耐火极限不低于3.00h的防火墙和甲级防火门与发电机间隔开。在进入建筑物前和设备间内的管道上设置自动和手动切断阀;储油间的油箱密闭且设置通向室外的通气管,通气管设置带阻火器的呼吸阀,油箱的下部设置防止油品流散的设施。柴油发电机应检查是否设置火灾报警装置,如建筑内其他部位设置自动喷水灭火系统,机房需设置自动喷水灭火系统。

12.瓶装液化石油气瓶组间

瓶组间不应与住宅建筑、重要公共建筑和其他高层公共建筑贴邻,应设置独立的瓶组间。主要检查以下内容:与所服务建筑的间距。液化石油气气瓶采用自然气化方式供气时,总容积不大于 $1m^3$ 的瓶组间可贴邻所服务建筑,但不得与人员密集场所贴邻。总容积在 $1m^3$ 与 $4m^3$ 之间的独立瓶组间,与所服务建筑、道路的防火间距需符合相关规定。瓶组间设置可燃气体浓度报警装置;总出气管道上设置紧急事故自动切断阀。

13.供建筑内使用的丙类液体燃料储罐

主要根据储罐的总容量及埋设方式检查与相邻建筑的防火间距。当设置中间罐时,中间罐的容量不得大于 $1m^3$,并应设置在一、二级耐火等级的单独房间内,房间门应采用甲级防火门。

14.消防控制室

(1)设置部位。消防控制室可单独建造,耐火等级不低于二级。当设置在建筑物的地下一层或首层的靠外墙部位时,应远离电磁场干扰较强及其他可能影响消防控制设备工作的房间。

(2)与其他部位的防火分隔。采用耐火极限不低于 2.00h 的隔墙和 1.50h 的楼板与其他部位隔开,开向建筑内的门为乙级防火门。

(3)疏散门的设置。疏散门直通室外或安全出口。

(4)设施的设置。为避免消防控制室被淹或进水受到影响,需设置挡水门槛等挡水措施,如消防控制室设置在地下时,还需检查是否设置排水沟等防淹措施。

15.消防水泵房

主要检查以下内容:

(1)设置部位。消防水泵房不得设置在地下三层及以下或地下室内地面与室外出入口地坪高差大于 10m 的楼层内;如单独建造,建筑物的耐火等级不低于二级。

(2)与建筑其他部位的防火分隔。采用耐火极限不低于 2.00h 的隔墙和 1.50h 的楼板与其他部位隔开,开向建筑内的门为乙级防火门。

(3)疏散门的设置。疏散门直通室外或安全出口。

(4)设施的设置。为避免消防水泵房被淹或进水受到影响,需设置挡水门槛等挡水措施,如泵房设置在地下时,还需检查是否设置排水沟等防淹措施。

(二)检查方法

通过查阅建筑消防设计文件,建筑平面图和剖面图,门窗表和门窗大样、防火门(窗)产品质量证明文件,锅炉和变压器说明书等相关资料,了解该建筑的使用性质、建筑层数、耐火等级、建筑的主要使用功能及布局等,确定需要检查的场所后开展现场检查。对照检查内容,对上述场所的设置部位、与其他部位的防火分隔措施、安全出口的设置及配套设施等是否符合相关规定进行重点检查。

四、汽车库、修车库

(一)检查内容

1.为车库服务的附属建筑

甲类物品库房储存量不大于 1.0t;乙炔发生器间总安装容量不大于 $5.0m^3/h$,乙炔气瓶库贮存量不超过 5 个标准钢瓶;非喷漆间一个车位、封闭喷漆间不大于两个车位;充电间和其他甲类生产场所的建筑面积不大于 $200m^2$。与汽车库、修车库之间采用防火墙隔开,并设置直通室外的安全出口。

2.车库内的附属设施

地下、半地下汽车库内不得设置修理车位、喷漆间、充电间、乙炔间和甲、乙类物品库房。汽车库和修车库内不得设置汽油罐、加油机、燃油或燃气锅炉、油浸变压器、充有可燃油的高压电容器和多油开关、液化石油气或液化天然气储罐、加气机。

3.与其他功能的建筑的组合

如汽车库必须与托儿所、幼儿园、中小学校的教学楼、老年人照料设施、病房楼等组合建造时,应检查其是否只设置在建筑的地下部分,并采用耐火极限不低于 2.00h 的楼板与其他部位完全分隔;汽车库的安全出口和疏散楼梯与其他部位应分别独立设置。

4.与修车库组合建造的其他建筑功能

Ⅰ类修车库应独立建造;Ⅱ、Ⅲ、Ⅳ类修车库可设置在一、二耐火等级建筑的首层或与其贴邻,不得与甲类厂房、乙类厂房、仓库、明火作业的车间或托儿所、幼儿园、中小学校的教学楼、老年人照料设施、病房楼及人员密集场所组合建造或贴邻。

(二)检查方法

通过查阅消防设计文件、建筑平面图等相关的资料,了解车库的类别、附属用房的组成及布局、组合建造时建筑其他部位的功能等,确定需要检查的场所后开展现场检查。对照检查内容,重点对上述场所的设置部位、与其他部位的防火分隔措施、安全出口的设置等是否符合相关规定等进行检查。

五、人防工程

(一)检查内容

1.是否有下列不允许设置的场所或设施

哺乳室、幼儿园、托儿所、游乐厅等儿童活动场所和残疾人员活动场所。使用、储存液化石油气,相对密度(与空气密度比值)大于或等于 0.75 的可燃气体和闪点小于 60℃的液体作燃料的场所。油浸电力变压器和其他油浸电气设备。

2.地下商店

地下商店营业厅不得设置在地下三层及以下。营业厅经营和储存商品的火灾危险性不得为甲、乙类。当总建筑面积大于 20000m² 时，应采用不开设门窗洞口的防火墙进行分隔。对确需局部连通的相邻区域，采取下沉式广场、防火隔间、避难走道和防烟楼梯间等措施进行防火分隔。

3.歌舞娱乐、放映、游艺场所

采用耐火极限不低于 2.00h 的不燃烧体墙和耐火极限不低于 1.50h 的楼板与其他场所隔开，必须在墙上开设的门须为乙级防火门。布置在袋形走道的两侧或尽端时，最远房间的疏散门至最近安全出口的距离不大于 9m。歌舞、娱乐、放映游艺场所不得布置在地下二层及以下层。当设置在地下一层时，室内地面与室外出入口地坪的高差不大于 10m。一个厅、室的建筑面积不应大于 200m²；建筑面积大于 50m² 的厅、室，疏散出口不少于 2 个；厅、室隔墙上的门须为乙级防火门。

4.医院病房

人防工程内的医院病房不得设置在地下二层及以下层，设置在地下一层时，室内地面与室外出入口地坪的高差不大于 10m。

5.消防控制室

设置在地下一层，并邻近直接通向地面的安全出口。当地面建筑设有消防控制室时，可与地面建筑消防控制室合用。采用耐火极限不低于 2.00h 的隔墙和 1.50h 的楼板与其他部位隔开。

6.柴油发电机房

除参照民用建筑内设置柴油发电机房的要求进行检查，还需检查以下内容：

(1)储油间的设置。储油间采用防火墙和常闭甲级防火门与发电机间隔开，并设置高 150mm 的不燃烧、不渗漏的门槛，防止地面渗漏油的外流。地面不得设置地漏。

(2)与电站控制室的防火分隔。与电站控制室之间的连接通道处设置一道常闭甲级防火门，二者之间的密闭观察窗达到甲级防火窗性能。

7.燃油或燃气锅炉房

可参照民用建筑内设置燃油或燃气锅炉房的要求进行检查。

(二)检查方法

通过查阅建筑消防设计文件、建筑平面图、剖面图、门窗表和门窗大样、防火门(窗)产品质量证明文件、锅炉、变压器说明书等相关资料，了解该建筑的使用性质、建筑层数、耐火等级、建筑的主要使用功能及布局等，确定需要检查的场所后开展现场检查。对照检查内容对上述场所的设置部位、与其他部位的防火分隔措施、安全出口的设置及配套设施等是否符合相关规定等进行重点检查。

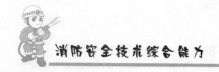

第三节　救援设施的布置

一、消防电梯

消防电梯是火灾情况下运送消防器材和消防救援人员的专用消防设施。防火检查中，通过对消防电梯的设置数量、前室、消防电梯井和机房、电梯配置等检查，核实消防电梯的设置是否符合现行国家工程建设消防技术标准的要求。

(一)检查内容

(1)消防电梯设置的数量：根据建筑物的性质、重要性和建筑高度、建筑面积等因素确定设置消防电梯及其数量。通常，消防电梯设置在不同防火分区内，且每个防火分区不少于1台；建筑高度大于33m的住宅建筑、一类高层公共建筑和建筑高度大于32m的二类高层公共建筑、设置消防电梯的建筑的地下或半地下室，埋深大于10m且总建筑面积大于3000m²的其他地下或半地下建筑(室)须设置供消防员专用的消防电梯。平时消防电梯也可兼做客梯或货梯使用。

(2)消防电梯前室的设置：主要检查消防电梯前室设置位置、使用面积、首层能否直通室外或通向室外通道的长度。需要注意的是，前室或合用前室的门不允许采用防火卷帘，前室的短边不应小于24m。

(3)消防电梯井、机房的设置：消防电梯井、机房与相邻其他电梯井、机房之间，采用耐火极限不低于2.00h的不燃烧体隔墙隔开；在隔墙上开设的门须为甲级防火门。

(4)消防电梯的配置：主要检查消防电梯的载重量、行驶速度、轿厢的内部装修材料、通信设备的配置，以及消防电梯的动力与控制电缆、电线、控制面板采取的防水措施。

(5)消防电梯的排水：消防电梯的井底设置排水设施，排水井的容量不小于2m³，排水泵的排水量不小于10L/s。消防电梯间前室的门口应设置挡水设施。

(二)检查方法

通过查阅消防设计文件、建筑平面图、剖面图等资料，了解建筑的性质、高度和楼层的建筑面积或防火分区情况，确定是否需要设置消防电梯，并开展现场检查。按每栋建筑的实际安装消防电梯的数量进行检查。主要进行以下操作：

(1)核查电梯检测主管部门核发的有关证明文件，检查消防电梯的载重量、消防电梯的井底排水设施。

(2)测量消防电梯前室面积、首层消防电梯间通向室外的安全出口通道的长度，面积测量值的允许负偏差和通道长度测量值的允许正偏差不得大于规定值的5%。

(3)使用首层供消防救援人员专用的操作按钮，检查消防电梯能否下降到首层并发出反馈信号，此时其他楼层按钮不能呼叫消防电梯，只能在轿厢内控制。

（4）模拟火灾报警,检查消防控制设备能否手动和自动控制电梯返回首层,并接收反馈信号。

（5）使用消防电梯轿厢内专用消防对讲电话与消防控制中心进行不少于 2 次通话试验,通话语音清晰。

（6）使用秒表测试消防电梯由首层直达顶层的运行时间,检查消防电梯行驶速度是否能保证从首层到顶层的运行时间不超过 60s。

二、直升机停机坪

直升机停机坪是发生火灾时供直升机救援屋顶平台上的避难人员时停靠的设施。建筑高度大于100m 且标准层面积大于2000m^2 的旅馆、办公楼、综合楼等公共建筑的屋顶宜设直升机停机坪或供直升机救助的设施。

防火检查中,通过对屋顶直升机停机坪或供直升机救助设施的平面布置、消防设施的检查,核实其设置是否符合现行国家工程建设消防技术标准的要求。

（1）与周边突出物的间距:设在屋顶平台上的停机坪,与设备机房、电梯机房、水箱间、共用天线等突出物和屋顶的其他邻近建筑设施的距离,不小于 5m。

（2）直通屋面出口的设置:从建筑主体通向直升机停机坪出口的数量不少于 2 个,且每个出口的宽度不宜小于 0.90m。

（3）消防设施的配置:停机坪四周设置航空障碍灯、应急照明和消火栓。

三、消防救援口

消防救援口是设置在厂房、仓库、公共建筑的外墙上,便于消防救援人员迅速进入建筑内部,有效开展人员救助和灭火行动的窗口。防火检查中,通过对建筑外立面的检查,核实消防救援口的设置是否符合现行国家工程建设消防技术标准的要求。

（1）消防救援口的设置位置:消防救援口的设置位置与消防车登高操作地相对应,其窗口的玻璃应易于破碎,并在外侧设置易于识别的明显标志。

（2）消防救援口洞口的尺寸:供消防救援人员进入的窗口,其净高度和净宽度均不应小于 1.0m,下沿距室内地面不宜大于 1.2m。

（3）消防救援口的设置数量:消防救援口的设置间距不宜大于 20m,且每个防火分区不应少于 2 个,设置位置应与消防车登高操作场地相适应。

（4）专用消防口的设置:洁净厂房与洁净区同层外墙设置可供消防救援人员通往厂房洁净室（区）的门窗,其间距大于 80m 时,在该段外墙适当部位设专用消防口其宽度不宜小于0.75m,高度不宜小于 1.8m,并应设有明显标志,楼层的专用消防口应设置阳台,并从二层开始向上层架设钢梯。

第三章 防火防烟分区检查

知识框架

防火防烟分区检查
- 防火分区
  - 防火分区的划分
  - 电梯井和管道井等竖向井道
  - 中庭
  - 变形缝
  - 有顶棚的步行街
  - 建筑外(幕)墙
- 防烟分区
  - 防烟分区设置
  - 挡烟设施
- 防火分隔措施
  - 概念
  - 分类
  - 构成部件
  - 排烟防火阀
  - 防火隔间

考点梳理

1. 现场对防火卷帘检查时的操作内容。

2. 防火门检查的主要内容和方法。

3. 建筑防火分区面积检查时的注意事项。

第一节　防火分区

一、防火分区的划分

(一)概念

防火分区指采用防火分隔措施划分出的、能在一定时间内防止火灾向同一建筑的其余部分蔓延的局部区域(空间单元)。

(二)必要性

在建筑内采用划分防火分区措施,一方面通过耐火性能较好的楼板及窗间墙(含窗下墙),在建筑物的垂直方向对每个楼层进行防火分隔,另一方面利用防火墙或防火门、防火卷帘等防火分隔物将各楼层在水平方向分隔出防火区域,可以有效地把火势控制在一定的范围内,减少火灾损失,同时可以为人员安全疏散、消防扑救提供有利的条件。

(三)划分

防火分区的划分主要包括楼板的水平防火分区和垂直防火分区两部分。所谓水平防火分区,就是用防火墙或防火门、防火卷帘等将各楼层在水平方向分隔为两个或几个防火分区;所谓垂直防火分区,就是采用耐火的楼板和窗间墙将上下层隔开。防火检查中,通过对防火分区的面积、防火分隔完整性进行检查,核实防火分区的划分是否符合现行国家工程建设消防技术标准的要求。

(四)检查内容

1.面积

(1)同一座库房或同一个防火隔间内储存数种火灾危险性不同的物品,其库房或隔间的最大允许建筑面积,按其中火灾危险性最大的物品确定。

(2)民用建筑根据建筑物耐火等级、建筑高度或层数、使用性质等确定每个防火分区的最大允许建筑面积;当裙房与高层建筑主体之间设置防火墙时,裙房的防火分区可按单、多层建筑的要求确定。当建筑内设置汽车库、商场、展厅等特殊功能区域,还应检查其防火分区是否符合具体防火分区面积的要求,如室内有车道且有人停留的机械式汽车库,其防火分区的最大允许建筑面积按常规要求减少35%。

对地下或半地下商店进行检查时,当包括营业面积、储存面积及其他配套服务面积的总建筑面积大于20000m²时,为最大限度减少火灾的危害,除检查每个防火分区建筑面积是否满足规范规定外,还需检查其是否采用无门、窗、洞口的防火墙、耐火极限不低于2.00h的楼板分隔为多个建筑面积不大于 $20000m^2$ 的区域。当相邻区域确需局部连通时,可以采用防火隔间、避难走道、防烟楼梯间、能防止相邻区域的火灾蔓延和便于安全疏散的下沉式广场等与室外开敞空间进行连通。

(3)人防工程中,溜冰馆的冰场、游泳馆的游泳池、射击馆的靶道区、保龄球馆的球道区等,其面积可不计入溜冰馆、游泳馆、射击馆、保龄球馆的防火分区面积;水泵房、污水泵房、水库、厕所、盥洗间等无可燃烧的房间面积可不计入防火分区的面积;避难走道不划分防火分区。

(4)建筑内设置走廊、自动扶梯、敞开楼梯、传送带、中庭等开口部位时,其防火分区的建筑面积应将上下连通的建筑面积叠加计算;同样,对于敞开式、错层式、斜楼板式的汽车库,其上下连通层的防火分区面积也需要叠加计算。

(5)对于一些机场候机楼的候机厅,体育馆、剧院的观众厅,展览建筑的展览厅等有特殊功能要求的区域,其防火分区的最大允许建筑面积,在最大限度地提高建筑消防安全水平并进行充分论证的基础上,可以根据专家评审纪要中的评审意见适当放宽。

2.防火分隔完整性

防火分隔完整性主要通过防火分隔设施实现。防火分隔设施即在防火分区间设置的能保证在一定时间内阻止火势蔓延的边缘构件及设施,分为固定不可活动式和活动可启闭式两大类,主要包括防火墙、防火卷帘、防火门(窗)、防火阀、排烟防火阀等,需要注意:对防火分区间代替防火墙分隔的防火卷帘,其耐火极限不得低于所设置部位墙体的耐火极限要求,并检查防火卷帘与楼板、梁、墙、柱之间的空隙是否采用防火封堵材料封堵严实。对设在变形缝处附近的防火门,应检查其是否设置在楼层较多的一侧,且门开启后不得跨越变形缝。对建筑内的隔墙,包括房间隔墙和疏散走道两侧的隔墙、住宅分户墙和单元之间的墙,应检查其是否从楼地面基层隔断砌至顶板底面基层。

(五)检查方法

通过查阅消防设计文件、建筑平面图、防火分区示意图、施工记录等资料,了解建筑分类和耐火等级、建筑平面布局等基本要素,确定防火分区划分的标准后开展现场检查。

二、电梯井和管道井等竖向井道

建筑内的管道和管道井是火灾烟气和火灾蔓延的通道之一,在火灾发生时极易产生烟囱效应。防火检查中,通过对管道井的设置、封堵等方面进行检查,核实竖向井道的设置是否符合现行国家工程建设消防技术标准的要求。

(一)检查内容

(1)竖向井道设置:建筑的电缆井、管道井、排(气)烟道、垃圾道等竖向井道,均分别独立设置。井壁耐火极限不低于 $1.00h$,井壁上的检查门为丙级防火门。高层建筑内的垃圾道排气口直接开向室外,垃圾斗设在垃圾道前室内,该前室的门为丙级防火门。垃圾斗采用不燃烧材料制作,并能自行关闭。电梯井独立设置。井内严禁敷设可燃气体和甲、乙、丙类液体管道,且不得敷设与电梯无关的电缆、电线等。井壁除开设电梯门、安全逃生门和通气孔洞外,不开设其他洞口。电梯门的耐火极限不低于 1.00h,同时符合相关完整性和隔热性要求。

(2)缝隙、孔洞的封堵:电缆井、管道井与房间、走道等相连通的孔隙,采用防火封堵材料封堵。电缆井、管道井在每层楼板处采用不低于楼板耐火极限的不燃烧体或防火封堵材料封堵。

(二)检查方法

查阅消防设计文件、建筑平面图,了解竖向井道类型与基本设置位置后开展现场检查,实地对照隐蔽工程施工记录、防火门产品质量证明文件和防火封堵产品燃烧性能证明文件等资料,查验防火门、防火封堵材料选型和防火封堵的密实性。

三、中庭

中庭指建筑室内无楼板分隔,上下敞开相连通的建筑内部空间,因开口大并与周围空间相互连通,成为火灾竖向蔓延的主要通道,一旦发生火灾,火势蔓延迅速,烟气扩散快。防火检查中,结合中庭的连通方式,通过对中庭的防火分隔措施、消防设施的设置、装修材料等进行检查,核实中庭的设置是否符合现行国家工程建设消防技术标准的要求。

(一)检查内容

建筑物内设置中庭时,首先按上下层相连通的面积叠加计算其防火分区面积,当超过一个防火分区最大允许建筑面积时,主要检查以下内容。

(1)防火分隔措施:中庭与周围连通空间的防火分隔措施有多种,当采用防火隔墙时,耐火极限不得低于 1.00h;当采用防火玻璃时,防火玻璃与其固定部件整体的耐火极限不得低于 1.00h,如果防火玻璃采用耐火完整性不低于 1.00h 的非隔热性防火,还应检查是否设置闭式自动喷水灭火系统;当采用防火卷帘时,耐火极限不得低于 3.00h;同时,与中庭相连通的门、窗,均为火灾时能自行关闭的甲级防火门、窗。

(2)消防设施的设置:主要检查中庭排烟设施,如为高层建筑,还应检查中庭回廊的自动喷水灭火系统和火灾自动报警系统的设置。

(3)中庭的使用功能:中庭内不得布置任何经营性商业设施、可燃物或用于人员通行外的其他用途。

(4)与中庭连通部位的装修材料:建筑内上下层相连通的中庭,其连通部位的顶棚、墙面装修材料燃烧等级应为 A 级,其他部位可采用不低于 B1 级的装修材料。

(二)检查方法

查阅消防设计文件、建筑平面图、剖面图等资料,了解中庭贯通的层数、与周围空间连通的方式,通过计算连通空间的总建筑面积,判断相连通的空间是否处在一个防火分区内,从而确定中庭与四周需采取的防火分隔措施后开展现场检查。查看中庭及相通部位的使用功能,对照隐蔽工程施工记录、防火门(窗)、防火卷帘的产品质量证明文件等资料,查验防火门、防火卷帘的选型和设置,确保参数符合规定要求。

四、变形缝

建筑物的伸缩缝、沉降缝、抗震缝等各种变形缝是为防止建筑变形影响建筑结构安全和使用功能而设的,也是火灾蔓延的途径之一,尤其是纵向变形缝具有很强的拔烟、拔火作用。防火检查中,通过对变形缝材质、管道敷设等进行检查,重点核实跨越防火分区的变形缝设置是否符合现行国家工程建设消防技术标准的要求。

(一)检查内容

(1)变形缝的材质:变形缝构造基层、表面装饰层必须为不燃材料。

(2)管道的敷设:变形缝内不得设置电缆、可燃气体管道和甲、乙、丙类液体管道。必须穿过时,需检查在穿过处,是否加设不燃材料制作的套管或采取其他防变形措施,并采用防火封堵材料封堵。当通风、空气调节系统的风管穿越防火分隔处的变形缝时,需检查其两侧是否设置公称动作温度为 70℃ 的防火阀。

(二)检查方法

查阅消防设计文件、建筑平面图、通风和空调系统平面图等资料,了解变形缝的设置位置,是否有穿越的管道或风管等,结合隐蔽工程施工记录、防火阀、防火封堵产品证明文件等开展现场检查,重点查看跨越防火分区的变形缝、伸缩缝。在必要时可打开变形缝表面装饰层进行检查。

五、有顶棚的步行街

其主要特征为:步行街两侧均设置建筑面积不大于 300m² 的中小型零售、餐饮和娱乐等商业设施或商铺。其与商业建筑内中庭的主要区别在于,步行街如果没有顶棚,则步行街两侧的建筑就成为相对独立的多座不同建筑,而中庭则不能。此外,步行街两侧的建筑不会因步行街上部设置了顶棚而明显增大火灾蔓延的危险,也不会导致火灾烟气在该空间内明显积聚,因此,其防火要求有别于建筑内的中庭。防火检查中,通过对步行街两侧建筑、两侧建筑的商铺、步行街的端部、顶棚及消防设施布置等内容进行检查,核实有顶棚的步行街的设置是否符合现行国家工程建设消防技术标准的要求。

(一)检查内容

餐饮、商店等商业设施通过有顶棚的步行街连接,当步行街两侧建筑利用步行街进行安全疏散时步行街的长度不宜大于 300m,步行街内不应布置可燃物,主要检查以下内容:

(1)步行街两侧建筑的耐火等级不低于二级。两侧建筑相对面的最近距离均不小于规范对相应高度建筑的防火间距要求,且不小于 9m。当步行街两侧的建筑为多层时,每层面向步行街一侧的商铺需设置防止火灾竖向蔓延措施并符合规范的相关规定,如设置回廊或挑檐时,其出挑宽度不应小于1.2m。步行街两侧建筑内的疏散楼梯靠外墙设置并宜直通室外,确有困难时,可在首层直接通至步行街。

(2)步行街两侧建筑的商铺,每间建筑面积不宜大于300m²,商铺之间设置耐火极限不低于2.00h的防火隔墙。商铺面向步行街一侧的围护构件宜采用耐火极限不低于1.00h的实体墙,门、窗应采用乙级防火门、窗或符合规定的防火玻璃墙;相邻商铺之间面向步行街一侧设置宽度不小于1.0m、耐火极限不低于1.00h的实体墙。步行街两侧的商铺在上部各层设置回廊和连接天桥时,应保证步行街上部各层的开口面积不应小于步行街地面面积的37%,且开口宜均匀布置。

(3)步行街的端部在各层均不宜封闭,确需封闭时,在外墙上需设置可开启的门窗,且可开启门窗的面积不小于该部位外墙面积的一半。

(4)步行街的顶棚采用不燃或难燃材料,其承重结构的耐火极限不低于1.00h。顶棚下檐距地面的高度不小于6.0m,顶棚设置的自然排烟设施如采用常开式排烟口时,自然排烟口的有效面积不应小于步行街地面面积的25%。常闭式自然排烟设施设置在火灾时能手动和自动开启的装置。

(5)步行街两侧建筑的商铺外,每隔30m设置DN65mm的消火栓,并配备消防软管卷盘或消防水龙;商铺内设置自动喷水灭火系统和火灾自动报警系统;商铺内外均设置疏散照明、灯光疏散指示标志和消防应急广播系统。每层回廊均设置自动喷水灭火系统。步行街内宜设置自动跟踪定位射流灭火系统。

(二)检查方法

查阅消防设计文件、建筑平面图、剖面图等资料,了解步行街的长度、步行街两侧建筑的商铺每间建筑面积、步行街两侧的建筑是否需要利用步行街进行安全疏散等,确定步行街的检查要求后开展现场检查。对照隐蔽工程施工记录、防火门(窗)、防火玻璃墙的产品质量证明文件等资料,查验商铺围护构件的选型和设置。测量步行街两侧建筑相对面的最近距离、设置的回廊或挑檐的出挑宽度、步行街上部各层楼板的开口面积、步行街端部可开启门窗的面积和顶棚自然排烟口的有效面积,测量值的允许负偏差不得大于设计值的5%。

六、建筑外(幕)墙

(一)检查内容

1.外立面开口之间的防火措施

建筑外墙在上下层开口之间如果采用实体墙分隔,当室内设置自动喷水灭火系统时,墙体的高度不小于0.8m,否则墙体的高度不小于1.2m;如果采用防火挑檐分隔,挑檐的宽度不小于1.0m,长度不小于开口宽度;如果上下层开口之间因实体墙设置有困难,采用防火玻璃墙分隔,对于高层建筑,防火玻璃墙的耐火完整性不低于1.00h,对于多层建筑,防火玻璃墙的耐火完整性不低于0.50h。

对于住宅建筑,还需要检查外墙上相邻户开口之间的墙体宽度,当小于1.0m时,开口之间要设置凸出外墙不小于0.6m的隔板。

2.幕墙缝隙的封堵

建筑幕墙常采用玻璃、石材和金属等材料。当幕墙受到火烧或受热时,易破碎或变形、爆裂,甚至造成大面积的破碎、脱落。对于存在空腔结构的幕墙,如不采取一定措施,会加剧火势在水平和竖向的蔓延。幕墙与周边防火分隔构件之间的缝隙、与楼板或者隔墙外沿之间的缝隙、与相邻的实体墙洞口之间的缝隙等的填充材料会存在受震动和温差影响易脱落、开裂等问题,所以幕墙与每层楼板、隔墙处的缝隙,需要采用具有一定弹性和防火性能的材料填塞密实。这种材料可以是不燃材料,也可以是具有一定耐火性能的难燃材料。

3.消防救援口的设置

位于消防车登高操作场地一侧的建筑外(幕)墙消防救援口设置进行防火检查参照消防救援口设置内容。

(二)检查方法

通过查阅消防设计文件、建筑剖面图、幕墙大样图、隐蔽工程施工记录等资料,了解建筑幕墙设置位置、设置类型等基本要素后开展现场检查。核查防火窗、内填充材料、防火封堵材料等产品质量证明文件及燃烧性能检测报告与消防设计文件的一致性;测量楼板外沿墙体的高度时,高度测量值的允许负偏差不得大于规定值的5%。

第二节　防烟分区

一、防烟分区设置

(一)概念

防烟分区指用挡烟垂壁、挡烟梁、挡烟隔墙等划分的可把烟气限制在一定范围的空间区域。

(二)必要性

建筑内设置防烟分区,可以保证在一定时间内,使火场上产生的高温烟气不致随意扩散,并进而加以排除,从而达到有利人员安全疏散、控制火势蔓延和减少火灾损失的目的。

(三)检查内容

1.划分

防烟分区一般根据建筑内部的功能分区和排烟系统的设计要求,按其用途、面积、楼层划分。具体检查要求为:防烟分区不得跨越防火分区和楼层。有特殊用途的场所必须独立划分防烟分区。不设排烟设施的部位(包括地下室)可不划分防烟分区。

2.面积

防烟分区的面积如果过大,会使烟气波及面积扩大,导致受灾面增加,不利于安全疏散和扑救;如果面积过小,不仅影响使用,还会提高工程造价。因此,对于公共建筑和工业建筑(包括地下建筑和人防工程),需要根据具体情况确定合适的防烟分区大小,空间净高(H)≤3.0m 时,最大允许面积为 500m²;3.0m < 空间净高(H)≤6.0m 时,最大允许面积为 1000m²;6.0m < 空间净高(H)≤9.0m 时,最大允许面积为 2000m²。

(四)检查方法

查阅消防设计文件、建筑平面图和剖面图,了解需要设置机械排烟设施的部位及其室内净高,确定建筑排烟平面图,了解防烟分区的具体划分后开展现场检查。测量最大防烟分区的面积,测量值的允许正偏差不得大于设计值的 5%。

二、挡烟设施

(一)概念

用于防烟分区挡烟的设施主要有屋顶挡烟隔板、挡烟垂壁和从顶棚下突出不小于500mm 的梁等。屋顶挡烟隔板是指设在屋顶内,能对烟气和热气的横向流动造成障碍的垂直分隔体。挡烟垂壁是指用不燃材料制成,垂直安装在建筑顶棚、横梁或吊顶下,能在火灾时形成一定蓄烟空间的挡烟分隔设施。防火检查中,通过对挡烟高度、挡烟垂壁等进行检查,核实挡烟设施的设置是否符合现行国家工程建设消防技术标准的要求。

(二)检查内容

1.挡烟高度

挡烟高度即各类挡烟设施处于安装位置时,其底部与顶部之间的垂直高度,要求不得小于 500mm。

2.挡烟垂壁

挡烟垂壁有固定式和活动式两种。固定式挡烟垂壁是指固定安装的、能满足设定挡烟高度的挡烟垂壁;活动式挡烟垂壁是指可从初始位置自动运行至挡烟工作位置,并满足设定挡烟高度的挡烟垂壁。主要对挡烟垂壁的外观、材料、尺寸与搭接宽度、控制运行性能等进行逐项检查。

(三)检查方法

查阅消防设计文件、建筑排烟平面图,了解防烟分区的划分、挡烟设施的设置位置,对照挡烟垂壁产品出厂合格证和有效证明文件,核实型号规格与消防设计的一致性后开展现场检查,主要进行以下操作:

(1)查看挡烟垂壁的外观,挡烟垂壁的标牌牢固,标识清楚,金属零部件表面无明显凹痕或机械损伤,各零部件的组装、拼接处无错位。

(2)测量挡烟垂壁的搭接宽度。卷帘式挡烟垂壁挡烟部件由两块或两块以上织物缝制时,搭接宽度不得小于20mm。当单节挡烟垂壁的宽度不能满足防烟分区要求,采用多节垂壁搭接的形式使用时,卷帘式挡烟垂壁的搭接宽度不得小于100mm,翻板式挡烟垂壁的搭接宽度不得小于20mm。宽度测量值的允许负偏差不得大于规定值的5%。

(3)测量挡烟垂壁边沿与建筑物结构表面的最小距离,此距离不得大于20mm,测量值的允许正偏差不得大于规定值的5%。

(4)观察活动式挡烟垂壁的下降,使用秒表、卷尺测量挡烟垂壁的电动下降或机械下降运行速度和时间。卷帘式挡烟垂壁的运行速度大于等于0.07m/s;翻板式挡烟垂壁的运行时间小于7s。挡烟垂壁设置限位装置,当其运行至上、下限位时,能自动停止。

(5)采用加烟的方法使感烟探测器发出模拟烟火灾报警信号,或由消防控制中心发出控制信号,观察防烟分区内的活动式挡烟垂壁能自动下降至挡烟工作位置。

(6)切断系统供电,观察挡烟垂壁能自动下降至挡烟工作位置。

第三节　防火分隔措施

一、概念

防火分隔设施是指能在一定时间内阻止火焰蔓延,把整个建筑内部空间划分成若干个较小防火隔间的物体。

二、分类

防火分隔设施可分为两种,分别是:
(1)固定式防火分隔措施:如建筑中的内外墙体、楼板、防火墙、防火隔间等。
(2)活动式、可启闭式防火分隔措施:如防火门、防火窗、防火卷帘等。

三、构成部件

(一)防火墙

防火墙是防止火灾蔓延至相邻建筑或相邻水平防火分区且耐火极限不低于3.00h的不燃性实体墙。防火检查中,通过对防火墙的设置位置、墙体材料、穿越管道和防火封堵严密性等进行检查,核实防火墙的设置是否符合现行国家工程建设消防技术标准的要求。

1.检查内容

(1)设置位置:目前在各类建筑物中设置的防火墙,大部分建造在建筑物框架上或与建筑框架相连接。具体检查要求为:在建筑物的基础或钢筋混凝土框架、梁等承重结构上的防火墙,应从楼地面基层隔断至梁、楼板或屋面结构层的底面。设置在转角附近的防火墙,内转角两侧墙上的门、窗、洞口之间最近边缘的水平距离不得小于4.0m,当采取设置乙级防火窗等防止火灾水平蔓延的措施时,距离可不限。防火墙的构造应能够保证在防火墙任意一侧的屋架、梁、楼板等受到火灾的影响而破坏时,不会导致防火墙倒塌。建筑外墙为不燃性墙体时,紧靠防火墙两侧的门、窗、洞口之间最近边缘的水平距离不得小于2.0m;采取设置乙级防火窗等防止火灾水平蔓延的措施时,距离可不限。

(2)墙体材料:防火墙的耐火极限一般要求为3.00h,对甲、乙类厂房和甲、乙、丙类仓库,因火灾时延续时间较长,燃烧过程中所释放的热量较大,用于防火分区分隔的防火墙耐火极限应保持不低于4.00h。防火墙上一般不开设门、窗和洞口,必须开设时,需设置不可开启或火灾时能自动关闭的甲级防火门、窗,以防建筑内火灾的浓烟和火焰穿过门窗洞口蔓延扩散。

(3)穿越防火墙的管道:防火墙内不得设置排气道、可燃气体和甲、乙、丙类液体的管道。对穿过防火墙的其他管道,应检查其是否采用防火封堵材料将墙与管道之间的空隙紧密填实;对穿过防火墙处的管道保温材料,应检查其是否采用不燃材料;当管道为难燃及可燃材料时,还应检查防火墙两侧的管道上采取的防火措施。

(4)防火封堵的严密性:主要检查防火墙、隔墙墙体与梁、楼板的结合是否紧密,是否无孔洞、缝隙;墙上的施工孔洞是否采用不燃材料填塞密实;墙体上嵌有箱体时是否在其背部采用不燃材料封堵,以及是否满足墙体相应的耐火极限要求。

2.检查方法

查阅消防设计文件、建筑平面图、防火分区示意图、施工记录等资料,确定防火墙的设置部位、穿越防火墙的管道等基本数据后,开展现场检查。主要包括:测量防火墙两侧的门、窗洞口之间最近边缘的水平距离,距离测量值的允许负偏差不得大于规定值的5%;沿防火墙现场检查管道敷设情况及墙体上嵌有箱体的部位,核查防火封堵材料、保温材料产品与市场准入文件、消防设计文件的一致性。

(二)防火门

防火门是由门板、门框、锁具、闭门器、顺序器、五金件、防火密封件以及电动控制装置等组成,符合耐火完整性和隔热性等要求的防火分隔物。

防火检查中,通过对防火门的选型、外观、安装质量和系统功能等进行检查,核实防火门的设置是否符合现行国家消防技术标准的要求。

1.检查内容

(1)选型:防火门按开启状态分为常闭防火门和常开防火门。对设置在建筑内经常有人通行处的防火门优先选用常开防火门,其他位置的均采用常闭防火门,常闭防火门应在门扇的明显位置设置"保持防火门关闭"等提醒标志。

(2)外观:防火门的门框、门扇及各配件表面应平整、光洁,并应无明显凹凸、擦痕等缺陷,在其明显部位设有永久性标牌,应标明产品名称、型号、规格、耐火性能及商标、生产单位(制造商)名称和厂址、出厂日期及产品生产批号、执行标准等,且内容清晰、设置牢靠。常闭防火门应装有闭门器,双扇和多扇防火门应装有顺序器;常开防火门装有在发生火灾时能自动关闭门扇的控制、信号反馈装置和现场手动控制装置,且符合产品说明书的要求。防火插销安装在双扇门或多扇门相对固定一侧的门扇上。

(3)安装:除特殊情况外,防火门应向疏散方向开启,防火门在关闭后应能从任何一侧手动开启。对设置在变形缝附近的防火门,应检查是否安装在楼层数较多的一侧,且门扇开启后不得跨越变形缝。钢质防火门门框内填充水泥砂浆,门框与墙体采用预埋钢件或膨胀螺栓等连接牢固,固定点间距不宜大于600mm。防火门门扇与门框的搭接尺寸不小于12mm。防火门门框与门扇、门扇与门扇的缝隙处嵌装的防火密封件应牢固、完好。

(4)系统功能:防火门系统功能的检查主要包括常闭式防火门启闭功能、常开防火门联动控制功能、消防控制室手动控制功能和现场手动关闭功能的检查。

2.检查方法

查阅消防设计文件、建筑平面图、门窗大样、防火门工程质量验收记录等资料,了解建筑内防火门的安装位置、选型、数量等数据。对照防火门的产品出厂合格证等有效证明文件,核实防火门的型号、规格及耐火性能与消防设计的一致性后开展现场检查,主要进行以下操作:

(1)查看防火门的外观,使用测力计测试其门扇开启力,防火门门扇开启力不得大于80N。

(2)开启防火门,查看关闭效果。从常闭防火门的任意一侧手动开启,能自动关闭。当装有信号反馈装置时,开、关状态信号能反馈到消防控制室。现场手动启动常开防火门关闭装置,当常开防火门接到现场手动发出的指令后,自动关闭并将关闭信号反馈至消防控制室。需要注意的是,防火门在正常使用状态下关闭后应具备防烟性能。当前防火门存在的主要问题是密封条未达到规定的温度则不会膨胀,从而不能有效阻止烟气侵入,该问题是导致一些场所(如宾馆、住宅等)人员死亡的重要原因之一。

(3)触发常开防火门一侧的火灾探测器,使其发出模拟火灾报警信号,观察防火门动作情况及消防控制室信号显示情况。防火门应能自动关闭,并能将关闭信号反馈至消防控制室。

(4)将消防控制室的火灾报警控制器或消防联动控制设备处于手动状态,消防控制室手动启动常开防火门电动关闭装置,观察防火门动作情况及消防控制室信号显示情况。接到消防控制室手动发出的关闭指令后,常开防火门能自动关闭,并将关闭信号反馈至消防控制室。

(三)防火窗

防火窗是由窗扇、窗框、五金件、防火密封件以及窗扇启闭控制装置等组成,符合耐火完整性和隔热性等要求的防火分隔物。

防火检查中,通过对防火窗的选型、外观、安装质量和控制功能等进行检查,核实防火窗的设置是否符合现行国家工程建设消防技术标准的要求。

1.检查内容

(1)选型:常见防火窗有无可开启窗扇的固定式防火窗和有可开启窗扇且装配有窗扇启闭控制装置的活动式防火窗。防火窗耐火极限选择是否正确应根据具体设置位置结合消防设计文件进行判断装置。

(2)外观:防火窗的表面应平整、光洁,无明显凹痕或机械损伤。在其明显部位应设置耐久性铭牌,标明产品名称、型号规格、耐火性能及商标、生产单位(制造商)名称和厂址、出厂日期及产品生产批号、执行标准等,内容清晰,设置牢靠。活动式防火窗应装配在火灾时能控制窗扇自动关闭的温控释放装置。

(3)安装质量:有密封要求的防火窗窗框密封槽内镶嵌的防火密封件应牢固、完好。钢质防火窗窗框内填充水泥砂浆,窗框与墙体采用预埋钢件或膨胀螺栓等连接牢固,固定点间距不宜大于600mm。活动式防火窗窗扇启闭控制装置的安装位置明显,便于操作。

(4)控制功能:主要检查活动式防火窗的控制功能、联动功能、消防控制室手动功能和温控释放功能。

2.检查方法

(1)查看防火窗的外观,其外观应完好无损、安装牢固。

(2)查看现场手动启动活动式防火窗的窗扇启闭控制装置,窗扇应能灵活开启,并完全关闭,无启闭卡阻现象。

(3)触发活动式防火窗任一侧的火灾探测器,使其发出模拟火灾报警信号,观察防火窗动作情况及消防控制室信号显示情况。当火灾探测器报警后,活动式防火窗应能自动关闭,并能将关闭信号反馈至消防控制室。

(4)将消防控制室的火灾报警控制器或消防联动控制设备处于手动状态,消防控制室手动启动活动式防火窗电动关闭装置,观察防火窗动作情况及消防控制室信号显示情况。活动式防火窗接到消防控制室手动发出的关闭指令后,应能自动关闭,并能将关闭信号反馈至消防控制室。

(5)切断活动式防火窗电源,加热温控释放装置,使其热敏元件动作,观察防火窗动作情况,用秒表测试关闭时间。活动式防火窗在温控释放装置动作后60s内应能自动关闭。

(四)防火卷帘

防火卷帘是指由帘板、导轨、座板、门楣、箱体并配以卷门机和控制箱组成,符合耐火完整性等要求的防火分隔物,它可以有效地阻止火势从门窗洞口蔓延。常见的防火卷帘有钢质、无机纤维复合防火卷帘。

防火检查中,通过对防火卷帘的设置部位、选型、外观、安装质量和系统功能等进行检查,核实防火卷帘的设置是否符合现行国家工程建设消防技术标准的要求。

1.检查内容

(1)设置部位:防火卷帘常设置在自动扶梯周围,与中庭相连通的过厅和通道等处,设置在中庭以外的防火卷帘,应检查其设置宽度:当防火分隔部位的宽度不应大于30m时,防火卷帘的宽度不大于10m;当防火分隔部位的宽度大于30m时,防火卷帘的宽度不应大于该部位宽度的1/3,且不宜大于20m。

(2)设置类型:当防火卷帘的耐火极限符合耐火完整性和耐火隔热性的判定条件时,可不设置自动喷水灭火系统保护;当防火卷帘的耐火极限仅符合耐火完整性的判定条件时,应设置自动喷水灭火系统保护。防火卷帘类型的选择是否正确应根据具体设置位置进行判断,不宜选用侧式防火卷帘。

(3)外观:防火卷帘的帘面应平整、光洁,金属零部件的表面应无裂纹、压坑及明显的凹痕或机械损伤。应在其明显部位设置耐久性铭牌,标明产品名称、型号规格、耐火性能及商标、生产单位名称和厂址、出厂日期及产品生产批号、执行标准等,内容清晰,设置牢靠。

(4)安装质量:防火卷帘的帘板(面)、导轨、门楣、卷门机等组件应齐全完好,紧固件无松动现象。门扇各接缝处、导轨、卷筒等缝隙,应有防火防烟密封措施防止烟火窜入。防火卷帘上部、周围的缝隙应采用不低于防火卷帘耐火极限的不燃烧材料填充、封隔。防火卷帘的控制器和手动按钮盒应分别安装在防火卷帘内外两侧的墙壁便于识别的位置,底边距地面高度宜为1.3~1.5m,并标出上升、下降、停止等功能标志。若防火卷帘需与火灾自动报警系统联动时,还需同时检查防火卷帘的两侧是否安装手动控制按钮,火灾探测器组及其警报装置。

(5)系统功能:防火卷帘的系统功能主要包括防火卷帘控制器的火灾报警功能、自动控制功能、手动控制功能、故障报警功能、控制速放功能、备用电源功能;防火卷帘用卷门机的手动操作功能、电动启闭功能、自重下降功能、自动限位功能;防火卷帘的运行平稳性、电动启闭运行速度、运行噪声等功能。

2.检查方法

查阅消防设计文件、建筑平面图、门窗大样、"防火卷帘工程质量验收记录"等资料,了解建筑内防火卷帘的安装位置、数量等数据。对照防火卷帘出厂合格证等有效证明文件,核实其型号、规格及耐火性能与消防设计的一致性后开展现场检查,主要进行以下操作:

(1)查看防火卷帘外观,检查周围是否存放商品或杂物。手动启动防火卷帘,观察防火卷帘运行平稳性能以及与地面的接触情况;使用秒表、卷尺测量卷帘的启闭运行速度;使用声级计在距卷帘表面的水平距离1m、距地面的垂直距离1.5m处水平测量卷帘启闭运行的噪声。检查是否满足以下要求:防火卷帘的导轨运行平稳,没有脱轨和明显的倾斜现象。双帘面卷帘的两个帘面同时升降,两个帘面之间的高度差不大于50mm。垂直卷帘的电动启闭运行速度在2~7.5m/min;其自重下降速度不大于9.5m/min。卷帘启闭运行的平均噪声不大于85dB。与地面接触时,座板与地面平行,接触均匀且不倾斜。

(2)拉动手动速放装置,观察防火卷帘是否具有自重恒速下降功能。防火卷帘卷门机具有依靠防火卷帘自重恒速下降的功能,操作臂力不得大于70N。切断防火卷帘电源,加热温控释放装置,使其热敏元件动作,观察防火卷帘动作情况,防火卷帘在温控释放装置动作后能自动下降至全闭。

(3)在控制室手动启动消防控制设备上的防火卷帘控制装置,观察防火卷帘远程启动。卷帘下降、停止等功能正常,并向控制室的消防控制设备反馈动作信号。

(4)对防火卷帘控制器进行通电功能、备用电源、火灾报警功能、故障报警功能、自动控制功能、手动控制功能和自重下降功能测试,检查是否满足以下要求:

①通电功能测试:将防火卷帘控制器分别与消防控制室的火灾报警控制器或消防联动控制设备、相关的火灾探测器、卷门机等连接并通电,防火卷帘控制器处于正常工作状态。

②备用电源测试:切断防火卷帘控制器的主电源,观察电源工作指示灯变化情况和防火卷帘是否发生误动作。再切断卷门机主电源,使用备用电源供电,使防火卷帘控制器工作1h,用备用电源启动速放控制装置,防火卷帘能完成自重垂降,降至下限位。

③火灾报警功能测试:使火灾探测器组发出火灾报警信号,防火卷帘控制器能发出声、光报警信号。

④故障报警功能测试:任意断开电源一相或对调电源的任意两相,手动操作防火卷帘控制器按钮,或断开火灾探测器与防火卷帘控制器的连接线,防火卷帘控制器均应能发出故障报警信号。

⑤自动控制功能测试:分别使火灾探测器组发出半降、全降信号,当防火卷帘控制器接收到火灾报警信号后,控制分隔防火分区的防火卷帘由上限位自动关闭至全闭;防火卷帘控制器接到感烟火灾探测器的报警信号后,控制防火卷帘自动关闭至中位(1.8m)处停止,接到感温火灾探测器的报警信号后,继续关闭至全闭。防火卷帘半降、全降的动作状态信号反馈到消防控制室。

⑥手动控制功能测试:手动操作防火卷帘控制器上的按钮和手动按钮盒上的按钮,可以控制防火卷帘的上升、下降、停止。

⑦自重下降功能测试:切断卷门机电源,按下防火卷帘控制器下降按钮,防火卷帘在防火卷帘控制器的控制下,依靠自重下降至全闭。

(五)防火阀

防火阀是指安装在通风、空调系统的送、回风管路上,平时呈开启状态,火灾时当管道内气体温度达到一定温度时关闭,在一定时间内满足漏烟量和耐火完整性要求,起隔烟阻火作用的阀门。

防火检查中,通过对防火阀的外观、安装位置、公称动作温度、控制功能等方面的检查,核实防火阀的设置是否符合现行国家工程建设消防技术标准的要求。

1.防火阀的外观

防火阀的外观应完好无损,机械部分外表应无锈蚀、变形或机械损伤。在其明显部位应设置永久性标牌,标明产品名称、型号、规格、耐火性能及商标、生产单位(制造商)名称和厂址、出厂日期及产品生产批号、执行标准等,且内容清晰,设置牢靠。

2. 安装位置

防火阀主要安装在风管靠近防火分隔处,具体检查要求为:

(1)通风、空调系统的风管,在穿越防火分区处;穿越通风、空调机房的房间隔墙和楼板处;穿越重要或火灾危险性大的房间隔墙和楼板处;穿越防火分隔处的变形缝两侧以及竖向风管与每层的水平风管交接处的水平管段上都要设置防火阀。当建筑内每个防火分区的通风、空调系统均独立设置时,水平风管与竖向总管的交接处可不设置防火阀。

(2)公共建筑的浴室、卫生间和厨房的竖向排风管,需采取防止回流措施,并在支管上设置防火阀。

(3)公共建筑内厨房的排油烟管道,在与竖向排风管连接的支管处设置防火阀。

3. 公称动作温度

公共建筑内厨房的排油烟管道与竖向排风管连接的支管处设置的防火阀,公称动作温度为150℃。其他风管上安装的防火阀的公称动作温度均为70℃。

4. 防火阀的控制功能

主要检查防火阀的手动、联动控制功能和复位功能。防火阀平时处于开启状态,可手动关闭,也可与火灾报警系统联动自动关闭,且均能在消防控制室接到防火阀动作的信号。

5. 检查方法

查阅消防设计文件、通风和空调平面图、通风和空调设备材料表等资料,了解建筑内防火阀的安装位置、数量等数据。查验防火阀产品出厂合格证等有效证明文件,核实防火阀的型号、规格及公称动作温度与消防设计文件的一致性后开展现场检查,主要进行以下操作:

(1)查看防火阀外观,检查其是否完好无损、安装牢固,阀体内不得有杂物。

(2)在防火阀现场进行手动关闭、复位操作,观察防火阀的现场关闭和手动复位功能。防火阀动作灵敏、关闭严密,并能向控制室消防控制设备反馈其动作信号。

(3)采用加烟的方法使被试防烟分区的火灾探测器发出模拟火灾报警信号,观察防火阀的自动关闭功能。同一防火区域范围内的防火阀能自动关闭,并向控制室消防控制设备反馈其动作信号。

(4)使防烟分区内符合联动控制逻辑的火灾探测或手动火灾报警按钮发出火灾报警信号,观察防火阀的远程关闭功能。防火阀的关闭、复位功能正常,并能向控制室消防控制设备反馈其动作信号。

(5)接通电源操作试验1~2次,以确认系统工作性能可靠,输出信号正常,否则需要及时排除故障。

四、排烟防火阀

排烟防火阀是指平时呈开启状态,火灾时当管道内气体温度达到280℃时自动关闭,在一定时间内能满足漏烟量和耐火完整性要求,起阻火隔烟作用的阀门。排烟防火阀的组成、形状和工作原理与防火阀相似。其不同之处主要是安装管道和动作温度不同,建筑通风用的防火阀主要安装在通风、空调系统的送、回风管道上,其公称动作温度为70℃,而排烟防火阀安装在排烟系统的管道上时,其公称动作温度为280℃。在防火检查中,可参照防火阀的检查内容和方法对排烟防火阀开展检查。

五、防火隔间

防火隔间主要用于将大型地下或半地下商店分隔为多个建筑面积不大于2000m² 的相互相对独立的区域,一旦某个区域着火且不能有效控制时,该空间要能防止火灾蔓延至其他区域。在防火检查中,通过对防火隔间的建筑面积、与其他区域防火分隔、内部装修材料等设置的检查,核实防火隔间的设置是否符合现行国家工程建设消防技术标准的要求。

1.检查内容

(1)建筑面积:防火隔间的建筑面积不小于6.0m²。

(2)防火分隔:防火隔间墙采用耐火极限不低于3.00h 的防火隔墙,门采用甲级防火门;不同防火分区通向防火隔间的门的最小间距不小于4m。

(3)内部装修材料:防火隔间内部装修材料均采用A 级材料。

(4)使用用途:防火隔间只能用于相邻两个独立使用场所的人员相互通行,不得用于除人员通行外的其他用途。

2.检查方法

通过查阅消防设计文件和建筑平面图,了解地下商店的面积、防火隔间的设置位置后开展现场检查。防火隔间面积测量值的允许负偏差不得大于规定值的5%,核查防火门产品与市场准入文件、消防设计文件的一致性。

第四章　安全疏散设施检查

知识框架

安全疏散设施检查
- 安全出口与疏散出口
  - 安全出口
  - 疏散出口
  - 安全疏散距离
- 疏散走道与避难走道
  - 疏散走道
  - 避难走道
- 疏散楼梯间
  - 检查内容
  - 检查方法
- 避难疏散设施
  - 避难层（间）
  - 病房楼的避难间
  - 老年人照料设施的避难间
  - 下沉式广场等室外开敞空间

考点梳理

1. 需要设置封闭楼梯间的建筑类型。
2. 下沉式广场防火检查的主要内容。
3. 疏散门的设置要求。
4. 避难走道防火检查的主要内容。

考点精讲

第一节　安全出口与疏散出口

一、安全出口

安全出口是指供人员安全疏散用的楼梯间、室外楼梯的出入口或直通室内外安全区域的出口,保证在火灾时能够迅速安全地疏散人员和抢救物资,减少人员伤亡,降低火灾损失。防火检查中,通过对安全出口的形式、数量、宽度、间距、畅通性等进行检查,核实安全出口的设置是否符合现行国家工程建设消防技术标准的要求。

(一)检查内容

1. 形式

利用楼梯间作为安全出口时,疏散楼梯的设置形式与建筑物的使用性质、建筑层数、建筑高度等因素密切相关。

2. 数量

安全出口的数量与安全出口总宽度、安全疏散距离有直接关系。当安全出口总宽度足够时,还需要保证在不同人员分布条件下的安全疏散距离,二者相互结合才能使安全出口的布置更加合理。一般要求建筑内的每个防火分区或一个防火分区的每个楼层,安全出口不少于 2 个。

(1)当公共建筑仅设置一个安全出口或疏散楼梯时,检查要求为:除托儿所、幼儿园外的单层公共建筑或多层公共建筑的首层,建筑面积小于等于 $200m^2$ 且人数不超过 50 人。除歌舞娱乐放映游艺场所外,防火分区建筑面积不大于 $200m^2$ 的地下或半地下设备房间、防火分区建筑面积不大于 $50m^2$ 且经常停留人数不超过 15 人的其他地下或半地下建筑(室)。

(2)住宅建筑的安全出口数量与建筑单元每层的建筑面积和户门到安全出口的距离有关,一般要求住宅单元每层的安全出口不少于 2 个。当住宅每单元仅设一个安全出口或一部疏散楼梯时,检查要求为:建筑高度不大于 27m 的住宅,每个单元任一层的建筑面积小于 $650m^2$,且任一户门至最近安全出口的距离小于 15m。建筑高度大于 27m、小于等于 54m 的住宅,每个单元任一层的建筑面积小于 $650m^2$,且任一户门至最近安全出口的距离小于 10m。建筑高度大于 54m 的建筑,每个单元每层的安全出口不少于 2 个。建筑高度大于 27m,但不大于 54m 的住宅建筑,每个单元设置一座疏散楼梯时,户门须采用甲级或乙级防火门,疏散楼梯均通至屋面并能通过屋面与其他单元的疏散楼梯连通。对于疏散楼梯不能通至屋面或不能通过屋面连通的住宅建筑,每个单元需要设置 2 个安全出口。

(3)厂房每个防火分区或一个防火分区的每个楼层的安全出口不少于 2 个。当厂房仅设一个安全出口时,检查要求为:甲类厂房的每层建筑面积不超过 $100m^2$,且同一时间的生产人数不超过 5 人。乙类厂房的每层建筑面积不超过 $150m^2$,且同一时间的生产人数不超过 10 人。丙类厂房的每层建筑面积不超过 $250m^2$,且同一时间的生产人数不超过 20 人。丁、戊类厂房的每层建筑面积不超过 $400m^2$,且同一时间的生产人数不超过 30 人。地下或半地下厂房(包括地下或半地下室)的每层建筑面积不大于 $50m^2$,且同一时间的作业人数不超过 15 人。地下、半地下厂房或厂房的地下室、半地下室,如有防火墙隔成多个防火分区且每个防火分区设有一个直通室外的安全出口,每个防火分区可将防火墙上通向相邻分区的甲级防火门作为第二安全出口。

（4）每座仓库的安全出口不少于 2 个。当仓库仅设一个安全出口时,检查要求为:仓库占地面积不大于 300m²。仓库防火分区的建筑面积小于等于 100m²。地下、半地下仓库或地下室、半地下室的建筑面积小于等于 100m²。地下、半地下仓库或地下室、半地下室,如有防火墙隔成多个防火分区且每个防火分区设有一个直通室外的安全出口,每个防火分区可将防火墙上通向相邻分区的甲级防火门作为第二安全出口。

（5）除室内无车道且无人员停留的机械式汽车库外,汽车库、修车库的每个防火分区内的人员安全出口不少于 2 个,Ⅳ类汽车库和Ⅲ、Ⅳ类的修车库可设置 1 个安全出口。

（6）人防工程每个防火分区的安全出口不少于 2 个,当人防工程仅设一个安全出口时,检查要求为:如有防火墙隔成多个防火分区且每个防火分区设有一个直通室外的安全出口,每个防火分区可将防火墙上通向相邻分区的甲级防火门作为第二安全出口。建筑面积不大于 500m²,其室内地坪与室外出入口地面高差不大于 10m,容纳不大于 30 人的防火分区,应有竖井,且竖井内有金属梯直通地面、防火分区通向竖井处设置不低于乙级的常闭防火门时,可设一个安全出口或一个与相邻防火分区相通的防火门。建筑面积不大于 200m²,且经常停留人数不大于 3 人的防火分区,可只设置一个通向相邻防火分区的防火门。

3.宽度

建筑中安全出口总宽度与安全疏散设施的构造形式、建筑物的耐火等级、使用性质、消防安全设施等多种因素有关。当每层疏散人数不等时,疏散楼梯的总宽度可分层计算,地上建筑内下层楼梯的总宽度按该层及以上疏散人数最多一层的疏散人数计算。地下建筑内上层楼梯的总宽度应按该层及以下疏散人数最多一层的人数计算。首层外门的总宽度按该建筑疏散人数最多的一层的疏散人数计算确定,不供其他楼层人员疏散的外门,可按本层疏散人数计算确定。

4.间距

每个防火分区、一个防火分区的每个楼层,其相邻两个安全出口最近边缘之间的水平距离不小于 5m。

5.畅通度

建筑物的安全出口在使用时保持畅通,不得设有影响人员疏散的突出物和障碍物,安全出口的门向疏散方向开启。

(二)检查方法

通过查阅消防设计文件、建筑平面图,剖面图,了解建筑高度、使用功能和耐火等级等,根据检查场所或建筑的使用功能确定疏散人数和疏散宽度指标,计算该场所或建筑每层(防火分区)需要的安全出口总宽度。根据计算结果开展现场检查,实地查看安全出口的数量,计算每个安全出口需要的最小疏散宽度,逐一核实每个安全出口的宽度是否满足现行国家工程建设消防技术标准规定,同时检查安全出口宽度与疏散走道、疏散楼梯梯段的净宽度之间是否互相匹配。安全出口的宽度、间距测量值的允许负偏差不得大于规定值的 5%。

二、疏散出口

疏散出口包括安全出口和疏散门,主要指的是疏散门,即设置在建筑物内各房间直接通向疏散走道或安全出口上的门。防火检查中,通过对疏散门的数量、宽度、形式、间距和畅通性等开展检查,核实疏散门的设置是否符合现行国家工程建设消防技术标准的要求。

(一)检查内容

(1)疏散门的数量根据房间或场所需要的疏散总宽度经计算确定,与安全出口的设置原则基本一致。公共建筑内各房间疏散门的数量不少于2个。除托儿所、幼儿园、老年人照料设施、医疗建筑、教学建筑内位于走道尽端的房间外,当房间仅设一个疏散门时,需满足:

①位于两个安全出口之间或袋形走道两侧的房间,对于托儿所、幼儿园、老年人照料设施,建筑面积不大于 $50m^2$;对于医疗建筑、教学建筑,建筑面积不大于 $75m^2$;对于其他建筑或场所,建筑面积不大于 $120m^2$。

②位于走道尽端的房间,建筑面积小于 $50m^2$ 且疏散门的净宽度不小于0.90m,或由房间内任一点至疏散门的直线距离不大于15m、建筑面积不大于 $200m^2$ 且疏散门的净宽度不小于1.40m。

③位于歌舞娱乐放映游艺场所内的厅、室,建筑面积不大于 $50m^2$ 且经常停留人数不超过15人。

④位于地下或半地下的房间,设备间的建筑面积不大于 $200m^2$;其他房间的建筑面积不大于 $50m^2$ 且经常停留人数不超过15人。

⑤剧院、电影院和礼堂的观众厅。根据人员从一、二级耐火等级建筑的观众厅疏散出去的时间不大于2min,从三级耐火等级的剧场、电影院等的观众厅疏散出去的时间不大于1.5min 的原则,剧院、电影院和礼堂的观众厅的每个疏散门的平均疏散人数不超过250人;当容纳人数超过2000人时,其超过2000人的部分,每个疏散门的平均疏散人数不超过400人。例如,一座容纳人数为2400人的剧场,需要设置的疏散门数量为:2000/250 + 400/400 = 9(个),每个疏散门的平均疏散人数约为:2400/9 =267(人),按2min 控制疏散时间计算出来的每个疏散门所需通过的人流股数为:267/(2×40) =3.3(股)。此时,还应按4股通行能力来进一步核实疏散门的宽度,即应采用 $4 \times 0.55 = 2.2$ (m)的疏散门较为合适。

⑥体育馆的观众厅。对于体育馆,体育馆的观众厅容纳的人数变化幅度较大,由三四千人到一两万人。观众厅每个疏散门平均担负的疏散人数也相应地有个变化的幅度,而这个变化又与观众厅疏散门的设计宽度密切相关。体育馆建筑均为一、二级耐火等级,根据其容量的不同,人员从观众厅疏散出去的时间一般按3~4min控制,每个疏散门的平均疏散人数一般不超过400~700人。

(2)对于公共建筑内的疏散门和住宅建筑户门,其净宽度不小于0.9m;对于观众厅及其他人员密集场所的疏散门,其净宽度不得小于1.4m,需要注意:

①疏散门的宽度与走道、楼梯梯段宽度的匹配性。一般来讲,走道的宽度均较宽,当以楼梯疏散门宽为计算宽度时,梯段的宽度不得小于疏散门的宽度;当以梯段的宽度为计算宽度时,疏散门的宽度不得小于梯段的宽度。此外,下层的楼梯梯段或疏散门的宽度不得小于上层的宽度;对于地下、半地下的疏散门,则上层的楼梯梯段或门的宽度不得小于下层的宽度。

②体育馆、剧院、电影院和礼堂观众厅疏散门的宽度与数量、疏散时间的匹配性。例如,一座容量为8600人的一、二级耐火等级的体育馆,如果观众厅的疏散门设计为14个,则每个疏散出口的平均疏散人数为8600/14=615(人)。假设每个疏散出口的宽度为2.2m(即4股人流所需宽度),则通过每个疏散门需要的疏散时间为615/(4×37)=4.16(min),大于3.5min,不符合疏散要求。因此,需要考虑增加疏散门的数量或加大疏散门的宽度。如果采取增加出口数量的办法,将疏散门数量增加到18个,则每个疏散门的平均疏散人数为8600/18=478(人),通过每个疏散门需要的疏散时间则缩短为478/(4×37)=3.23(min),不大于3.5min,符合疏散要求。

(3)疏散门的形式根据建筑类别、使用性质进行确定。具体检查要求为:民用建筑和厂房的疏散门,采用向疏散方向开启的平开门,不得采用推拉门、卷帘门、吊门、转门和折叠门。除甲、乙类生产车间外,人数不超过60人且每樘门的平均疏散人数不超过30人的房间,其疏散门的开启方向不限。仓库的疏散门采用向疏散方向开启的平开门,但丙、丁、戊类仓库首层靠墙的外侧可采用推拉门或卷帘门;电影院、剧场的疏散门采用甲级自动推闩式外开门。人员密集场所内平时需要控制人员随意出入的疏散门和设置门禁系统的住宅、宿舍、公寓建筑的外门,要保证火灾时不需使用钥匙等任何工具即能从内部易于打开,并在显著位置设置标识和使用提示。

(4)疏散门的间距。每个房间相邻两个疏散门最近边缘之间的水平距离不小于5m。

(5)疏散门的畅通性。开向疏散楼梯或疏散楼梯间的门完全开启时,不得减少楼梯平台的有效宽度。疏散门在使用时保持畅通,不得上锁或在其附近设有影响人员疏散的凸出物和障碍物。尤其是人员密集的公共场所、观众厅的疏散门,其净宽度不应小于1.40m,不得设置门槛,且紧靠门口内外各1.40m范围内不得设置踏步。

(二)检查方法

结合计算结果开展现场检查,实地查看疏散门的数量,根据疏散宽度指标逐一核实每个疏散门的宽度是否满足现行国家工程建设消防技术标准规定,同时检查疏散门宽度与疏散走道、疏散楼梯梯段的净宽度之间是否互相匹配。疏散门的宽度、间距测量值的允许负偏差不得大于规定值的5%。对于有防火要求的疏散门,现场还须核查产品与市场准入文件、消防设计文件的一致性。

三、安全疏散距离

(一)检查内容

建筑物内全部设置自动喷水灭火系统时,安全疏散距离可按规定增加25%。建筑内开向敞开式外廊的房间,疏散门至最近安全出口的距离可按规定增加5m。直通疏散走道的房间疏散门至最近敞开楼梯间的距离,当房间位于两个楼梯间之间时,按规定减少5m;当房间位于袋型走道两侧或尽端时,按规定减少2m。

（二）检查方法

查阅消防设计文件、建筑平面图,剖面图,了解建筑类别、平面布局、消防设施的设置等,确定安全疏散距离检查标准后开展现场检查。安全疏散距离测量值的允许正偏差不得大于规定值的5%。规范有特殊规定或经专家评审确定的,可从其规定,但需要逐条检查专家评审纪要中评审意见是否已落实。

第二节　疏散走道与避难走道

火灾时用于人员疏散的走道有疏散走道和避难走道,其中,避难走道主要用于地下总建筑面积大于20000m²的防火分隔;人防工程、大型建筑中疏散距离过长或难以按照规范要求设置直通室外安全出口等问题的解决。

一、疏散走道

疏散走道是疏散时人员从房间门至疏散楼梯或外部出口等安全出口的通道,通常作为火灾疏散时第一安全地带。防火检查中,通过对疏散走道的宽度、走道畅通性、装修材料等进行检查,核实疏散走道的设置是否符合现行国家工程建设消防技术标准的要求。

（一）检查内容

（1）宽度:疏散走道的宽度一般需要根据其通过人数和疏散净宽度指标确定。检查要求为:厂房疏散走道的净宽度不小于1.40m。单、多层公共建筑疏散走道的净宽度不小于1.10m;高层医疗建筑单面布房疏散走道净宽度不小于1.40m,双面布房疏散走道净宽度不小于1.50m;其他高层公共建筑单面布房疏散走道净宽度不小于1.30m,双面布房疏散走道净宽度不小于1.40m。住宅疏散走道净宽度不小于1.10m。剧院、电影院、礼堂、体育馆等人员密集场所,观众厅内疏散走道净宽度不小于1.00m,边走道的净宽度不小于0.80m;人员密集场所的室外疏散通道的净宽度不小于3.00m,并直通宽敞地带。

（2）畅通性:疏散走道的设置要简明直接,尽量避免弯曲,尤其不要往返转折,疏散走道内不得设置阶梯、门槛、门垛、管道等影响人员疏散的突出物和障碍物。

（3）疏散走道与其他部位分隔:疏散走道两侧采用一定耐火极限的隔墙与其他部位分隔,隔墙需砌至梁、板底部且不留缝隙。疏散走道两侧隔墙的耐火极限,一、二耐火等级的建筑不低于1.00h;三级耐火等级的建筑不低于0.5h;四级耐火等级的建筑不低于0.25h。

（4）疏散走道的内部装修:地上建筑的水平疏散走道,其顶棚装饰材料采用A级装修材料,其他部位采用不低于B1级的装修材料。地下民用建筑的疏散走道,其顶棚、墙面和地面

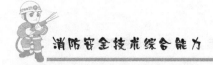

的装修材料均采用 A 级装修材料。

（二）检查方法

查阅消防设计文件、建筑平面图，了解建筑类别和平面布局，一般场所根据使用功能决定的疏散人数、疏散指标等计算确定每层疏散走道需要的宽度。剧场、电影院、礼堂、体育馆等人员密集场所，还需要根据地面的形式、走道的位置等因素进一步校核不同部位疏散走道需要的最小宽度。结合计算结果开展现场检查，实地测量疏散走道宽度，宽度测量值的允许负偏差不得大于规定值的 5%。

二、避难走道

避难走道是指设置防烟设施且两侧采用耐火极限不低于 3.00h 的防火墙分隔。防火墙分隔，用于人员安全通行至室外的走道。防火检查中，通过对避难走道直通地面的出口数量、走道净宽、装修材料、消防设施配置等进行检查，核实避难走道的设置是否符合现行国家工程建设消防技术标准的要求。

（一）检查内容

（1）直通地面出口的数量：避难走道直通地面的出口不得少于 2 个，并设置在不同方向。当避难走道只与一个防火分区相通且该防火分区至少有一个直通向该避难走道的安全出口时，避难走道直通地面的出口可设置一个。

（2）避难走道的净宽度：通向避难走道的净宽度不得小于任一个防火分区通向避难走道的设计疏散总净宽度。

（3）避难走道入口处的前室：防火分区至避难走道入口处所设前室的面积不得小于 6.0m²，开向前室的门为甲级防火门，前室开向避难走道的门为乙级防火门。

（4）消防设施的设置：避难走道内设置消火栓、消防应急照明、应急广播和消防专线电话，防火分区至避难走道入口处的前室设置防烟设施。

（5）避难走道的内部装修：避难走道内部装修材料的燃烧性能等级应为 A 级。

（二）检查方法

通过查阅消防设计文件、建筑平面图，了解避难走道设置位置及数量、直通地面的安全出口位置，根据所有通向避难走道防火分区的功能确定需要疏散的人数、疏散指标和避难走道需要的最小宽度。结合计算结果开展现场检查，实地测量疏散走道宽度，宽度测量值的允许负偏差不得大于规定值的 5%。

第三节　疏散楼梯间

疏散楼梯间作为竖向疏散通道，其防火及疏散能力的大小，直接影响着人员的生命安全与消防救援人员的救灾工作。防火检查中，通过对疏散楼梯的设置形式、平面布置、梯段宽度、安全性等进行检查,核实疏散楼梯的设置是否符合现行国家工程建设消防技术标准的要求。

一、检查内容

(一)设置形式

封闭楼梯间是用建筑构件配件分隔,能防止烟和热气进入的楼梯间;防烟楼梯间是在楼梯间入口处设有防烟前室,或设有专供排烟用的阳台、凹廊等,且通向前室和楼梯间的门均为乙级防火门的楼梯间;室外楼梯可以作为辅助的防烟楼梯。根据建筑物的使用性质、建筑层数、建筑高度等因素判断建筑物疏散楼梯间设置的合理性。

1. 厂房、库房

甲、乙、丙类多层厂房和高层厂房的疏散楼梯应采用封闭楼梯间或室外楼梯;建筑高度大于32m且任一层人数超过10人的高层厂房应采用防烟楼梯间或室外楼梯;高层仓库采用封闭楼梯间。

2. 民用建筑

(1)高层公共建筑:一类高层公共建筑和建筑高度大于32m的二类高层公共建筑,其疏散楼梯应采用防烟楼梯间,裙房和建筑高度不大于32m的二类高层公共建筑应采用封闭楼梯间。

(2)多层公共建筑:医疗建筑、旅馆及类似使用功能的建筑,设置歌舞娱乐放映游艺场所的建筑,商店、图书馆、展览建筑、会议中心及类似使用功能的建筑,6层及以上的其他建筑等,除与敞开式外廊直接相连的楼梯间外,均应采用封闭楼梯间。老年人照料设施的室内疏散楼梯如不能与敞开式外廊直接相通时,应采用封闭楼梯间。未明确要求剧场、电影院、礼堂、体育馆的室内疏散楼梯必须采用封闭楼梯间。但是,当这些场所与其他功能空间组合在同一座建筑内时,对其疏散楼梯的设置形式进行检查,应按其中要求最高者或该建筑的主要功能确定。

(3)住宅:建筑高度不大于21m的住宅建筑可采用敞开楼梯间;建筑高度大于21m、小于等于33m的住宅建筑应采用封闭楼梯间,上述住宅建筑当户门采用乙级防火门时,楼梯间可不封闭;建筑高度大于33m的住宅建筑应采用防烟楼梯间。

(4)地下或半地下建筑(室)。3层及以上或室内地面与室外出入口地坪高差大于10m的地下或半地下建筑(室),其疏散楼梯应采用防烟楼梯间,其他地下或半地下建筑(室),其疏散楼梯可采用封闭楼梯间。

3. 汽车库、修车库

疏散楼梯采用封闭楼梯间,建筑高度超过32m,室内地面与室外出入口地坪的高差大于10m的高层汽车库的室内疏散楼梯应采用防烟楼梯间。

4. 人防工程

电影院、礼堂、建筑面积大于500m²的医院、旅馆、建筑面积大于1000m²的商场、餐厅、展览厅、公共娱乐场所、健身体育场所等公共活动场所的人防工程,当其底层室内地坪与室外出入口地面高差大于10m时,应采用防烟楼梯间;当地下为两层,且地下第二层的地坪与室外出入口地面高差不大于10m时,应采用封闭楼梯间。

(二)平面布置

针对不同形式疏散楼梯,主要对楼梯的疏散门、楼梯间隔墙材质、首层布局、内部装修等方面进行检查。

(1)封闭楼梯间:楼梯间靠外墙布置,并能直接天然采光和自然通风。首层如将走道和门厅等包括在楼梯间内形成扩大的封闭楼梯间,应采用乙级防火门与其他走道和房间隔开。除楼梯间的出入口和外窗外,楼梯间的内墙上不开设其他门窗洞口。高层建筑、人员密集的公共建筑和多层丙类厂房,甲、乙类厂房楼梯间的门为乙级防火门,并向疏散方向开启;其他建筑封闭楼梯间的门可采用双向弹簧门。楼梯间的顶棚、墙面和地面的装修材料必须采用不燃烧材料。

(2)防烟楼梯间:楼梯间的首层如将走道和门厅等包括在楼梯间前室内形成扩大的防烟前室,必须采用乙级防火门与其他走道和房间隔开。防烟楼梯间须设前室,可与消防电梯间合用前室。前室的使用面积:公共建筑不小于6.0m²,住宅建筑不小于4.5m²;合用前室的使用面积:公共建筑、高层厂房以及高层仓库不小于10.0m²,住宅建筑不小于6.0m²。除楼梯间前室外,楼梯间和前室内的墙上不开设除疏散门和送风口外的其他门窗洞口。疏散走道通向前室以及前室通向楼梯间的门为乙级防火门。防烟楼梯间、前室的顶棚、墙面和地面的装修材料的燃烧性能等级应为A级。对剪刀楼梯间检查时,除满足上述防烟楼梯间的相关要求外,还需检查剪刀楼梯间的梯段之间是否设置耐火极限不低于1.00h的不燃烧体墙分隔。公共建筑剪刀楼梯间的前室应分别设置。住宅建筑剪刀楼梯间共用前室时,共用前室的使用面积不得小于6.0m²;与消防电梯的前室合用时,合用前室的使用面积不得小于12.0m²,且短边不得小于2.4m。

(3)室外楼梯:室外楼梯和每层出口处平台,采用不燃烧材料制作,平台的耐火极限不低于1.00h。在楼梯周围2.0m内的墙面上不开设其他门、窗洞口,疏散门为乙级防火门,且不应正对楼梯段设置。楼梯段耐火极限不低于0.25h,楼梯的最小净宽度不小于0.9m,倾斜角度不大于45°,栏杆扶手的高度不小于1.1m。

(三)疏散楼梯的净宽度

疏散楼梯的净宽度是指梯段一侧的扶手中心线到墙面或梯段另一侧的扶手中心线与墙面之间的最小水平距离。根据建筑使用性质的不同,具体检查要求为:一般多层公共建筑疏散楼梯的净宽度不小于1.10m;高层医疗建筑疏散楼梯的净宽度不小于1.30m;其他高层公共建筑疏散楼梯的净宽度不小于1.20m。住宅建筑疏散楼梯的净宽度不小于1.10m;当住宅建筑高度不大于18m且疏散楼梯一边设置栏杆时,其疏散楼梯的净宽度不应小于1.0m。厂房、汽车库、修车库的疏散楼梯的最小净宽度不小于1.10m。人防工程中,商场、公共娱乐场所、健身体育场所的疏散楼梯的最小净宽不小于 1.4m;医院疏散楼梯的最小净宽度不小于 1.3m,其他建筑不小于 1.1m。

(四)疏散楼梯的安全性

疏散楼梯间内不得设置烧水间、可燃材料储存室、垃圾道;不得设有影响疏散的凸出物或其他障碍物;严禁敷设甲、乙、丙类液体管道。公共建筑的楼梯间内不得敷设可燃气体管道,居住建筑的楼梯间不得敷设可燃气体管道,不得设置天然气体计量表,当住宅建筑必须设置此类设施时,应检查其是否采用金属管道和设置切断气源的装置等保护措施。

二、检查方法

通过查阅消防设计文件,了解建筑类别、疏散楼梯形式和在每层的位置后开展现场检查。主要进行以下操作:

(1)沿楼梯全程检查疏散楼梯的安全性和畅通性。

(2)在设计人数最多的楼层,选择疏散楼梯扶手与楼梯隔墙之间相对较窄处测量疏散楼梯的净宽度,并核查与消防设计文件的一致性。每部楼梯的测量点不少于 5 个,宽度测量值的允许负偏差不得大于规定值的 5%。

(3)测量前室(合用前室)使用面积,测量值的允许负偏差不得大于规定值的 5%。

(4)测量楼梯间(前室)疏散门的宽度,测量值的允许负偏差不得大于规定值的 5%,并核查防火门产品与市场准入文件、消防设计文件的一致性。

第四节　避难疏散设施

避难疏散设施是火灾时供人员躲避火灾威胁的暂时性安全场所,常见的避难疏散设施主要有避难层、避难间和下沉式广场等。

一、避难层(间)

避难层(间)是建筑内用于人员在火灾时暂时躲避火灾及其烟气危害的楼层(房间)。建筑高度超过 100m 的民用建筑应设避难层。常见避难层的类型有敞开式、半敞开式和封闭式三种。防火检查中,通过对避难层设置的位置、可供避难的面积、疏散楼梯和消防设施的设置等进行检查,核实避难层的设置是否符合现行国家工程建设消防技术标准的要求。

(一)检查内容

(1)设置位置:避难层的设置应保证第一个避难层(间)的楼地面至灭火救援场地地面的高度不大于 50m,两个避难层之间的高度不宜大于 50m。

(2)可供避难的面积:避难层的净面积应满足设计避难的要求,通常按 5.0 人/m² 计算。

(3)疏散楼梯:通向避难层的防烟楼梯在避难层分隔、同层错位或上下层断开,使需要避难的人员不会错过避难层。

(4)消防设施:避难层应设置消防电梯出口、消防专线电话和应急广播、消火栓和消防卷盘等必备消防设施。

一座建筑是否需要设置避难层或避难间,主要根据该建筑的不同高度段内需要避难的人数及所需避难面积确定。当需要设置避难层时,该避难层除用于火灾危险性小的设备用房外,不能用于其他使用功能,且设备管道宜集中布置。当建筑内的避难人数较少而无须将整个楼层作避难层时,可以采用防火墙将该楼层分隔成不同区域。从非避难区进入避难区的部位,要采取防止非避难区的火灾威胁到避难区安全的措施,如设置防烟前室。

(二)检查方法

通过查阅消防设计文件,了解避难层设置楼层、建筑高度后开展现场检查。测量可供避难的使用面积,测量值的允许负偏差不得大于设计值的5%。

二、病房楼的避难间

考虑到病房楼内使用人员的自我疏散能力较差,高层病房楼在二层及以上各楼层需设置避难间。防火检查中,通过对避难间设置部位、可供避难的面积和消防设施等进行检查,核实病房避难间的设置是否符合现行国家工程建设消防技术标准的要求。

(一)检查内容

(1)设置位置:避难间位置靠近楼梯间并采用耐火极限不低于2.00h的防火隔墙和甲级防火门与其他部位分隔,服务的护理单元不得超过2个。避难间可以利用平时使用的房间,无须另外增加面积,如避难间可以利用每层的监护室,也可以利用电梯前室,但合用前室不适合用作避难间,以防病床影响人员通过楼梯疏散。

(2)可供避难的面积:避难间的净面积能满足设计避难人员避难的要求,并按每个护理单元不小于$25m^2$确定。

(3)消防设施:避难间入口应设置明显的指示标志。避难间应设置消防专线电话和应急广播以及防烟设施。

(二)检查方法

通过查阅消防设计文件,了解建筑高度、病房楼内各层避难间的设置位置后开展现场检查。核查防火门产品与市场准入文件、消防设计文件的一致性,测量可供避难的使用面积,测量值的允许负偏差不得大于设计值的5%。

三、老年人照料设施的避难间

大于$3000m^2$(包括设置在其他建筑内三层及以上楼层)的老年人照料设施应设置避难间。当老年人照料设施设置与疏散楼梯或安全出口直接连通的开敞式外廊、与疏散走道直接连通且符合人员避难要求的室外平台时,可不设避难间。防火检查中,通过对避难间设置数量、设置位置、可供避难的净面积和设施配置等进行检查,核实老年人照料设施避难间的设置是否符合现行国家工程建设技术标准的要求。

（一）检查内容

（1）设置数量:3层及3层以上总建筑面积大3000m²（包括设置在其他建筑内三层及以上楼层）的老年人照料设施,应在二层及以上各层老年人照料设施部分的每座疏散楼梯间的相邻部位设置1间避难间。对于老年人照料设施只设置在其他建筑内三层及以上楼层,而一、二层没有老年人照料设施的情况,避难间可以只设置在有老年人照料设施的楼层上相应疏散楼梯间的附近。

（2）设置位置:避难间应设置在疏散楼梯间的相邻部位。避难间可以利用疏散楼梯间的前室或消防电梯的前室;也可以利用平时使用的公共就餐室或休息室等房间。为保证安全性,需采用耐火极限不低于2.00h的防火隔墙和甲级防火门与其他部位分隔。

（3）可供避难的净面积:避难间的净宽度要能满足方便救援中移动担架（床）等的要求,避难间内可供避难的净面积不应小于12m²。

（4）设施配置:避难间入口应设置明显的指示标志。避难间应设置消防专线电话和消防应急广播,并设置直接对外的可开启窗口或独立的机械防烟设施,外窗采用乙级防火窗。供失能老年人使用且层数大于2层的老年人照料设施,还需要检查是否按核定使用人数配备简易防毒面具。

（二）检查方法

通过查阅消防设计文件,了解老年人照料设施设置的楼层及疏散楼梯间位置后开展现场检查。检查防火门、防火窗等产品与市场准入文件、消防设计文件的一致性;测量可供避难的净面积。测量值的允许负偏差不得大于设计值的5%;检查相关设施的配置是否符合现行标准规范规定。

四、下沉式广场等室外开敞空间

下沉式广场是大型地下商业用房通过设置一定的室外开敞空间来防止相邻区域的火灾蔓延和便于人员疏散的区域。防火检查中,通过对下沉式广场敞开空间、疏散楼梯、防风雨棚等设置进行检查,核实下沉式广场的设置是否符合现行国家工程建设消防技术标准的要求。

（一）检查内容

（1）广场的开敞区域:不同防火分区通向下沉式广场等室外开敞空间的开口,其最近边缘之间的水平距离不得小于13m。

（2）广场直通地面的疏散楼梯:为保证人员逃生需要,直通地面的疏散楼梯不得少于1部。当连接下沉广场的防火分区需利用下沉广场进行疏散时,该区域通向地面的疏散楼梯要均匀布置,使人员的疏散距离尽量短。疏散楼梯的总净宽度不得小于任一防火分区通向

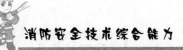

室外开敞空间的设计疏散总净宽度。

（3）广场防风雨棚的设置：防风雨棚不得完全封闭，四周开口部位要均匀布置，开口的面积不得小于室外开敞空间地面面积的25%，开口高度不得小于1.0m。开口设置百叶时，百叶的有效排烟面积可按百叶通风口面积的60%设置。

（4）使用功能：室外开敞空间除用于人员疏散外不得用于其他用途，其中用于疏散的净面积不得小于169m²。

（二）检查方法

通过查阅消防设计文件，了解下沉广场式设置位置、所起的作用后开展现场检查。测量可供疏散的净面积、直通地面疏散楼梯的净宽度时，测量值的允许负偏差不得大于设计值的5%。

第五章　防爆检查

知识框架

防爆检查 {
　建筑防爆 { 检查内容 / 检查方法
　电气防爆 { 检查内容 / 检查方法
　设施防爆 { 供暖系统 / 通风、空调系统
}

考点梳理

1. 易燃易爆场所爆炸危险环境的类别。
2. 有爆炸危险的厂房防火检查的内容。
3. 爆炸环境电气设备的选用要求。
4. 易燃易爆场所设施系统防火检查的内容。

考点精讲

第一节　建筑防爆

　　建筑防爆是指对有爆炸危险的厂房和仓库,合理地考虑建筑的布局及平面布置,采取防爆泄压措施消除或减少可燃气体、易燃液体的蒸汽或可燃粉尘的产生或积聚。防火检查中,通过对爆炸危险区域的确定、有爆炸危险厂房的总体布局、平面布置、防爆泄压措施的设置以及与爆炸危险场所毗连的变、配电所布置等进行检查,核实建筑防爆措施是否满足现行国家工程建设消防技术标准的要求。

一、检查内容

(一)爆炸危险区域的确定

爆炸危险区域按场所内存在物质的物态不同,主要分为爆炸性气体环境和爆炸性粉尘环境。爆炸性气体环境危险区域范围主要根据释放源的级别和位置、易燃易爆物质的性质、通风条件、障碍物及生产条件、运行经验等经技术经济比较后综合确定。爆炸性粉尘环境危险区域范围主要根据粉尘量、释放率、浓度和物理特性,以及同类企业相似厂房的运行经验确定。检查中主要判定爆炸危险环境类别及区域等级是否符合相关要求。

(二)总体布局

有爆炸危险的甲、乙类厂房宜独立设置。有爆炸危险的甲、乙类厂房的总控制室需独立设置;分控制室宜独立设置,当采用耐火极限不低于 3.00h 的防火隔墙与其他部位分隔时,可贴邻外墙设置。净化有爆炸危险粉尘的干式除尘器和过滤器宜布置在厂房外的独立建筑内,且建筑外墙与所属厂房的防火间距不得小于 10m。对符合一定条件可以布置在厂房内的单独房间,需检查是否采用耐火极限分别不低于 3.00h 的防火隔墙和 1.50h 的楼板与其他部位分隔。

(三)平面布置

主要检查有爆炸危险的甲、乙类生产部位和设备、疏散楼梯、办公室和休息室、排风设备在厂房内的布置。有爆炸危险的甲、乙类生产部位,布置在单层厂房靠外墙的泄压设施或多层厂房顶层靠外墙的泄压设施附近。有爆炸危险的设备避开厂房的梁、柱等主要承重构件布置。在爆炸危险区域内的楼梯间、室外楼梯或与相邻区域连通处,设置门斗等防护措施。门斗的隔墙采用耐火极限不低于2.00h的防火隔墙,门采用甲级防火门并与楼梯间的门错位设置。办公室、休息室不得布置在有爆炸危险的甲、乙类厂房内。如必须贴邻本厂房设置,建筑耐火等级不得低于二级,并采用耐火极限不低 3.00h 的防爆墙隔开,还要设置直通室外或疏散楼梯的安全出口。排除有燃烧或爆炸危险气体、蒸气和粉尘的排风系统,排风设备不得布置在地下或半地下建筑(室)内。

(四)防爆措施

主要检查有爆炸危险的厂房、仓库是否采取有效的防爆措施。散发较空气重的可燃气体、可燃蒸气的甲类厂房和有粉尘、纤维爆炸危险的乙类厂房,其地面采用不发火花的地面。当采用绝缘材料作整体面层时,采取防静电措施。地面下不宜设置地沟,必须设置时,其盖板严密,并采用不燃烧材料紧密填实。地沟采取防止可燃气体、可燃蒸气和粉尘、纤维在地沟积聚的有效措施,且在与相邻厂房连通处采用不燃烧防火材料密封。散发可燃粉尘、纤维的厂房内表面平整、光滑,并易于清扫。甲、乙、丙类液体仓库设置防止液体流散的设施,如在桶装仓库门洞处修筑高为 150~300mm 的慢坡,或在仓库门口砌筑高度为 150~300mm 的门槛,再在门槛两边填沙土形成慢坡,便于装卸。遇湿会发生燃烧爆炸的物品仓库采取防止水浸渍的措施,如使室内地面高出室外地面,仓库屋面严密遮盖,防止渗漏雨水,装卸这类物品的仓库栈台设防雨水的遮挡等。

（五）泄压设施的设置

主要对有爆炸危险的厂房或仓库、厂房或仓库内有爆炸危险的部位,检查其泄压设施设置的有效性。有爆炸危险的甲、乙类厂房宜采用敞开或半敞开式,承重结构宜采用钢筋混凝土或钢框架、排架结构。泄压设施的材质宜采用轻质屋面板、轻质墙体和易于泄压的门、窗和安全玻璃等在爆炸时不产生尖锐碎片的材料。作为泄压设施的轻质屋面板和墙体的质量不宜大于 $60kg/m^2$。泄压设施的设置避开人员密集场所和主要交通道路,并宜靠近有爆炸危险的部位。有粉尘爆炸危险的筒仓的泄压设施设置在顶部盖板。屋顶上的泄压设施采取防冰雪积聚措施。散发较空气轻的可燃气体、可燃蒸气的甲类厂房,宜采用轻质屋面板作为泄压面积。顶棚尽量平整、无死角,厂房上部空间保证通风良好。有爆炸危险的厂房、粮食筒仓工作塔和上通廊设置的泄压面积严格按计算确定。

（六）与爆炸危险场所毗连的变、配电所的布置

变、配电所一般布置在爆炸危险场所区域范围以外,当确需与爆炸危险场所毗连时,要考虑到产生火花、电弧和危险温度的电气设备与爆炸危险场所的互相影响。爆炸危险场所的正上方或正下方,不得设置变、配电所。必须毗连时,变、配电所尽量靠近楼梯间和外墙布置。根据爆炸危险场所的危险等级,确定变、配电所与之共用墙面的数量,共用隔墙和楼板为抹灰的实体和非燃烧体。当变、配电所为正压室且布置在 1 区、2 区内时,室内地面宜高出室外地面 0.6m 左右。

二、检查方法

通过查阅消防设计文件、总平面图、建筑平面图、建筑剖面图施工记录、有关产品质量证明文件及相关资料,了解工业建筑火灾危险性、建筑层数、存在爆炸危险的物质、爆炸危险环境类别及区域等级等,根据《消防安全技术实务》相关内容确定需要设置的泄压面积后,对照上述检查内容逐项开展现场检查。

第二节　电气防爆

预防电气火灾和爆炸事故产生的主要方法是正确地选择和安装使用电气设备及供电线路,运行中加强维护检修,装设必要的保护装置。防火检查中,通过对导线材料和允许载流量、线路的敷设和连接、电气设备的选型和带电部件的接地等进行检查。

一、检查内容

（一）导线材质

爆炸危险环境的配线工程,因为铝线机械强度差、容易折断,需要进行过渡连接而加大

接线盒,同时在联接技术上难于控制并保证质量,所以不得选用铝质线缆,而应选用铜芯绝缘导线或电缆。铜芯导线或电缆的截面面积在 1 区为 2.5mm² 以上,2 区为 1.5mm² 以上。

(二)导线允许载流量

为避免过载、防止短路把电线烧坏或过热形成火源,绝缘电线和电缆的允许载流量不得小于熔断器熔体额定电流的 1.25 倍和断流器长延时过电流脱扣器整定电流的 1.25 倍。

(三)敷设方式

主要检查电气线路的敷设方式是否与爆炸环境中气体、蒸汽的密度相适应。

(1)当爆炸环境中气体、蒸气的密度比空气重时,电气线路应敷设在高处或埋入地下。架空敷设时选用电缆桥架;电缆沟敷设时沟内应填充沙并设置有效的排水措施。

(2)当爆炸环境中气体、蒸气的密度比空气轻时,电气线路敷设在较低处或用电缆沟敷设。敷设电气线路的沟道、钢管或电缆,在穿过不同区域之间的墙或楼板处的孔洞时,应采用非燃性材料严密堵塞,防止爆炸性混合物或蒸气沿沟道、电缆管道流动。

(四)线路的连接方式

电气线路之间原则上不能直接连接。如必须连接或封端时,检查是否采用压接、熔焊或钎焊,并保证接触良好,防止局部过热。线路与电气设备的连接,特别是铜铝线相接时,应采用适当的过渡接头。

(五)电气设备的选择

爆炸气体环境根据爆炸危险区域的分区、电气设备的种类和防爆结构的要求,选择相应的电气设备。防爆电气设备的级别和组别不得低于该爆炸性气体环境内爆炸性气体混合物的级别和组别。当存在两种以上易燃性物质形成的爆炸性气体混合物时,应按危险程度较高的级别和组别选用防爆电气设备。爆炸性粉尘环境防爆电气设备的选型,根据粉尘的种类,选择防尘结构或尘密结构的粉尘防爆电气设备。

(六)带电部件的接地

许多电气设备在一般情况下可以不接地,但为了防止带电部件发生接地产生火花或危险温度而形成引爆源,在爆炸危险场所内仍须接地。主要包括以下设备:在导线不良的地面处,交流额定电压 1000V 以下和直流额定电压 1500V 及以下的电气设备正常时不带电的金属外壳。在干燥环境,交流额定电压为 127V 及以下,直流电压为 110V 及以下的电气设备正常时不带电的金属外壳。安装在已接地的金属结构上的电气设备;敷设铠装电缆的金属构架。

检查时还需注意,接地干线宜设置在爆炸危险区域的不同方向,且不少于两处与接地体相连。

二、检查方法

通过查阅消防设计文件、电气设备材料清单、隐蔽工程施工记录、按现行国家标准电气装置安全工程施工及验收规范规定提交的有关设备的调整、试验记录及相关资料,了解环境可能出现爆炸的危险介质、爆炸危险区域范围以及电气装置的组成等基本数据后,对照检查内容逐项开展现场检查,结合消防设计文件现场查验电气设备的类型、级别、组别标志的铝牌和防爆标识,测量防爆电气设备、粉尘防爆电气设备外壳表面的最高温度。

第三节 设施防爆

爆炸危险场所内设施的检查,是指对具有爆炸危险性的场所的通风和空气调节系统和采暖系统等设施进行详细检查,在布置或选材上采取防爆措施,以限制易燃易爆物质在空气中的含量,降低爆炸发生的概率和危害。

一、供暖系统

防火检查中,通过对供暖方式的选择、供暖管道的敷设、供暖管道和设备绝热材料的燃烧性能等开展现场检查,并实地测量散热器表面温度,核实供暖系统的设置是否满足现行国家工程建设消防技术标准的要求。

(一)检查内容

1.供暖方式的选择

对一些容易发生火灾或爆炸的厂房,需检查其供暖系统是否采用不循环使用的热风采暖。易发生火灾或爆炸的厂房有:生产过程中散发的可燃气体、蒸气、粉尘、纤维与供暖管道、散热器表面接触,虽然供暖温度不高,也可能引起燃烧的厂房,例如,二硫化碳气体、黄磷蒸气及其粉尘等。生产过程中散发的粉尘受到水、水蒸气的作用能引起自燃和爆炸的厂房,例如,生产和加工钾、钠、钙等物质的厂房。生产过程中散发的粉尘受到水、水蒸气的作用能产生爆炸性气体的厂房,例如,电石、碳化铝、氢化钾、氢化钠、硼氢化钠等释放出的可燃气体等。

2.供暖管道的敷设

供暖管道不得穿过存在与供暖管道接触能引起燃烧或爆炸的气体、蒸气或粉尘的房间,必须穿过时,检查是否采用不燃材料隔热。同时,供暖管道与可燃物之间保持的距离满足以下要求:当温度大于100℃时,距离不小于100mm或采用不燃材料隔热;当温度不大于100℃时,距离不小于50mm或采用不燃材料隔热。

3.供暖管道和设备绝热材料的燃烧性能

对于甲、乙类厂房(仓库),建筑内供暖管道和设备的绝热材料采用不燃材料。

4.散热器表面的温度

在散发可燃粉尘、纤维的厂房内,散热器表面平均温度不得超过82.5℃。输煤廊的散热器表面平均温度不得超过130℃。

（二）检查方法

通过查阅消防设计文件，供暖系统设备清单，供暖系统隔热、绝热材料的产品质量证明文件及相关材料，了解建筑使用性质是否有爆炸危险性，核实产品质量证明文件与消防设计文件的一致性，并实地测量散热器表面温度。

二、通风、空调系统

爆炸危险场所的通风和空气调节系统，因排出有火灾爆炸危险物质没有采取有效措施或由于排风机与电机不配套等引起火灾爆炸事故时有发生。防火检查中，通过对通风和空气调节系统的管道敷设、通风设备选型、除尘器和过滤器的设置、接地装置的设置等进行检查。

（一）检查内容

（1）空气调节系统的选择：对含有燃烧或爆炸危险粉尘、纤维的空气的甲、乙类厂房，检查其空气调节系统是否采取不循环使用的方式，对于该类丙类厂房，检查其空气是否经过净化处理，使空气的含尘浓度低于其爆炸下限的25%；对民用建筑内空气中含有容易起火或爆炸危险物质的房间，检查其是否设置自然通风或独立的机械通风设施，以及其空气是否循环使用。

（2）管道的敷设：严禁厂房内用于有爆炸危险场所的排风管道穿过防火墙和有爆炸危险的房间隔墙。甲、乙、丙类厂房内的送、排风管道宜分层设置。

（3）通风设备的选择：对空气中含有易燃易爆危险物质的房间，检查其送、排风系统是否选用防爆型的通风设备。当送风机布置在单独分隔的通风机房内且送风干管上设置防止回流设施时，可采用普通型的通风设备。对燃气锅炉房，检查其是否选用防爆型的事故排风机，以及其排风量是否满足换气次数不少于 12 次/h。

（4）除尘器、过滤器的设置：对排除含有燃烧和爆炸危险粉尘的空气的排风机，检查在进入排风机前的除尘器是否采用不产生火花的除尘器；对于遇水可能形成爆炸的粉尘，严禁采用湿式除尘器。

（5）接地装置的设置：对排除有燃烧或爆炸危险气体、蒸气和粉尘的排风系统以及燃油或燃气锅炉房的机械通风设施，检查其是否设置导除静电的接地装置。

（二）检查方法

通过查阅消防设计文件、通风空调平面图和设备材料表、隐蔽工程施工记录、通风空调设备有关产品质量证明文件及相关资料，了解建筑的用途、规模，是否有爆炸危险场所或部位后对照检查内容逐项开展现场检查，核实风机选型、接地装置等产品质量证明文件与消防设计文件的一致性。

第六章　建筑装修和保温系统检查

知识框架

建筑装修和保温系统检查
{
　建筑内部装修 { 检查内容 / 检查方法 }
　建筑外墙的装饰 { 检查内容 / 检查方法 }
　建筑保温系统 { 检查内容 / 检查方法 }
}

考点梳理

1. 装修材料的燃烧性能等级的划分。
2. 建筑外墙装饰防火检查的主要内容。
3. 民用建筑外保温系统防火检查的主要内容。

考点精讲

第一节　建筑内部装修

　　建筑内部装修是建筑投入使用前的重要环节,在民用建筑中,主要包括顶棚、墙面、地面、隔断的装修以及固定家具、窗帘、帷幕、床罩、家具包布、固定饰物的布置等;在工业厂房中,主要包括顶棚、墙面、地面和隔断的装修。

　　防火检查中,通过对装修功能与原建筑类别一致性、装修工程的平面布置、装修材料燃烧性能等级、装修对疏散和消防设施的影响、照明灯具和配电箱的安装和公共场所内阻燃制品标识张贴等进行检查。

一、检查内容

1. 装修功能与原建筑类别一致性

装修工程的使用功能与所在建筑原设计功能须保持一致。

2. 装修工程的平面布置

装修工程的平面布置满足要求,立体疏散体系完整并畅通。

3. 装修材料燃烧性能等级

装修材料根据其在内部装修中使用的部位和功能,主要分为顶棚装修材料、墙面装修材料、地面装修材料、隔断装修材料、固定家具、装饰织物和其他装修装饰材料等七大类。不同建筑类别、建筑规模和使用部位的装修材料,燃烧性能等级的要求不同,主要分为 A(不燃性)、B1(难燃性)、B2(可燃性)和 B3(易燃性)四个等级。其设定的原则是:对重要的建筑比一般建筑物要求严;对地下建筑比地上建筑要求严;对 100m 以上的建筑比对一般高层建筑要求严。对建筑物防火的重点部位,如公共活动区、楼梯、疏散走道及危险性大的场所等,其要求比一般建筑部位要求严。对顶棚的要求严于墙面,对墙面的要求严于地面,对悬挂物(如窗帘、幕布等)的要求严于粘贴在基材上的物件。

4. 装修对疏散设施的影响

结合对装修范围内平面布置的检查,核实建筑内部装修是否存在减少安全出口、疏散出口数量和疏散走道的设计所需的净宽度和数量等问题。疏散走道两侧和安全出口附近不得设置误导人员安全疏散的反光镜子、玻璃等装修材料。

5. 装修对消防设施的影响

消火栓门不得被装饰物遮掩,门的颜色与四周的装修材料颜色应有明显区别;建筑内部装修不得遮挡消火栓箱、手动报警按钮、喷头、火灾探测器以及安全疏散指示标志和安全出口标志等消防设施。

6. 照明灯具和配电箱的安装

电气火灾是火灾事故发生的主要原因之一,而用电设施又是引起电气火灾事故的重要因素,检查中应重点核查重点区域电气设施的安装情况。检查要求为:开关、插座、配电箱不得直接安装在低于 B1 级的装修材料上,安装在 B1 级以下的材料基座上时,必须采用具有良好隔热性能的不燃材料隔绝。白炽灯、卤钨灯、荧光高压汞灯、镇流器等不得直接设置在可燃装修材料或可燃构件上。照明灯具的高温部位,当靠近非 A 级装修材料时,采取隔热、散热等防火保护措施。灯饰所用材料的燃烧性能等级不得低于 B1 级。

7. 公共场所内阻燃制品标识张贴

公共场所内建筑制品、织物、塑料或橡胶、泡沫塑料类、家具及组件、电线电缆 6 类产品须使用阻燃制品并加贴阻燃标识。

二、检查方法

(1)安装在钢龙骨上燃烧性能达到 B1 级的纸面石膏板、矿棉吸声板,可作为 A 级装修材料;单位质量小于 300g/m² 的纸质、布质壁纸,当直接粘贴在 A 级基材上时,可作为 B1 级装修材料;施涂于 A 级基材上的无机装饰涂料,可作为 A 级装修材料;施涂于 A 级基材上,湿涂覆比小于 1.5kg/m² 的有机装饰涂料,可作为 B1 级装修材料。

(2)当采用不同装修材料进行分层装修时,各层装修材料的燃烧性能等级均要符合相关规定。对于复合型装修材料,可提交专业检测机构进行整体测试后确定其燃烧性能等级。

(3)对现场阻燃处理的木质材料、纺织织物、复合材料等检查时,结合材料的燃烧性能型式检验报告、现场进行阻燃处理的材料和所使用阻燃剂的见证取样检验报告、现场对材料进行阻燃处理的施工记录及隐蔽工程验收记录等相关资料,对照报告及记录内容开展现场核查,重点核查上述报告或记录内容与实际使用材料的一致性。

(4)对公共场所内使用的阻燃制品,还要检查阻燃制品标识使用证书、现场检验标识加贴的情况。

第二节 建筑外墙的装饰

建筑外墙上附属的东西如装饰板、广告牌和条幅等,如采用可燃性装饰材料,火灾时往往会从外立面蔓延至多个楼层形成立体燃烧,大大增加灭火救援的难度。防火检查中,通过对装饰材料的燃烧性能、广告牌的设置位置、设置发光广告牌墙体的燃烧性能等进行检查,核实建筑外墙装饰是否符合现行国家工程建设消防技术标准的要求。

一、检查内容

(1)装饰材料的燃烧性能:建筑外墙室外大型广告牌和条幅的材质便于火灾时破拆,并且不得使用可燃材料。

(2)广告牌和条幅的设置:广告牌和条幅不得设置在灭火救援窗或自然排烟窗的外侧,消防车登高面一侧外墙上设置凸出的广告牌不得影响消防车登高操作。

(3)户外电致发光广告牌墙体的燃烧性能:直接设置在有可燃、难燃材料墙体上的户外电致发光广告牌,容易成为着火源而引发火灾,并能导致火势沿建筑外立面蔓延。因此,户外电致发光广告牌不得直接设置在有可燃、难燃材料的墙体上。

二、检查方法

通过查阅消防设计文件、建筑立面图、装饰材料的燃烧性能检测报告等资料,了解建筑高度和墙体材质,确定消防车登高面、每层灭火救援窗和自然排烟窗的设置部位后,沿建筑

四周对外墙的装饰开展现场检查。

第三节　建筑保温系统

建筑保温系统包括建筑内、外保温系统,主要对建筑的基层墙体或屋面板进行保温。防火检查中,首先判定保温系统的类型,通过对保温材料的燃烧性能、防护层和防火隔离带的设置、每层楼板处的防火封堵、电气线路和电器配件的安装等进行检查,核实建筑保温系统是否符合现行国家工程建设消防技术标准的要求。

一、检查内容

(一)保温材料的燃烧性能

用于建筑保温系统的保温材料主要包括有机高分子类、有机无机复合类和无机类三大类,根据燃烧性能等级的不同,主要有 A(不燃性)、B1(难燃性)、B2(可燃性)三个等级。针对民用建筑不同的建筑类别、建筑高度和外墙材质,保温材料的燃烧性能等级有所不同。屋面、地下室外墙面不得使用岩棉、玻璃棉等吸水率高的保温材料。

(二)防护层的设置

当外墙体保温材料选用非 A 级材料时,检查其外侧是否按要求设置不燃材料制作的防护层,并将保温材料完全覆盖。不同使用性质、建筑高度和外墙材质的民用建筑,其防护层的设置厚度也有所不同。防护层厚度首层不应小于 15mm,其他层不应小于 5mm。建筑的外墙内保温系统采用不燃材料作为防护层,当采用燃烧性能为 B1 级的保温材料时,防护层厚度不小于 10mm。建筑的屋面外保温系统采用燃烧性能为 B1、B2 级的保温材料时,按要求设置不燃材料制作的且厚度不小于 10mm 的防护层。

(三)防火隔离带的设置

当外墙体采用 B1、B2 级保温材料时,检查每层沿楼板位置是否设置不燃材料制作的水平防火隔离带,隔离带的设置高度不得小于 300mm,且应与建筑外墙体全面积粘贴密实。当屋面和外墙体均采用 B1、B2 级保温材料时,还须检查外墙和屋面分隔处是否按要求设置不燃材料制作的防火隔离带,隔离带的宽度不得小于 500mm。

(四)每层楼板处的防火封堵

当外墙保温系统与基层墙体、装饰层之间有空腔时,检查保温系统与基层墙体、装饰层之间的空腔,是否在每层楼板处采用防火封堵材料封堵,以防因烟囱效应造成火势快速蔓延。

(五)电气线路和电器配件

电气线路不得穿越或敷设在非 A 级保温材料中;对于确实需要穿越或敷设的,应检查是否采取穿金属导管等防火保护措施。开关、插座等电器配件,不得直接安装在难燃或可燃的保温材料上,以防因电器使用年限长、绝缘老化或过负荷运行发热等引发火灾。

二、检查方法

通过查阅消防设计文件中节能设计专篇、建筑剖面图、建筑外墙节点大样、施工记录、隐蔽工程验收记录、相关材料(保温材料、防护层、防火隔离带等)质量证明文件和性能检测报告或型式检验报告等资料,了解建筑高度、建筑类别及是否为幕墙式建筑、外保温体系类型等基础数据后开展现场检查。现场采用钢针插入或剖开尺量防护层的厚度、水平防火隔离带的高度或宽度时,不允许有负偏差。

通关练习

一、单项选择题

1. 建筑之间的防火间距,从相邻建筑( )进行测量。

A. 外墙
B. 外墙的最远距离
C. 外墙的最远水平距离
D. 外墙的最近水平距离

2. 同一座厂房或厂房的任一防火分区内有不同火灾危险性生产时,厂房或防火分区内的生产火灾危险性类别按( )确定。

A. 防火分区面积
B. 存放物质性质
C. 防火分区主次
D. 火灾危险性较大部分

3. 高度2.5m的公共建筑的防烟分区的最大允许建筑面积为( )。

A. 500
B. 1000
C. 1500
D. 2000

4. 地下或半地下建筑(室)和一类高层建筑的耐火等级不低于( )。

A. 一级
B. 二级
C. 三级
D. 四级

5. 消防电梯的排水井的容量不小于( )m^3。

A. 1
B. 2
C. 3
D. 4

二、多项选择题

1. 民用建筑的中庭和屋顶承重构件采用金属构件时,可通过采取( )等措施,保证其耐火极限不低于耐火等级的要求。

A. 外包敷不燃材料
B. 设置自动喷水灭火系统
C. 采用防火保护
D. 选择不燃金属
E. 喷涂防火涂料

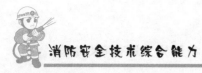

2. 属于活动式防火分隔措施的是(　　)。

A. 防火门　　　　　　　　　　　B. 楼板

C. 防火窗　　　　　　　　　　　D. 防火卷帘

E. 防火墙

3. 医院和疗养院主要检查的内容有(　　)。

A. 设置层数　　　　　　　　　　B. 相邻护理单元间的防火分隔

C. 避难间的设置　　　　　　　　D. 安全出口的设置

E. 房间的布局

4. 对钢结构防火涂料进行检查时,主要进行的操作有(　　)。

A. 对比样品　　　　　　　　　　B. 检查涂层湿度

C. 检查涂层厚度　　　　　　　　D. 检查涂层外观

E. 检查膨胀倍数

5. 消防电梯平面布置防火检查内容包括(　　)。

A. 消防电梯设置的数量　　　　　B. 消防电梯前室的设置

C. 消防电梯井、机房的设置　　　D. 消防电梯的配置

E. 消防电梯的安装

参考答案及解析

一、单项选择题

1. D 【解析】建筑之间的防火间距,从相邻建筑外墙的最近水平距离进行测量,当外墙有凸出的可燃或难燃构件时,从凸出部分的外缘进行测量。

2. D 【解析】同一座厂房或厂房的任一防火分区内有不同火灾危险性生产时,厂房或防火分区内的生产火灾危险性类别按火灾危险性较大的部分确定。

3. A 【解析】对于公共建筑和工业建筑(包括地下建筑和人防工程),需要根据具体情况确定合适的防烟分区大小,空间净高(H)≤3.0m 时,最大允许面积为 500m^2;3.0m < 空间净高(H)≤6.0m 时,最大允许面积为 1000m^2;6.0m < 空间净高(H)≤9.0m 时,最大允许面积为 2000m^2。

4. A 【解析】地下或半地下建筑(室)和一类高层建筑的耐火等级不低于一级。

5. B 【解析】消防电梯的井底设置排水设施,排水井的容量不小于 2m^3,排水泵的排水量不小于 10L/s。

二、多项选择题

1. ABE 【解析】民用建筑的中庭和屋顶承重构件采用金属构件时,可通过采取外包敷不燃材料、设置自动喷水灭火系统和喷涂防火涂料等措施,保证其耐火极限不低于耐火等级

的要求。

2. ACD　【解析】楼板、防火墙均属于固定式防火分隔措施。

3. ABC　【解析】医院和疗养院主要检查的内容有:(1)设置层数;(2)相邻护理单元间的防火分隔;(3)避难间的设置。

4. ACDE　【解析】对钢结构防火涂料进行检查时,主要进行以下操作:(1)对比样品;(2)检查涂层外观;(3)检查涂层厚度;(4)检查膨胀倍数。

5. ABCD　【解析】消防电梯平面布置防火检查内容包括:(1)消防电梯设置的数量;(2)消防电梯前室的设置;(3)消防电梯井、机房的设置;(4)消防电梯的配置;(5)消防电梯的排水。

第三部分 消防设施安装、检测与维护管理

考纲导读

1. 消防设施质量控制、维护管理与消防控制管理

根据消防技术标准规范,运用相关消防技术,组织制定消防设施质量控制、维护管理与消防控制管理的实施方案,确认消防设施质量控制、维护管理与消防控制管理的技术要求,辨识消防控制室技术条件、维护管理措施和应急处置程序的正确性。

2. 消防给水

根据消防技术标准规范,运用相关消防技术,组织制定消防给水设施检查、检测与维护保养的实施方案,确认设施检查、检测与维护保养的技术要求,辨识和分析消防给水设施运行过程中出现故障的原因,指导相关从业人员正确检查、检测与维护保养消防给水设施,解决消防给水设施的技术问题。

3. 消火栓系统

根据消防技术标准规范,运用相关消防技术,组织制定消火栓系统检查、检测与维护保养的实施方案,确认系统检查、检测与维护保养的技术要求,辨识和分析系统运行过程中出现故障的原因,指导相关从业人员正确检查、检测与维护保养消火栓系统,解决该系统的技术问题。

4. 自动水灭火系统

根据消防技术标准规范,运用相关消防技术,组织制定自动喷水灭火系统、水喷雾灭火系统、细水雾灭火系统及其组件检测、验收的实施方案,确认系统检查、检测与维护保养的技术要求,辨识和分析系统出现故障的原因,指导相关从业人员正确检查、检测与维护保养自动水灭火系统,解决该系统技术问题。

5. 气体灭火系统

根据消防技术标准规范,运用相关消防技术,组织制定气体灭火系统检查、检测与维护保养的实施方案,确认系统检查、检测与维护保养的技术要求,辨识和分析系统运行过程中出现故障的原因,指导相关从业人员正确检查、检测与维护保养气体灭火系统,解决该系统技术问题。

6. 泡沫灭火系统

根据消防技术标准规范,运用相关消防技术,组织制定泡沫灭火系统检查、检测与维护保养的实施方案,确认系统检查、检测与维护保养的技术要求,辨识和分析系统出现故障的原因,指导相关从业人员正确检查、检测与维护保养泡沫灭火系统,解决该系统的消防技术问题。

7. 干粉灭火系统

根据消防技术标准规范,运用相关消防技术,组织制定干粉灭火系统检查、检测与维护保养的实施方案,确认系统检查、检测与维护保养的技术要求,辨识和分析系统出现故障的原因,指导相关从业人员正确检查、检测与维护保养干粉灭火系统,解决该系统消防技术问题。

8. 建筑灭火器

根据消防技术标准规范,运用相关消防技术,确认各种建筑灭火器安装配置、检查和维修的技术要求,辨识和分析建筑灭火器安装配置、检查和维修过程中常见的问题,指导相关从业人员正确安装配置、检查和维修灭火器,解决相关的技术问题。

9. 防烟排烟系统

根据消防技术标准规范,运用相关消防技术,组织制定防烟排烟系统检查、检测与维护保养的实施方案,确认系统检查、检测与维护保养的技术要求,辨识和分析系统运行过程中出现故障的原因,指导相关从业人员正确检查、检测与维护保养防烟排烟系统,解决该系统消防技术问题。

10. 消防用电设备的供配电与电气防火防爆

根据消防技术标准规范,运用相关消防技术,组织制定消防供配电系统和电气防火防爆检查的实施方案,确定电气防火技术措施,辨识和分析常见的电气消防安全隐患,解决电气防火防爆方面的消防技术问题。

11. 消防应急照明和疏散指示系统

根据消防技术标准规范,运用相关消防技术,组织制定消防应急照明和疏散指示标志检查、检测与维护保养的实施方案,确认系统及各组件检查、检测与维护保养的技术要求,辨识和分析系统运行出现故障的原因,指导相关从业人员正确检查、检测与维护保养消防应急照明和疏散指示系统,解决消防应急照明和疏散指示标志的技术问题。

12. 火灾自动报警系统

根据消防技术标准规范,运用相关消防技术,组织制定火灾自动报警系统检查、检测与维护保养的实施方案,确认火灾探测报警系统、消防联动控制系统、可燃气体探测报警系统、电气火灾监控系统检查、检测与维护保养的技术要求,辨识和分析系统出现故障的原因,指导相关从业人员正确检查、检测与维护保养火灾自动报警系统,解决该系统的消防技术问题。

13.城市消防远程监控系统

根据消防技术标准规范,运用相关消防技术,组织制定城市消防远程监控系统检查、检测与维护保养的实施方案,确认系统及各组件检测与维护管理的技术要求,辨识和分析系统出现的故障及原因,指导相关从业人员正确检测、验收与维护保养城市消防远程监控系统,解决该系统的消防技术问题。

第一章 消防设施通用要求

知识框架

消防设施通用要求
- 消防设施安装调试与检测验收
  - 施工质量控制要求
  - 消防设施现场检查
  - 消防设施施工安装调试
  - 消防设施技术检测与竣工验收
- 消防设施维护管理
  - 消防设施维护管理的要求
  - 消防设施维护管理各环节的工作要求
- 消防控制室管理
  - 消防控制室的设备配置
  - 消防控制设备的监控功能
  - 消防控制室台帐档案建立
  - 消防控制室的管理要求

考点梳理

1. 施工过程的质量控制要求。
2. 消防设施施工与竣工需要具备的条件。
3. 消防设施维护管理的内容及其要求。
4. 消防控制室需要配置的监控设备。

考点精讲

第一节 消防设施安装调试与检测验收

一、施工质量控制要求

为确保消防设施施工安装质量,消防设施安装调试、技术检测应由具有相应等级资质的施工单位、消防技术服务机构承担。施工单位按照消防设计文件编写施工方案,以指导施工安装、控制施工质量。

(一)施工前准备

施工前,需要具备一定的技术、物质条件,以确保施工需求,保证施工质量。基本条件如下:

(1)经批准的消防设计文件及其他技术资料齐全。

(2)设计单位向建设、施工、监理单位进行技术交底,明确相应技术要求。

(3)各类消防设施的设备、组件及材料齐全,规格型号符合设计要求,能够保证正常施工。

(4)经检查,与专业施工相关的基础、预埋件和预留孔洞等符合设计要求。

(5)施工现场及施工中使用的水、电、气能够满足连续施工的要求。

消防设计文件包括消防设施设计施工图(平面图、系统图、施工详图、设备表、材料表等)图样及设计说明等;其他技术资料主要包括消防设施产品明细表、主要组件安装使用说明书及施工技术要求,各类消防设施的设备、组件及材料等符合市场准入制度的有效证明文件和产品出厂合格证书,工程质量管理、检验制度等。

(二)施工过程质量控制

为确保施工质量,施工中要建立健全施工质量管理体系和工程质量检验制度,施工现场配备必要的施工技术标准。消防设施施工过程质量控制按照下列要求组织实施:

(1)对到场的各类消防设施的设备、组件以及材料进行现场检查,经检查合格后方可用于施工。

(2)各工序按照施工技术标准进行质量控制,每道工序完成后进行检查,经检查合格后方可进行下一道工序。

(3)相关各专业工种之间交接时,进行检验认可,经监理工程师签证后,方可进行下一道工序。

(4)消防设施安装完毕,施工单位按照相关专业调试规定进行调试。

(5)调试结束后,施工单位向建设单位提供质量控制资料和各类消防设施施工过程质量检查记录。

(6)监理工程师组织施工单位人员对消防设施施工过程进行质量检查;施工过程质量检查记录按照各消防设施施工及验收规范的要求填写。

(7)施工过程质量控制资料按照相关消防设施施工及验收规范的要求填写、整理。

(三)产品及施工安装质量问题处理

经消防设施现场检查、技术检测、竣工验收,消防设施的设备、组件以及材料存在产品质量问题或者施工安装质量问题,不能满足相关国家工程建设消防技术标准的,按照下列要求进行处理:

(1)更换相关消防设施的设备、组件及材料的,进行施工返工处理,重新组织产品现场检查、技术检测或者竣工验收。

(2)返修处理,能够满足相关标准规定和使用要求的,按照经批准的处理技术方案和协议文件,重新组织现场检查、技术检测或者竣工验收。

(3)返修或者更换相关消防设施的设备、组件及材料的,经重新组织现场检查、技术检测、竣工验收,仍然不符合要求的,判定为现场检查、技术检测、竣工验收不合格。

(4)未经现场检查合格的消防设施的设备、组件及材料,不得用于施工安装;消防设施未经竣工验收合格的,其建设工程不得投入使用。

二、消防设施现场检查

各类消防设施的设备、组件以及材料等采购到达施工现场后,施工单位组织实施现场检查。消防设施现场检查包括产品合法性检查、一致性检查以及产品质量检查。

(一)合法性检查

按照国家相关法律法规规定,消防产品按照国家或者行业标准生产,并经型式检验和出厂检验合格后,方可使用。消防产品合法性检查,重点查验其符合国家市场准入规定的相关合法性文件,以及出厂检验合格证明文件。

1.市场准入文件

(1)纳入强制性产品认证的消防产品,查验其依法获得的强制认证证书。

(2)新研制的尚未制定国家或者行业标准的消防产品,查验其依法获得的技术鉴定证书。

(3)目前尚未纳入强制性产品认证的非新产品类的消防产品,查验其经国家法定消防产品检验机构检验合格的型式检验报告。

(4)非消防产品类的管材管件及其他设备,查验其法定质量保证文件。

2.产品质量检验文件

(1)查验所有消防产品的型式检验报告和其他相关产品的法定检验报告。

(2)查验所有消防产品、管材管件及其他设备的出厂检验报告或者出厂合格证。

(二)一致性检查

消防产品一致性检查是防止使用假冒伪劣消防产品施工、降低消防设施施工安装质量的有效手段。消防产品一致性检查按照下列步骤及要求实施:

(1)逐一登记到场的各类消防设施的设备及其组件名称、批次、规格型号、数量和生产厂名、地址和产地,与其设备清单、使用说明书等核对无误。

(2)查验各类消防设施的设备及其组件的规格型号、组件配置及其数量、性能参数、生产厂名及其地址与产地,以及标志、外观、材料、产品实物等,与经国家消防产品法定检验机构检验合格的型式检验报告一致。

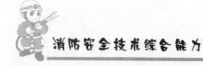

（3）查验各类消防设施的设备及其组件规格型号，符合经法定机构批准或者备案的消防设计文件要求。

（三）产品质量检查

消防设施的设备及其组件、材料等产品质量检查主要包括外观检查、组件装配及其结构检查、基本功能试验以及灭火剂质量检测等内容。

（1）火灾自动报警系统、火灾应急照明及疏散指示系统的现场产品质量检查，重点对其设备及其组件进行外观检查。

（2）水系灭火系统（如消防给水及消火栓系统、自动喷水灭火系统、水喷雾灭火系统、细水雾灭火系统、泡沫灭火系统等）的现场产品质量检查，重点对其设备、组件以及管件、管材的外观（尺寸）、组件结构及其操作性能进行检查，并对规定组件、管件、阀门等进行强度和严密性试验；泡沫灭火系统还需按照规定对灭火剂进行抽样检测。

（3）气体灭火系统、干粉灭火系统除参照水系灭火系统的检查要求进行现场产品质量检查外，还要对灭火剂储存容器的充装量、充装压力等进行检查。

（4）防排烟设施的现场产品质量检查，重点检查风机、风管及其部件的外观（尺寸）、材料燃烧性能和操作性能；检查活动挡烟垂壁、自动排烟窗及其驱动装置、控制装置的外观、操控性能等。

三、消防设施施工安装调试

消防设施施工安装调试是消防设施由设计成果转化为实物成果，实现火灾报警、扑救与控制初起火灾、防烟排烟、疏散引导等功能的关键环节，消防设施施工安装质量的好坏直接关系到消防设施效能的发挥程度。

（一）施工安装依据

消防设施施工安装以经法定机构批准或者备案的消防设计文件、国家工程建设消防技术标准为依据；经批准或者备案的消防设计文件不得擅自变更，确需变更的，由原设计单位修改，报经原批准机构批准后，方可用于施工安装。消防供电以及火灾自动报警系统设计文件，除需要具备前述消防设施设计文件外，还需具备系统布线图和消防设备联动逻辑说明等技术文件。

（二）施工安装要求

消防设施施工安装过程中，施工现场要配齐相应的施工技术标准、工艺规程以及实施方案，建立健全质量管理体系、施工质量控制与检验制度。施工单位应做好施工（包括隐蔽工程验收）、检验（包括绝缘电阻和接地电阻）、调试、设计变更等相关记录；施工结束后，应该按照规定对消防设施施工安装质量进行全面检查，在施工现场质量管理检查、施工过程检查、隐蔽工程验收、资料核查等检查全部合格后，完成竣工图以及竣工报告。

（三）调试要求

各类消防设施施工结束后，由施工单位或者其委托的具有调试能力的其他单位组织实施消防设施调试,调试工作包括各类消防设施的单机设备、组件调试和系统联动调试等内容。

(1)系统供电正常,电气设备(主要是火灾自动报警系统)具备与系统联动调试的条件。

(2)水源、动力源和灭火剂储存等满足设计要求和系统调试要求,各类管网、管道、阀门等密封严密,无泄漏。

(3)调试使用的测试仪器、仪表等性能稳定可靠,其精度等级及其最小分度值能够满足调试测定的要求,符合国家有关计量法规以及检定规程的规定。

(4)对火灾自动报警系统及其组件、其他电气设备分别进行通电试验,确保其工作正常。

消防设施调试负责人由专业技术人员担任。调试前,调试单位按照各消防设施的调试需求,编制相应的调试方案,确定调试程序,并按照程序开展调试工作;调试结束后,调试单位提供完整的调试资料和调试报告。

消防设施调试合格后,填写施工过程检查记录,并将各消防设施恢复至正常工作状态。

四、消防设施技术检测与竣工验收

消防设施技术检测、竣工验收是各类消防设施交付使用前的重要技术保障工作,技术检测、竣工验收可以在一定程度上统一标准、规范施工行为并及时发现消防设施施工中的质量问题,从而保障消防设施应有效能的最好发挥。

(一)技术检测

消防设施检测是对消防设施的检查、测试等技术服务工作的统称。技术检测是指消防设施施工结束后,建设单位委托具有相应资质等级的消防技术检测服务机构对消防设施施工质量进行的检查测试工作。

1.检测准备

消防设施技术检测前,检测机构按照要求对各类消防设施及其检测仪器仪表进行检查。

(1)检查各类消防设施的设备及其组件的相关技术文件。

(2)检查各类消防设施的设备及其组件的外观标志。

(3)检查各类消防设施的设备及其组件、材料(管道、管件、支吊架、线槽、电线、电缆等)的外观,以及导线、电缆的绝缘电阻值和系统接地电阻值等测试记录。各类消防设施的设备及其组件、材料的外观完好无损、无锈蚀,设备、管道无泄漏,导线和电缆的连接、绝缘性能、接地电阻等符合设计要求。

(4)检查检测用仪器、仪表、量具等的计量检定合格证书及其有效期限。

2.检测方法及要求

消防设施技术检测时,检测机构对各类消防设施进行技术检测的要求如下:

(1)采用核对方式检查的,与经法定机构批准或者备案的消防设计文件、验收记录和国家工程建设消防技术标准等进行对比核查。

（2）按照各类消防设施施工及验收规范及《建筑消防设施检测技术规程》（GA 503—2004）规定的内容，对各类消防设施的设置场所（防护区域）设备及其组件、材料（管道、管件、支吊架、线槽、电线、电缆等）进行设置场所（防护区域）安全性检查、消防设施施工质量检查和功能性试验；对于有数据测试要求的项目，采用规定的仪器、仪表、量具等进行测试。

（3）逐项记录各类消防设施检测结果及仪器、仪表、量具等测量显示数据，填写检测记录。

检测过程中，采用对讲设备进行联络；检测结束后，将各类消防设施恢复至正常工作状态。

（二）竣工验收

消防设施施工结束后，由建设单位组织设计、施工、监理等单位进行包括消防设施在内的建设工程竣工验收。消防设施竣工验收分为资料检查、施工质量现场检查和质量验收判定三个环节，消防设施竣工验收过程中，按照各类消防设施的施工及验收规范的要求填写竣工验收记录表。

1. 资料检查

消防设施竣工验收前，施工单位需要提交下列竣工验收资料，供参验单位进行资料检查：

（1）竣工验收申请报告。

（2）施工图设计文件（包括设计图样和设计说明书等）、各类消防设施的设备及其组件安装说明书、消防设计审查意见书和设计变更通知书、竣工图。

（3）主要设备、组件、材料符合市场准入制度的有效证明文件、出厂质量合格证明文件及现场检查（验）报告。

（4）施工现场质量管理检查记录、施工过程质量管理检查记录及工程质量事故处理报告。

（5）隐蔽工程检查验收记录以及灭火系统阀门、其他组件的强度和严密性试验记录、管道试压和冲洗记录。

2. 现场检查

现场检查的主要内容包括各类消防设施的安装场所（防护区域）及其设置位置、设备用房设置等检查、施工质量检查和功能性试验。

（1）检查各类消防设施安装场所（防护区域）及其设置位置的合理性。

（2）检查各类消防设施外观质量。

（3）通过专业仪器设备现场测量涉及距离、宽度、长度、面积、厚度等可测量的指标。

（4）测试各类消防设施的功能。

（5）检查、测试其他涉及消防设施规定要求的项目。

各项检查项目中有不合格项时，对设备及其组件、材料（管道、管件、支吊架、线槽、电线、电缆等)进行返修或者更换后,进行复验。复验时,对有抽验比例要求的,应加倍抽样检查。

3.质量验收判定

消防设施现场检查结束后,根据各类设施的施工及验收规范确定的工程施工质量缺陷类别,按照规则对各类消防设施的施工质量作出验收判定结论:

(1)消防给水及消火栓系统、自动喷水灭火系统、防烟排烟系统和火灾自动报警系统等工程施工质量缺陷划分为严重缺陷项(A)、重缺陷项(B)和轻缺陷项(C)。

①自动喷水灭火系统、防烟排烟系统的工程施工质量缺陷,当 $A = 0$,$B \leqslant 2$,且 $B + C \leqslant 6$ 时,竣工验收判定为合格;否则,竣工验收判定为不合格。

②消防给水及消火栓系统的工程施工质量缺陷,当 $A = 0$,$B \leqslant 2$,且 $B + C \leqslant 6$ 时,竣工验收判定为合格;否则,竣工验收判定为不合格。

③火灾自动报警系统的工程施工质量缺陷,当 $A = 0$,$B \leqslant 2$,且 $B + C \leqslant$ 检查项的 5% 时,竣工验收判定为合格;否则,竣工验收判定为不合格。

(2)泡沫灭火系统按照《泡沫灭火系统施工及验收规范》(GB 50281—2006)的规定内容进行竣工验收,当其功能验收不合格时,系统验收判定为不合格。

(3)气体灭火系统按照《气体灭火系统施工及验收规范》(GB 50263—2007)的规定内容进行竣工验收,当其验收项目有一项为不合格时,系统验收判定为不合格。

第二节　消防设施维护管理

消防设施维护管理由建筑物的产权单位或者受其委托的建筑物业管理单位依法自行管理或者委托具有相应资质的消防技术服务机构实施管理。消防设施维护管理包括值班、巡查、检测、维修、保养、建档等工作。

一、消防设施维护管理的要求

为确保建筑消防设施正常运行,建筑使用管理单位需要对其消防设施的维护管理明确归口管理部门、管理人员及其工作职责,建立消防设施值班、巡查、检测、维修、保养、建档等管理制度。

(一)维护管理人员从业资格要求

消防设施操作管理以及值班、巡查、检测、维修、保养的从业人员,需要具备符合下列规定的从业资格:

(1)消防设施检测、维护保养等消防技术服务机构的项目经理、技术人员,经注册消防工程师考试合格,具有规定数量的、持有一级或者二级注册消防工程师的执业资格证书。

(2)消防设施操作、值班、巡查的人员,经消防行业特有工种职业技能鉴定合格,持有初级技能及以上等级的职业资格证书,能够熟练操作消防设施。

(3)消防设施检测、保养人员,经消防行业特有工种职业技能鉴定合格,持有高级技能以上等级职业资格证书。

(4)消防设施维修人员,经消防行业特有工种职业技能鉴定合格,持有技师以上等级职业资格证书。

(二)维护管理装备要求

用于消防设施的巡查、检测、维修、保养的测量用仪器、仪表、量具以及泄压阀、安全阀等,依法需要计量检定的,建筑使用管理单位按照有关规定进行定期校验,并具有有效证明文件。

(三)维护管理工作要求

(1)明确管理职责。同一建筑物有两个及两个以上产权、使用单位的,明确消防设施的维护管理责任,实行统一管理,以合同方式约定各自的权利与义务;委托物业管理单位、消防技术服务机构等实施统一管理的,物业管理单位、消防技术服务机构等严格按照合同约定,履行消防设施维护管理职责,确保管理区域内的消防设施正常运行。

(2)制定消防设施维护管理制度和维修管理技术规程。建筑消防设施投入使用后,建立使用管理单位制度并落实巡查、检测、报修、保养等各项维护管理制度和技术规程,及时发现问题,适时维修保养,确保消防设施处于正常工作状态,并且完好有效。

(3)落实管理责任。建筑使用管理单位自身具备维修保养能力的,明确维修、保养职能部门和人员;不具备维修保养能力的,与消防设备生产厂家、消防设施施工安装单位等有维修、保养能力的单位签订消防设施维修、保养合同。

(4)实施消防设施标识化管理。消防设施的电源控制柜、水源及灭火剂等控制阀门,处于正常运行位置,具有明显的开(闭)状态标识;需要保持常开或者常闭的阀门,采取铅封、标识等限位措施,保证其处于正常位置;具有信号反馈功能的阀门,其状态信号能够按照预定程序及时反馈到消防控制室;消防设施及其相关设备的电气控制柜具有控制方式转换装置的,除现场具有控制方式及其转换标识外,其控制信号能够反馈至消防控制室。

(5)故障消除及报修。值班、巡查、检测时发现消防设施故障的,按照单位规定程序,及时组织修复;单位没有维修保养能力的,按照合同约定报修;消防设施因故障维修等原因需要暂时停用的,经单位消防安全责任人批准,报消防救援机构备案,采取消防安全措施后,方可停用检修。

(6)建立健全建筑消防设施维护管理档案。定期整理消防设施维护管理技术资料,按照规定期限和程序保存、销毁相关文件档案。

(7)远程监控管理。城市消防远程监控系统联网用户,按照规定协议向城市监控中心发送建筑消防设施运行状态、消防安全管理等信息。

二、消防设施维护管理各环节的工作要求

消防设施维护管理各个环节的工作均关系到消防设施完好有效、正常发挥作用,建筑使用管理单位要根据各个环节工作特点,组织实施维护管理。

(一)值班

建筑使用管理单位根据建筑或者单位的工作、生产、经营特点,建立值班制度。在消防控制室、具有消防配电功能的配电室、消防水泵房、防排烟机房等重要设备用房,合理安排符合从业资格条件的专业人员对消防设施实施值守、监控,负责消防设施操作控制,确保火灾情况下能够按照操作技术规程,及时、准确地操作建筑消防设施。

单位制订灭火和应急疏散预案、组织预案演练时,要将消防设施操作内容纳入其中,并对操作过程中发现的问题及时给予纠正、处理。

(二)巡查

巡查是指建筑使用管理单位对建筑消防设施直观属性的检查。

1.巡查要求

建筑管理使用单位按照下列要求组织巡查:明确各类消防设施的巡查频次、内容和部位。巡查时,准确填写《建筑消防设施巡查记录表》。巡查发现故障或者存在问题的,按照规定程序进行故障处置,消除存在的问题。

2.巡查频次

公共娱乐场所营业期间,每2h组织一次综合巡查。期间将部分或者全部消防设施巡查纳入综合巡查内容,并保证每日至少对全部建筑消防设施巡查一遍。消防重点单位每日至少对消防设施巡查一次。其他社会单位每周至少对消防设施巡查一次。举办具有火灾危险性的大型群众性活动的承办单位根据活动现场的实际需要确定巡查频次。

(三)检测

1.检测频次

消防设施每年至少检测1次。遇重大节日或者重大活动,根据活动要求安排消防设施检测。

设有自动消防设施的宾馆饭店、商场市场、公共娱乐场所等人员密集场所、易燃易爆单位及其他一类高层公共建筑等消防安全重点单位,自消防设施投入运行后的每年年底,将年度检测记录报当地消防救援机构备案。

2.检查对象

检测对象包括全部系统设备、组件等。

(四)维修

对于在值班、巡查、检测、灭火演练中发现的消防设施存在问题和故障,相关人员按照规定填写《建筑消防设施故障维修记录表》,向建筑使用管理单位消防安全管理人报告;消防安

全管理人对相关人员上报的消防设施存在的问题和故障,要立即通知维修人员或者委托具有资质的消防设施维保单位进行维修。维修期间,建筑使用管理单位要采取确保消防安全的有效措施;故障排除后,消防安全管理人组织相关人员进行相应功能试验,检查确认,并将检查确认合格的消防设施恢复至正常工作状态,并在《建筑消防设施故障维修记录表》中全面、准确记录。

(五)保养

建筑使用管理单位根据建筑规模、消防设施使用周期等,制订消防设施保养计划,载明消防设施的名称、保养内容和周期;储备一定数量的消防设施易损件或者与有关消防产品厂家、供应商签订相关合同,以保证维修保养供应。消防设施在维护保养时,维护保养单位相关技术人员填写《建筑消防设施维护保养记录表》,并进行相应功能试验。

(六)档案建立与管理

消防设施档案是建筑消防设施施工质量、维护管理的历史记录,具有延续性和可追溯性,是消防设施施工调试、操作使用、维护管理等状况的真实记录。

1. 档案内容

(1)消防设施基本情况。主要包括消防设施的验收文件和产品、系统使用说明书、系统调试记录、消防设施平面布置图、系统图等原始技术资料。

(2)消防设施动态管理情况。主要包括消防设施的值班记录、巡查记录、检测记录、故障维修记录以及维护保养计划表、维护保养记录、自动消防控制室值班人员基本情况档案及培训记录等。

2. 保存期限

消防设施施工安装、竣工验收及验收技术检测等原始技术资料长期保存;《消防控制室值班记录表》和《建筑消防设施巡查记录表》的存档时间不少于一年;《建筑消防设施检测记录表》《建筑消防设施故障维修记录表》《建筑消防设施维护保养计划表》《建筑消防设施维护保养记录表》的存档时间不少于五年。

第三节　消防控制室管理

消防控制室设有火灾自动报警控制设备和消防控制设备,用于接收、显示、处理火灾报警信号,控制相关消防设施,是指挥火灾扑救、引导人员安全疏散的信息指挥中心,是消防安全管理的核心场所。

一、消防控制室的设备配置

为确保消防控制室实现接受火灾报警、处置火灾信息、指挥火灾扑救、引导人员安全疏散等消防安全目标,消防控制室配备的监控设备要能够准确、规范地实施消防监控与管理等各项功能。消防控制室至少需要设置火灾报警控制器、消防联动控制器、消防控制室图形显示装置、消防电话总机、消防应急广播控制装置、消防应急照明和疏散指示系统控制装置、消防电源监控器等设备,或者设置具有相应功能的组合设备。

二、消防控制设备的监控功能

消防控制室配备的消防设备需要具备下列监控功能:

(1)消防控制室设置的消防设备能够监控并显示消防设施运行状态信息,并能够向城市消防远程监控中心传输相应信息。

(2)根据建筑规模及其火灾危险性特点,消防控制室内需要保存必要的文字、电子资料,存储相关的消防安全管理信息,并能够及时向监控中心传输消防安全管理信息。

(3)大型建筑群要根据其不同建筑功能需求、火灾危险性特点和消防安全监控需要,设置2个及2个以上的消防控制室,并确定主消防控制室、分消防控制室,以实现分散与集中相结合的消防安全监控模式。

(4)主消防控制室的消防设备能够对系统内共用消防设备进行控制,并能够显示各个分消防控制室内消防设备的状态信息,具备对分消防控制室内消防设备及其所控制的消防系统、设备的控制功能。

(5)各个分消防控制室的消防设备之间,可以互相传输、显示状态信息,不能互相控制消防设备。

三、消防控制室台账档案建立

消防控制室是建筑使用管理单位消防安全管理与消防设施监控的核心场所,需要保存能够反映建筑特征及其消防设施施工质量及其运行情况的纸质台账档案和电子资料,消防控制室内至少保存有下列纸质台账档案和电子资料:

(1)建(构)筑物竣工后的总平面布局图、消防设施平面布置图和系统图以及安全出口布置图、重点部位位置图等。

(2)消防安全管理规章制度、应急灭火预案、应急疏散预案等。

(3)消防安全组织结构图,包括消防安全责任人、管理人、专职、志愿消防救援人员等内容。

(4)消防安全培训记录、灭火和应急疏散预案的演练记录。

(5)值班情况、消防安全检查情况及巡查情况等记录。

(6)消防设施一览表,包括消防设施的类型、数量、状态等内容。

(7)消防联动系统控制逻辑关系说明、设备使用说明书、系统操作规程、系统及设备的维护保养制度和技术规程等。

(8)设备运行状况、接报警记录、火灾处理情况、设备检修检测报告等资料。

上述台账、资料按照档案建立与管理的要求,定期归档保存。

四、消防控制室的管理要求

(一)消防控制室的值班要求

建筑使用管理单位应安排合理数量的、符合从业资格条件的人员负责消防控制室管理与值班。

(1)实行每日 24h 专人值班制度,每班不少于 2 人,值班人员持有规定的消防专业技能鉴定证书。

(2)确保火灾自动报警系统、固定灭火系统和其他联动控制设备处于正常工作状态,不得将应处于自动控制状态的设备设置在手动控制状态。

(3)确保高位消防水箱、消防水池、气压水罐等消防储水设施水量充足;确保消防泵出水管阀门、自动喷水灭火系统管道上的阀门常开;确保消防水泵、防排烟风机、防火卷帘等消防用电设备的配电柜控制装置处于自动控制位置。

(4)消防控制室的消防设施日常维护管理符合《建筑消防设施的维护管理》(GB 25201—2010)的相关规定。

(二)消防控制室的应急处置程序

(1)接到火灾警报后,值班人员立即以最快方式确认火灾。

(2)火灾确认后,值班人员立即确认火灾报警联动控制开关处于自动控制状态,同时拨打"119"报警电话准确报警;报警时需要说明着火单位地点、起火部位、着火物种类、火势大小、报警人姓名和联系电话等。

(3)值班人员立即启动单位应急疏散和初起火灾扑救预案,同时报告单位消防安全负责人。

(三)消防控制室的控制与显示要求

1. 图形显示装置

消防控制室图形显示装置采用中文标注和中文界面的消防控制室图形显示装置,其界面对角线不得小于430mm,应能用同一界面显示建筑物周边消防车道、消防登高车操作场地、消防水源位置,以及相邻建筑的防火间距、建筑面积、建筑高度、使用性质等情况;应能显示消防系统及设备的名称、位置和动态信息。有火灾报警信号、监管报警信号、反馈信号、屏蔽信号、故障信号输入时,具有相应状态的专用总指示,在总平面布局图中应显示输入信号所在的建(构)筑物的位置,在建筑平面图上应显示输入信号所在的位置和名称,并记录时间、信号类别和部位等信息。10s 内能够显示输入的火灾报警信号和反馈信号的状态信息,100s 内能够显示其他输入信号的状态信息。能够显示可燃气体探测报警系统、电气火灾监控系统的报警信息、故障信息和相关联动反馈信息。

2. 火灾报警控制器

火灾报警控制器应能显示火灾探测器、火灾显示盘、手动火灾报警按钮的正常工作状态、火灾报警状态、屏蔽状态及故障状态等相关信息;应能控制火灾声光警报器的启动和停止。

3. 消防联动控制设备

消防联动控制设备应能将消防系统及设备的状态信息传输到消防控制室图形显示装置。能够控制和显示各类消防设施的电源工作状态、各类设备及其组件的启/停等运行状态和故障状态,显示具有控制功能、信号反馈功能的阀门、监控装置的正常工作状态和动作状态;能够控制具有自动控制、远程控制功能的消防设备的启/停,并接收其反馈信号。

第二章　消防给水

消防给水

- 系统组件安装前检查
  - 消防水源的检查
  - 消防供水设施检查
  - 管材管件的检查
- 系统安装调试与检测验收
  - 消防水源
  - 消防供水设施、设备
  - 给水管网
- 系统维护管理
  - 消防水源的维护管理
  - 供水设施设备的维护管理
  - 给水管网的维护管理

1. 消防给水设施的分类。
2. 消防水箱的调试与检测。

第一节　系统组件安装前检查

消防给水系统主要由消防水源(天然水源、市政管网、消防水池、消防水箱)、供水设施设备(消防水泵、稳压泵、水泵接合器)和给水管网(阀门)等构成。

按照施工过程质量控制要求,消防给水系统施工安装前,要对消防水源及到场的供水设施设备、系统组件、管件、材料等进行现场检查,检查内容包括产品质量证明文件检查和产品现场检查、检验。

一、消防水源的检查

消防水源是向水灭火设施、车载或手抬等移动消防水泵、固定消防水泵、消防水池等提供消防用水的给水设施或天然水源。消防给水系统的水源应无污染、无腐蚀、无悬浮物,水的 pH 值应为6.0～9.0。给水水源不应堵塞消火栓、报警阀、喷头等消防设施。消防给水系统的水质基本上要达到生活水质的要求,消防水源的水量应充足、可靠。系统的持续作用时间是由火灾延续时间确定的。

(一)市政给水管网消防水源的条件

可以连续供水;呈环状管网;至少有两条输水干管向市政给水管网输水;应至少有两条不同的市政给水干管上不少于两条引入管向消防给水系统供水。若达不到以上的两路消防供水条件时,则应视为一路消防供水。

(二)消防水池作为消防水源的条件

具有足够的有效容积。只有在能可靠补水的情况下(两路进水),才可减去持续灭灯时间内的补水容积;取水水池设置有取水口;在与生活或其他用水合用时确保不被挪用;寒冷地区采取防冻措施。

(三)天然水源作为消防水源的条件

设计枯水流量保证率宜为90%～97%。看是否采取防止冰凌、漂浮物、悬浮等物质堵塞消防设施的技术措施;具备在枯水位也能确保消防车、固定和移动消防水泵取水的技术条件。若要求消防车能够到达取水口,则还需要考虑设置消防车通道和消防车回车场或回车道;水井不应少于两眼,且当每眼井的深井泵均采用一级供电负荷时,才可视为两路消防供水。

(四)其他水源作为消防水源的条件

其他水源可以是雨水清水池、中水清水池、水景和游泳池等,一般只宜作为备用消防水源使用。但当以上所列的水源必须作为消防水源时,应有保证在任何情况下都能满足消防给水系统所需的水量和水质的技术措施。

二、消防供水设施检查

(一)消防水泵

1. 外观质量要求

所有铸件外表面不应有明显的结疤、气泡、砂眼等缺陷;泵体以及各种外露的罩壳、箱体均应喷涂大红漆。涂层质量应符合相关规定;消防水泵的形状尺寸和安装尺寸与提供的安装图纸应相符;铭牌上标注的泵的型号、名称、特性应与设计说明一致。

2. 材料要求

水泵外壳宜为球墨铸铁;水泵叶轮宜为青铜或不锈钢;泵体、泵轴、叶轮等的材质合格证应符合要求。

3.结构要求

泵的结构形式应保证易于现场维修和更换零件。紧固件及自锁装置不应因振动等原因而产生松动;消防泵体上应铸出表示旋转方向的箭头;泵应设置放水旋塞,放水旋塞应处于泵的最低位置以便排尽泵内余水。

4.机械性能

消防水泵的型号与设计型号一致,泵的流量、扬程、功率符合设计要求和国家现行有关标准的规定;轴封处密封良好,无线状泄漏现象。

5.控制柜

(1)控制柜体端正,表面应平整,涂层颜色均匀一致,无眩光,并符合现行国家标准的有关规定,且控制柜外表面没有明显的磕碰伤痕和变形掉漆。

(2)控制柜面板设有电源电压、电流、水泵启停状况及故障的声光报警等显示装置。

(3)控制柜导线的规格和颜色符合现行国家标准的有关规定。

(4)面板上的按钮、开关、指示灯应易于操作和观察,且有功能标示,控制柜内的电器元件及材料安装合理,工作位置符合使用说明书的规定,并符合现行国家标准的有关规定。

(5)消防水泵控制柜的控制功能满足设计要求。

(6)有可靠的双电源或双回路电源条件,机械应急开关合理。

(二)消防稳压设施

1.消防稳压罐

(1)罐体外表面没有明显的结疤、气泡、砂眼等缺陷。

(2)罐体以及各种外露的罩壳、箱体均喷涂大红漆。

(3)消防稳压罐的型号与设计型号一致,工作压力不低于规定压力。流量应符合规定流量的要求。

(4)稳压罐的设计、材料、制造、检验与检验报告描述相符。

(5)气压罐有效容积、气压、水位及工作压力符合设计要求;气压水罐应有水位指示器;气压水罐上的安全阀、压力表、泄水管、压力控制仪表等应符合产品使用说明书的要求。

(6)气压罐的出水口公称直径按流量计算确定。应急消防气压给水设备其公称直径不宜小于100mm,出水口处应设有防止消防用水倒流进罐的措施。

(7)囊式橡胶隔膜材料的性能符合国家有关标准的规定,消防与生活(生产)共用的设备,其囊式橡胶隔膜的卫生质量应符合相关规定。

2.消防稳压泵

消防稳压泵的泵体、电机外观没有瑕疵,油漆完整,形状尺寸和安装尺寸与提供的安装图纸相符。稳压泵的规格、型号、流量和扬程符合设计要求,并应有产品合格证和安装使用说明书。泵体、泵轴、叶轮等的材质符合要求。

（三）消防水泵接合器

消防水泵接合器的检查要求如下：

（1）查看水泵接合器的外观是否有瑕疵，油漆是否完整，形状尺寸和安装尺寸与提供的安装图纸是否相符。

（2）对照设计文件查看选择的消防水泵接合器的型号、名称是否准确、一致。

（3）消防水泵接合器的设置条件是否具备，其设置位置是否是在室外便于消防车接近和使用的地点。

（4）检查消防水泵接合器的外形与室外消火栓是否雷同，以免混淆而延误灭火。

（5）检查消防水泵接合器组件（包括单向阀、安全阀、控制阀等）是否齐全。

三、管材管件的检查

给水管网分为室外管网和室内管网，包括消火栓给水管道、自动喷水灭火系统管道、泡沫灭火系统的给水管道、室内的水喷雾灭火系统管道等。给水管网的主要作用是传输消防用水。管道系统由管材、管件、配件、阀门以及相关设备共同组成，它们通过一定的连接方式连接起来，形成一套封闭的流体传输系统。

（一）给水管材

表面无裂纹、缩孔、夹渣、折叠和重皮。螺纹密封面应完整、无损伤、无毛刺。镀锌钢管内外表面的镀锌层不得有脱落、锈蚀等现象。非金属密封垫片应质地柔韧、无老化变质或分层现象，表面无折损、皱纹等缺陷。法兰密封面应完整光洁，没有毛刺及径向沟槽；螺纹法兰的螺纹应完整、无损伤。管材的壁厚符合要求（有相关的质量保证文件）。

（二）管网支、吊架及防晃支架

管道支、吊架材料除设计文件另有规定外，一般采用 Q235 普通碳素钢型材制作。管道支、吊架的切边均匀无毛刺，焊缝均匀完整，外观成形良好，无欠焊、漏焊、裂纹和咬边等缺陷。管道支、吊架上管卡、吊杆等部件的螺纹光洁整齐，无断丝和毛刺等缺陷。管道支、吊架成品后作防腐处理，防腐涂层完整、厚度均匀。当设计文件无规定时，防锈后涂防锈漆一道。管道支吊架上面的孔洞采用电钻加工，不得用氧乙炔割孔。管卡宜用镀锌成形件，当无成形件时可用圆钢或扁钢制作，其内圆弧部分应与管子外径相符。

（三）通用阀门

阀门是控制消防系统管道内水的流动方向、流量及压力的，是具有可动机构的机械，是消防给水系统中不可缺少的部件。按照阀门在系统中的用途，可将阀门分为截断阀、止回阀、安全阀、减压阀等。阀门的选用，应当根据阀门的用途、介质的性质、最大工作压力、最高工作温度，以及介质的流量或管道的公称通径来选择。

（1）所选用阀门的型号、规格、压力、流量符合设计要求。

（2）所选用阀门及其附件配备齐全，没有加工缺陷和机械性损伤。

(3)减压阀、泄压阀等重要阀门的强度试验和严密性试验符合现行国家标准。

第二节 系统安装调试与检测验收

消防给水系统的安装调试、检测验收包括消防水池、消防水箱的施工、安装、系统检测、验收等一系列环节。供水设施安装包括消防水泵、消防增(稳)压设施、消防水泵接合器等及其附属管道的安装、调试和检测、验收。

一、消防水源

(一)施工安装

(1)消防水池、消防水箱应设置于便于维护、通风良好、不结冰、不受污染的场所。在寒冷的场所,消防水箱应采取保温措施或在水箱间设置采暖(室内气温大于5℃)。

(2)在施工安装时,消防水池及消防水箱的外壁与建筑本体结构墙面或其他池壁之间的净距,要满足施工、装配和检修的需要。无管道的侧面,净距不宜小于0.7m;有管道的侧面,净距不宜小于1.0m,且管道外壁与建筑本体墙面之间的通道宽度不宜小于0.6m;设有人孔的池顶,顶板面与上面建筑本体板底的净空不应小于0.8m。

(3)消防水箱采用钢筋混凝土时,在消防水箱的内部应贴白瓷砖或喷涂瓷釉涂料。采用其他材料时,消防水箱宜设置支墩,支墩的高度不宜小于600mm,以便于管道、附件的安装和检修。在选择材料时,除了考虑强度、造价、材料的自重、不易产生藻类外,还应考虑消防水箱的耐蚀性(耐久性)。

适合做水箱的材料有许多种,最常见的材料有碳素钢、不锈钢、钢筋混凝土、玻璃钢、搪瓷钢板等材料,它们的优缺点如下:

①碳素钢板焊接而成的钢板水箱,内表面需进行防腐处理,并且防腐材料不得有碍卫生要求。

②钢筋混凝土现场灌注的水箱,质量大,施工周期长,与配管边接处易漏水,清洗时表面材料易脱落。

③搪瓷钢板水箱,水质不受污染,能防止钢板锈蚀,安装方便迅速,不受土建进度的限制,结构合理,坚固美观,不变形,不漏水,适用性广。

④玻璃钢水箱,不受建筑空间限制,适应性强,质量小,无锈蚀,不渗漏,外形美观,使用寿命短,保温性能好,安全可靠,安装方便,清洗维修简单。

⑤不锈钢水箱,坚固,不污染水质,耐腐蚀,不漏水,清洗方便,质量小,不滋生藻类,容易保温,美观,施工方便,但价格高。

在不锈钢材料的选择中,需要注意市政给水中氯离子对材料的影响。玻璃钢水箱受紫外线照射时强度有变化,橡胶垫片易老化、漏水,故在消防水箱中不推荐使用。

（4）钢筋混凝土消防水池或消防水箱的进水管、出水管要加设防水套管,钢板等制作的消防水池和消防水箱的进出水等管道宜采用法兰连接,对有振动的管道应加设柔性接头。组合式消防水池或消防水箱的进水管、出水管接头宜采用法兰连接,采用其他连接方式时应做防锈处理。

（5）消防水池、消防水箱的溢流管、泄水管不得与生产或生活用水的排水系统直接相连,应采用间接排水方式。

（6）消防水池和消防水箱出水管或水泵吸水管要满足最低有效水位出水不掺气的技术要求。

（二）检测验收

对照图纸,用测量工具检查水池容量是否符合要求,观察有无补水措施、防冻措施以及消防用水的保证措施,测量取水口的高度和位置是否符合技术要求,查看溢流管、泄水管的安装位置是否正确。需测量水箱的容积、安装标高及位置是否符合技术要求;查看水箱的进出水管、溢流管、泄水管、水位指示器、单向阀、水箱补水及增压措施是否符合技术要求;查看管道与水箱之间的连接方式及管道穿楼板或墙体时的保护措施。敞口水箱装满水静置24h后观察,若不渗不漏,则敞口水箱的满水试验合格;而封闭水箱在试验压力下保持10min,压力不降、不渗不漏则封闭水箱的水压试验合格。对照图样,用测量工具检查水箱安装位置及支架或底座安装情况,其尺寸及位置应符合设计要求,埋设平整牢固。观察检查水箱溢流管和泄放管应设置在排水地点附近,但不得与排水管直接连接。

（三）其他消防水源的检测验收

除了消防水池及水箱外,其他消防水源应符合下列要求:

天然水源取水口、地下水井等其他消防水源的水位、出水量、有效容积、安装位置,应符合设计要求。对照设计资料检查江、河、湖、海、水库和水塘等天然水源的水量、水质是否符合设计要求,应验证其枯水位、洪水位和常水位的流量符合设计要求;地下水井的常水位、出水量等应符合设计要求。给水管网的进水管管径及供水能力应符合设计要求。消防水泵直接从市政管网吸水时,应测试市政供水的压力和流量能否满足设计要求的流量。

二、消防供水设施、设备

（一）消防水泵

安装消防水泵前通过手动盘车检查水泵灵活性,并对其减振设施进行检查。除小型管道泵可以将水泵直接安装在管道上而不做基础外,大多数水泵的安装需要设置混凝土基础。水泵安装前应对土建施工的基础进行复查验收,水泵基础应符合相应水泵产品样本中水泵安装基础图的要求。设备基础的位置、尺寸、高度及地脚螺栓孔位置和尺寸,应符合设计规定。设备基础表面要平整光滑,并清除地脚螺栓预留孔内的杂物。当有减振要求时,水泵应配有减振设施,将水泵安装在减振台座上。减振台座是在水泵的底座下增设槽钢框架或混凝土板,框架或混凝土板通过地脚螺栓与基础紧固,减振台座下使用减振装置。

1.水泵的安装操作

(1)水泵的分体安装。水泵在装配前,应首先检查零件主要装配尺寸及影响装配的缺陷,清洗零件后方可进行装配。分体安装水泵时,应先安装水泵再安装电动机。水泵吊装可用起重机或三脚架和倒链滑车,钢丝绳系在泵体吊环上,水泵就位后找正找平,使水泵高度、水平及中心位置符合设计要求。小型水泵的找正,一般用水平尺放在水泵轴上测量轴向水平,放在水泵进(出)口垂直法兰面上测量径向水平。大型水泵则采用水准仪和吊线法找正,然后进行泵体固定,最后安装电动机,使电动机联轴器与水泵联轴器对接,使水泵轴中心线与电动机轴中心线在同一水平线上。

(2)水泵的整体安装。整体安装时,首先清除泵座底面上的油腻和污垢,将水泵吊装放置在水泵基础上;通过调整水泵底座与基础之间的垫铁厚度,使水泵底座找正找平;然后对水泵的轴线、进出水口中心线进行检查和调整;最后进行泵体固定,用水泥砂浆浇灌地脚螺栓孔,待水泥砂浆凝固后,找平泵座并拧紧地脚螺栓螺母。

(3)泵房主要人行通道宽度不宜小于1.2m,电气控制柜前通道宽度不宜小于1.5m。

(4)水泵机组基础的平面尺寸,有关资料如未明确,无隔振安装应比水泵机组底座四周各宽100~150mm,有隔振安装应比水泵隔振台座四周各宽150mm。

(5)水泵机组基础的顶面标高,无隔振安装时应高出泵房地面不小于0.10m,有隔振安装时可高出泵房地面不小于0.05m。泵房内管道管外底距地面的距离:当管径 $DN \leqslant 150mm$ 时,不应小于0.20m;当管径 $DN \geqslant 200mm$ 时,不应小于0.25m。

(6)水泵吸水管水平段偏心大小头应采用管顶平接,避免产生气囊和漏气现象。

2.消防水泵控制柜的安装要求

控制柜的基座,其水平度误差不大于±2mm,并应做防腐处理及防水措施。控制柜与基座采用不小于φ12mm 的螺栓固定,每只柜不应少于四只螺栓。做控制柜的上下进出线口时,不应破坏控制柜的防护等级。

3.消防水泵的检测验收要求

(1)消防水泵运转应平稳,应无不良噪声的振动。

(2)对照图样,检查工作泵、备用泵、吸水管、出水管及出水管上泄压阀、水锤消除设施、止回阀、信号阀等的规格、型号、数量,应符合设计要求,吸水管、出水管上的控制阀应锁定在常开位置,并有明显标记。

(3)消防水泵应采用自灌式引水或其他可靠的引水措施,并保证全部有效储水被有效利用。

(4)分别开启系统中的每一个末端试水装置、试水阀和试验消火栓,水流指示器、压力开关、低压压力开关、高位消防水箱流量开关等信号的功能,均符合设计要求。

(5)打开消防水泵出水管上试水阀,当采用主电源启动消防水泵时,消防水泵应启动正常;关掉主电源,主、备电源应能正常切换;消防水泵就地和远程启/停功能应正常,并向消防控制室反馈状态信号。

(6)在阀门出口用压力表检查消防水泵停泵时,水锤消除设施后的压力不应超过水泵出口设计额定压力的1.4倍。

(7)采用固定和移动式流量计和压力表测试消防水泵的性能,水泵性能应满足设计要求。

(8)消防水泵启动控制按钮应置于自动启动挡。

(9)消防水泵控制柜的验收要求:控制柜的规格、型号、数量应符合设计要求。控制柜的电气图样塑封后牢固粘贴于柜门内侧。控制柜的动作符合设计要求和有关规定。控制柜的质量符合产品标准。主、备用电源自动切换装置的设置符合设计要求。

(二)消防增(稳)压设施

1.气压水罐安装要求

(1)气压水罐有效容积、气压、水位及设计压力符合设计要求。

(2)气压水罐安装位置和间距、进水管及出水管方向符合设计要求。

(3)气压水罐宜有有效水容积指示器。

(4)气压水罐安装时其四周要设检修通道,其宽度不宜小于0.7m,消防气压给水设备顶部至楼板梁底的距离不宜小于0.6m;消防稳压罐的布置应合理、紧凑。

(5)当气压水罐设置在非采暖房间时,应采取有效措施防止结冰。

2.稳压泵的安装要求

(1)稳压泵的规格、型号、流量和扬程符合设计要求,并应有产品合格证和安装使用说明书。

(2)稳压泵的安装应符合《给水排水构筑物工程施工及验收规范》(GB 50141—2008)、《机械设备安装工程施工及验收通用规范》(GB 50231—2009)、《风机、压缩机、泵安装工程施工及验收规范》(GB 50275—2010)的有关规定,并考虑排水的要求。

3.稳压泵的验收要求

(1)稳压泵的控制符合设计要求,并有防止稳压泵频繁启动的技术措施。

(2)稳压泵在1h内的启停次数不大于15次/h,并符合设计要求。

(3)稳压泵供电正常,自动手动启停正常,关掉主电源,主、备电源切换正常。

(4)稳压泵吸水管应设置明杆闸阀,稳压泵出水管应设置消声止回阀和明杆闸阀。

(三)水泵接合器

1.水泵接合器的安装要求

(1)组装式水泵接合器的安装,应按接口、本体、连接管、止回阀、安全阀、放空管、控制阀的顺序进行,止回阀的安装方向应使消防用水能从水泵接合器进入系统,整体式水泵接合器的安装按其使用安装说明书进行。

（2）水泵接合器接口的位置应方便操作，安装在便于消防车接近的人行道或非机动车行驶地段，距室外消火栓或消防水池的距离宜为 15～40m。

（3）墙壁水泵接合器的安装应符合设计要求。设计无要求时，其安装高度距地面宜为 0.7m；与墙面上的门、窗、孔、洞的净距离不应小于 2.0m，且不应安装在玻璃幕墙下方。

（4）地下水泵接合器的安装，应使进水口与井盖底面的距离不大于 0.4m，且不应小于井盖的半径；井内应有足够的操作空间并应做好防水和排水措施，防止地下水渗入。寒冷地区井内应做防冻保护。

（5）水泵接合器与给水系统之间不应设置除检修阀门以外其他的阀门；检修阀门应在水泵接合器周围就近设置，且应保证便于操作。

2. 水泵接合器的检测验收

（1）消防水泵接合器与消防通道之间不应设有妨碍消防车加压供水的障碍物（用于保护接合器的装置除外）。

（2）水泵接合器的安全阀及止回阀安装位置和方向应正确，阀门启闭应灵活。

（3）水泵接合器应设置明显的耐久性指示标志，当系统采用分区或对不同系统供水时，必须标明水泵接合器的供水区域及系统区别的永久性固定标志。

（4）地下消防水泵接合器应采用铸有"消防水泵接合器"标志的铸铁井盖，并在附近设置指示其位置的永久性固定标志。

（5）消防水泵接合器的数量及进水管位置应符合设计要求，消防水泵接合器应采用消防车车载消防水泵进行充水试验，且供水最不利点的压力、流量应符合设计要求；当有分区供水时应确定消防车的最大供水高度和接力泵的设置位置的合理性。

三、给水管网

（一）管道连接方式

目前消防管道工程常用的连接方式有螺纹连接、焊接连接、法兰连接、承插连接、沟槽连接等形式。

（二）架空管道的安装

（1）管道的安装不应影响建筑功能的正常使用或妨碍通行以及门窗等开启。

（2）消防给水管穿过地下室外墙、构筑物墙壁以及屋面等有防水要求处时，要设防水套管。

（3）消防给水管穿过建筑物承重墙或基础时，应预留洞口，洞口高度应保证管顶上部净空不小于建筑物的沉降量，不宜小于 0.1m，并应填充不透水的弹性材料。

（4）消防给水管穿过墙体或楼板时要加设套管，套管长度不小于墙体厚度，或高出楼面或地面 50mm；套管与管道的间隙应采用不燃材料填塞，管道的接口不应位于套管内。

（5）消防给水管必须穿过伸缩缝及沉降缝时，应采用波纹管和补偿器等技术措施。

(6)消防给水管可能发生冰冻时,应采取防冻技术措施。

(7)通过及敷设在有腐蚀性气体的房间内时,管外壁要刷防腐漆或缠绕防腐材料。

(8)架空管道外应刷红色油漆或涂红色环圈标志,并注明管道名称和水流方向标识。红色环圈标志宽度不应小于20mm,间隔不宜大于4m,在一个独立的单元内环圈不宜少于两处。

(三)管网支、吊架的安装

(1)架空管道支架、吊架、防晃(固定)支架的安装应固定牢固,其型式、材质及施工符合设计要求。

(2)设计的吊架在管道的每一支撑点处应能承受5倍于充满水的管道质量,且管道系统支撑点应支撑整个消防给水系统。

(3)管道支架的支撑点宜设在建筑物的结构上,其结构在管道悬吊点应能承受充满水管道质量另加至少114kg的阀门、法兰和接头等附加荷载。

(4)管道支架或吊架的设置间距不应大于下表的要求:

管道支、吊架设置间距

公称直径(mm)	25	32	40	50	70	80	100	150	200	250	300
最大间距(m)	3.5	4.0	4.5	5.0	6.0	6.0	6.5	7.0	8.0	11.0	12.0

(5)当管道穿梁安装时,穿梁处宜设置一个吊架。

(6)下列部位应设置固定支架或防晃支架:配水管宜在中点设一个防晃支架,当管径小于$DN50mm$时可不设。配水干管及配水管,配水支管的长度超过15m,每15m长度内应至少设一个防晃支架,当管径不大于$DN40mm$时可不设。管径大于$DN50mm$的管道拐弯、三通及四通位置处应设一个防晃支架。防晃支架的强度,应满足管道、配件及管内水的自重再加50%的水平方向推力时不损坏或不产生永久变形。当管道穿梁安装时,管道再用紧固件固定于混凝土结构上,可作为一个防晃支架处理。

(7)架空管道每段管道设置的防晃支架不少于一个;当管道改变方向时,应增设防晃支架;立管在其始端和终端设防晃支架或采用管卡固定。

(四)管网的试压和冲洗

消防给水管网施工完成后,要进行试压和冲洗,要求如下:

(1)管网安装完毕后,要对其进行强度试验、冲洗和严密性试验。

(2)强度试验和严密性试验宜用水进行。

(3)系统试压完成后,要及时拆除所有临时盲板及试验用的管道,并与记录核对无误。

(4)管网冲洗在试压合格后分段进行。冲洗顺序:先室外,后室内;先地下,后地上。室内部分的冲洗应按配水干管、配水管、配水支管的顺序进行。

(5)系统试压前应具备下列条件:

①埋地管道的位置及管道基础、管道支墩等经复查应符合设计要求。

②试压用的压力表不少于两只；精度不低于1.5级，量程为试验压力值的1.5～2倍。

③对不能参与试压的设备、仪表、阀门及附件要加以隔离或拆除；加设的临时盲板具有凸出于法兰的边耳，且应做明显标志，并记录临时盲板的数量。

（6）系统试压过程中，当出现泄漏时，要停止试压，并放空管网中的试验介质，消除缺陷后，重新再试。

（7）管网冲洗宜用水进行。冲洗前，应对系统的仪表采取保护措施。

（8）冲洗前，对管道防晃支架、支吊架等进行检查，必要时应采取加固措施。

（9）对不能经受冲洗的设备和冲洗后可能存留脏物、杂物的管段，应进行清理。

（10）冲洗管道直径大于 DN100 时，应对其死角和底部进行敲打，但不得损伤管道。

（11）水压试验和水冲洗宜采用生活用水进行，不得使用海水或含有腐蚀性化学物质的水。

（12）当系统设计工作压力等于或小于 1.0MPa 时，水压强度试验压力应为设计工作压力的1.5倍，并不应低于 1.4MPa；当系统设计工作压力大于 1.0MPa 时，水压强度试验压力为该工作压力加0.4MPa。

（13）水压强度试验的测试点应设在系统管网的最低点。对管网注水时，应将管网内的空气排净，并缓慢升压，达到试验压力后，稳压 30min 后，管网无泄漏、无变形，且压力降不大于 0.05MPa。

（14）水压严密性试验在水压强度试验和管网冲洗合格后进行。试验压力为设计工作压力，稳压 24h，应无泄漏。

（15）水压试验时环境温度不宜低于5℃，当低于5℃时，水压试验应采取防冻措施。

（16）消防给水系统的水源干管、进户管和室内埋地管道在回填前单独或与系统一起进行水压强度试验和水压严密性试验。

（17）气压严密性试验的介质宜采用空气或氮气，试验压力应为 0.28MPa，且稳压 24h，压力降不大于 0.01MPa。

（18）管网冲洗的水流流速、流量不应小于系统设计的水流流速、流量；管网冲洗宜分区、分段进行；水平管网冲洗时，其排水管位置低于冲洗管网。

（19）管网冲洗的水流方向要与灭火时管网的水流方向一致。

（20）管网冲洗应连续进行。当出口处水的颜色、透明度与入口处水的颜色、透明度基本一致时，冲洗方可结束。

（21）管网冲洗宜设临时专用排水管道，其排放应畅通和安全。排水管道的截面面积不小于被冲洗管道截面面积的60%。

（22）管网的地上管道与地下管道连接前，应在配水干管底部加设堵头后，再对地下管道进行冲洗。

（23）管网冲洗结束后，将管网内的水排除干净。

(24)干式消火栓系统管网冲洗结束,管网内水排除干净后,必要时可采用压缩空气吹干。

(五)消防给水系统阀门的安装

(1)各类阀门型号、规格及公称压力符合设计要求。

(2)阀门的设置应便于安装维修和操作,且安装空间能满足阀门完全启闭的要求,并作标志。

(3)阀门有明显的启闭标志。

(4)消防给水系统干管与水灭火系统连接处设置独立阀门,并保证各系统独立使用。

(六)给水管网的检测验收

(1)管道的材质、管径、接头、连接方式及采取的防腐、防冻措施,符合设计要求,管道标识符合设计要求。

(2)管网排水坡度及辅助排水设施,符合设计要求。

(3)管网不同部位安装的阀门及部件等,均应符合设计要求。

(4)架空管道的立管、配水支管、配水管、配水干管设置的支架,应符合相关规定。

(5)消防给水系统流量、压力的验收,应通过系统流量、压力检测装置和末端试水装置进行放水试验,系统流量、压力和消火栓充实水柱等应符合设计要求。

第三节　系统维护管理

消防给水系统的维护管理是确保系统正常完好、有效使用的基本保障。维护管理人员经过消防专业培训后应熟悉消防给水系统的相关原理、性能和操作维护方法。

一、消防水源的维护管理

消防水源的维护管理应符合下列规定:

(1)每季度监测市政给水管网的压力和供水能力。

(2)每年对天然河湖等地表水消防水源的常水位、枯水位、洪水位,以及枯水位流量或蓄水量等进行一次检测。

(3)每年对水井等地下水消防水源的常水位、最低水位、最高水位和出水量等进行一次测定。

(4)每月对消防水池、高位消防水池、高位消防水箱等消防水源设施的水位等进行一次检测;消防水池(箱)玻璃水位计两端的角阀在不进行水位观察时应关闭。

(5)在冬季每天要对消防储水设施进行室内温度和水温检测,当结冰或室内温度低于5℃时,要采取确保不结冰和室温不低于5℃的措施。

(6)每年应检查消防水池、消防水箱等蓄水设施的结构材料是否完好,发现问题时及时处理。

(7)永久性地表水天然水源消防取水口有防止水生生物繁殖的管理技术措施。

二、供水设施设备的维护管理

(一)供水设施的维护管理规定

(1)每月应手动启动消防水泵运转一次,并检查供电电源的情况。

(2)每周模拟消防水泵自动控制条件自动启动运转一次,自动记录自动巡检情况,每月应检测记录。

(3)每日对稳压泵的停泵启泵压力和启泵次数等进行检查和记录运行情况。

(4)每日对柴油机消防水泵启动电池电量检测,每周检查储油箱储油量,每月手动启动运行一次。

(5)每季度应对消防水泵的出流量和压力进行一次试验。

(6)每月对气压水罐的压力和有效容积等进行一次检测。

(二)水泵接合器的维护管理规定

(1)查看水泵接合器周围有无放置构成操作障碍的物品。

(2)查看水泵接合器有无破损、变形、锈蚀及操作障碍,确保接口完好、无渗漏,闷盖齐全。

(3)查看闸阀是否处于开启状态。

(4)查看水泵接合器的标志是否明显。

三、给水管网的维护管理

系统上所有的控制阀门均应采用铅封或锁链固定在开启或规定的状态,每月应对铅封、锁链进行一次检查。每月对电动阀和电磁阀的供电和启闭性能进行检测。每季度对室外阀门井中进水管上的控制阀门进行一次检查,并应核实其处于全开启状态。每天对水源控制阀进行外观检查。每季度对系统所有的末端试水阀和报警阀的放水试验阀进行一次放水试验。在市政供水阀门处于完全开启状态时,每月对倒流防止器的压差进行检测。

第三章 消火栓系统

知识框架

室外消火栓
室内消火栓
消火栓箱
其他组件的检查
系统组件(设备)安装前检查

消火栓系统

系统安装调试与检测验收
室外消火栓
室内消火栓

系统维护管理
室外消火栓
室内消火栓

考点梳理

1.室内消火栓的分类。
2.消火栓的安装方法。

考点精讲

第一节 系统组件(设备)安装前检查

消火栓系统由消防给水设施、消防给水管网、室内消火栓设备、报警控制设备及系统附件等组成。

消火栓系统施工安装前,按照施工过程质量控制要求,需要对系统组件、管件及其他设备、材料进行现场检查(检验)。

一、室外消火栓

室外消火栓是安装在室外,专门用于灭火取水的装置。

133

（一）分类

（1）根据安装场合可分为地上式和地下式两种，地上式又分为湿式和干式。地上湿式消火栓适用于气温较高的地区，地上干式和地下式消火栓适用于气温较寒冷的地区。

（2）根据进水口连接形式即消火栓的进水口与城市自来水管网的连接方式可分为承插式和法兰式两种。

（3）根据进水口的公称通径可分为100mm和150mm两种。进水口公称通径为100mm的消火栓，其吸水管出水口应选用规格为100mm消防接口，水带出水口应选用规格为65mm的消防接口。进水口公称通径为150mm的消火栓，其吸水管出水口应选用规格为150mm消防接口，水带出水口应选用规格为80mm的消防接口。

（4）根据公称压力可分为1.0MPa和1.6MPa两种。其中承插式的消火栓为1.0MPa，法兰式的消火栓为1.6MPa。

（5）按其用途分为普通型和特殊型两种。特殊型分为泡沫型、防撞型、调压型、减压稳压型等。

（二）检查

目测，对照产品的检验报告，合格的室外消火栓应在阀体或阀盖上铸出型号、规格和商标且与检验报告描述一致，如发现不一致的，则一致性检查不合格。用小刀轻刮外螺纹固定接口和吸水管接口，目测外螺纹固定接口和吸水管接口的本体材料应用铜质材料制造。目测，室外消火栓应有自动排放余水装置。打开室外消火栓，目测，栓阀座应用铸造铜合金，阀杆螺母材料不低于黄铜。

二、室内消火栓

（一）分类

（1）根据出水口型式可分为单出口室内消火栓和双出口室内消火栓。

（2）根据栓阀数量可分为单栓阀室内消火栓和双栓阀室内消火栓。

（3）根据结构型式可分为直角出口型室内消火栓、45°出口型室内消火栓、旋转型室内消火栓、减压型室内消火栓、旋转减压型室内消栓、减压稳压型室内消火栓和旋转减压稳压型室内消火栓等。

（二）检查

对照产品的检验报告，室内消火栓应在阀体或阀盖上铸出型号、规格和商标且与检验报告描述一致。室内消火栓应在阀体或阀盖上铸出型号、规格和商标。室内消火栓手轮轮缘上应明显地铸出标示开关方向的箭头和字样，手轮直径应符合要求，如常用的SN65型手轮直径不小于120mm。室内消火栓阀杆螺母制造材料、阀座材料应用不低于黄铜材料制造，阀杆本体材料不低于铅黄铜。

三、消火栓箱

（一）分类

（1）根据安装方式可分为明装式、暗装式和半暗装式。

（2）根据箱门型式可分为左开门式、右开门式、双开门式和前后开门式。

（3）根据箱门材料可分为全钢、钢框镶玻璃、铝合金框镶玻璃和其他材料型。

（4）根据水带的安置方式可分为挂置式、卷盘式、卷置式和托架式。

（二）检查

（1）消火栓箱箱体应设耐久性铭牌，包括产品名称、产品型号、批准文件的编号、注册商标或厂名、生产日期、执行标准。现场检查时可以用小刀轻刮箱体内外表面图层，查看是否经过防腐处理。此外目测栓箱箱门正面应以直观、醒目、匀整的字体标注"消火栓"字样，且字体不得小于：高100mm，宽80mm。

（2）室内消火栓箱按照该产品的检验报告，箱内消防器材的配置应该与报告一致，且栓箱内配置的消防器材（水枪、水带等）符合各产品现场检查的要求。

（3）消火栓箱应设置门锁或箱门关紧装置。设置门锁的栓箱，除箱门安装玻璃者以及能被击碎的透明材料外，均应设置箱门紧急开启的手动机构，应保证在没有钥匙的情况下开启灵活、可靠。且箱门开启角度不得小于160°，无卡阻现象。

（4）盘卷式栓箱的水带盘从挂臂上取出应无卡阻。

（5）室内消火栓箱刮开箱体涂层，使用千分尺进行测量，箱体应使用厚度不小于1.2mm的薄钢板或铝合金材料制造，箱门玻璃厚度不小于4.0mm。

四、其他组件的检查

（一）消防水带

消防水带按衬里材料可分为橡胶衬里消防水带、乳胶衬里消防水带、聚氨酯（TPU）衬里消防水带、PVC衬里消防水带、消防软管；按承受工作压力可分为0.8MPa、1.0MPa、1.3MPa、1.6MPa、2.0MPa、2.5MPa工作压力的消防水带；按内口径可分为内口径25mm、50mm、65mm、80mm、100mm、125mm、150mm、300mm的消防水带；按使用功能可分为通用消防水带、消防湿水带、抗静电消防水带、A类泡沫专用水带、水幕水带；按结构可分为单层编织消防水带、双层编织消防水带、内外涂层消防水带；按编织层编织方式可分为平纹消防水带、斜纹消防水带。

1. 产品标识

对照水带的3C认证型式检验报告，看该产品名称、型号、规格是否一致。每根水带应以有色线作带身中心线，在端部附近中心线两侧须用不易脱落的油墨清晰地印上产品名称、设计工作压力、规格（公称内径及长度）、经线、纬线及衬里的材质、生产厂名、注册商标、生产日期。

2. 织物层外观质量

合格水带的织物层应编织均匀,表面整洁,无跳双经、断双经、跳纬及划伤。

3. 水带长度

将整卷水带打开,用卷尺测量其总长度,测量时应不包括水带的接口,将测得的数据与有衬里消防水带的标称长度进行对比,如水带长度小于水带长度规格 1m 以上的,则可以判定该产品不合格。

4. 压力试验

截取 1.2m 长的水带,使用手动试压泵或电动试压泵平稳加压至试验压力,保压 5min,检查是否有渗漏现象,有渗漏则不合格。在试验压力状态下,继续加压,升压至试样爆破,其爆破时压力应不小于水带工作压力的 3 倍。如常用 8 型水带的试验压力为 1.2MPa,爆破压力应不小于 3.6MPa。

(二)消防水枪

消防水枪按照喷水方式有直流水枪、喷雾水枪和多用途水枪三种基本型式。

1. 表面质量

合格消防水枪铸件表面应无结疤、裂纹及孔眼。使用小刀轻刮水枪铝制件表面,查看是否做阳极氧化处理。

2. 抗跌落性能

将水枪以喷嘴垂直朝上、喷嘴垂直朝下(旋转开关处于关闭位置)以及水枪轴线处于水平(若有开关,开关处于水枪轴线之下处并处于关闭位置)三个位置,从离地(2.0m±0.02m)高处(从水枪的最低点算起)自由跌落到混凝土地面上。水枪在每个位置各跌落两次,然后再检查水枪。如消防接口跌落后出现断裂或不能正常操纵使用的,则判该产品不合格。

3. 密封性能

封闭水枪的出水端,将水枪的进水端通过接口与手动试压泵或电动试压泵装置相连,排除枪体内的空气,然后缓慢加压至最大工作压力的 1.5 倍,保压 2min,水枪不应出现裂纹、断裂或影响正常使用的残余变形。

(三)消防接口

消防接口的型式有水带接口、管牙接口、内螺纹固定接口、外螺纹固定接口和异径接口,还有闷盖等品种。消防接口的检查:

(1)使用小刀轻刮接口表面,目测,表面应进行过阳极氧化处理或静电喷塑防腐处理。

(2)内扣式接口以扣爪垂直朝下的位置,将接口的最低点离地面(1.5±0.05)m 的高度,然后自由跌落到混凝土地面上。反复进行五次后,检查接口是否有断裂现象,并进行操作,如消防接口跌落后出现断裂或不能正常操纵使用的,则判定该产品不合格。

(3)卡式接口和螺纹式接口从接口的轴线呈水平状态,将接口的最低点离地面(1.5±0.05)m 的高度,然后自由跌落到混凝土地面上。反复进行五次后,检查接口是否有断裂现象,并进行操作,如消防接口跌落后出现断裂或不能正常操纵使用的,则判定该产品不合格。

第二节 系统安装调试与检测验收

消火栓系统的安装调试、检测验收包括室内外消火栓的施工、安装、系统检测、验收等内容。

一、室外消火栓

(一)施工安装

1.安装准备

(1)认真熟悉图样,结合现场情况复核管道的坐标、标高是否得当,如有问题,及时与设计人员研究解决。

(2)检查预留及预埋位置是否适当。

(3)检查设备材料是否符合设计要求和质量标准。

(4)安排合理的施工顺序,避免工种交叉作业干扰,影响施工。

2.管道安装

(1)管道安装应根据设计要求使用管材,按压力要求选用管材。

(2)管道在焊接前应清除接口处的浮锈、污垢及油脂。

(3)室外消火栓安装前,管件内外壁均涂沥青冷底子油两遍,外壁须另加热沥青两遍、面漆一遍,埋入土中的法兰盘接口涂沥青冷底子油两遍,外壁须另加热沥青两遍、面漆一遍,并用沥青麻布包严。

3.栓体安装

(1)消火栓安装位于人行道沿上 1.0m 处,采用钢制双盘短管调整高度,做内外防腐。

(2)室外地上式消火栓安装时,消火栓顶距地面高为 0.64m,立管应垂直、稳固,控制阀门井距消火栓不应超过 1.5m,消火栓弯管底部应设支墩或支座。

(3)室外地下式消火栓应安装在消火栓井内,消火栓井一般用 MU7.5 红砖、M7.5 水泥砂浆砌筑。消火栓井内径不应小于 1.5m。井内应设爬梯以方便阀门的维修。

(4)消火栓与主管连接的三通或弯头下部位应带底座,底座时应设混凝土支墩,支墩与三通、弯头底部用 M7.5 水泥砂浆抹成八字托座。

(5)消火栓井内供水主管底部距井底不应小于 0.2m,消火栓顶部至井盖底距离最小不应小于 0.2m,冬季室外温度低于 −20℃的地区,地下消火栓井口须作保温处理。

(6)安装室外地上式消火栓时,其放水口应用粒径为 20~30mm 的卵石做渗水层,铺设半径为 500mm,铺设厚度自地面下 100mm 至槽底。铺设渗水层时,应保护好放水弯头,以免损坏。

(二)检测验收

室外消火栓应符合下列规定:室外消火栓的选型、规格、数量、安装位置应符合设计要求。同一建筑物内设置的室外消火栓应采用统一规格的栓口及配件。室外消火栓应设置明显的永久性固定标志。室外消火栓水量及压力应满足要求。

二、室内消火栓

(一)施工安装

1. 安装准备

(1)消火栓系统管材应根据设计要求选用,一般采用碳素钢管或无缝钢管,管材不得有弯曲、锈蚀、重皮及凹凸不平等现象。

(2)消火栓箱体的规格类型应符合设计要求,箱体表面平整、光洁。金属箱体无锈蚀、划伤,箱门开启灵活。箱体方正,箱内配件齐全。

(3)栓阀外形规矩,无裂纹,启闭灵活,关闭严密,密封填料完好,有产品出厂合格证。

2. 管道安装

(1)管道安装必须按图样设计要求的轴线位置和标高进行定位放线。安装顺序一般是主干管、干管、分支管、横管、垂直管。

(2)室内与走廊必须按图样设计要求的天花高度,首先让主干管紧贴梁底走管,干管、分支管紧贴梁底或楼板底走管,横管、垂直管根据图样及结合现场实际情况按规范布置,尽量做到美观合理。

(3)管井的消防立管安装采用从下至上的安装方法,即管道从管井底部逐层驳接安装,直至立管全部安装完,并且固定至各层支架上。

(4)管道穿梁及地下室剪力墙、水池等时,应在预埋金属管中穿过。

(5)管网安装完毕后,应对其进行强度试验、冲洗和严密性试验。

(6)水压强度试验的测试点应设在系统管网的最低点。对管网注水时,应将管网内的空气排净,并应缓慢升压,达到试验压力后,稳压 30min 后,管网应无泄漏、无变形,且压力降不应大于 0.05MPa。

(7)管网冲洗应在试压合格后分段进行。冲洗顺序应先室外,后室内;先地下,后地上。室内部分的冲洗应按配水干管、配水管、配水支管的顺序进行。管网冲洗结束后,应将管网内的水排除干净。

(8)水压严密性试验应在水压强度试验和管网冲洗合格后进行。试验压力应为设计工作压力,稳压 24h,应无泄漏。

3. 栓体及配件安装

(1)消火栓箱体要符合设计要求(其材质有铁和铝合金等)。产品均应有质量合格证明文件方可使用。消火栓支管要以栓阀的坐标、标高来定位,然后稳消火栓箱,箱体找正稳固后再把栓阀安装好。

(2)当栓阀侧装在箱内时应在箱门开启的一侧,箱门开关应灵活。

（3）消火栓箱体安装在轻体隔墙上应有加固措施。

（4）箱体配件安装应在交工前进行。消防水带应折好放在挂架上或卷实、盘紧放在箱内；消防水枪要竖放在箱体内侧，自救式水枪和软管应放在挂卡上或放在箱底部。消防水带与水枪、快速接头的连接，一般用14#铅丝绑扎两道，每道不少于两圈，使用卡箍时，在里侧加一道铅丝。设有电控按钮时，应注意与电气专业配合施工。

（5）管道支吊架的安装间距、材料选择，必须严格按照规定要求和施工图样的规定，接口缝距支吊连接缘不应小于50mm，焊缝不得放在墙内。

（6）阀门的安装应紧固、严密，与管道中心垂直，操作机构灵活准确。

（二）检测验收

1. 室内消火栓

室内消火栓的选型、规格应符合设计要求。同一建筑物内设置的消火栓应采用统一规格的栓口、水枪和水带及配件。试验用消火栓栓口处应设置压力表。当消火栓设置减压装置时，减压装置应符合设计要求。室内消火栓应设置明显的永久性固定标志。

2. 消火栓箱

栓口出水方向宜向下或与设置消火栓的墙面成90°，栓口不应安装在门轴侧。如设计未要求，栓口中心距地面应为1.1m，但每栋建筑物应一致，允许偏差±20mm。阀门的设置位置应便于操作使用，阀门的中心距箱侧面为140mm，距箱后内表面为100mm，允许偏差±5mm。室内消火栓箱的安装应平正、牢固，暗装的消火栓箱不能破坏隔墙的耐火等级。消火栓箱体安装的垂直度允许偏差为±3mm。消火栓箱门的开启不应小于160°。不论消火栓箱的安装型式如何（明装、暗装、半暗装），不能影响疏散宽度。

第三节　系统维护管理

消火栓系统的维护管理是系统正常完好、有效使用的基本保障。维护管理人员经过消防专业培训后应熟悉消火栓系统的相关原理、性能和操作维护方法。

一、室外消火栓

（一）地下式消火栓的维护管理

地下式消火栓应每季度进行一次检查保养，其内容主要包括：

（1）用专用扳手转动消火栓启闭杆，观察其灵活性，必要时加注润滑油。

（2）检查橡胶垫圈等密封件有无损坏、老化或丢失等情况。

（3）检查栓体外表油漆有无脱落，有无锈蚀，如有应及时修补。

（4）入冬前检查消火栓的防冻设施是否完好。

（5）重点部位消火栓，每年应逐一进行一次出水试验，出水应满足压力要求。在检查中可使用压力表测试管网压力,或者连接水带作射水试验,检查管网压力是否正常。

(6)随时清除消火栓井周围及井内积存的杂物。

(7)地下式消火栓应有明显标志,要保持室外消火栓配套器材和标志的完整有效。

(二)地上式消火栓的维护管理

(1)用专用扳手转动消火栓启动杆,检查其灵活性,必要时加注润滑油。

(2)检查出水口闷盖是否密封,有无缺损。

(3)检查栓体外表油漆有无剥落,有无锈蚀,如有应及时修补。

(4)每年开春后、入冬前对地上式消火栓逐一进行出水试验,出水应满足压力要求。在检查中可使用压力表测试管网压力,或者连接水带作射水试验,检查管网压力是否正常。

(5)定期检查消火栓前端阀门井。

(6)保持配套器材的完备有效,无遮挡。

室外消火栓系统的检查除上述内容外,还应包括与有关单位联合进行的室外消火栓给水消防水泵、消防水池的一般性检查,如经常检查消防水泵各种闸阀是否处于正常状态,消防水池水位是否符合要求。

二、室内消火栓

(一)室内消火栓的维护管理

室内消火栓箱内应经常保持清洁、干燥,防止锈蚀、碰伤或其他损坏,每半年至少进行一次全面的检查维修。主要内容有

(1)检查消火栓和消防卷盘供水闸阀是否渗漏水,若渗漏水及时更换密封圈。

(2)对消防水枪、消防水带、消防卷盘及其他配件进行检查,全部附件应齐全完好,卷盘转动灵活。

(3)检查报警按钮、指示灯及控制线路,应功能正常、无故障。

(4)消火栓箱及箱内装配的部件外观无破损,涂层无脱落,箱门玻璃完好无缺。

(5)对消火栓、供水阀门及消防卷盘等所有转动部位应定期加注润滑油。

(二)供水管路的维护管理

室外阀门井中,进水管上的控制阀门应每个季度检查一次,核实其处于全开启状态。系统上所有的控制阀门均应采用铅封或锁链固定在开启或规定的状态。每月应对铅封、锁链进行一次检查,当有破坏或损坏时应及时修理更换。

(1)对管路进行外观检查,若有腐蚀、机械损伤等,应及时修复。

(2)检查阀门是否漏水,若有漏水,应及时修复。

(3)室内消火栓设备管路上的阀门为常开阀,平时不得关闭,应检查其开启状态。

(4)检查管路的固定是否牢固,若有松动,应及时加固。

第四章 自动喷水灭火系统

知识框架

自动喷水灭火系统

- 系统组件(设备)安装前检查
  - 喷头现场检查
  - 报警阀组现场检查
  - 其他组件的现场检查

- 系统组件安装调试与检测验收
  - 喷头
  - 报警阀组
  - 水流报警装置
  - 系统冲洗、试压
  - 系统调试
  - 系统竣工验收

- 系统维护管理
  - 系统巡查
  - 系统周期性检查维护
  - 系统年度检测
  - 系统常见故障分析

考点梳理

1. 系统组件现场检查内容及要求。

2. 系统组件安装及技术检测要求。

3. 系统调试及功能性检测要求。

4. 系统竣工验收合格判定标准。

5. 系统的常见故障处理方法。

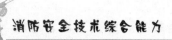

考点精讲

第一节 系统组件（设备）安装前检查

自动喷水灭火系统是由洒水喷头、报警阀组、水流报警装置（水流指示器、压力开关）、报警阀组等组件以及管道、供水设施组成，并能在发生火灾时喷水的自动灭火系统。

自动喷水灭火系统施工安装前，按照施工过程质量控制要求，对到场的供水设施、系统组件、管件及其他设备、材料进行现场检查，检查内容包括产品质量证明文件检查和产品现场检查、检验。检查判定为不合格的设备、组件、管件、材料不得用于施工安装。

一、喷头现场检查

为了避免喷头生产、出厂检验、运输等过程中出现的喷头产品质量问题引发安装缺陷，喷头到场后，重点检查其外观、密封性、质量偏差等内容。

（一）检查内容及要求

1. 装配性能检查

旋拧喷头顶丝，不得轻易旋开，转动溅水盘，无松动、变形等现象，确保喷头不被轻易调整、拆卸和重装。

2. 外观标志检查

喷头溅水盘或者本体上至少具有型号规格、生产厂商名称（代号）或者商标、生产时间、响应时间指数（RTI）等永久性标识。边墙型喷头上有水流方向标识；隐蔽式喷头的盖板上有"不可涂覆"等文字标识。喷头规格型号的标记由类型特征代号（型号）、性能代号、公称口径和公称动作温度等部分组成，规格型号所示的性能参数符合设计文件的选型要求。所有标识均为永久性标识，标识正确、清晰。玻璃球、易熔元件的色标与温标对应、正确。

3. 外观质量检查

喷头外观无加工缺陷、无机械损伤、无明显磕碰伤痕或者损坏，溅水盘无松动、脱落、损坏或者变形等情况。喷头螺纹密封面无伤痕、毛刺、缺丝或者断丝现象。

4. 闭式喷头密封性能试验

密封性能试验的试验压力为3.0MPa，保压时间不少于3min。随机从每批到场喷头中抽取1%，且不少于5只作为试验喷头。当1只喷头试验不合格时，再抽取2%，且不少于10只的到场喷头进行重复试验。试验以喷头无渗漏、无损伤判定为合格。累计2只以及2只以上喷头试验不合格的，不得使用该批喷头。

5. 质量偏差检查

随机抽取 3 个喷头进行质量偏差检查。使用天平测量每只喷头的质量。计算喷头质量与合格检验报告描述的质量偏差,偏差不得超过 5%。

(二)检查方法

(1)采用螺钉旋具旋拧喷头顶丝,用手转动溅水盘,目测观察。

(2)采用专用试验装置进行测试。

(3)采用精度不低于 0.1g 的天平测量。

二、报警阀组现场检查

为了保证报警阀组及其附件的安装质量和基本性能要求,报警阀组到场后,重点检查(验)报警阀组外观、报警阀结构、报警阀组操作性能和报警阀渗漏等内容。

(一)检查内容及要求

1. 外观检查

(1)报警阀的商标、规格型号等标志齐全,阀体上有水流指示方向的永久性标识。

(2)报警阀的规格型号符合经消防设计审查合格或者备案的消防设计文件要求。

(3)报警阀组及其附件配备齐全,表面无裂纹,无加工缺陷和机械损伤。

2. 结构检查

(1)阀体上设有放水口,放水口的公称直径不小于 20mm。

(2)阀体的阀瓣组件的供水侧,设有在不开启阀门的情况下测试报警装置的测试管路。

(3)干式报警阀组、雨淋报警阀组设有自动排水阀。

(4)阀体内清洁、无异物堵塞,报警阀阀瓣开启后能够复位。

3. 操作性能检验

(1)报警阀阀瓣以及操作机构动作灵活,无卡涩现象。

(2)水力警铃的铃锤转动灵活,无阻滞现象。

(3)水力警铃传动轴密封性能良好,无渗漏水现象。

(4)进口压力为 0.14MPa、排水流量不大于 15.0L/min 时,不报警;流量 15.0~60.0L/min 时,可报可不报;流量大于 60.0L/min 时,必须报警。

4. 渗漏试验

测试报警阀密封性,试验压力为额定工作压力的 2 倍的静水压力,保压时间不小于 5min后,阀瓣处无渗漏。

(二)检查方法

渗漏测试可按照以下检查步骤组织实施:

(1)将报警阀组进行组装,安装补偿器及其连接管路,其余组件不作安装,阀瓣组件关闭。

（2）采用堵头堵住各个阀门开口部位（供水管除外），供水侧管段上安装测试用压力表。

（3）供水侧管段与试压泵、试验用水源连接，经检查各试验组件装配到位。

（4）充水排除阀体内腔、管段内的空气后，对阀体缓慢加压至试验压力并稳压（停止供水）。

（5）采用秒表计时5min，目测有无渗漏、变形。

三、其他组件的现场检查

其他组件主要包括压力开关、水流指示器、末端试水装置等。

（一）检查内容及要求

1. 外观检查

（1）压力开关、水流指示器、末端试水装置等有清晰的铭牌、安全操作指示标识和产品说明书。

（2）有水流方向的永久性标识；末端试水装置的试水阀上有明显的启闭状态标识。

（3）各组件不得有结构松动、明显的加工缺陷，表面不得有明显锈蚀、涂层剥落、起泡、毛刺等缺陷；水流指示器桨片完好无损。

2. 功能检查

（1）水流指示器。检查水流指示器灵敏度，试验压力为0.14～1.2MPa，流量不大于15.0L/min时，水流指示器不报警；流量在15.0～37.5L/min任一数值时，可报警可不报警，且到达37.5L/min一定报警。具有延迟功能的水流指示器，检查桨片动作后报警延迟时间，在2～90s范围内，且不可调节。

（2）压力开关。测试压力开关动作情况，检查其常开或者常闭触点通断情况，动作可靠、准确。

（3）末端试水装置。测试末端试水装置密封性能，试验压力为额定工作压力的1.1倍，保压时间为5min，末端试水装置试水阀关闭，测试结束时末端试水装置各组件无渗漏。末端试水装置手动（电动）操作方式灵活，便于开启，信号反馈装置能够在末端试水装置开启后输出信号，试水阀关闭后，末端试水装置无渗漏。

（二）检查方法

功能检查主要测试设备为试压泵、压力表、流量计、万用表、秒表、24V直流电源/220V交流电源等。

第二节　系统组件安装调试与检测验收

自动喷水灭火系统的安装调试、检测验收包括供水设施、管网及系统组件等安装、系统试压和冲洗、系统调试、技术检测、竣工验收等内容。

一、喷头

(一)检测要求

系统试压、冲洗合格后,进行喷头安装;安装前,查阅消防设计文件,确定不同使用场所的喷头型号、规格。

(1)采用专用扳手安装喷头,严禁利用喷头的框架施拧;喷头的框架、溅水盘产生变形、释放原件损伤的,采用规格、型号相同的喷头进行更换。

(2)喷头安装时,不得对喷头进行拆装、改动,严禁在喷头上附加任何装饰性涂层。

(3)不同类型的喷头按照下列要求安装:

①直立型喷头连接 $DN25mm$ 的短立管或者直接向上直立安装于配水支管上。

②下垂型喷头连接 $DN25mm$ 的短立管或者直接下垂安装于配水支管上。

③边墙型喷头根据选定的规格型号,水平安装于顶棚下的边墙上,或者直立向上、下垂安装于顶棚下。

④干式喷头连接于特殊的短立管上,根据其保护区域结构特征和喷头规格型号,直立向上、下垂或者水平安装于配水支管上,短立管入口处设置密封件,阻止水流在喷头动作前进入立管。

⑤嵌入式喷头、隐蔽式喷头安装时,喷头根部螺纹及其部分或者全部本体嵌入吊顶护罩内,喷头下垂安装于配水支管上。

⑥齐平式喷头安装时,喷头根部螺纹及其部分本体下垂安装于吊顶内配水支管上,部分或者全部热敏元件随部分喷头本体安装于吊顶下。

⑦喷头安装在易受机械损伤处,加设喷头防护罩。

(4)当喷头的公称直径小于10mm 时,在系统配水干管、配水管上安装过滤器。

(5)按照消防设计文件要求确定喷头的位置、间距,根据土建工程中吊顶、顶板、门、窗、洞口或者其他障碍物以及仓库的堆垛、货架设置等实际情况,适当调整喷头位置,以符合自动喷水灭火系统设计参数中关于建筑最大净空高度、作用面积和仓库内喷头设置等技术参数,以及喷头溅水盘与吊顶、门、窗、洞口或者障碍物的距离要求。

(6)当喷头溅水盘高于附近梁底或者高于宽度小于1.2m 的通风管道、排管、桥架腹面时,喷头溅水盘高于梁底、通风管道、排管、桥架腹面的最大垂直距离符合《自动喷水灭火系统施工及验收规范》(GB 50261—2017)的规定。梁、通风管道、排管、桥架宽度大于1.2m 时,在其腹面以下部位增设喷头。当增设的喷头上方有孔洞、缝隙时,可在喷头的上方设置挡水板。

(7)喷头安装在不到顶的隔断附近时,喷头与隔断的水平距离和最小垂直距离符合《自动喷水灭火系统施工及验收规范》(GB 50261—2017)的规定。

(二)检测方法

采用目测观察和尺量检查的方法检测;技术检测具体方法和判定标准详见竣工验收中

喷头的验收方法和合格判定标准。

二、报警阀组

报警阀组安装在供水管网试压、冲洗合格后组织实施。

(一)安装与技术检测共性要求

1.报警阀组安装要求

(1)报警阀组垂直安装在配水干管上,水源控制阀、报警阀组水流标识与系统水流方向一致。报警阀组的安装顺序为先安装水源控制阀、报警阀,再进行报警阀辅助管道的连接。

(2)按照设计图纸中确定的位置安装报警阀组;设计未予明确的,报警阀组安装在便于操作、监控的明显位置。

(3)报警阀阀体底边距室内地面高度为1.2m;侧边与墙的距离不小于0.5m;正面与墙的距离不小于1.2m;报警阀组凸出部位之间的距离不小于0.5m。

(4)按照标准图集或者生产厂家提供的安装图样进行报警阀阀体及其附属管路的安装。

(5)报警阀组安装在室内地面时,室内地面增设排水设施。

2.附件安装要求

(1)压力表安装在报警阀上便于观测的位置。

(2)排水管和试验阀安装在便于操作的位置。

(3)水源控制阀安装在便于操作的位置,且设有明显的开、闭标识和可靠的锁定设施。

(4)水力警铃安装在公共通道或者值班室附近的外墙上,并安装检修、测试用的阀门。

(5)水力警铃和报警阀的连接,采用热镀锌钢管,当镀锌钢管的公称直径为20mm时,其长度不宜大于20m。

(6)安装完毕的水力警铃启动时,警铃声强度不小于70dB。

(7)系统管网试压和冲洗合格后,排气阀安装在配水干管顶部、配水管的末端。

(二)湿式报警阀组安装与技术检测要求

(1)报警阀前后的管道能够快速充满水;压力波动时,水力警铃不发生误报警。

(2)过滤器安装在报警水流管路上,其位置在延迟器前,且便于排渣操作。

(三)干式报警阀组安装及技术检测要求

(1)安装在不发生冰冻的场所。

(2)安装完成后,向报警阀气室注入高度为50~100mm的清水。

(3)充气连接管路的接口安装在报警阀气室充注水位以上部位,充气连接管道的直径不得小于15mm;止回阀、截止阀安装在充气连接管路上。

(4)安全排气阀安装在气源与报警阀组之间,靠近报警阀组一侧。

(5)加速器安装在靠近报警阀的位置,设有防止水流进入加速器的措施。

(6)低气压预报警装置安装在配水干管一侧。

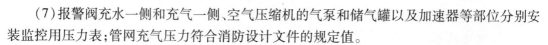

(7)报警阀充水一侧和充气一侧、空气压缩机的气泵和储气罐以及加速器等部位分别安装监控用压力表；管网充气压力符合消防设计文件的规定值。

(8)按照消防设计文件要求安装气源设备，符合现行国家工程建设相关技术标准的规定。

(四)雨淋报警阀组安装及技术检测要求

(1)雨淋报警阀组可采用电动开启、传动管开启或者手动开启等控制方式，手动开启控制装置安装在安全可靠的位置，水传动管的安装按照湿式系统的有关要求实施。

(2)需要充气的预作用系统的雨淋报警阀组，按照干式报警阀组有关要求进行安装。

(3)按照消防设计文件要求，在便于观测和操作的位置，设置雨淋阀组的观测仪表和操作阀门。

(4)按照消防设计文件要求，确定雨淋阀报警组手动开启装置的安装位置，以便发生火灾时能安全开启、便于操作。

(5)压力表安装在雨淋阀的水源一侧。

(五)预作用装置安装与技术检测要求

(1)系统主供水信号蝶阀、雨淋报警阀、湿式报警阀等集中垂直安装在被保护区附近，且最低环境温度不低于4℃的室内，以免低温使隔膜腔内存水因冰冻而导致系统失灵。

(2)在隔膜雨淋报警阀组的水源侧管道法兰和隔膜雨淋报警阀系统侧出水口处分别放入密封垫，拧紧法兰螺栓，再与系统管网连接。在湿式报警阀的平直管段上开孔接管，与由低气压开关、空压机、电接点压力表等空气维持装置相连接。

(3)系统放水阀、电磁阀、手动快开阀、水力警铃、补水漏斗等设置部位，设置排水设施，地漏能够将系统出水排入排水管道。

(4)将雨淋报警阀上的压力开关、电磁阀、信号蝶阀引出线以及空气维护装置上的气压开关、电接点压力表引出线分别与消防控制中心控制线路相接接。

(5)水力警铃按照湿式自动喷水灭火系统的要求进行安装。

(6)预作用装置安装完毕后，将雨淋报警阀组的防复位手轮转至防复位锁止位置，手轮上红点对准标牌上的锁止位置，使系统处于伺应状态。

(六)报警阀组检测方法

采用目测观察、尺量和声级计测量等方法进行检测；技术检测具体方法和标准详见竣工验收中报警阀组的验收方法和合格判定标准。

三、水流报警装置

水流报警装置根据系统类型的不同，可选用水流指示器、压力开关及其组合对系统水流压力、流动等进行监控报警。

（一）水流指示器

1. 安装与技术检测要求

（1）水流指示器电气元件（部件）竖直安装在水平管道上侧，其动作方向与水流方向一致。

（2）水流指示器安装后，其桨片、膜片动作灵活，不得与管壁发生碰擦。

（3）同时使用信号阀和水流指示器控制的自动喷水灭火系统，信号阀安装在水流指示器前的管道上，与水流指示器的距离不小于300mm。

2. 检测方法

（1）安装前，检查管道试压和冲洗记录，对照图纸检查、核对产品规格型号。

（2）目测检查电气元件的安装位置，开启试水阀门放水检查水流指示器的水流方向。

（3）放水检查水流指示器桨片、膜片动作情况，检查有无卡阻、碰擦等情况。

（4）采用卷尺测量控制水流指示器的信号阀与水流指示器的距离。

（二）压力开关

（1）安装与技术检测要求：压力开关竖直安装在通往水力警铃的管道上，安装中不得拆装改动。按照消防设计文件或者厂家提供的安装图纸安装管网上的压力控制装置。

（2）检测方法：对照图纸目测检查压力开关位置、安装方向。

（三）引出线

压力开关、信号阀、水流指示器的引出线采用防水套管锁定；采用观察方法进行技术检测。

四、系统冲洗、试压

管网安装完毕后，应组织实施管网强度试验、严密性试验和冲洗。

强度试验和严密性试验采用水作为介质进行试验。干式自动喷水灭火系统、预作用自动喷水灭火系统采用水、空气或者氮气作为介质分别进行水压试验和气压试验。系统试压完成后，填写冲洗、试压记录，及时拆除所有临时盲板和试验用管道，并核对记录是否无误。

（一）系统试压、冲洗基本要求

管网安装完毕后进行试压试验和管网冲洗，试压、冲洗在具备下列规定条件的情况下实施：

（1）经复查，埋地管道的位置及管道基础、支墩等符合设计文件要求。

（2）准备不少于两只的试压用压力表，精度不低于1.5级，量程为试验压力值的1.5～2倍。

（3）隔离或者拆除不能参与试压的设备、仪表、阀门及附件；加设的临时盲板具有凸出于法兰的边耳，且有明显标志，并对临时盲板数量、位置进行记录。

（二）水压试验

自动喷水灭火系统水压强度试验和水压严密性试验除对系统管网进行试验外，也可将回填的水源干管、进户管和室内埋地管道等一并纳入试验范围,所有管网全数测试。

1. 水压试验条件

(1)试验条件。

①环境温度不低于5℃,当低于5℃时,采取防冻措施,以确保水压试验正常进行。

②系统设计工作压力不大于1.0MPa的,水压强度试验压力为设计工作压力的1.5倍,且不低于1.4MPa;系统设计工作压力大于1.0MPa的,水压强度试验压力为工作压力加0.4MPa。

③水压严密性试验压力为系统设计工作压力。

(2)操作方法。试验前采用温度计测试环境温度,对照消防设计文件核定水压试验压力。

2. 水压强度试验要求

(1)试验要求。

①水压强度试验的测试点设在系统管网的最低点。

②管网注水时,将管网内的空气排净,缓慢升压。

③达到试验压力后,稳压30min,管网无泄漏、无变形,且压力降不大于0.05MPa。

(2)操作方法。采用试压装置进行试验,目测观察管网外观和测压用压力表的压力降。系统试压过程中出现泄漏或者超过规定压降时,停止试压,放空管网中试验用水;消除缺陷后,重新试验。

3. 水压严密性试验

水压严密性试验在水压强度试验和管网冲洗合格后进行。达到试验压力后,稳压24h,管网无泄漏。

采用试压装置进行试验,目测观察管网有无渗漏和测压用压力表压降。系统试压过程中出现管网渗漏或者压力降较大的,停止试验,放空管网中试验用水;消除缺陷后,重新试验。

(三)气压试验

气压严密性试验压力为0.28MPa,且稳压24h,压力降不大于0.01MPa。采用试压装置进行试验,目测观察测压用压力表的压降。系统试压过程中,压降超过规定的,停止试验,放空管网中试验气体;消除缺陷后,重新试验。

(四)管网冲洗

管网试压合格后,采用生活用水进行冲洗。管网冲洗顺序为先室外、后室内,先地下、后地上。室内部分的冲洗按照配水干管、配水管、配水支管的顺序进行。管网冲洗合格后,将管网内的冲洗用水排净,必要时采用压缩空气吹干。

五、系统调试

系统调试包括水源测试、消防水泵调试、稳压泵调试、报警阀调试、排水设施调试和联动试验等内容。调试过程中,系统出水通过排水设施全部排走。

(一)系统调试准备

(1)消防水池、消防水箱已储存设计要求的水量,系统供电正常。

(2)消防气压给水设备的水位、气压符合消防设计要求。

(3)湿式喷水灭火系统管网内已充满水,阀门均无泄漏。

(4)与系统配套的火灾自动报警系统调试完毕,处于工作状态。

(二)系统调试要求及功能性检测

1.报警阀组

报警阀组调试前,首先检查报警阀组组件,确保其组件齐全、装配正确,在确认安装符合消防设计要求和消防技术标准规定后,进行调试。

(1)湿式报警阀组

湿式报警阀组调试时,从试水装置处放水,当湿式报警阀进水压力大于0.14MPa、放水流量大于1L/s时,报警阀启动,带延迟器的水力警铃在5~90s内发出报警铃声,不带延迟器的水力警铃应在15s内发出报警铃声,压力开关应及时动作,并反馈信号。

(2)干式报警阀组

干式报警阀组调试时,开启系统试验阀,报警阀的启动时间、启动点压力、水流到试验装置出口所需时间等符合消防设计要求。

(3)雨淋报警阀组

雨淋报警阀组调试采用检测、试验管道进行供水。自动和手动方式启动的雨淋报警阀,在联动信号发出或者手动控制操作后15s内启动;公称直径大于200mm的雨淋报警阀,在60s之内启动。雨淋报警阀调试时,当报警水压为0.05MPa,水力警铃发出报警铃声。

(4)预作用装置

预作用装置的调试按照湿式报警阀组和雨淋报警阀组的调试要求进行综合调试。湿式报警阀组、干式报警阀组、预作用装置、雨淋报警阀组采用压力表、流量计、秒表、声强计测量,并进行观察检查。

2.联动调试

(1)湿式系统

系统控制装置设置为"自动"控制方式,启动1只喷头或者开启末端试水装置,流量保持在0.94~1.5L/s,水流指示器、报警阀、压力开关、高位消防水箱流量开关、系统管网压力开关、水力警铃和消防水泵等及时动作,并有相应组件的动作信号反馈到消防联动控制设备。

(2)干式系统

系统控制装置设置为"自动"控制方式,启动1只喷头或者模拟1只喷头的排气量排气,报警阀、压力开关、高位消防水箱流量开关、系统管网压力开关、水力警铃和消防水泵等及时动作并有相应的组件信号反馈。

（3）预作用系统、雨淋系统、水幕系统

系统控制装置设置为"自动"控制方式，采用专用测试仪表或者其他方式，模拟火灾自动报警系统输入各类火灾探测信号，报警控制器输出声光报警信号，启动自动喷水灭火系统。采用传动管启动的雨淋系统、水幕系统联动试验时，启动1只喷头，雨淋报警阀打开，系统管网压力开关或高位消防水箱流量开关动作，消防水泵启动，并有相应组件信号反馈。

六、系统竣工验收

系统竣工后，建设单位组织实施工程竣工验收。自动喷水灭火系统的竣工验收内容包括系统各组件的抽样检查和功能性测试。

（一）管网验收检查

1.验收内容

（1）查验管道材质、管径、接头、连接方式及防腐、防冻措施。

（2）测量管网排水坡度，检查辅助排水设施设置情况。

（3）检查系统末端试水装置、试水阀、排气阀等设置位置、组件及其设置情况。

（4）检查系统中不同部位安装的报警阀组、闸阀、止回阀、电磁阀、信号阀、水流指示器、减压孔板、节流管、减压阀、柔性接头、排水管、排气阀、泄压阀等组件设置位置、安装情况。

（5）测试干式灭火系统管网容积、系统充水时间不大于1min，测试预作用系统管网容积，系统充水时间不大于2min。

（6）检查配水支管、配水管、配水干管的支架、吊架、防晃支架设置情况。

2.验收方法

（1）对照设计文件、出厂合格证明文件等进行核对，并现场观察其设置位置、设置情况。

（2）采用水平尺、卷尺等进行测量，观察其排水设施的排水效果，以及管道支架、吊架、防晃支架设置情况。

（3）通水试验对验收内容进行验收，采用秒表测量管道充水时间。

3.合格判定标准

（1）经对照检查，管道材质、管径、接头的管道连接方式以及采取的防腐、防冻等措施，符合消防技术标准和消防设计文件要求；报警阀后的管道上未安装其他用途的支管、水龙头。

（2）经测量，管道横向安装坡度为0.002～0.005，且坡向排水管；相应的排水措施设置符合规定要求。

（3）经测量，干式灭火系统的管道充水时间不大于1min；预作用和雨淋灭火系统的管道充水时间不大于2min。

（4）经测量，管道支架、吊架、防晃支架，固定方式、设置间距、设置要求等符合消防技术标准规定。

（5）系统中末端试水装置、试水阀、排气阀设置位置、组件等符合消防设计文件要求。

(6)经对照消防设计文件,系统中的报警阀组、闸阀、止回阀、电磁阀、信号阀、水流指示器、减压孔板、节流管、减压阀、柔性接头、排水管、排气阀、泄压阀等设置位置、组件、安装方式、安装要求等符合要求。

(二)喷头验收检查

1. 验收内容

(1)查验喷头设置场所、规格、型号以及公称动作温度、响应时间指数(RTI)、安装方式等性能参数。

(2)测量喷头安装间距,喷头与楼板或吊顶墙、梁等障碍物的距离。

(3)查验特殊使用环境中喷头的保护措施。

(4)查验喷头备用量。

2. 验收方法

(1)对照消防设计文件,采用卷尺等测量。

(2)采用目测方式,对现场防护措施进行核查。

(3)对照设计文件、购货清单,对现场备用喷头分类点验。

3. 合格判定标准

经核对,喷头设置场所、规格、型号以及公称动作温度、响应时间指数(RTI)、安装方式等性能参数符合消防设计文件要求。按照距离偏差±15mm进行测量,喷头安装间距,喷头与楼板、墙、梁等障碍物的距离符合消防技术标准和消防设计文件要求。有腐蚀性气体的环境、有冰冻危险场所安装的喷头,采取了防腐蚀、防冻等防护措施;有碰撞危险场所的喷头加设有防护罩。经点验,各种不同规格的喷头的备用品数量不少于安装喷头总数的1%,且每种备用喷头不少于10个。

(三)报警阀组验收检查

1. 验收内容

验收前,检查报警阀组及其附件的组成、安装情况,以及报警阀组所处状态。启动报警阀组检测装置,测试其流量、压力。测试报警阀组及其对系统的自动启动功能。

2. 验收方法

(1)对照消防设计文件或者生产厂家提供的安装图纸,检查报警阀组及其各附件安装位置、结构状态,手动检查供水干管侧和配水干管侧控制阀门、检测装置各个控制阀门的状态。

(2)开启报警阀组检测装置放水阀,采用流量计和系统安装的压力表测试供水干管侧和配水干管侧的流量、压力。控制系统调整到"自动"状态,报警阀组调节到伺应状态,开启报警阀组试水阀或者电磁阀,目测压力表变化情况、延迟器以及水力警铃等附件启动情况;采用压力表测试水力警铃喷嘴处的压力,采用卷尺确定水力警铃铃声声强测试点,采用声级计测试其铃声声强。

3. 合格判定标准

(1)报警阀组及其各附件安装位置正确,各组件、附件结构安装准确;供水干管侧和配水干管侧控制阀门处于完全开启状态,锁定在常开位置;报警阀组试水阀、检测装置放水阀关闭,检测装置其他控制阀门开启,报警阀组处于伺应状态;报警阀组及其附件设置的压力表读数符合设计要求。

(2)经测量,供水干管侧和配水干管侧的流量、压力符合消防技术标准和消防设计文件要求。

(3)启动报警阀组试水阀或者电磁阀后,供水干管和配水干管侧压力表值平衡后,报警阀组以及检测装置的压力开关、延迟器、水力警铃等附件动作准确、可靠;与空气压缩机或者火灾自动报警系统的联动控制准确,符合消防设计文件要求。

(4)经测试,水力警铃喷嘴处压力符合消防设计文件要求,且不小于0.05MPa;距水力警铃3m处警铃声声强符合设计文件要求,且不小于70dB。

(5)消防水泵自动启动,压力开关、电磁阀、排气阀入口电动阀、消防水泵等动作,且相应信号反馈到消防联动控制设备。

第三节　系统维护管理

自动喷水灭火系统的维护管理是系统正常完好、有效使用的基本保障。从事维护管理人员要经过消防专业培训,具备相应的从业资格证书,熟悉自动喷水灭火系统的原理、性能和操作维护规程。

一、系统巡查

自动喷水灭火系统巡查主要是针对系统组件外观、现场运行状态、系统检测装置工作状态、安装部位环境条件等实施的日常巡查。

(一)巡查内容

自动喷水灭火系统巡查内容主要包括:喷头外观及其周边障碍物、喷头溅水盘与顶棚距离等。报警阀组外观、水源控制阀的启闭状态、排水设施状况等。充气设备、排气装置及其控制装置、火灾探测传动、液动传动及其控制装置、现场手动控制装置等外观、运行状况。系统末端试水装置、楼层试水阀及其现场环境状态,压力监测情况。系统用电设备的电源及其供电情况。

(二)巡查方法及要求

1.喷头

(1)观察喷头与保护区域环境是否匹配,判定保护区域使用功能、危险性级别是否发生变化。

(2)检查喷头外观有无明显磕碰伤痕或者损坏,有无喷头漏水或者被拆除等情况。

(3)检查保护区域内是否有影响喷头正常使用的吊顶装修,或者新增装饰物、隔断、高大家具以及其他障碍物;若有上述情况,采用目测、尺量等方法,检查喷头保护面积、与障碍物间距等是否发生变化。

2. 报警阀组

(1)检查报警阀组的标志牌是否完好、清晰,阀体上水流指示永久性标识是否易于观察,与水流方向是否一致。

(2)检查报警阀组组件是否齐全,表面有无裂纹、损伤等现象。

(3)检查报警阀组是否处于伺应状态,观察其组件有无漏水等情况。

(4)检查报警阀组设置场所的排水设施有无排水不畅或者积水等情况。

(5)检查干式报警阀组、预作用装置的充气设备、排气装置及其控制装置的外观标志有无磨损、模糊等情况,相关设备及其通用阀门是否处于工作状态;控制装置外观有无歪斜翘曲、磨损划痕等情况,其监控信息显示是否准确。

(6)检查预作用装置、雨淋报警阀组的火灾探测传动、液(气)动传动及其控制装置、现场手动控制装置的外观标志有无磨损、模糊等情况,控制装置外观有无歪斜翘曲、磨损划痕等情况,其显示信息是否准确。

3. 末端试水装置和试水阀巡查

检查系统末端试水装置、楼层试水阀的设置位置是否便于操作和观察,有无排水设施。检查末端试水装置设置是否正确。检查末端试水装置压力表能否准确监测系统、保护区域最不利点静压值。

4. 系统供电巡查

检查自动喷水灭火系统的消防水泵、稳压泵等用电设备配电控制柜,观察其电压、电流监测是否正常,水泵启动控制和主、备泵切换控制是否设置在"自动"位置。检查系统监控设备供电是否正常,系统中的电磁阀、模块等用电元器(件)是否通电。

(三)巡查周期

建筑管理使用单位至少每日组织一次系统全面巡查。

二、系统周期性检查维护

系统周期性检查是指建筑使用管理单位按照国家法律法规和工程建设消防技术标准的要求,对已经投入使用的自动喷水灭火系统的组件、零部件等,按照规定检查周期进行的检查、测试。经检查,自动喷水灭火系统发生故障,需要停水检修的,向主管值班人员报告,取得单位消防安全管理人的同意后,派人临场监督,设置相应的防范措施后,方能停水动工。消防水池、消防水箱、消防气压给水设备内的水,根据当地环境、气候条件不定期更换。寒冷季节,消防储水设备的任何部位均不得结冰。

(一)月检查项目

1. 月检查的具体项目

下列项目至少每月进行一次检查与维护:

（1）电动、内燃机驱动的消防水泵（增压泵）启动运行测试。

（2）喷头完好状况、备用量及异物清除等检查。

（3）系统所有阀门状态及其铅封、锁链完好状况检查。

（4）消防气压给水设备的气压、水位测试；消防水池、消防水箱的水位消防用水不被挪用技术措施检查。

（5）电磁阀启动试验。

（6）过滤器排渣、完好状况检查。

（7）水泵接合器完好性检查。

（8）报警阀启动性能测试。

2.检查与维护要求

（1）"电动、内燃机驱动的消防水泵启动运行测试"与"消防气压给水设备的气压水位测试、消防水池、消防水箱的水位、消防用水不被挪用技术措施检查"采用手动启动或者模拟启动试验进行检查，发现异常问题的，检查消防水泵、电磁阀使用性能以及系统控制设备的控制模式、控制模块状态等。属于控制方式不符合规定要求的，调整控制方式；属于设备、部件损坏、失常的，及时更换；属于供电、燃料供给不正常的，对电源、热源及其管路进行报修；泵体、管道存在局部锈蚀的，进行除锈处理；水泵、电动机的旋转轴承等部位，及时清理污渍、除锈、更换润滑油。

（2）喷头外观及备用数量检查。发现有影响正常使用的情况（如溅水盘损坏、溅水盘上存在影响使用的异物等）的，及时更换喷头，清除喷头上的异物；更换或者安装喷头使用专用扳手。对于备用喷头数不足的，及时按照单位程序采购补充。

（3）系统各个控制阀门铅封损坏，或者锁链未固定在规定状态的，及时更换铅封，调整锁链至规定的固定状态；发现阀门有漏水、锈蚀等情形的，更换阀门密封垫，修理或者更换阀门，对锈蚀部位进行除锈处理。

（4）检查消防水池、消防水箱以及消防气压给水设备，发现水位不足、气体压力不足的，查明原因，及时补足消防用水和消防气压给水设备水量、气压。

①属于操作管理制度不落实的，报单位消防安全管理人按照制度给予处理。

②属于系统存在严重漏水的，找准渗漏点，按照程序报修。

③属于水位监控装置不能正常工作的，及时修理或者更换；钢板消防水箱和消防气压给水设备的玻璃水位计，其两端的角阀在不进行水位观察时恢复至关闭状态。

④属于消防用水被挪作他用的，检查并完善消防用水不被挪作他用的技术措施。

⑤消防气压给水设备压力表读数低于设定压力值的，首先检查压力表的完好性和控制阀开启情况，属于压力表控制阀未开启或者开启不完全的，完全开启压力表控制阀；属于压力表损坏的，及时更换压力表。确定压力表正常后，对消防气压给水设备补压，并检查有无气体泄漏点。

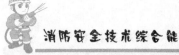

（5）查看消防水泵接合器的接口及其附件，发现闷盖、接口等部件有缺失的，及时采购安装；发现有渗漏的，检查相应部件的密封垫完好性，查找管道、管件因锈蚀、损伤等出现的渗漏。属于密封垫密封不严的，调整密封垫位置或者更换密封垫；属于管件锈蚀、损伤的，更换管件，进行防锈、除锈处理。

（6）检查系统过滤器的使用性能，对滤网进行拆洗，并重新安装到位。

（7）利用报警阀旁的放水试验阀，检查报警阀组功能及其出水情况。

①湿式报警阀组。检查主阀以及各个部件外观，发现主阀锈蚀、部位漏水的，及时予以除锈、维修或者更换。

②预作用报警阀组和干式报警阀组。按照湿式报警阀组的检查和维护要求检查、维护报警阀组。检查充气装置、加速排气装置、电磁阀等功能，发现充气装置启停不准确、充气压力值不符合设计要求，加速排气装置排气速度不正常，电磁阀动作不灵敏等情形的，查找并消除故障，或者更换部件、设备。检查主阀复位情况，发现主阀瓣复位不严密、侧腔（控制腔）锁定不到位、阀前（压力表）的稳压值不符合设计要求或者大于 0.25MPa 等情形的，查找并消除故障。

③雨淋报警阀组。

（8）对电磁阀进行启动试验，发现电磁阀动作失常的，及时采购更换。

（二）季度检查项目

1. 季检查的项目

下列项目至少每季度进行一次检查与维护：

（1）水流指示器报警试验和电磁阀启动试验。

（2）室外阀门井中的控制阀门开启状况及其使用性能测试。

2. 检查与维护要求

（1）利用末端试水装置、楼层试水阀对水流指示器进场动作、报警检查试验时，首先检查消防联动控制设备和末端试水装置、楼层试水阀的完好性；符合试验条件的，开启末端试水装置或者试水阀，发现水流指示器在规定时间内不报警的，首先检查水流指示器的控制线路，存在断路、接线不实等情况的，重新接线至正常。之后，检查水流指示器，发现有异物、杂质等卡阻桨片的，及时清除异物、杂质；发现调整螺母与触头未到位的，重新调试到位。

（2）分别利用系统末端试水装置、楼层试水阀和报警阀组旁的放水试验阀等测试装置进行放水试验，检查系统启动、报警功能以及出水情况：

①检查消防控制设备、消防水泵控制设备、测试装置的完好性和控制方式，确认设备（装置）完好，控制方式为"自动"状态后，分别进行功能性试验。

②经测试进场，发现报警阀组存在问题的，按照后述各类报警阀组"常见故障分析"，查找并及时消除故障。

（3）检查室外阀门井情况，发现阀门井积水、有垃圾或者有杂物的，及时排除积水，清除垃圾、杂物;发现管网中的控制阀门未完全开启或者关闭的,完全开启到位;发现阀门有漏水情况的,按照前述室内阀门的要求查漏、修复、更换、除锈。

(三)年检查项目

1.年检查的具体项目

下列项目至少每年检查与维护:

(1)水源供水能力测试。

(2)水泵接合器通水加压测试。

(3)储水设备结构材料检查。

(4)水泵流量性能测试。

(5)系统联动测试。

2.检查与维护要求

(1)组织实施水源供水能力测试、水泵流量性能测试和水泵接合器通水加压试验。

(2)检查消防储水设备结构、材料,对于缺损、锈蚀等情况及时进行修补缺损和重新涂漆。

(3)系统联动试验按照验收、检测要求组织实施,可结合年度检测一并组织实施。

三、系统年度检测

年度检测是建筑使用、管理单位按照相关法律法规和国家消防技术标准,每年度开展的定期功能性检查和测试;建筑使用、管理单位可以委托具有资质的消防技术服务单位组织实施年度检测。

(一)喷头

重点检查喷头选型与保护区域的使用功能、危险性等级等匹配情况,核查闭式喷头玻璃泡色标高于保护区域环境最高温度30℃的要求,以及喷头无变形、附着物、悬挂物等影响使用的情况。

(二)报警阀组

检测前,查看自动喷水灭火系统的控制方式、状态,确认系统处于准工作状态,消防控制设备以及消防水泵控制装置处于自动控制状态。湿式报警阀组、干式报警阀组、预作用装置、雨淋报警阀组等按照其组件检测和功能测试两项内容进行检测。

1.报警阀组件共性检测要求

(1)检测内容及要求

①检查报警阀组外观标志,标识清晰、内容详实,符合产品生产技术标准要求,并注明系统名称和保护区域,压力表显示符合设定值。

②系统控制阀以及报警管路控制阀全部开启,并用锁具固定手轮,具有明显的启闭标志;采用信号阀的,反馈信号正确;测试管路放水阀关闭;报警阀组处于伺应状态。

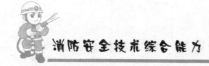

③报警阀组的相关组件灵敏可靠;消防控制设备准确接收压力开关动作的反馈信号。

(2)检测操作步骤

①查看外观标识和压力表状况,查看并记录、核对其压力值。

②检查系统控制阀,查看锁具或者信号阀及其反馈信号;检查报警阀组报警管路、测试管路,查看其控制阀门、放水阀等启闭状态。

③打开报警阀组测试管路放水阀,查看压力开关、水力警铃等动作、反馈信号情况。

2.湿式报警阀组

(1)检测内容及要求

湿式报警阀组功能按照下列要求进行检测:

①开启末端试水装置,出水压力不低于 0.05MPa,水流指示器、湿式报警阀、压力开关动作。

②报警阀动作后,测量水力警铃声强,不得低于 70dB。

③开启末端试水装置 5min 内,消防水泵自动启动。

④消防控制设备准确接收并显示水流指示器、压力开关、流量开关和消防水泵的反馈信号。

(2)检测操作步骤

①开启系统(区域)末端试水装置前,查看并记录压力表读数;开启末端试水装置,待压力表指针晃动平稳后,查看并记录压力表变化情况。

②查看消防控制设备显示的水流指示器、压力开关、流量开关和消防水泵的动作情况及信号反馈情况。

③从末端试水装置开启时计时,测量消防水泵投入运行的时间。

④在距离水力警铃 3m 处,采用声级计测量水力警铃声强值。

⑤关闭末端试水装置,系统复位,恢复到工作状态。

3.干式报警阀组

(1)检测内容及要求

检查空气压缩机和气压控制装置状态,保持其正常,压力表显示符合设定值。干式报警阀组功能按照下列要求进行检测:

①开启末端试水装置,报警阀组、压力开关、流量开关应动作,联动启动排气阀入口电动阀和消防水泵,水流指示器报警。

②水力警铃报警,水力警铃声强值不得低于 70dB。

③开启末端试水装置 1min 后,其出水压力不得低于 0.05MPa。

④消防控制设备准确显示水流指示器、压力开关、流量开关、电动阀及消防水泵的反馈信号。

(2)检测操作步骤

①缓慢开启气压控制装置试验阀,小流量排气;空气压缩机启动后,关闭试验阀,查看空气压缩机运行情况,核对其启、停压力。

②开启末端试水装置控制阀,同上查看并记录压力表变化情况。

③查看消防控制设备、排气阀等,检查水流指示器、压力开关、流量开关、消防水泵、排气阀入口的电动阀等动作及其信号反馈情况,以及排气阀的排气情况。

④从末端试水装置开启时计时,测量末端试水装置水压力达到 0.05MPa 的时间。

⑤按照湿式报警阀组的要求测量水力警铃声强值。

⑥关闭末端试水装置,系统复位,恢复到工作状态。

4.预作用装置

(1)检测内容及要求

按照干式报警阀组的要求检查预作用装置的空气压缩机和气压控制装置,其电磁阀的启闭要灵敏可靠,反馈信号要准确。预作用装置的功能性检测按照下列要求进行:

①模拟火灾探测报警,火灾报警控制器确认火灾后,自动启动预作用装置(雨淋报警阀)、排气阀入口电动阀及消防水泵;水流指示器、压力开关、流量开关动作。

②报警阀组动作后,测试水力警铃声强,不得低于 70dB。

③开启末端试水装置,火灾报警控制器确认火灾 2min 后,其出水压力不低于 0.05MPa。

④消防控制设备准确显示电磁阀、电动阀、水流指示器、压力开关、流量开关及消防水泵动作信号,反馈信号准确。

(2)检测操作步骤

①按照干式报警阀组的检测操作步骤,测试预作用装置的空气压缩机和气压控制装置工作情况。

②关闭预作用装置入口的控制阀,消防控制设备输出电磁阀控制信号,查看电磁阀动作情况,核查反馈信号的准确性。

③按照设计联动逻辑,在同一防护区内模拟两类不同的火灾探测报警信号,查看火灾报警控制器火灾报警、确认及联动指令发出情况,逐一检查预作用装置(雨淋报警阀)、电磁阀、电动阀、水流指示器、压力开关、流量开关和消防水泵的动作情况,以及排气阀的排气情况。

④按照湿式报警阀组的要求测量水力警铃声强值。

⑤打开末端试水装置,待火灾控制器确认火灾 2min 后,读取并记录其压力表数值。

⑥检查火灾报警控制器,对应现场各个组件启动情况,核对其反馈信号以及联动控制逻辑关系。

⑦关闭末端试水装置,系统复位,恢复到工作状态。

5.雨淋报警阀组

(1)检测内容及要求

传动管控制的雨淋报警阀组,检查其传动管压力表,其示值符合设定值;按照干式系统

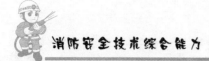

要求测试气压传动管的供气装置和气压控制装置。雨淋报警阀组功能按照下列要求进行检测：

①检查雨淋报警阀组及其消防水泵的控制方式，具有自动、手动启动控制方式。

②传动管控制的雨淋报警阀组，传动管泄压后，查看消防水泵、报警阀联动启动情况，动作准确及时。

③报警信号发出后，检查压力开关动作情况，测量水力警铃声强值，不得低于70dB。

④报警阀组动作后，检查消防控制设备，电磁阀、消防水泵与压力开关反馈信号准确。

⑤并联设置多台雨淋报警阀组的，报警信号发出后，检查其报警阀组及其组件联动情况，联动控制逻辑关系符合消防设计要求。

⑥手动操作控制的水幕系统，测试其控制阀，启闭灵活可靠。

（2）检测操作步骤

①对于传动管控制的雨淋报警阀组，查看并读取其传动管压力表数值，核对传动管压力设定值；对于气压传动管，按照干式系统的检测操作步骤对其供气装置和气压控制装置进行检测。

②分别对现场控制设备和消防控制室的消防控制设备进行检查，查看雨淋报警阀组的控制方式。

③对于传动管控制的雨淋报警阀组，试验前关闭报警阀系统侧的控制阀，对传动管进行泄压操作，逐一查看报警阀、电磁阀、压力开关和消防水泵等动作情况。

④对于火灾探测器控制的雨淋报警阀组，试验前关闭报警阀系统侧的控制阀，在同一防护区内模拟两类不同的火灾探测报警信号，查看火灾报警控制器火灾报警、确认及联动指令发出情况，逐一检查报警阀、电磁阀、压力开关、流量开关和消防水泵等动作情况。

⑤并联设置多台雨淋报警阀时，按照"③"或者"④"的步骤，在不同防护区域进行测试，观察各个防护区域对应的雨淋报警阀组及其组件的动作情况。

⑥按照湿式报警阀组的要求测量水力警铃声强值。

⑦查看火灾报警控制器，核查现场对应各个组件的启动情况，核对其反馈信号以及联动控制逻辑关系。

⑧手动操作控制的水幕系统，关闭水源控制阀，反复操作现场手动启、闭其系统控制阀。

⑨系统复位，恢复到工作状态。

（三）水流指示器

1.检测内容及要求

检查水流指示器外观，有明显标志；信号阀完全开启，准确反馈启闭信号；水流指示器的启动与复位灵敏、可靠，反馈信号准确。

2.检测操作步骤

（1）现场检查水流指示器外观。

(2)开启末端试水装置、楼层试水阀,查看消防控制设备显示的水流指示器动作信号。

(3)关闭末端试水装置、楼层试水阀,查看消防控制设备显示的水流指示器复位信号。

(四)末端试水装置

1. 检测内容及要求

检查末端试水装置的阀门、试水接头、压力表和排水管,设置齐全,无损伤;压力表显示正常,符合规定要求。

2. 检测操作步骤

(1)现场查看末端试水装置的阀门、压力表、试水接头及排水管等外观。

(2)关闭末端试水装置,读取并记录其压力表数值。

(3)开启末端试水装置的控制阀,待压力表指针晃动平稳后,读取并记录压力表数值。

(4)水泵自动启动5min后,读取并记录压力表数值,观察其变化情况。

(5)关闭末端试水装置,系统复位,恢复到工作状态。

四、系统常见故障分析

系统周期性检查、年度检测时,对于检查发现的系统故障,要及时分析故障原因,消除故障,确保系统完好有效。

(一)湿式报警阀组

1. 报警阀组漏水

(1)故障原因:排水阀门未完全关闭;阀瓣密封垫老化或者损坏;系统侧管道接口渗漏;报警管路测试控制阀渗漏;阀瓣组件与阀座之间因变形或者污垢、杂物阻挡出现不密封状态。

(2)故障处理:关紧排水阀门;更换阀瓣密封垫;检查系统侧管道接口渗漏点,密封垫老化、损坏的,更换密封垫;密封垫错位的,重新调整密封垫位置;管道接口锈蚀、磨损严重的,更换管道接口相关部件;更换报警管路测试控制阀;放水冲洗阀体、阀座,检查阀瓣组件、阀座,存在明显变形、损伤、凹痕的,更换相关部件。

2. 报警阀启动后报警管路不排水

(1)故障原因:报警管路控制阀关闭;报警管路过滤器被堵塞。

(2)故障处理:开启报警管路控制阀;报警管路过滤器被堵塞的卸下过滤器,冲洗干净后重新安装回原位。

3. 报警阀报警管路误报警

(1)故障原因:未按照安装图纸安装或者未按照调试要求进行调试;报警阀组渗漏通过报警管路流出;延迟器下部孔板溢出水孔堵塞,发生报警或者缩短延迟时间。

(2)故障处理:按照安装图纸核对报警阀组组件安装情况,重新对报警阀组伺应状态进行调试;按照故障查找渗漏原因,进行相应处理;延迟器下部孔板溢出水孔堵塞,卸下筒体,

拆下孔板进行清洗。

4.水力警铃工作不正常

(1)故障原因:产品质量问题或者安装调试不符合要求;报警阀至水力警铃的管路阻塞或者铃锤机构被卡住。

(2)故障处理:属于产品质量问题的,更换水力警铃;安装缺少组件或者未按照图纸安装的,重新进行安装调试;拆下喷嘴、叶轮及铃锤组件,进行冲洗,重新装合使叶轮转动灵活。

5.开启测试阀,消防水泵不能正常启动

(1)故障原因:流量开关或压力开关设定值不正确;控制柜控制回路或者电气元件损坏;水泵控制柜未设定在"自动"状态。

(2)故障处理:将流量开关或压力开关内的调压螺母调整到规定值;检修控制柜控制回路或者更换电气元件;将控制模式设定为"自动"状态。

(二)水流指示器

水流指示器故障表现为打开末端试水装置,达到规定流量时水流指示器不动作,或者关闭末端试水装置后,水力指示器反馈信号仍然显示为动作信号。

(1)故障原因:桨片被管腔内杂物卡阻;调整螺母与触头未调试到位;电路接线脱落。

(2)故障处理:清除水流指示器管腔内的杂物;将调整螺母与触头调试到位;检查并重新将脱落电路接通。

(三)预作用装置常见故障分析、处理

1.报警阀漏水

(1)故障原因分析:排水控制阀门未关紧;阀瓣密封垫老化或者损坏;复位杆未复位或者损坏。

(2)故障处理:关紧排水控制阀门;更换阀瓣密封垫;重新复位,或者更换复位装置。

2.压力表读数不在正常范围

(1)故障原因:预作用装置前的供水控制阀未打开;压力表管路堵塞;预作用装置的报警阀体漏水;压力表管路控制阀未打开或者开启不完全。

(2)故障处理:完全开启报警阀前的供水控制阀;拆卸压力表及其管路,疏通压力表管路;按照湿式报警阀组渗漏的原因进行检查、分析,查找预作用装置的报警阀体的漏水部位,进行修复或者组件更换;完全开启压力表管路控制阀。

3.系统管道内有积水

(1)故障原因:复位或者试验后,未将管道内的积水排完。

(2)故障处理:开启排水控制阀,完全排除系统内的积水。

(四)雨淋报警阀组常见故障分析、处理

1.自动滴水阀漏水

(1)故障原因:安装调试或者平时定期试验、实施灭火后,没有将系统侧管内的余水排尽;雨淋报警阀隔膜球面中线密封处因施工遗留的杂物、不干净消防用水中的杂质等导致球状密封面不能完全密封。

(2)故障处理:开启放水控制阀,排除系统侧管道内的余水;启动雨淋报警阀,采用洁净水流冲洗遗留在密封面处的杂质。

2. 复位装置不能复位

(1)故障原因:水质过脏,有细小杂质进入复位装置密封面。

(2)故障处理:拆下复位装置,用清水冲洗干净后重新安装,调试到位。

3. 长期无故报警

(1)故障原因:误将试验管路控制阀打开。

(2)故障处理:关闭试验管路控制阀。

4. 传动管喷头被堵塞

(1)故障原因:消防用水水质存在问题,如有杂物等;管道过滤器不能正常工作。

(2)故障处理:对水质进行检测,清理不干净、影响系统正常使用的消防用水;检查管道过滤器,清除滤网上的杂质或者更换过滤器。

5. 系统测试不报警

(1)故障原因分析:消防用水中的杂质堵塞了报警管道上过滤器的滤网;水力警铃进水口处喷嘴被堵塞、未配置铃锤或者铃锤卡死。

(2)故障处理:拆下过滤器,用清水将滤网冲洗干净后,重新安装到位;检查水力警铃的配件,配齐组件;有杂物卡阻、堵塞的部件进行冲洗后重新装配到位。

6. 雨淋报警阀不能进入伺应状态

(1)故障原因分析:复位装置存在问题;未按照安装调试说明书将报警阀组调试到伺应状态(隔膜室控制阀、复位球阀未关闭);消防用水水质存在问题,杂质堵塞了隔膜室管道上的过滤器。

(2)故障处理:修复或者更换复位装置;按照安装调试说明书将报警阀组调试到伺应状态(开启隔膜室控制阀、复位球阀);将供水控制阀关闭,拆下过滤器的滤网,用清水冲洗干净后,重新安装到位。

第五章　水喷雾灭火系统

水喷雾灭火系统
- 系统组件(设备)安装前检查
  - 概念
  - 喷头检查内容、要求及方法
- 系统安装调试与检测验收
  - 系统安装
  - 系统调试
  - 系统检测与验收
- 系统维护管理
  - 管理人员要求
  - 周期检查要求
  - 部件维护要求

1. 系统喷头的检查内容及方法。
2. 系统的报警阀组验收内容。

第一节　系统组件(设备)安装前检查

一、概念

水喷雾灭火系统是由水源、供水设备、管道、雨淋阀组、过滤器和水雾喷头等组成,向保护对象喷射水雾灭火或防护冷却的灭火系统。

水喷雾灭火系统施工安装前,按照施工过程质量控制要求,需要对系统管材、管件、阀门及其附件和喷头等进行现场检查(检验),不合格的组件、管件、设备、材料不得使用。水雾喷头、雨淋阀组等必须采用经国家消防产品质量监督检测中心检测,并符合现行的有关国家标准的产品。

二、喷头检查内容、要求及方法

(1)商标、型号、制造厂及生产日期等标志齐全;喷头的型号、规格等符合设计要求。

(2)喷头外观无加工缺陷和机械损伤。

(3)喷头螺纹密封面应无伤痕、毛刺、缺丝或断丝现象。

第二节 系统安装调试与检测验收

一、系统安装

(一)喷头安装

(1)喷头安装应在系统试压、冲洗合格后进行。

(2)喷头安装时,不得对喷头进行拆装、改动,并严禁给喷头附加任何装饰性涂层。

(3)喷头安装应使用专用扳手,严禁利用喷头的框架施拧。喷头的框架、溅水盘产生变形或释放原件损伤时,应采用规格、型号相同的喷头更换。

(4)安装前检查喷头的型号、规格、使用场所应符合设计要求。

(二)报警阀组安装

(1)报警阀组安装前应对供水管网试压、冲洗合格。安装顺序应先安装水源控制阀、报警阀,然后进行报警阀辅助管道的连接,水源控制阀、报警阀与配水干管的连接,应使水流方向一致。报警阀组安装的位置应符合设计要求;当设计无要求时,宜靠近保护对象附近并便于操作的地点。距室内地面高度宜为1.2m,两侧与墙的距离不应小于0.5m,正面与墙的距离不应小于1.2m;报警阀组凸出部位之间的距离不应小于0.5m。安装报警阀组的室内地面应有排水设施。

(2)报警阀组安装应注意以下几点:

①报警阀组可采用电动开启、传动管开启或手动开启,开启控制装置的安装应安全可靠。水传动管的安装应符合湿式自动喷水灭火系统有关要求。

②报警阀组的观测仪表和操作阀门的安装位置应便于观测和操作。

③报警阀组手动开启装置的安装位置应在发生火灾时能安全开启和便于操作。

④压力表应安装在报警阀的水源一侧。

(三)系统的冲洗、试压

(1)管网冲洗的水流流速、流量不应小于系统设计的水流流速、流量;管网冲洗宜分区、分段进行;水平管网冲洗时,其排水管位置应低于配水支管。

（2）管网冲洗的水流方向应与灭火时管网的水流方向一致。

（3）管网冲洗应连续进行，当出口处水的颜色、透明度与入口处水的颜色、透明度基本一致时，冲洗方可结束。

（4）管网冲洗宜设临时专用排水管道，其排放应畅通和安全。排水管道的截面面积不得小于被冲洗管道截面面积的60%。

（5）管网冲洗结束后，应将管网内的水排除干净，必要时可采用压缩空气吹干。

（6）系统管网安装完毕后进行的强度试验、严密性实验与其他自动喷水灭火系统相同。

二、系统调试

（1）系统调试应在系统施工完成后进行。

（2）系统调试应具备下列条件：

①消防水池、消防水箱已储存设计要求的水量。

②系统供电正常。

③系统阀门均无泄漏。

④与系统配套的火灾自动报警系统处于工作状态。

（3）系统调试方法：

①报警阀调试宜利用检测、试验管道进行。自动和手动方式启动的雨淋阀，应在15s之内启动；公称直径大于200mm的雨淋报警阀调试时，应在60s之内启动。雨淋报警阀调试时，当报警水压为0.05MPa时，水力警铃应发出报警铃声。

②水喷雾系统的联动试验，可采用专用测试仪表或其他方式。对火灾自动报警系统的各种探测器输入模拟火灾信号，火灾自动报警控制器应发出声光报警信号并启动水喷雾灭火系统。

③采用传动管启动的水喷雾系统联动试验时，启动1只喷头或试水装置，雨淋阀打开，系统管网压力开关或高位水箱流量开关应动作，消防水泵应自动启动。

④调试过程中，系统排出的水应通过排水设施全部排走。

三、系统检测与验收

（一）验收资料查验

系统验收时，施工单位应提供下列资料：

（1）验收申请报告、设计变更通知书、竣工图。

（2）工程质量事故处理报告。

（3）施工现场质量管理检查记录。

（4）系统施工过程质量管理检查记录。

（5）系统质量控制检查资料。

（二）各组件检测验收

1. 报警阀组验收

（1）报警阀组的各组件应符合产品标准要求。

（2）报警阀安装地点的常年温度应不小于4℃。

（3）水力警铃的设置位置应正确。测试时,水力警铃喷嘴处压力不应小于0.05MPa,且距水力警铃3m处警铃声声强不应小于70dB。

（4）打开手动试水阀或电磁阀时,报警阀组动作应可靠。

（5）控制阀均应锁定在常开位置。

（6）与火灾自动报警系统的联动控制,应符合设计要求。

2. 管网验收

（1）管道的材质、管径、接头、连接方式及采取的防腐、防冻措施,应符合设计规范及设计要求。

（2）管网排水坡度及辅助排水设施,应符合相关规定。

（3）系统中的试水装置、试水阀应符合设计要求。

（4）管网不同部位安装的报警阀组、闸阀、止回阀、电磁阀、柔性接头、排水管,泄压阀等,均应符合设计要求。

（5）报警阀后的管道上不应安装其他用途的支管或阀门。

（6）配水支管、配水管、配水干管设置的支架、吊架和防晃支架,应符合相关规定。

3. 喷头验收

（1）喷头设置场所、规格、型号等应符合设计要求。

（2）喷头安装间距、喷头与障碍物的距离应符合设计要求。

（3）各种不同规格的喷头均应有一定数量的备用品,其数量不应小于安装总数的1%,且每种备用喷头不应少于10个。

4. 水泵接合器数量及进水管验收

水泵接合器数量及进水管位置应符合设计要求,消防水泵接合器应进行充水试验,且系统最不利点的压力、流量应符合设计要求。

5. 系统流量压力验收

系统流量、压力的验收,应通过系统流量压力检测装置进行放水试验,系统流量、压力应符合设计要求。

第三节　系统维护管理

建设单位需要对水喷雾灭火系统进行定期检查、测试和维护,以确保系统的完好工作状态。系统的维护维修要选择具有水喷雾灭火系统设计安装经验的企业进行。系统的运行管

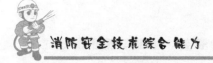

理需要制定管理、测试和维护规程,明确管理者职责。

一、管理人员要求

(1)水喷雾灭火系统应具有管理、检测、维护规程,并应保证系统处于准工作状态。维护管理工作应按相关要求进行。

(2)维护管理人员应经过消防专业培训,应熟悉水喷雾灭火系统的原理、性能和操作维护规程。

(3)维护管理人员每天应对水源控制阀、报警阀组进行外观检查,并应保证系统处于无故障状态,发现故障应及时进行处理。

二、周期检查要求

(1)每周应对消防水泵和备用动力进行一次启动实验,当消防水泵为自动控制启动时,应每周模拟自动控制的条件启动运转一次。

(2)电磁阀应每月检查并应作启动试验,动作失常时应及时更换。

(3)每个季度应对系统所有的试水阀和报警阀旁的放水试验阀进行一次放水试验,检查系统启动、报警功能以及出水情况是否正常。

(4)每年应对水源的供水能力进行一次测定,应保证消防用水不作他用。

三、部件维护要求

(1)系统上所有的控制阀门均应采用铅封或锁链固定在开启或规定的状态。每月应对铅封、锁链进行一次检查,当有破坏或损坏时应及时修理更换。

(2)水喷雾灭火系统发生故障,需停水进行修理前,应向主管值班人员报告,取得维护负责人的同意,并临场监督,加强防范措施后方能动工。

(3)寒冷季节,消防储水设备的任何部位均不得结冰。每天应检查设置储水设备的房间,保持室温不低于5℃。

(4)钢板消防水箱和消防气压给水设备的玻璃水位计,两端的角阀在不进行水位观察时应关闭。

第六章   细水雾灭火系统

知识框架

细水雾灭火系统
- 系统组件(设备)安装前检查
  - 喷头的进场检查
  - 阀组的进场检查
  - 其他组件的进场检验
- 系统组件安装调试与检测验收
  - 供水设施安装
  - 管道安装
  - 系统主要组件安装
  - 系统冲洗、试压
  - 系统调试与现场功能测试
  - 系统验收
- 系统维护管理
  - 系统操作与巡查
  - 系统周期性检查维护
  - 系统年度检测

考点精讲

1. 细水雾灭火系统的基本组成。
2. 系统进场检查的主要内容。
3. 系统功能调试的方法。
4. 系统检测的内容和方法。

考点精讲

第一节   系统组件(设备)安装前检查

细水雾灭火系统由加压供水设备(泵组或瓶组)、系统管网、分区控制阀组、细水雾喷头组成。开式系统还应增加火灾自动报警及联动控制系统等。为了防止细水雾喷头堵塞,影响灭火效果,系统应设置过滤器。为了便于系统正常使用、检修维护,系统应设置泄水阀;闭式系统还设有排气阀和试水阀;开式系统还设有泄放试验阀。

为了保证施工质量,需要在细水雾灭火系统施工安装前,按照施工过程质量控制要求,对系统组件、管件其他设备、材料进行现场检查。

一、喷头的进场检查

细水雾喷头是由一个或多个微型孔口或喷嘴构成,在额定压力下可以产生细水雾的消防专用喷头。为了避免喷头生产、出厂检验、运输等过程中出现的喷头产品质量问题引发安装缺陷,喷头到场后要重点对喷头的外观、密封性和质量偏差等进行检验。

(一)检查内容

喷头的商标、型号、制造厂及生产日期等标志齐全、清晰。喷头的数量满足设计要求。喷头外观无加工缺陷和机械损伤。喷头螺纹密封面无伤痕、毛刺、缺丝或断丝现象。

(二)检查方法

观察检查,按不同型号规格抽查1%,且不少于5只;少于5只时,全数检查。

二、阀组的进场检查

分区控制阀是细水雾灭火系统的重要组件。为了保证分区控制阀及其附件的安装质量和基本性能要求,阀组产品到场后,要对其外观质量、阀门数量和操作性能等进行检查。

(一)检查内容

1. 外观检查

各阀门的商标、型号、规格等标志齐全。各阀门及其附件无加工缺陷和机械损伤。控制阀的明显部位有标明水流方向的永久性标志。

2. 数量检查

各阀门及其附件配备齐全,型号、规格符合设计要求。

3. 操作性能检查

控制阀的阀瓣及操作机构动作灵活、无卡涩现象。阀体内清洁、无异物堵塞。

(二)检查方法

采用目测方法进行检查。采用专用试验装置进行测试和目测观察检查。主要测试设备有试压泵和压力表等。

三、其他组件的进场检验

其他组件的进场检验主要包括储水瓶组、储气瓶组、泵组单元、储水箱、分区控制阀、过滤器、安全阀、泄压调压阀、减压装置、信号反馈装置等系统组件的外观检查。

（一）检查内容

1.储水瓶组、储气瓶组、泵组单元、储水箱、分区控制阀、过滤器、安全阀、泄压调压阀、减压装置、信号反馈装置等系统组件的外观检查

（1）无变形及其他机械性损伤。

（2）外露非机械加工表面保护涂层完好。

（3）所有外露口均设有防护堵盖，且密封良好。

（4）各组件铭牌标记清晰、牢固、方向正确。

2.储水瓶组驱动装置动作检查

储水瓶组驱动装置动作灵活，无卡阻现象。

（二）检查方法

采用目测方法检查。按照驱动装置产品使用说明规定的方法进行动作检查。

第二节　系统组件安装调试与检测验收

细水雾灭火系统安装调试包括供水设施、管道及系统组件的安装、系统试压和冲洗、系统调试等。

一、供水设施安装

供水设施主要包括泵组、储水箱、储水瓶组与储气瓶组的安装准备、安装要求和检查方法。

（一）泵组

1.安装条件

（1）经审查批准的设计施工图、设计说明书及设计变更等技术文件齐全。

（2）泵组及其控制柜的安装使用、维护说明书等资料齐全。

（3）待安装的泵组及其控制柜具备符合市场准入制度要求的有效证明文件和产品出厂合格证。

（4）待安装的泵组及其控制柜的规格、型号符合设计要求。

（5）防护区或防护对象及设备间的设置条件与设计文件相符，系统所需的预埋件和预留孔洞等符合设计要求。

（6）使用的水、电、气等满足现场安装要求。

2.安装要求

（1）用螺栓连接的方法直接将泵组安装在泵基础上，或者将泵组用螺栓连接的方式连接到角铁架上。泵组吸水管上的变径处采用偏心大小头连接。

（2）高压水泵与主动机之间联轴器的型式及安装符合制造商的要求，底座的刚度保证同

轴性要求。

（3）系统采用柱塞泵时，泵组安装后需要充装和检查曲轴箱内的油位。

（4）控制柜与基座采用不小于直径 12mm 的螺栓固定，每只柜不少于 4 只螺栓；控制柜基座的水平度误差不大于 ±2mm，并做防腐处理及防水措施；做控制柜的上下进出线口时，不破坏控制柜的防护等级。

3. 检查方法

采用尺量和观察检查、高压泵组启泵检查。

（二）储水箱

储水箱的安装、固定和支撑要求稳固，且符合制造商使用说明书的相关要求。安装在便于检查、测试和维护维修的位置。避免暴露于恶劣气象条件、化学的、物理的或是其他形式的损坏条件下。储水箱所处的环境温度满足制造商使用说明书相关内容的要求。必要时可采用外部加热或冷却装置，以确保温度保持在规定的范围内。

采用尺量和观察检查。

（三）储水瓶组与储气瓶组

按设计要求确定瓶组的安装位置。确保瓶组的安装、固定和支撑稳固。对瓶组的固定支框架进行防腐处理。瓶组容器上的压力表朝向操作面，安装高度和方向保持一致。

采用尺量和观察检查。

二、管道安装

管道是细水雾系统的重要组成部分，管道安装也是整个系统安装工程中工作量最大、较容易出问题的环节，返修也较繁杂。因而在管道安装时需要采取行之有效的技术措施，依据管道的材质和工作压力等自身特性，按照现行国家标准《工业金属管道工程施工规范》（GB 50235）和《现场设备、工业管道焊接工程施工规范》（GB 50236）的相关规定进行，并注意满足管网工作压力的要求。管道的安装主要包括管道清洗、管道固定、管道焊接等加工方法、管道穿过墙体、楼板等。

（一）管道清洗

管道安装前需要进行分段清洗。对于管道在工厂进行加工焊接操作，再运至使用地点安装的情况，若在加工地点即完成管道清洗，需要将清洗过的管道两端用塑料塞堵住。当采用此类管道进行系统安装前，必须检查所有的塞子是否完好，否则，需要重新进行清洗工作。管道安装过程中，要求保证管道内部清洁，不得留有焊渣、焊瘤、氧化皮、杂质或其他异物，并及时封闭施工过程中的开口。所有管道安装好后，需要对整个系统管道进行冲洗，当系统较大时，也可分区进行管道冲洗。

（二）管道固定

系统管道采用防晃的金属支、吊架固定在建筑构件上。支、吊架要求安装牢固，能够承受管道充满水时的重量及冲击。对支、吊架进行防腐蚀处理,并采取防止与管道发生电化学腐蚀的措施。支吊架安装间距均匀,并符合最大间距要求。

(三)管道焊接等加工

管道焊接的坡口形式、加工方法和尺寸等,符合现行国家标准《气焊、焊条电弧焊、气体保护焊和高能束焊的推荐坡口》(GB/T 985.1)的有关规定。管道之间或管道与管接头之间的焊接采用对口焊接。系统管道焊接时应使用氩弧焊工艺,并应使用性能相容的焊条。同排管道法兰的间距不宜小于100mm,以方便拆装为原则。对管道采取导除静电的措施。

采用观察检查和尺量检查。

(四)管道穿过墙壁、楼板的安装

在管道穿过墙壁、楼板处使用套管;穿过墙体的套管长度不小于该墙体的厚度,穿过楼板的套管长度高出楼地面50mm。采用防火封堵材料填塞管道与套管间的空隙,保证填塞密实。

采用观察检查和尺量检查。

三、系统主要组件安装

(一)喷头

1.安装条件

喷头安装必须在系统管道试压、吹扫合格后进行。应采用专用扳手进行安装。

2.安装要求

(1)安装时,应根据设计文件逐个核对其生产厂标志、型号、规格和喷孔方向。

(2)安装时不得对喷头进行拆装,改动,并严禁给喷头附加任何装饰性涂层。

(3)喷头安装高度、间距,与吊顶、门、窗、洞口或障碍物的距离符合设计的要求。

(4)不带装饰罩的喷头,其连接管管端螺纹不应露出吊顶;带装饰罩的喷头应紧贴吊顶。

(5)带有外置式过滤网的喷头,其过滤网不应伸入支干管内。

(6)喷头与管道的连接宜采用端面密封或O型圈密封,不应采用聚四氟乙烯、麻丝、黏结剂等作密封材料。

(7)安装在易受机械损伤处的喷头,应加设喷头保护罩。

采用观察检查和尺量检查。

(二)控制阀组

(1)阀组的安装应符合《工业金属管道工程施工规范》(GB 50235)的相关规定。

(2)阀组的观测仪表和操作阀门的安装位置应符合设计要求,应避免机械、化学或其他损伤,并便于观测、操作、检查和维护。

(3)阀组上的启闭标志应便于识别。

(4)阀组前后管道、瓶组支撑架、电控箱需要固定牢固,不得晃动。

（5）分区控制阀的安装高度宜为 1.2 ~ 1.6m，操作面与墙或其他设备的距离不应小于 0.8m，并应满足操作要求。

（6）分区控制阀开启控制装置的安装应安全可靠。

采用观察检查、尺量检查和操作阀门检查。

（三）其他组件

在管网压力可能超越系统或系统组件最大额定工作压力的情况下，应在适当的位置安装压力调节阀。阀门应在系统压力达到系统组件最大额定工作压力 95% 时开启。在压力调节阀的两侧、供水设备的压力侧、自动控水阀门的压力侧应安装压力表。压力表的测量范围应为 1.5 倍 ~2 倍的系统工作压力。当供给细水雾灭火系统的压缩气体压力大于系统的设计工作压力时，应安装压缩气体泄压调压阀门。阀门的设定值由制造商设定，且应有防止误操作的措施和正确操作的永久标识。闭式系统试水阀的安装位置应便于检查、试验。

采用观察检查、尺量检查和操作阀门检查。

四、系统冲洗、试压

为了避免喷头堵塞，细水雾灭火系统对管道清洁度的要求较高。同时由于细水雾灭火系统管网工作压力较高，也需要确保管道安装后不出现漏水、管道及管件承压能力不足等影响系统正常工作的问题。要求系统在管道安装完毕并冲洗合格后进行水压试验，以检查管道系统及其各连接部位的工程质量；同时，要求在系统管道水压试验合格后进行吹扫，以清除管道内的铁锈、灰尘、水渍等脏物，保证管道内部的清洁，也避免管道内因为残存水渍而导致生锈。

（一）系统管网冲洗、试压和吹扫

在具备下列规定条件的情况下，方可在管网安装完毕后进行冲洗、试压和吹扫：

（1）准备不少于 2 只的试压用压力表，精度不低于 1.5 级，量程为试验压力值的 1.5 ~ 2 倍。

（2）试压冲洗方案已获批准。

（3）隔离或者拆除不能参与试压的设备、仪表、阀门及附件；加设的临时盲板具有突出于法兰的边耳，且有明显标志，并对临时盲板的数量、位置进行记录。

（4）采用符合设计要求水质的水进行水压试验和管网冲洗，不得使用海水或者含有腐蚀性化学物质的水进行试压试验、管网冲洗。

（5）经复查，埋地管道的位置及管道基础、支吊架等符合设计文件要求。

（二）管网冲洗

管网冲洗在系统管道安装固定后分段进行，管网冲洗通常采用水为介质。

1. 冲洗准备

对系统的仪表采取保护措施。对管道支架、吊架进行检查，必要时采取加固措施。将管网冲洗所采用的排水管道与排水系统可靠连接,选择截面面积不小于被冲洗管道截面面积的60%的管道作为排水管道。

2. 冲洗要求

管网冲洗的水流速度、流量不小于系统设计的流速、流量。管网冲洗分区、分段进行;水平管网冲洗时,其排水管位置低于配水支管。管网冲洗的水流方向与灭火时管网的水流方向一致。管网冲洗要连续进行。出口处水的颜色、透明度与入口处水的颜色、透明度基本一致,用白布检查无杂质,冲洗方可结束。

3. 操作方法

采用最大设计流量,沿灭火时管网内的水流方向分区、分段进行,使用流量计和观察检查。

(三)管网试压

1. 水压试验

(1)试验条件:环境温度不低于5℃,当低于5℃时,采取防冻措施,以确保水压试验正常进行。试验压力为系统工作压力的1.5倍。试验用水的水质与管道的冲洗水一致。水中氯离子含量不超过25mg/kg。

(2)试验要求:试验的测试点设在系统管网的最低点。管网注水时,将管网内的空气排净,缓慢升压。当压力升至试验压力后,稳压5min,管道无损坏、变形,再将试验压力降至设计压力,稳压120min。

(3)操作方法:试验前用温度计测试环境温度,对照设计文件核算试压试验压力。试验中,目测观察管网外观和测压用压力表,以压力不降、无渗漏、目测管道无变形为合格。系统试压过程中出现泄漏时,停止试压,放空管网中的试验用水;消除缺陷后,重新试验。

2. 气压试验

对于干式和预作用系统,除要进行水压试验外,还需要进行气压试验。双流体系统的气体管道进行气压强度试验。

(1)试验要求:试验介质为空气或氮气。干式和预作用系统的试验压力为0.28MPa,且稳压24h,压力降不大于0.01MPa。双流体系统气体管道的试验压力为水压强度试验压力的80%。

(2)操作方法:采用试压装置进行试验,目测观察测压用压力表的压力降。系统试压过程中,压力降超过规定的,停止试验,放空管网中的气体;消除缺陷后,重新试验。

(四)管网吹扫

1. 吹扫要求

(1)采用压缩空气或氮气吹扫。

(2)吹扫压力不大于管道的设计压力。

(3)吹扫气体流速不小于20m/s。

2.操作方法

在管道末端设置贴有白布或涂白漆的靶板,以5min内靶板上无锈渣、灰尘、水渍及其他杂物为合格。

五、系统调试与现场功能测试

细水雾灭火系统的调试在系统施工完毕,各项技术参数符合设计要求,且火灾自动报警系统调试完毕后进行。系统调试主要包括泵组、稳压泵、分区控制阀的调试和联动试验。系统调试合格后,施工单位需要填写调试记录,并向建设单位提供质量控制资料和全部施工过程检查记录。同时,调试后要用压缩空气或氮气吹扫,使系统恢复至准工作状态。

(一)系统调试准备

(1)系统及与系统联动的火灾报警系统或其他装置、电源等均处于准工作状态,现场安全条件符合调试要求。

(2)系统调试时所需的检查设备齐全,调试所需仪器、仪表经校验合格并与系统连接和固定。

(3)具备经监理单位批准的调试方案。

(二)系统调试要求

1.分区控制阀调试

分区控制阀调试按照开式系统和闭式系统分区控制阀的各自特点进行调试,调试前,首先要检查分区控制阀或阀组的各组件安装是否齐全,组件安装是否正确,在确认安装符合设计要求和消防技术标准规定后,进行调试。

(1)开式系统分区控制阀。开式系统分区控制阀需要在接到动作指令后立即启动,并发出相应的阀门动作信号。

检查方法:采用自动和手动方式启动分区控制阀,水通过泄放试验阀排出,采用观察检查。

(2)闭式系统分区控制阀。对于闭式系统,当分区控制阀采用信号阀时,能够反馈阀门的启闭状态和故障信号。

检查方法:采用在试水阀处放水或手动关闭分区控制阀,采用观察检查。

2.联动试验

对于允许喷雾的防护区或保护对象,至少在1个区进行实际细水雾喷放试验;对于不允许喷雾的防护区或保护对象,进行模拟细水雾喷放试验。

(1)开式系统的联动试验内容与要求。进行实际细水雾喷放试验时,采用模拟火灾信号启动系统,检查分区控制阀、泵组或瓶组能否及时动作并发出相应的动作信号,系统的动作信号反馈装置能否及时发出系统启动的反馈信号,相应防护区或保护对象保护面积内的喷头是否喷出细水雾,相应场所入口处的警示灯是否动作。

进行模拟细水雾喷放试验时,手动开启泄放试验阀,采用模拟火灾信号启动系统,检查泵组或瓶组能否及时动作并发出相应的动作信号,系统的动作信号反馈装置能否及时发出系统启动的反馈信号,相应场所入口处的警示灯是否动作。

检查方法:采用观察检查。

(2)闭式系统的联动试验内容与要求。闭式系统的联动试验可利用试水阀放水进行模拟。打开试水阀,查看泵组能否及时启动并发出相应的动作信号;系统的动作信号反馈装置能否及时发出系统启动的反馈信号。

检查方法:打开试水阀放水,采用观察检查。

(3)火灾报警系统联动功能测试。当系统需与火灾自动报警系统联动时,可利用模拟火灾信号进行试验。给出模拟火灾信号,查看火灾报警装置能否自动发出报警信号,系统是否动作,相关联动控制装置能否发出自动关断指令,火灾时需要关闭的相关可燃气体或液体供给源关闭等设施是否联动关断。

检查方法:模拟火灾信号,采用观察检查。

六、系统验收

系统验收主要包括对供水水源、泵组、储气瓶组和储水瓶组、控制阀、管网和喷头等主要组件的安装质量验收,以及对系统的功能验收。通过系统验收来保证系统主要组件的功能达到设计要求,为以后系统的正常运行提供可靠保障。

(一)主要组件的验收

1.储气瓶组和储水瓶组

(1)验收内容与要求:瓶组的数量、型号、规格、安装位置、固定方式和标志符合设计和安装要求。储水容器内水的充装量和储气容器内氮气或压缩空气的储存压力符合设计要求。瓶组的机械应急操作处的标志符合设计要求。应急操作装置有铅封的安全销或保护罩。

(2)验收方法:采用对照设计资料和产品说明书等进行观察检查。采用称重、用液位计或压力计测量。采用观察检查和测量检查。

2.控制阀组

(1)验收内容与要求:控制阀的型号、规格、安装位置、固定方式和启闭标志等符合设计和安装要求。开式系统分区控制阀组能采用手动和自动方式可靠动作。闭式系统分区控制阀组能够采用手动方式可靠动作。分区控制阀前后的阀门均处于常开位置。

(2)验收方法:采用对照设计资料和产品说明书等进行观察检查。采用手动和电动启动分区控制阀,观察检查阀门启闭反馈情况。将处于常开位置的分区控制阀手动关闭,观察检查。

(二)现场抽样检查及功能性测试

1.模拟联动功能试验

(1)试验要求:动作信号反馈装置应能正常动作,并应能在动作后启动泵组或开启瓶组

177

及与其联动的相关设备,可正确发出反馈信号。开式系统的分区控制阀应能正常开启,并可正确发出反馈信号。系统的流量、压力均应符合设计要求。泵组或瓶组及其他消防联动控制设备应能正常启动,并应有反馈信号显示。主、备电源应能在规定时间内正常切换。

(2)检查方法:利用模拟信号试验,观察检查。利用系统流量压力检测装置通过泄放试验,观察检查。模拟主备电源切换,采用秒表计时检查。

2.开式系统冷喷试验

(1)试验要求:除符合上文模拟联动功能试验的试验要求外,冷喷试验的响应时间还符合设计要求。

(2)检查方法:自动启动系统,采用秒表等观察检查。

第三节　系统维护管理

建设单位需要对细水雾灭火系统进行定期检查、测试和维护,以确保系统的完好工作状态。系统的维护维修要选择具有细水雾灭火系统设计安装经验的企业进行。系统的运行管理需要制定管理、测试和维护规程,明确管理者职责。同时,由于细水雾系统管路承压高、水质要求高、系统组成部件较多且较复杂,需要维护管理人员具备较高的素质,熟悉系统的操作维护方法,因此要求细水雾灭火系统的维护管理人员经过专业培训。

一、系统操作与巡查

细水雾灭火系统要由经过专门培训的人员负责系统的管理操作和维护,维护管理人员每日对系统进行巡查,并认真填写检查记录。细水雾灭火系统巡查主要是针对系统组件外观、现场运行状态、系统检测装置工作状态、安装部位环境条件等的日常巡查。

(一)巡查内容

细水雾灭火系统巡查内容主要包括系统的主备电源接通情况,消防泵组、稳压泵外观及工作状态,控制阀等各种阀门的外观及启闭状态,系统储气瓶、储水瓶、储水箱的外观和工作环境,释放指示灯、报警控制器、喷头等组件的外观和工作状态,系统的标志和使用说明等标识状态,闭式系统末端试水装置的压力值以及系统保护的防护区状况等。

(二)巡查方法及要求

采用目测观察的方法,检查系统及其各组件的外观、阀门启闭状态、用电设备及其控制装置的工作状态和压力监测装置(压力表、压力开关)的工作情况。

(1)检查系统的消防水泵、稳压泵等用电设备配电控制柜,观察其电压、电流监测是否正常;检查系统监控设备供电是否正常,系统中的电磁阀、模块等用电元器件是否通电。

(2)检查高压泵组电动机有无发热现象;检查稳压泵是否频繁启动;检查水泵控制柜(盘)的控制面板及显示信号状态是否正常;检查泵组连接管道有无渗漏滴水现象;检查主出

水阀是否处于打开状态;检查水泵启动控制和主、备泵切换控制是否设置在"自动"位置。

（3）检查分区控制阀（组）等各种阀门的标志牌是否完好、清晰;检查分区控制阀上设置的对应于防护区或保护对象的永久性标识是否易于观察;检查阀体上水流指示永久性标志是否易于观察,与水流方向是否一致;检查分区控制阀组的各组件是否齐全,有无损伤,有无漏水等情况;检查各个阀门是否处于常态位置。

（4）检查储气瓶、储水瓶和储水箱的外观是否无明显磕碰伤痕或损坏;检查储气瓶、储水瓶等的压力显示装置是否状态正常;检查储水箱的液位显示装置等是否正常工作;寒冷和严寒地区检查设置储水设备的房间温度是否低于5℃。

（5）检查释放指示灯、报警控制器等是否处于正常状态;检查喷头外观有无明显磕碰伤痕或者损坏,有无喷头漏水或者被拆除、遮挡等情况。

（6）检查系统手动启动装置和瓶组式系统机械应急操作装置上的标识是否正确、清晰、完整,是否处于正确位置,是否与其所保护场所明确对应;检查设置系统的场所及系统手动操作位置处是否设有明显的系统操作说明。

（7）检查系统防护区的使用性质是否发生变化;检查防护区内是否有影响喷头正常使用的吊顶装修;检查防护区内可燃物的数量及布置形式是否有重大变化。

二、系统周期性检查维护

系统及系统组件定期进行检查和维护以确定其功能满足要求。

（一）月检查项目

（1）检查系统组件的外观是否无碰撞变形及其他机械性损伤。

（2）检查分区控制阀动作是否正常。

（3）检查阀门上的铅封或锁链是否完好,阀门是否处于正确位置。

（4）检查储水箱和储水容器的水位及储气容器内的气体压力是否符合设计要求。

（5）对于闭式系统,利用试水阀对动作信号反馈情况进行试验,观察其是否正常动作和显示。

（6）检查喷头的外观及备用数量是否符合要求。

（7）检查手动操作装置的防护罩、铅封等是否完整无损。

（二）季度检查项目

（1）通过试验阀对泵组式系统进行一次放水试验,检查泵组启动、主、备泵切换及报警联动功能是否正常。

（2）检查瓶组式系统的控制阀动作是否正常。

（3）检查管道和支、吊架是否松动,管道连接件是否变形、老化或有裂纹。

（三）年检查项目

（1）定期测定一次系统水源的供水能力。

（2）对系统组件、管道及管件进行一次全面检查，清洗储水箱、过滤器，并对控制阀后的管道进行吹扫。

（3）储水箱每半年换一次水，储水容器内的水按产品制造商的要求定期更换。

（四）系统维护管理后续要求

系统维护检查中发现问题后需要针对具体问题按照规定要求进行处理。例如更换受损的喷头和支吊架、更换阀门密封件、润滑控制阀门杆、清理过滤器等。系统检查及模拟试验完毕后把系统所有的阀门恢复工作状态。把检查和模拟试验的结果与以往的试验结果或竣工验收的试验结果进行比较，查看其是否一致。

三、系统年度检测

年度检测是建筑使用、管理单位按照相关法律法规和国家消防技术标准，每年度开展的定期功能性检查和测试；建筑使用、管理单位的年度检测可以委托具有资质的消防技术服务单位实施。

（一）细水雾喷头

检查喷头选型与保护区域的使用功能是否匹配，闭式喷头玻璃泡色标是否高于防护区环境最高温度30℃的要求；查看喷头外观有无明显磕碰伤痕或者变形、损坏，有无喷头漏水或者被拆除、遮挡等情况；查看开式喷头有无喷嘴堵塞情况。

（二）分区控制阀

1.检查内容及要求

（1）检查分区控制阀的外观、标志、标识情况，要求符合产品标准和设计规定。

（2）测试开式系统分区控制阀的手动、自动控制功能，要求能够正常开启和进行信号反馈。

（3）检查闭式系统分区控制阀启闭状态，要求分区控制阀常开并具有开关锁定或开关指示功能。

2.检查操作步骤

（1）查看分区控制阀的外观是否完整无损伤，标志、标识是否清晰，是否与其保护的防护区相对应；

（2）对于开式系统，打开分区控制阀后的泄放试验阀，关闭其后的控制阀；

（3）用测试仪器或其他方式，对火灾探测器输入模拟火灾信号，查看火灾报警控制器是否在接收到火灾报警信号后及时启动开式系统分区控制网，查看泄放试验阀后是否有水流出；并在相应控制设备上查看分区控制阀的动作情况和信号反馈情况；

（4）按下防护区外的手动按钮查看开式系统分区控制阀是否及时开启，查看泄放试验阀后是否有水流出，并在相应控制设备上查看分区控制阀的动作情况和信号反馈情况；

（5）切断电动阀控制电源模拟应急机械启动，用手指曲柄打开电动阀，查看开式系统分

区控制阀的动作情况等是否与"(3)"项的内容一致;

(6)手动关闭开式系统分区控制网,关闭其后的泄放试验阀,打开其后的控制阀,使系统复位,恢复到工作状态;

(7)对于闭式系统,查看系统分区控制阀是否处于开启状态,查看阀门的启闭标志是否明显,是否用锁具固定,采用信号阀的,在试水阀处放水或手动关闭分区控制阀查看其信号反馈情况是否正确。

(三)储水箱常见故障分析与处理

1.储水箱水质不合格,储水量不足

(1)故障原因:取水来自市政用水,产生滋生物;进水电磁阀不能进水;进水控制阀误关闭。

(2)故障处理:定期检查水箱进水过滤装置;在水箱底部设置放空阀,使水箱储存水能够实现定期彻底更换。检查进水电磁阀的阀前过滤器是否堵塞,如堵塞,进行清洗或替换;检查与进水电磁阀联动的低液位显示装置是否故障,如故障,进行修理;检查进水电磁阀本身是否故障,如故障,进行修理或替换。进水控制阀选择带电信号阀或具有开关锁定的阀门。

2.调节水箱低液位报警或断水停泵

(1)故障原因:过滤器进水压力低;过滤器滤芯堵塞;进水电磁阀异物堵塞。

(2)故障处理:保证进水压力不低于0.2MPa;清洗或更换滤芯;清理进水电磁阀。

(四)分区控制阀常见故障分析与处理

1.分区控制阀不方便操作、误操作

(1)故障原因:为了防止误操作,把控制阀设置在防护区外较高处,不便于操作;设置位置合适时,其他人员误动作。

(2)故障处理:控制阀外设一个有机玻璃箱,并注明"非消防勿动"。

2.瓶组系统分区控制阀手动启动装置无法动作

(1)故障原因:电磁启动阀检测合格后,动作机构的弹簧已处于压紧待发状态,为防止在安装、调试及运输过程中产生误动作,动作机构多由辅助保险销锁定,在系统投入使用后容易忘记拔出保险销,导致电磁启动阀动作机构无法动作。

(2)故障处理:待系统安装调试完毕投入使用时,必须将辅助保险销拔出,并将此项工作明确写入使用单位的系统运行管理操作、维护规程中。

3.电动阀不动作

(1)故障原因:电源接线接触不良;超出电源电压允许范围;阀芯内混入杂质卡死;电动装置烧毁或短路。

(2)故障处理:压紧电源接线;调整电压至允许范围内;清洗阀芯;更换电动装置。

4.高压球阀渗漏

(1)故障原因:管道内水有杂质割伤密封垫;手柄紧定六角螺丝松动;O型圈损坏。

（2）故障处理：更换密封垫并清洗管道；旋紧紧定六角螺丝；更换 O 型圈。

5. 压力开关报警

（1）故障原因：高压球阀未关闭到位、渗漏；压力开关未复位；压力开关损坏。

（2）故障处理：用手柄将电动阀关闭至零位；按下压力开关进行复位；更换压力开关。

（五）细水雾喷头常见故障分析与处理

1. 喷头喷雾不正常

（1）故障原因：喷头工作压力低，管道内有杂物堵塞。

（2）故障处理：保证喷头工作压力不小于其最低设计工作压力。

2. 喷头堵塞

（1）故障原因：供水水质不合格，水里带有沙粒、污物等；喷头所处环境灰尘杂质较多。

（2）故障处理：喷头安装前将管网吹洗干净，并且每使用过一次后要清理喷头滤网处的沙粒、污物等；调试完毕后可以在喷嘴孔处涂上稠度等级为 4~6 级、滴点不小于 95℃ 的具有防锈性的润滑脂，或采取其他防尘措施。

第七章　气体灭火系统

知识框架

气体灭火系统
- 系统组件、管件、设备安装前检查
  - 系统构成
  - 质量控制文件检查
  - 材料到场检查
  - 系统组件检查
- 系统组件的安装与调试
  - 安装要求
  - 系统调试
- 系统的检测与验收
  - 系统检测
  - 系统验收
- 系统维护管理
  - 系统巡查
  - 系统周期性检查维护
  - 系统年度检测

考点梳理

1. 系统组件安装前的检查要求。
2. 系统调试的方法与要求。
3. 系统验收的内容及要求。
4. 系统月度、季度和年度检查的内容和要求。

考点精讲

第一节　系统组件、管件、设备安装前检查

气体灭火系统是以气体作为灭火介质,通过气体在整个防护区或保护对象周围的局部

区域建立起灭火浓度实现灭火的灭火系统。

一、系统构成

气体灭火系统一般由灭火剂瓶组、单向阀、选择阀、驱动装置、集流管、连接管、喷头、信号反馈装置、安全泄压装置、检漏装置、低泄高封阀、管路管件等部件构成。

(一)瓶组

瓶组一般由容器、容器阀、安全泄压装置、虹吸管、取样口、检漏装置和充装介质等组成，用于储存灭火剂和控制灭火剂的施放。

(二)容器

容器是用来储存灭火剂和启动气体的重要组件，分为钢质无缝容器和钢质焊接容器。

(三)容器阀

容器阀又称瓶头阀，安装在容器上，具有封存、释放、充装、超压泄放等功能。容器阀按用途可分为灭火剂瓶组上容器阀和驱动气体瓶组上容器阀两类；按密封形式可分为活塞密封和膜片密封两类；按结构形式可分为膜片式、自封式、压臂式三类；按启动方式可分为气动启动型、电磁启动型、电爆启动型、手动启动型、机械启动型和组合启动型六类。

(四)选择阀

选择阀是在组合分配系统中，用来控制灭火剂经管网释放到预定防护区或保护对象的阀门，选择阀和防护区一一对应。选择阀可分为活塞型、球阀型、气动启动型、电磁启动型、电爆启动型和组合启动型等类型。

(五)喷头

喷头是用来控制灭火剂的流速和喷射方向的组件，是气体灭火系统的一个关键部件。喷嘴可分为全淹没灭火方式用喷嘴和局部应用灭火方式用喷嘴。局部应用灭火方式用喷嘴又分为架空型和槽边型喷嘴。

(六)单向阀

单向阀按安装在管路中的位置可分为灭火剂流通管路单向阀和驱动气体控制管路单向阀；按阀体内活动的密封部件型式可分为滑块型、球型和阀瓣型。

灭火剂流通管路单向阀装于连接管与集流管之间，防止灭火剂从集流管向灭火剂瓶组返流。驱动气体控制管路单向阀装于启动管路上，用来控制气体流动方向，启动特定的阀门。

(七)集流管

集流管是将多个灭火剂瓶组的灭火剂汇集一起再分配到各防护区的汇流管路。

(八)连接管

连接管可分为容器阀与集流管间连接管和控制管路连接管。容器阀与集流管间连接管按材料分为高压不锈钢连接管和高压橡胶连接管。

（九）安全泄压装置

安全泄压装置可分为灭火剂瓶组安全泄压装置、驱动气体瓶组安全泄压装置和集流管安全泄压装置三种。

（十）驱动装置

驱动装置用于驱动容器阀、选择阀使其动作，可分为气动型驱动器、引爆型驱动器、电磁型驱动装置、机械型驱动器和燃气型驱动器等类型。

（十一）检漏装置

检漏装置用于监测瓶组内介质的压力或质量损失，包括压力显示器、称重装置和液位测量装置等。

（十二）信号反馈装置

信号反馈装置是安装在灭火剂释放管路或选择阀上，将灭火剂释放的压力或流量信号转换为电信号，并反馈到控制中心的装置。

（十三）低泄高封阀

低泄高封阀是为了防止系统由于驱动气体泄漏的累积而引起系统的误动作而在管路中设置的阀门，正常情况下处于开启状态，只有进口压力达到设定压力时才关闭，主要作用是排除由于气源泄漏积聚在启动管路内的气体。

二、质量控制文件检查

（一）检查内容

系统组件、零部件及其他设备、材料等到场后，对其质量控制文件的下列内容进行查验：

（1）外购的系统组件、零部件及其他设备、材料等的出厂合格证或者强制性产品认证证书及认证标志。

（2）气体灭火剂和8类气体灭火设备产品（高压二氧化碳灭火设备、低压二氧化碳灭火设备、卤代烷烃灭火设备、惰性气体灭火设备、悬挂式气体灭火装置、柜式气体灭火装置、油浸变压器排油注氮灭火装置、气溶胶灭火装置）的消防产品强制性产品认证证书和强制性产品认证标志。

（二）检查方法及要求

对照到场组件、部件、设备和材料的型号、规格，查验、核对其出厂合格证、强制性产品认证证书等质量控制文件是否齐全、有效。

列入强制性产品认证目录的气体灭火剂和气体灭火设备产品，未获得强制性产品认证证书和未加施强制性产品认证标志的，不得使用。

三、材料到场检查

（1）管材、管道连接件的品种、规格、性能等符合相应产品标准和设计要求。

（2）管材、管道连接件的外观质量除符合设计规定外，还要符合下列规定：镀锌层不得有脱落、破损等缺陷。螺纹连接管道连接件不得有缺纹、断纹等现象。法兰盘密封面不得有缺损、裂痕。密封垫片应完好，无划痕。

（3）管材、管道连接件的规格尺寸、厚度及允许偏差应符合其产品标准和设计要求。

四、系统组件检查

（一）外观

系统组件无碰撞变形及其他机械性损伤。组件外露非机械加工表面保护涂层完好。组件所有外露接口均设有防护堵、盖，且封闭良好，接口螺纹和法兰密封面无损伤。储存容器外表正面应标注灭火剂名称，字迹明显、清晰，标志铭牌牢固且设置在系统明显部位，选择阀、单向阀应标有介质流动方向的标志。球阀或蝶阀结构的总控阀应标有阀位指示标志（"开"和"关"或者"OPEN"和"CLOSE"），指示标志清晰、易见；利用手轮开启的阀门，在手轮上应标有开关方向。同一规格的灭火剂储存容器，其高度差不宜超过20mm。同一规格的驱动气体储存容器，其高度差不宜超过10mm。

（二）气体灭火系统组件

品种、规格、性能等应符合国家现行产品标准和设计要求，核查产品出厂合格证和市场准入制度要求的法定机构出具的有效证明文件。设计有复验要求或对质量有疑义时，抽样复验，复验结果符合国家现行产品标准和设计要求。

（三）充装量、充装压力及充装系数、装量系数

（1）灭火剂储存容器的充装量、充装压力符合设计要求，充装系数或装量系数符合设计规范规定。

（2）不同温度下灭火剂的储存压力按相应标准确定。

（四）阀驱动装置

电磁驱动器的电源电压符合系统设计要求。通电检查电磁铁芯，其行程能满足系统启动要求，且动作灵活，无卡阻现象。气动驱动装置储存容器内气体压力不低于设计压力，且不得超过设计压力的5%，气体驱动管道上的单向阀启闭灵活，无卡阻现象。机械驱动装置传动灵活，无卡阻现象。

第二节　系统组件的安装与调试

气体灭火系统的安装调试包括灭火剂储存装置安装、选择阀及信号反馈装置安装、阀驱

动装置的安装、灭火剂输送管道安装,以及气体灭火系统的调试等内容。

一、安装要求

(一)灭火剂储存装置的安装

(1)灭火剂储存装置安装后,泄压装置的泄压方向不应朝向操作面。低压二氧化碳灭火系统的安全阀要通过专用的泄压管接到室外。

(2)储存装置上压力计、液位计、称重显示装置的安装位置便于人员观察和操作。

(3)储存容器的支架、框架固定牢靠,并做防腐处理。

(4)储存容器宜涂红色油漆,正面标明设计规定的灭火剂名称和储存容器的编号。

(5)安装集流管前检查内腔,确保清洁。

(6)集流管上的泄压装置的泄压方向不应朝向操作面。

(7)连接储存容器与集流管间的单向阀的流向指示箭头应指向介质流动方向。

(8)集流管应固定在支、框架上,支、框架应固定牢靠,并做防腐处理。

(二)选择阀及信号反馈装置的安装

(1)选择阀操作手柄安装在操作面一侧,当安装高度超过 1.7m 时采取便于操作的措施。

(2)采用螺纹连接的选择阀,其与管网连接处宜采用活接。

(3)选择阀的流向指示箭头要指向介质流动方向。

(4)选择阀上要设置标明防护区或保护对象名称或编号的永久性标志牌,并应便于观察。

(5)信号反馈装置的安装应符合设计要求。

(三)阀驱动装置的安装

1.拉索式机械驱动装置

拉索除必要外露部分外,采用经内外防腐处理的钢管防护。拉索转弯处采用专用导向滑轮。拉索末端拉手设在专用的保护盒内。拉索套管和保护盒固定牢靠。

2.重力式机械驱动装置

安装以重力式机械驱动装置时,应保证重物在下落行程中无阻挡,其下落行程要保证驱动所需距离,且不小于 25mm。

3.电磁驱动装置

驱动器的电气连接线要沿固定灭火剂储存容器的支架、框架或墙面固定。

4.气动驱动装置

驱动气瓶的支架、框架或箱体固定牢靠,并做防腐处理。驱动气瓶上有标明驱动介质名称、对应防护区或保护对象名称或编号的永久性标志。

5.气动驱动装置的管道

竖直管道在其始端和终端设防晃支架或采用管卡固定。水平管道采用管卡固定。管卡

的间距不宜大于0.6m。转弯处应增设1个管卡。

6．气压严密性测试

气动驱动装置的管道安装后，要进行气压严密性试验。试验时，逐步缓慢增加压力，当压力升至试验压力的50％时，如未发现异状或泄漏，继续按试验压力的10％逐级升压，每级稳压3min，直至达到试验压力值。

（四）灭火剂输送管道的安装

1．灭火剂输送管道

（1）采用螺纹连接时，管材宜采用机械切割；螺纹没有缺纹、断纹等现象；螺纹连接的密封材料均匀附着在管道的螺纹部分；拧紧螺纹时，不得将填料挤入管道内；安装后的螺纹根部应有2～3条外露螺纹；连接后，将连接处外部清理干净并做防腐处理。

（2）采用法兰连接时，衬垫不得凸入管内，其外边缘宜接近螺栓，不得放双垫或偏垫；拧紧后，凸出螺母的长度不大于螺杆直径的1/2，且有不少于2条外露螺纹。

（3）已做防腐处理的无缝钢管不宜采用焊接连接，与选择阀等个别连接部位需采用法兰焊接连接时，要对被焊接损坏的防腐层进行二次防腐处理。

2．穿越墙壁、楼板的管道

套管公称直径比管道公称直径至少大2级，穿越墙壁的套管长度应与墙厚相等，穿越楼板的套管长度应高出地板50mm。管道与套管间的空隙采用防火封堵材料填塞密实。当管道穿越建筑物的变形缝时，要设置柔性管段。

3．管道支、吊架的安装规定

管道末端采用防晃支架固定，支架与末端喷嘴间的距离不大于500mm。公称直径大于或等于50mm的主干管道，垂直方向和水平方向至少各安装1个防晃支架。当管道穿过建筑物楼层时，每层设1个防晃支架。当水平管道改变方向时，增设防晃支架。

4．气压测验

灭火剂输送管道安装完毕后，要进行强度试验和气压严密性试验。

5．管道外表面

灭火剂输送管道的外表面宜涂红色油漆。在吊顶内、活动地板下等隐蔽场所内的管道，可涂红色油漆色环，色环宽度不应小于50mm。每个防护区或保护对象的色环宽度要一致，间距应均匀。

（五）喷嘴的安装

喷嘴安装时要按设计要求逐个核对其型号、规格及喷孔方向。安装在吊顶下的不带装饰罩的喷嘴，其连接管管端螺纹不能露出吊顶；安装在吊顶下的带装饰罩的喷嘴，其装饰罩要紧贴吊顶。

（六）预制灭火系统的安装

柜式气体灭火装置、热气溶胶灭火装置等预制灭火系统及其控制器、声光报警器的安装位置要符合设计要求,并固定牢靠。

(七)控制组件的安装

设置在防护区处的手动、自动转换开关要安装在防护区入口便于操作的部位,安装高度为中心点距地(楼)面1.5m。手动启动、停止按钮安装在防护区入口便于操作的部位,安装高度为中心点距地(楼)面1.5m;防护区的声光报警装置安装符合设计要求,并安装牢固,不倾斜。气体喷放指示灯宜安装在防护区入口的正上方。

二、系统调试

气体灭火系统的调试在系统安装完毕,相关的火灾报警系统、开口自动关闭装置、通风机械和防火阀等联动设备的调试完成后进行。调试项目包括模拟启动试验、模拟喷气试验和模拟切换操作试验。调试完成后将系统各部件及联动设备恢复至正常工作状态。进行调试试验时,应采用可靠措施,以确保人员和财产安全。

(一)调试准备

气体灭火系统调试前要具备完整的技术资料。调试前按规定检查系统组件和材料的型号、规格、数量以及系统安装质量,并及时处理所发现的问题。

(二)调试要求

系统调试时,对所有防护区或保护对象按规定进行系统手动、自动模拟启动试验,并合格。

1.模拟启动试验

(1)手动模拟启动试验方法。按下手动启动按钮,观察相关动作信号及联动设备动作是否正常,手动启动压力信号反馈装置,观察相关防护区门外的气体喷放指示灯是否正常。

(2)自动模拟启动试验方法。将灭火控制器的启动输出端与灭火系统相应防护区驱动装置连接;驱动装置与阀门的动作机构脱离,也可用1个启动电压、电流与驱动装置的启动电压、电流相同的负载代替。人工模拟火警使防护区内任意1个火灾探测器动作,观察单一火警信号输出后相关报警设备动作是否正常;人工模拟火警使该防护区内另一个火灾探测器动作,观察复合火警信号输出后相关动作信号及联动设备动作是否正常。

(3)模拟启动试验结果要求。延迟时间与设定时间相符,响应时间满足要求;有关声、光报警信号正确;联动设备动作正确;驱动装置动作可靠。

2.模拟喷气试验

调试要求。调试时,对所有防护区或保护对象进行模拟喷气试验,并合格。

预制灭火系统的模拟喷气试验宜各取1套进行试验。

(1)模拟喷气试验的条件:

①IG541混合气体灭火系统及高压二氧化碳灭火系统采用其充装的灭火剂进行模拟喷气试验,试验采用的储存容器数应为选定试验的防护区或保护对象设计用量所需容器总数

的5%,且不少于1个;

②低压二氧化碳灭火系统采用二氧化碳灭火剂进行模拟喷气试验,试验要选定输送管道最长的防护区或保护对象进行,喷放量不小于设计用量的10%;

③卤代烷灭火系统模拟喷气试验不采用卤代烷灭火剂,宜采用氮气进行,氮气储存容器与被试验的防护区或保护对象用的灭火剂储存容器的结构、型号、规格都应相同,连接与控制方式要一致,氮气的充装压力和灭火剂储存压力相等。氮气储存容器数不少于灭火剂储存容器数的20%,且不少于1个;

④模拟喷气试验宜采用自动启动方式。

(2)模拟喷气试验结果要求:延迟时间与设定时间相符,响应时间满足要求;有关声、光报警信号正确;有关控制阀门工作正常;信号反馈装置动作后,气体防护区门外的气体喷放指示灯工作正常;储存容器间内的设备和对应防护区或保护对象的灭火剂输送管道无明显晃动和机械性损坏;试验气体能喷入被试防护区内或保护对象上,且能从每个喷嘴喷出。

3.模拟切换操作试验

(1)调试要求:设有灭火剂备用量且储存容器连接在同一集流管上的系统应进行模拟切换操作试验,并合格。

(2)试验方法:按使用说明书的操作方法,将系统使用状态从主用量灭火剂储存容器切换为备用量灭火剂储存容器的使用状态。然后按程序进行模拟喷气试验。试验结果要符合模拟喷气试验结果的规定。

第三节　系统的检测与验收

气体灭火系统安装调试完成后,委托具有相应资质的消防设施检测机构进行技术检测。系统部件及功能检测要全数进行检查。检查包括直观检查、安装检查和功能检查等内容。

一、系统检测

(一)储瓶间

储存间门外侧中央贴有"气体灭火储瓶间"的标牌。管网灭火系统的储存装置宜设在专用储瓶间内,其位置应符合设计文件要求,若无要求,一般宜靠近防护区设置。储存装置间内设应急照明,其照度应达到正常工作照度。

(二)高压储存装置

1.安装检查要求

(1)储存容器必须固定在支架上,支架与建筑构件固定,要牢固可靠,并做防腐处理;操作面距墙或操作面之间的距离不宜小于1.0m,且不小于储存容器外径的1.5倍。

（2）容器阀上的压力表无明显机械损伤，在同一系统中的安装方向要一致，其正面朝向操作面。同一系统中容器阀上的压力表的安装高度差不宜超过10mm，相差较大时，允许使用垫片调整；二氧化碳灭火系统要设检漏装置。

（3）灭火剂储存容器的充装量和储存压力不超过设计充装量1.5%；卤代烷灭火剂储存容器内的实际压力不低于相应温度下的储存压力，且不超过该储存压力的5%；储存容器中充装的二氧化碳质量损失不大于10%。

（4）容器阀和集流管之间采用挠性连接。

（5）储存容器的规格和数量应符合设计文件要求，且同一系统的储存容器的规格、尺寸要一致，其高度差不超过20mm。

（6）储存容器表面应标明编号，容器的正面应标明设计规定的灭火剂名称，字迹明显清晰。储存装置上应设耐久的固定铭牌，标明设备型号、储瓶规格、出厂日期；每个储存容器上应贴有瓶签，并标有灭火剂名称、充装量、充装日期和储存压力等。

（7）灭火剂总量、每个防护分区的灭火剂量应符合设计文件。组合分配的二氧化碳气体灭火系统保护5个及以上的防护区或保护对象时，或在48h内不能恢复时，二氧化碳要有备用量，其他灭火系统的储存装置72h内不能重新充装恢复工作的，按系统原储存量的100%设置备用量，各防护区的灭火剂储量要符合设计文件。

2. 功能检查要求

储存容器中充装的二氧化碳质量损失大于10%时，二氧化碳灭火系统的检漏装置应正确报警。

（三）低压储存装置

低压系统制冷装置的供电要采用消防电源。储存装置要远离热源，其位置要便于再充装，其环境温度宜为 – 23 ~ 49℃。制冷装置采用自动控制，且设手动操作装置。低压二氧化碳灭火系统储存装置的报警功能正常，高压报警压力设定值应为2.2MPa，低压报警压力设定值为1.8MPa。其直观检查与高压储存装置相同。

（四）选择阀及压力讯号器

（1）选择阀的安装位置靠近储存容器，安装高度宜为1.5 ~ 1.7m。选择阀操作手柄应安装在便于操作的一面，当安装高度超过1.7m时应采取便于操作的措施。

（2）选择阀上应设置标明防护区或保护对象名称或编号的永久性标志牌，并应便于观察。

（3）选择阀上应标有灭火剂流动方向的指示箭头，箭头方向应与介质流动方向一致。

（4）直观检查：有出厂合格证及法定机构的有效证明文件；现场选用产品的数量、规格、型号应符合设计文件要求。

（五）单向阀

单向阀的安装方向应与介质流动方向一致。气流单向阀在气动管路中的位置、方向必须完全符合设计文件。七氟丙烷、三氟甲烷、高压二氧化碳灭火系统在容器阀和集流管之间的管道上应设液流单向阀,其方向与灭火剂输送方向应一致。

(六)泄压装置

在储存容器的容器阀和组合分配系统的集流管上,应设安全泄压装置。泄压装置的泄压方向不应朝向操作面。低压二氧化碳灭火系统储存容器上至少应设置 2 套安全泄压装置,安全阀应通过专用泄压管接到室外,其泄压动作压力应为 2.38 ±0.12MPa。

(七)防护区和保护对象

防护区围护结构及门窗的耐火极限均不宜低于 0.50h;吊顶的耐火极限不宜低于 0.25h;防护区围护结构承受内压的允许压强,不宜低于 1200Pa。两个或两个以上的防护区采用组合分配系统时,一个组合分配系统所保护的防护区不应超过 8 个。防护区应设置泄压口。泄压口宜设在外墙上,并应设在防护区净高的 2/3 以上。喷放灭火剂前,防护区内除泄压口外的开口应能自行关闭。防护区的入口处应设防护区采用的相应气体灭火系统的永久性标志;防护区的入口处正上方应设灭火剂喷放指示灯;防护区内应设火灾声报警器。必要时,可增设闪光报警器;防护区应有保证人员在 30s 内疏散完毕的通道和出口,疏散通道及出口处应设置应急照明装置与疏散指示标志。

(八)喷嘴

安装在吊顶下的不带装饰罩的喷嘴,其连接管端螺纹不应露出吊顶,安装在吊顶下的带装饰罩喷嘴,其装饰罩应紧贴吊顶;设置在有粉尘、油雾等防护区的喷头,应有防护装置。喷头的安装间距应符合设计文件,喷头的布置应满足喷放后气体灭火剂在防护区内均匀分布的要求。当保护对象属可燃液体时,喷头射流方向不应朝向液体表面。喷头的最大保护高度不宜大于 6.5m,最小保护高度不应小于 300mm。

(九)预制灭火装置

1.安装检查要求

同一防护区设置多台装置时,其相互间的距离不得大于 10m。防护区内设置的预制灭火装置的充压压力不应大于 2.5MPa。一个防护区设置的预制灭火系统的装置数量不宜超过 10 台。

2.功能检查要求

同一防护区内的预制灭火装置多于 1 台时,必须能同时启动,其动作响应时差不得大于 2s。

(十)操作与控制

(1)管网灭火系统应设自动控制、手动控制和机械应急操作三种启动方式。预制灭火系统应设自动控制和手动控制两种启动方式。

(2)灭火设计浓度或实际使用浓度大于无毒性反应浓度的防护区,应设手动与自动控制的转换装置。当人员进入防护区时应将系统转换为手动,离开时能恢复为自动。

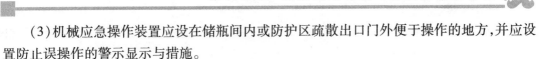

(3)机械应急操作装置应设在储瓶间内或防护区疏散出口门外便于操作的地方,并应设置防止误操作的警示显示与措施。

二、系统验收

气体灭火系统竣工后,应进行工程验收,验收不合格不得投入使用。系统验收主要包括以下内容。

(一)防护区或保护对象与储存装置间验收检查

(1)防护区的疏散通道、疏散指示标志和应急照明装置。

(2)防护区内和入口处的声光报警装置、气体喷放指示灯和安全标志。

(3)无窗或固定窗扇的地上防护区和地下防护区的排气装置。

(4)门窗设有密封条的防护区的泄压装置。

(5)专用的空气呼吸器。

(二)设备和灭火剂输送管道验收

(1)灭火剂储存容器的数量、型号和规格、位置与固定方式、油漆和标志以及灭火剂储存容器的安装质量符合设计要求。

(2)集流管的材料、规格、连接方式、布置及其泄压装置的泄压方向符合设计要求和有关规定。

(3)选择阀及信号反馈装置的数量、型号、规格、位置、标志及其安装质量符合设计要求相关规范的有关规定。

(4)驱动气瓶和选择阀的机械应急手动操作处,均应有标明对应防护区或保护对象名称的永久标志;驱动气瓶的机械应急操作装置均应设安全销并加铅封,现场手动启动按钮应有防护罩。

(5)灭火剂输送管道的布置与连接方式、支架和吊架的位置及间距、穿过建筑构件及其变形缝的处理、各管段和附件的型号规格以及防腐处理和涂刷油漆颜色符合规定。

(6)喷嘴的数量、型号、规格、安装位置和方向,均应符合设计要求和有关规范规定。

(三)系统功能验收

(1)应进行模拟启动试验,并合格。

(2)应进行模拟喷气试验,并合格。

(3)应对设有灭火剂备用量的系统进行模拟切换操作试验,并合格。

(4)应对主、备用电源进行切换试验,并合格。

第四节　系统维护管理

气体灭火系统应由经过专门培训,并经考试合格的专职人员负责定期检查和维护,应按检查类别规定对气体灭火系统进行检查,并做好检查记录,检查中发现问题应及时处理。

一、系统巡查

系统巡查是对建筑消防设施直观属性的检查。气体灭火系统巡查主要是针对系统组件外观、现场运行状态、系统检测装置工作状态、安装部位环境条件等的日常巡查。

(一)巡查内容及要求

(1)检查气体灭火控制器工作状态,盘面紧急启动按钮保护措施有效,主电正常,系统在通常设定的安全工作状态。

(2)每日应对低压二氧化碳储存装置的运行情况、储存装置间的设备状态进行检查并记录。

(3)选择阀、驱动装置上标明其工作防护区的永久性铭牌应明显可见,且妥善固定。

(4)防护区外专用的空气呼吸器或氧气呼吸器完好。

(5)预制灭火系统、柜式气体灭火装置喷嘴前2.0m内不得有阻碍气体释放的障碍物。

(6)灭火系统的手动控制与应急操作处有防止误操作的警示显示与措施。

(7)防护区入口处灭火系统防护标志是否设置且完好。

(二)巡查方法

采用目测观察的方法,检查系统及其组件外观、阀门启闭状态、用电设备及其控制装置工作状态和压力监测装置(压力表、压力开关)工作情况。

(三)巡查周期

建筑管理(使用单位)至少每日组织一次巡查。

二、系统周期性检查维护

系统周期性检查是指建筑使用、管理单位按照国家工程建设消防技术标准的要求,对已经投入使用的气体灭火系统的组件、零部件等按照规定检查周期进行的检查、测试。

(一)月检查项目

1.检查项目及其检查周期

(1)对灭火剂储存容器、选择阀、液流单向阀、高压软管、集流管、启动装置、管网与喷嘴、压力信号器、安全泄压阀及检漏报警装置等系统全部组成部件进行外观检查。

(2)驱动控制盘面板上的指示灯应正常,各开关位置应正确,各连线应无松动现象。

(3)火灾探测器表面应保持清洁,应无任何干扰或影响火灾探测器探测性能的擦伤、油渍及油漆。

(4)气体灭火系统储存容器内的压力、气动型驱动装置的气动源的压力均不得小于设计压力的90%。

（5）气体灭火系统组件的安装位置不得有其他物件阻挡或妨碍其正常工作。

2．检查维护要求

（1）对低压二氧化碳灭火系统储存装置的液位计进行检查，灭火剂损失10%时应及时补充。

（2）高压二氧化碳灭火系统、七氟丙烷管网灭火系统及IG541灭火系统等的检查内容及要求应符合下列规定：

①灭火剂储存容器及容器阀、单向阀、连接管、集流管、安全泄压装置、选择阀、阀驱动装置、喷嘴、信号反馈装置、检漏装置、减压装置等全部系统组件应无碰撞变形及其他机械性损伤，表面应无锈蚀，保护涂层应完好，铭牌和保护对象标志应清晰，手动操作装置的防护罩、铅封和安全标志应完整。

②灭火剂和驱动气体储存容器内的压力不得小于设计储存压力的90%。

③预制灭火系统的设备状态和运行状况应正常。

（二）季度检查项目

（1）储存装置间的设备、灭火剂输送管道和支、吊架的固定，应无松动。

（2）连接管应无变形、裂纹及老化。必要时，送法定质量检验机构进行检测或更换。

（3）各喷嘴孔口和输送管道应无堵塞。

（4）对高压二氧化碳储存容器逐个进行称重检查，灭火剂净重不得小于设计储存量的90%。

（5）灭火剂输送管道有损伤与堵塞现象时，应按相关规范规定的管道强度试验和气密性试验方法进行严密性试验和吹扫。

（6）可燃物的种类、分布情况，防护区的开口情况，应符合设计规定。

（三）年度检查项目

（1）撤下1个防护区启动装置的启动线，进行电控部分的联动试验，应启动正常。

（2）对每个防护区进行一次模拟自动喷气试验。通过报警联动，检验气体灭火控制盘功能，并进行自动启动方式模拟喷气试验，检查比例为20%（最少一个分区）。

（3）对高压二氧化碳、三氟甲烷储存容器逐个进行称重检查，灭火剂净重不得小于设计储存量的90%。

（4）主用量灭火剂储存容器切换为备用量灭火剂储存容器的模拟切换操作试验，检查比例为20%（最少一个分区）。

（5）灭火剂输送管道有损伤与堵塞现象时，应按有关规范的规定进行严密性试验和吹扫。

（6）进行预制气溶胶灭火装置、自动干粉灭火装置的有效期限检查。

（7）进行泄漏报警装置报警定量功能试验，检查钢瓶的比例为100%。

（四）维护保养工作

五年后，每三年应对金属软管（连接管）进行水压强度试验和气密性试验，试验合格方能继续使用,如发现老化现象,应进行更换。五年后,对释放过灭火剂的储瓶、相关阀门等部件进行一次水压强度和气体密封性试验,试验合格方可继续使用。

三、系统年度检测

年度检测是建筑使用、管理单位按照相关法律法规和国家消防技术标准,每年度开展的定期功能性检查和测试。建筑使用、管理单位的年度检测可以委托具有资质的消防技术服务单位实施。

第八章 泡沫灭火系统

知识框架

泡沫灭火系统 ⎰ 泡沫液和系统组件现场检查 ⎰ 系统分类
             泡沫液的现场检查
             系统组件现场检查

          系统组件安装调试与检测验收 ⎰ 系统组件安装
             管网及管道安装与技术检测
             系统冲洗、试压
             系统调试
             系统验收

          系统维护管理 ⎰ 系统巡查
             系统检查与维护
             系统常见故障分析及处理

考点梳理

1. 储罐区低倍数泡沫灭火系统分类及特点。
2. 泡沫液现场检测标准和内容。
3. 泡沫比例混合器安装的一般要求。
4. 泡沫产生器产生的故障及解决办法。

考点精讲

第一节 泡沫液和系统组件现场检查

  泡沫灭火系统主要由泡沫消防泵、泡沫液储罐、泡沫比例混合器（装置）、泡沫产生装置、控制阀门及管道等组成。泡沫灭火系统的施工现场需要有相应的施工技术标准、健全的质量管理体系和施工质量检验制度,要实现施工全过程质量控制。

一、系统分类

(一)根据系统产生泡沫的倍数分类

泡沫灭火系统按照所产生泡沫的倍数不同,可分为低倍数泡沫灭火系统、中倍数泡沫灭火系统和高倍数泡沫灭火系统。低倍数泡沫灭火系统是指系统产生的灭火泡沫的倍数低于20的系统,中倍数泡沫灭火系统是指产生的灭火泡沫倍数在20~200的系统,高倍数泡沫灭火系统是指产生的灭火泡沫倍数高于200的系统。

1. 低倍数泡沫灭火系统

低倍数泡沫的主要灭火机理是通过泡沫的遮盖作用,将燃烧液体与空气隔离实现灭火。按应用场所及泡沫产生装置的不同,可以分为储罐区低倍数泡沫灭火系统、泡沫—水喷淋系统、泡沫喷雾系统和泡沫炮系统等。

(1)储罐区低倍数泡沫灭火系统。其按泡沫喷射形式不同,分为液上喷射系统、液下喷射系统和半液下喷射系统。

①液上喷射系统。液上喷射系统是指将泡沫产生装置产生的泡沫在导流装置的作用下,从燃烧液体上方施加到燃烧液体表面实现灭火的系统。液上喷射系统是目前国内采用最为广泛的一种形式,适用于各类非水溶性甲、乙、丙类液体储罐和水溶性甲、乙、丙类液体的固定顶或内浮顶储罐。

②液下喷射系统。液下喷射系统是指将高背压泡沫产生器产生的泡沫,通过泡沫喷射管从燃烧液体液面下输送到储罐内,泡沫在初始动能和浮力的作用下浮到燃烧液面实施灭火的系统。由于泡沫是从液面下施加到储罐内,高背压泡沫产生器产生的泡沫需要控制在2~4倍。液下喷射系统适用于非水溶性液体固定顶储罐,不适用于水溶性液体和其他对普通泡沫有破坏作用的甲、乙、丙类液体固定顶储罐,这是因为泡沫注入该类液体后,由于该类液体分子的脱水作用而使泡沫遭到破坏,无法浮升到液面实施灭火。液下喷射系统也不适用于外浮顶和内浮顶储罐,因为浮顶会阻碍泡沫的正常分布。

③半液下喷射系统。半液下喷射系统是将一轻质软带卷存于液下喷射管上的软管筒内,当使用时,在泡沫压力和浮力的作用下软管漂浮到燃液表面使泡沫从燃液表面上释放出来实现灭火的系统。半液下喷射系统适用于甲、乙、丙类可燃液体固定顶储罐。由于浮顶会阻碍泡沫的正常分布,使之难以到达预定的着火处,因此,半液下喷射系统也不适用于外浮顶和内浮顶储罐。

(2)泡沫—水喷淋系统和泡沫喷雾系统。泡沫—水喷淋系统是由喷头、报警阀组、水流报警装置(水流指示器或压力开关)等组件,以及管道、泡沫液与水供给设施组成,能在发生火灾时按预定时间与供给强度向防护区依次喷洒泡沫与水的自动灭火系统。与自动喷水灭火系统相同,泡沫—水喷淋系统可分为闭式系统和雨淋系统,闭式系统又可分为泡沫—水预

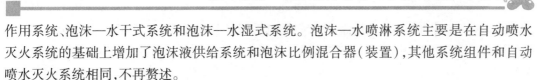

作用系统、泡沫—水干式系统和泡沫—水湿式系统。泡沫—水喷淋系统主要是在自动喷水灭火系统的基础上增加了泡沫液供给系统和泡沫比例混合器(装置),其他系统组件和自动喷水灭火系统相同,不再赘述。

泡沫喷雾系统是采用泡沫喷雾喷头,在发生火灾时能按预定时间与供给强度向被保护设备或防护区喷洒泡沫的自动灭火系统。泡沫喷雾系统可用于保护独立变电站的油浸电力变压器、面积不大于 $200m^2$ 的非水溶性液体室内场所。

(3)泡沫炮系统。泡沫炮系统是一种以泡沫炮为泡沫产生与喷射装置的低倍数泡沫系统,有固定式与移动式之分。固定泡沫炮系统一般可分为手动泡沫炮系统与远控泡沫炮系统。手动泡沫炮系统一般由泡沫炮、炮架、泡沫液储罐、泡沫比例混合装置、泡沫消防泵等组成;远控泡沫炮系统一般由电控(或液控、气控)泡沫炮、消防炮塔、动力源、控制装置、泡沫液储罐、泡沫比例混合装置、泡沫消防泵等组成。泡沫炮系统作为主要灭火设施或辅助灭火设施适用于下列场所:直径小于 18m 的非水溶性液体固定顶储罐;围堰内的甲、乙、丙类液体流淌火灾;甲、乙、丙类液体汽车槽车栈台或火车槽车栈台;室外甲、乙、丙类液体流淌火灾;飞机库。

2. 中倍数泡沫灭火系统

中倍数泡沫的灭火机理取决于其发泡倍数和使用方式。当以较低的倍数用于扑救甲、乙、丙类液体流淌火灾时,其灭火机理与低倍数泡沫相同;当以较高的倍数用于全淹没方式灭火时,其灭火机理与高倍数泡沫相同。中倍数泡沫灭火系统可分为全淹没系统、局部应用系统、移动式系统及油罐用中倍数泡沫灭火系统。

(1)全淹没系统。全淹没系统是指由固定式泡沫产生器将泡沫喷放到封闭或被围挡的防护区内,并在规定时间内达到一定泡沫淹没深度的灭火系统。与高倍数泡沫相比,中倍数泡沫的发泡倍数低,在泡沫混合液供给流量相同的条件下,单位时间内产生的泡沫体积比高倍数泡沫要小很多。因此,全淹没中倍数泡沫灭火系统一般用于小型场所。

(2)局部应用系统。局部应用系统是指由固定式泡沫产生器直接或通过导泡筒将泡沫喷放到火灾部位的灭火系统。主要适用于四周不完全封闭的 A 类火灾场所,限定位置的流散 B 类火灾场所,固定位置面积不大于 $100m^2$ 的流淌 B 类火灾场所。

(3)移动式系统。移动式中倍数泡沫灭火系统的泡沫产生器可以手提移动,所以适用于发生火灾部位难以确定的场所。也就是说,防护区内,火灾发生前无法确定具体哪一处会发生火灾,配备的手提式中倍数泡沫产生器只有在起火部位确定后,迅速移到现场,喷射泡沫灭火。移动式中倍数泡沫灭火系统用于 B 类火灾场所,需要泡沫产生器喷射泡沫有一定射程,所以其发泡倍数不能太高,通常采用吸气型中倍数泡沫枪,发泡倍数在 50 以下,射程一般为 10～20m。因此,移动式中倍数泡沫灭火系统只能应用于较小火灾场所,或做辅助设施使用。

(4)油罐用中倍数泡沫灭火系统。中倍数泡沫灭火系统用于油罐时,其系统组成和低倍数泡沫灭火系统相同,一般选用固定式系统,且采用液上喷射形式。选用中倍数泡沫灭火系统的油罐仅限于丙类固定顶与内浮顶油罐,单罐容量小于 $10000m^3$ 的甲、乙类固定顶与内浮顶油罐。

3.高倍数泡沫灭火系统

高倍数泡沫的主要灭火机理是通过密集状态的大量高倍数泡沫封闭火灾区域,以阻断新空气的流入达到窒息灭火。它可分为全淹没系统、局部应用系统和移动式系统3种类型。

(1)全淹没系统。全淹没系统是指由固定式泡沫产生器将泡沫喷放到封闭或被围挡的防护区内,并在规定时间内达到一定泡沫淹没深度的灭火系统。全淹没高倍数泡沫灭火系统特别适用于大面积有限空间内的A类和B类火灾的防护;有些被保护区可能是不完全封闭空间,但只要被保护对象是用不燃烧体围挡起来,形成可阻止泡沫流失的有限空间即可。围墙或围挡设施的高度应大于该保护区所需要的高倍数泡沫淹没深度。

(2)局部应用系统。局部应用系统是指由固定式泡沫产生器直接或通过导泡筒将泡沫喷放到火灾部位的灭火系统。对于高倍数系统来说,局部应用系统主要用于四周不完全封闭的A类与B类火灾场所,也可用于天然气液化站与接收站的集液池或储罐围堰区。液化天然气液化站与接收站设置高倍数泡沫灭火系统有两个目的:

①当液化天然气泄漏尚未着火时,用适宜倍数的高倍数泡沫将其盖住,可阻止蒸气云的形成。

②当着火后,覆盖高倍数泡沫控制火灾,降低辐射热,以保护其他相邻设备等。

(3)移动式系统。移动式高倍数泡沫灭火系统可由手提式或车载式高倍数泡沫产生器、比例混合器、泡沫液桶(罐)、水带、导泡筒、分水器、供水消防车或手抬机动消防泵等组成。使用时,将它们临时连接起来。移动式高倍数泡沫灭火系统主要用于发生火灾的部位难以确定或人员难以接近的场所,流淌的B类火灾场所,发生火灾时需要排烟、降温或排除有害气体的封闭空间。

(二)根据系统组件安装方式分类

按照系统组件的安装方式,泡沫灭火系统可分为固定式系统、半固定式系统和移动式系统。

1.固定式泡沫灭火系统

固定式泡沫灭火系统是指消防水源、泡沫消防泵、泡沫比例混合器、泡沫产生器等设备或组件通过固定管道连接起来,永久安装在使用场所,当被保护的储罐发生火灾需要使用时,不需其他临时设备配合的泡沫系统。目前,固定式泡沫系统多设计为手动控制,当使用时,手动启动泡沫消防泵和有关阀门,向储罐内排放泡沫实施灭火。也有少数自动控制操纵系统,当被保护储罐发生火灾时,首先靠火灾自动报警及联动控制系统自动启动泡沫消防泵及有关阀门向储罐内排放泡沫实施灭火,当自动操纵出现故障时,手动启动系统。固定式泡沫系统适用于独立甲、乙、丙类液体储罐库区和机动消防设施不足的企业附属甲、乙、丙类液体储罐区。

2.半固定式泡沫灭火系统

半固定式泡沫灭火系统是将泡沫产生器或将带控制阀的泡沫管道永久性安装在储罐上,通过固定管道连接并引到防火堤外的安全处,且安装上固定接口,当被保护储罐发生火灾时,用消防水带将泡沫消防车或其他泡沫供给设备与固定接口连接起来,通过泡沫消防车或其他泡沫供给设备向储罐内供给泡沫实施灭火的系统。半固定式泡沫系统适用于机动消防设施较强企业附属甲、乙、丙类可燃液体储罐区。

3.移动式泡沫灭火系统

移动式泡沫灭火系统是指在被保护对象上未安装固定泡沫产生器或泡沫管道,当发生火灾时,靠泡沫消防车、其他移动泡沫供给设备或有压水源连接出泡沫枪或泡沫炮等装置向被保护对象供给泡沫实施灭火的系统。移动式泡沫灭火系统主要用于小型储罐或有可燃液体泄漏的场所。

二、泡沫液的现场检查

1.检查内容及要求

泡沫液是泡沫灭火系统的关键材料,直接影响系统的灭火效果,所以把好泡沫液的质量关是至关重要的环节。对于泡沫液用量较多的情况,需要将其送至具备相应资质的检测单位进行检测。对属于下列情况之一的泡沫液需要送检:

(1)6%型低倍数泡沫液设计用量大于或等于7.0t。

(2)3%型低倍数泡沫液设计用量大于或等于3.5t。

(3)6%蛋白型中倍数泡沫液最小储备量大于或等于2.5t。

(4)6%合成型中倍数泡沫液最小储备量大于或等于2.0t。

(5)高倍数泡沫液最小储备量大于或等于1.0t。

(6)合同文件规定的需要现场取样送检的泡沫液。

2.检查方法

送检泡沫液主要对其发泡性能和灭火性能进行检测,检测内容主要包括发泡倍数、析液时间、灭火时间和抗烧时间。

三、系统组件现场检查

泡沫灭火系统组件进场后,可能存在因意外原因对组件造成损伤,从而影响可靠性和灭火效果。系统组件的现场检查主要包括组件的外观质量检查、性能检查、强度和严密性检查等。

(一)外观质量检查

1.检查内容及要求

需要检查的系统组件包括泡沫产生装置、泡沫比例混合器(装置)、泡沫液储罐、泡沫消防泵、泡沫消火栓、阀门、压力表、管道过滤器和金属软管等。

组件需要满足的要求：

(1)无变形及其他机械性损伤。

(2)外露非机械加工表面保护涂层完好。

(3)无保护涂层的机械加工面无锈蚀。

(4)所有外露接口无损伤,堵、盖等保护物包封良好。

(5)铭牌标记清晰、牢固。

(6)消防泵运转灵活,无阻滞,无异常声音。

(7)高倍数泡沫产生器用手转动叶轮灵活。

(8)固定式泡沫炮的手动机构无卡阻现象。

2.检查方法

观察检查和手动检查。对于组件中的手动机构,如需要转动的部位,要亲自动手操作,看其是否能满足要求。

(二)性能检查

1.检查内容及要求

需要检查的系统组件包括泡沫产生装置、泡沫比例混合器(装置)、泡沫液压力储罐、泡沫消防泵、泡沫消火栓、阀门、压力表、管道过滤器、金属软管等。

组件需要满足的要求：

(1)系统组件的规格、型号、性能符合现行国家标准《泡沫灭火系统及部件通用技术条件》(GB 20031—2005)和设计要求。

(2)当以上组件在设计上有复验要求或施工方、建设方等对组件质量有疑义时,需要将这些组件送至具有相应资质的检测单位进行检测复验,需要检测的组件由监理工程师负责抽样,具体复验结果要符合国家现行产品标准和设计要求。

2.检查方法

检查市场准入制度要求有效证明文件和产品出厂合格证。当组件需要复验时,按现行国家标准《泡沫灭火系统及部件通用技术条件》(GB 20031)等相关标准规定的试验方法进行试验。

(三)强度和严密性检查

1.检查内容及要求

泡沫灭火系统对阀门的质量要求较高,如阀门渗漏影响系统的压力,使系统不能正常运行。从目前情况看,由于种种原因,阀门渗漏现象较为普遍,为保证系统的施工质量,需要对阀门的强度和严密性进行试验。

需要达到的要求：

(1)强度和严密性试验要采用清水进行,强度试验压力为公称压力的1.5倍,严密性试验压力为公称压力的1.1倍。

（2）试验压力在试验持续时间内要保持不变，且壳体填料和阀瓣密封面不能有渗漏。

（3）阀门试压的试验持续时间不能少于相关规定。

（4）试验合格的阀门，要排尽内部积水，并吹干。

（5）密封面涂防锈油，关闭阀门，封闭出入口，并做出明显的标记。

2.检查方法

将阀门安装在试验管道上，有液流方向要求的阀门，试验管道要安装在阀门的进口，然后管道充满水，排净空气，用试压装置缓慢升压，待达到严密性试验压力后，在最短试验持续时间内，以阀瓣密封面不渗漏为合格；最后将压力升至强度试验压力，在最短试验持续时间内，以壳体填料无渗漏为合格。

第二节　系统组件安装调试与检测验收

一、系统组件安装

泡沫灭火系统的安装主要包括泡沫液储罐、泡沫比例混合器（装置）、阀门、泡沫消火栓、泡沫产生装置等组件的安装，在系统组件安装完成后，还需由建设单位组织委托相应资质的消防设施检测机构进行检测，以判断系统安装是否符合相关技术标准，确保系统能够按照设定的功能发挥作用，为系统竣工验收提供技术支持。

（一）泡沫液储罐

（1）安装泡沫液储罐时，要考虑为日后操作、更换和维修泡沫液储罐以及罐装泡沫液提供便利条件，泡沫液储罐周围要留有满足检修需要的通道，其宽度不宜小于0.7m，且操作面不宜小于1.5m；当泡沫液储罐上的控制阀距地面高度大于1.8m时，需要在操作面处设置操作平台或操作凳。

（2）常压泡沫液储罐的安装要求如下：

①现场制作的常压钢质泡沫液储罐，考虑到比例混合器要能从储罐内顺利吸入泡沫液，同时防止将储罐内的锈渣和沉淀物吸入管内堵塞管道，泡沫液管道出液口不能高于泡沫液储罐最低液面的1m，泡沫液管道吸液口距泡沫液储罐底面不小于0.15m，且最好做成喇叭口形。

②现场制作的常压钢质泡沫液储罐需要进行严密性试验，试验压力为储罐装满水后的静压力，试验时间不能小于30min，目测不能有渗漏。

③现场制作的常压钢质泡沫液储罐内、外表面需要按设计要求进行防腐处理，防腐处理要在严密性试验合格后进行。

④常压泡沫液储罐的安装方式要符合设计要求，当设计无要求时，要根据其形状按立式

或卧式安装在支架或支座上,支架要与基础固定,安装时不能损坏其储罐上的配管和附件。

⑤常压钢质泡沫液储罐罐体与支座接触部位的防腐要符合设计要求,当设计无要求时,要按加强防腐层的做法施工。

检测方法:第①项,用尺测量;第②~⑤项,采用观察检查;第②项要检查全部焊缝、焊接接头和连接部位,以无渗漏为合格;对于第③项,当对泡沫液储罐内表面防腐涂料有疑义时,可取样送至具有相应资质的检测单位进行检验;对于第⑤项,必要时可切开防腐层检查。

(3)泡沫液压力储罐的安装要求如下:

①泡沫液压力储罐上设有槽钢或角钢焊接的固定支架,安装时,采用地脚螺栓将支架与地面上浇注混凝土的基础牢固固定;泡沫液压力储罐是制造厂家的定型设备,其上设有安全阀、进料孔、排气孔、排渣孔、人孔和取样孔等附件,出厂时都已安装好,并进行了试验。因此,在安装时不得随意拆卸或损坏,尤其是安全阀更不能随便拆动,安装时出口不能朝向操作面,否则影响安全使用。

②对于设置在露天的泡沫液压力储罐,需要根据环境条件采取防晒、防冻和防腐等措施。当环境温度低于0℃时,需要采取防冻设施;当环境温度高于40℃时,需要有降温措施;当安装在有腐蚀性的地区,如海边等,需要采取防腐措施。因为温度过低,会妨碍泡沫液的流动,温度过高各种泡沫液的发泡倍数均下降,析液时间短,灭火性能降低。

检查方法:采用观察检查。

(二)泡沫比例混合器

(1)安装时,要使泡沫比例混合器(装置)的标注方向与液流方向一致。各种泡沫比例混合器(装置)都有安装方向,在其上有标注,因此安装时不能装反,否则吸不进泡沫液或泵打不进去泡沫液,使系统不能灭火。所以,安装时要特别注意标注方向与液流方向必须一致。

(2)泡沫比例混合器(装置)与管道连接处的安装要保证严密,不能有渗漏,否则影响混合比。

(3)环泵式比例混合器的安装要求如下:

①各部位的连接顺序。环泵式比例混合器的进口要与水泵的出口管段连接,环泵式比例混合器的出口要与水泵的进口管段连接,环泵式比例混合器的进泡沫液口要与泡沫液储罐上的出液口管段连接。环泵式泡沫比例混合器是利用文丘里管原理的第一代产品,根据其工作原理,消防泵进出口压力、泡沫液储罐液面与比例混合器的高度差是影响其泡沫混合液混合比的两方面因素。环泵式泡沫比例混合器的限制条件较多,设计难度较大,但其结构简单、工程造价低且配套的泡沫液储罐为常压储罐,便于操作、维护、检修、试验。

②环泵式比例混合器安装标高的允许偏差为±10mm。

③为了使环泵式比例混合器出现堵塞或腐蚀损坏时,备用的环泵式比例混合器能立即投入使用,备用的环泵式比例混合器需要并联安装在系统上,并要有明显的标志。

检测方法:第①、③项用观察检查,第②项用拉线、尺量检查。

(4)压力式比例混合装置的安装要求如下:

①压力式比例混合装置的压力储罐和比例混合器在出厂前已经固定安装在一起,因此,压力式比例混合装置要整体安装。从外观上看,压力式比例混合器有横式和立式两种。从结构上来分,压力式比例混合装置又可分为无囊式压力比例混合装置和囊式压力比例混合装置两种。

②压力式比例混合装置的压力储罐进水管有 0.6 ~ 1.2MPa 的压力,而且通过压力式比例混合装置的流量也较大,有一定的冲击力,所以安装时压力式比例混合装置要与基础固定牢固。

检测方法:采用观察检查。

(5)平衡式比例混合装置的安装要求如下:

平衡式泡沫比例混合装置由泡沫液泵、泡沫比例混合器、平衡压力流量控制阀及管道等组成。平衡式比例混合装置的比例混合精度较高,适用的泡沫混合液流量范围较大,泡沫液储罐为常压储罐。

①整体平衡式比例混合装置是由平衡压力流量控制阀和比例混合器两大部分装在一起的,产品出厂前已进行了强度试验和混合比的标定,故安装时需要整体竖直安装在压力水的水平管道上,并在水和泡沫液进口的水平管道上分别安装压力表,为了便于观察和准确测量压力值,压力表与平衡式比例混合装置进口处的距离不大于 0.3m。

②分体平衡式比例混合装置的平衡压力流量控制阀和比例混合器是分开设置的,流量调节范围相对要大一些,其平衡压力流量控制阀要竖直安装。

③水力驱动平衡式比例混合装置的泡沫液泵要水平安装,安装尺寸和管道的连接方式需要符合设计要求。

检测方法:采用尺量和观察检查。

(6)管线式比例混合器的安装要求如下:

①管线式比例混合器与环泵比例混合器的工作原理相同,均是利用文丘里管的原理在混合腔内形成负压,在大气压力作用下将容器内的泡沫液吸到腔内与水混合。不同的是管线式比例混合器直接安装在主管线上。

②为减少压力损失,管线式比例混合器的安装位置要靠近储罐或防护区。因为它的工作压力范围通常为 0.7 ~ 1.3MPa,压力损失在进口压力的 1/3 以上,混合比精度通常较差。为此它主要用于移动式泡沫系统,且许多是与泡沫炮、泡沫枪、泡沫发生器装配一体使用的,在固定式泡沫灭火系统中很少使用。

③为保证管线式比例混合器能够顺利吸入泡沫液,使混合比维持在正常范围内,比例混合器的吸液口与泡沫液储罐或泡沫液桶最低液面的高度差不得大于 1.0m。

检测方法:采用尺量和观察检查。

（三）阀门

（1）液下喷射和半液下喷射泡沫灭火系统泡沫管道进储罐处设置的钢质明杆闸阀和止回阀需要水平安装，其止回阀上标注的方向要与泡沫的流动方向一致，否则泡沫不能进入储罐内，反而储罐内的介质可能会倒流入管道内，造成更大事故。

（2）高倍数泡沫产生器进口端泡沫混合液管道上设置的压力表、管道过滤器、控制阀一般要安装在水平支管上。泡沫混合管道设置在地上时，控制阀的安装高度一般控制在 1.1～1.5m 之间；当环境温度为 0℃ 及以下的地区采用铸铁控制阀时，若管道设置在地上，铸铁控制阀要安装在立管上；若管道埋地或地沟内设置，铸铁控制阀要安装在阀门井内或地沟内，并需要采取防冻措施。

（3）连接泡沫产生装置的泡沫混合液管道上的控制阀要安装在防火堤外压力表接口外侧，并有明显的启闭标志。

（4）储罐区固定式泡沫灭火系统同时又具备半固定系统功能时，需要在防火堤外泡沫混合液管道上安装带控制阀和带闷盖的管牙接口，以便于消防车或其他移动式的消防设备与储罐区固定的泡沫灭火设备相连。

（5）泡沫混合液立管上设置的控制阀，其安装高度一般在 1.1～1.5m，并需要设置明显的启闭标志；当控制阀的安装高度大于 1.8m 时，需要设置操作平台或操作凳。

（6）消防泵的出液管上设置的带控制阀的回流管，需符合设计要求，控制阀的安装高度一般在 0.6～1.2m。

（7）管道上的放空阀要安装在最低处，以利于最大限度排空管道内的液体。

（8）泡沫混合液管道上设置的自动排气阀要在系统试压、冲洗合格后立式安装。泡沫混合液管道上设置的自动排气阀，是一种能自动排出管道内气体的专用产品。管道在充泡沫混合液（或调试时充水）的过程中，管道内的气体将被自然驱压到最高点或管道内气体最后集聚处，自动排气阀能自动将这些气体排出，当管道充满液体后该阀会自动关闭。排气阀立式安装是产品结构的要求，在系统试压、冲洗合格后进行安装，是为了防止堵塞，影响排气。

（9）具有遥控、自动控制功能的阀门，其安装要符合设计要求；当设置在有爆炸和火灾危险的环境时，要按现行国家标准《电气装置安装工程爆炸和火灾危险环境电气装置施工及验收规范》（GB 50257—2014）的规定安装。

（10）泡沫混合液管道采用的阀门有手动、电动、气动和液动阀门，后三种多用在大口径管道，或遥控和自动控制上，它们各自都有标准，泡沫混合液管道采用的阀门需要按相关标准进行安装，阀门要有明显的启闭标志。

检查方法：第（9）（10）项用观察检查，其余项采用观察和尺量检查。

（四）泡沫消火栓

（1）泡沫混合液管道上设置的泡沫消火栓的规格、型号、数量、位置、安装方式、间距要符合设计要求。一般情况下，室外管道选用地上式消火栓或地下式消火栓；室内管道选用室内消火栓或消火栓箱。

(2)地上式泡沫消火栓要垂直安装,地下式泡沫消火栓要安装在消火栓井内的泡沫混合液管道上。

(3)地上式泡沫消火栓的大口径出液口要朝向消防车道,以便于消防车或其他移动式的消防设备吸液口的安装。地上式消火栓上的大口径出液口,在一般情况下不用,而是利用其小口径出液口即 KWS65 型接口,接上消防水带和泡沫枪进行灭火,当需要利用消防车或其他移动式消防设备灭火时,而且需要从泡沫混合液管道上设置的消火栓上取用泡沫混合液时,才使用大口径出液口。

(4)地下式泡沫消火栓要有永久性明显标志或在明显处如附近的墙上设置标志。

(5)地下式消火栓顶部与井盖底面的距离不大于 0.4m,且不小于井盖半径,这样做是为了消防救援人员操作快捷方便,以免下井操作,也避免井盖轧坏损坏消火栓。

(6)室内泡沫消火栓的栓口方向宜向下或与设置泡沫消火栓的墙面成 90°,栓口离地面或操作基面的高度一般为 1.1m,允许偏差为 ±20mm,坐标的允许偏差为 ±20mm。

(7)泡沫泵站内或站外附近泡沫混合液管道上设置的泡沫消火栓,要符合设计要求。

(五)泡沫产生装置的安装

1. 泡沫喷头

(1)泡沫喷头的安装要牢固、规整,安装时不要拆卸或损坏其喷头上的附件。

(2)顶部安装的泡沫喷头要安装在被保护物的上部,其坐标的允许偏差:室外安装为 ±15mm,室内安装为 ±10mm;标高的允许偏差:室外安装为 ±15mm,室内安装为 ±10mm。

(3)侧向安装的泡沫喷头要安装在被保护物的侧面并对准被保护物体,其距离允许偏差为 ±20mm。

(4)泡沫喷雾系统用于保护变压器时,喷头距带电体的距离要符合设计要求,并需要专门的喷头指向变压器绝缘子升高座孔口。

2. 低倍数泡沫产生器的安装

安装要求:

(1)液上喷射的泡沫产生器要根据产生器的类型安装,并符合设计要求。液上喷射泡沫产生器有横式和立式两种类型。横式泡沫产生器要水平安装在固定顶储罐罐壁的顶部或外浮顶储罐罐壁顶部的泡沫导流罩上。立式泡沫产生器要垂直安装在固定顶储罐罐壁顶部或外浮顶储罐罐壁顶部的泡沫导流罩上。

(2)水溶性液体储罐内泡沫溜槽的安装要沿罐壁内侧螺旋下降到距罐底 1.0~1.5m 处,溜槽与罐底平面夹角一般为 30°~45°;泡沫降落槽要垂直安装,其垂直度允许偏差为降落槽高度的 5‰,且不超过 30mm,坐标允许偏差为 25mm,标高允许偏差为 ±20mm。

(3)液下及半液下喷射的高背压泡沫产生器要水平安装在防火堤外的泡沫混合液管道上。

（4）在高背压泡沫产生器进口侧设置的压力表接口要竖直安装；其出口侧设置的压力表、背压调节阀和泡沫取样口的安装尺寸要符合设计要求，环境温度为0℃及以下的地区，背压调节阀和泡沫取样口上的控制阀需选用钢质阀门。

（5）液下喷射泡沫产生器或泡沫导流罩沿罐周均匀布置时，其间距偏差一般不大于100mm。

（6）外浮顶储罐泡沫喷射口设置在浮顶上时，泡沫混合液支管要固定在支架上，泡沫喷射口T形管的横管要水平安装，伸入泡沫堰板后要向下倾斜30°~60°。

（7）外浮顶储罐泡沫喷射口设置在罐壁顶部、密封或挡雨板上方或金属挡雨板的下部时，泡沫堰板的高度及与罐壁的间距要符合设计要求。其中，泡沫喷射口设置在罐壁顶部、密封或挡雨板上方时，泡沫堰板要高出密封0.2m以上，泡沫喷射口设置在金属挡雨板下部时，泡沫堰板的高度不低于0.3m。泡沫堰板和罐壁之间的距离要大于0.6m。

（8）泡沫堰板的最低部位设置排水孔的数量和尺寸要符合设计要求，并沿泡沫堰板周长均布，其间距偏差不宜大于20mm。其中排水孔的开孔面积按$1m^2$环形面积$280mm^2$确定，且排水孔高度不大于9mm。

（9）单、双盘式内浮顶储罐泡沫堰板的高度及与罐壁的间距要符合设计要求。泡沫堰板与罐壁的距离要不小于0.55m，泡沫堰板的高度要不小于0.5m。

（10）当一个储罐所需的高背压泡沫产生器并联安装时，需要将其并列固定在支架上，且需符合第③项和第④项的要求。

另外，半液下泡沫喷射装置需要整体安装在泡沫管道进入储罐处设置的钢质明杆闸阀与止回阀之间的水平管道上，并采用扩张器（伸缩器）或金属软管与止回阀连接，安装时不能拆卸和损坏密封膜及其附件。

检测方法：采用观察检查和尺量检查。

3. 中倍数泡沫产生器的安装

安装要求：中倍数泡沫产生器的安装要符合设计要求，安装时不能损坏或随意拆卸附件。

检测方法：采用拉线和尺量、观察检查。

4. 高倍数泡沫产生器的安装

安装要求：

（1）高倍数泡沫产生器要安装在泡沫淹没深度之上，尽量靠近保护对象，但不能受到爆炸或火焰的影响，同时，安装要保证易于在防护区内形成均匀的泡沫覆盖层。

（2）高倍数泡沫产生器是由动力驱动风叶转动鼓风，使大量的气流由进气端进入产生器的，故在距进气端的一定范围内不能有影响气流进入的遮挡物。一般情况下，要保证距高倍数泡沫产生器的进气端小于或等于0.3m处没有遮挡物。

（3）在高倍数泡沫产生器的发泡网前小于或等于1.0m处，不能有影响泡沫喷放的障碍物。

（4）高倍数泡沫产生器要整体安装,不得拆卸。另外,由于风叶由动力源驱动高速旋转,高倍数泡沫产生器固定不牢会产生振动和移位,因此,高倍数泡沫产生器须牢固地安装在建筑物、构筑物上。

（5）当泡沫产生器在室外或坑道应用时,还要采取防止风对泡沫产生器和泡沫分布产生影响的措施。按驱动风叶的原动机不同,高倍数泡沫产生器可分为电动式和水力驱动式。电动式高倍数泡沫产生器的发泡倍数较高,一般在 600 倍以上,发泡量范围大,一般为 200 ~ 2000m³/min。由于电动机不耐火,一般不要将电动式高倍数泡沫产生器安装在防护区内。水力驱动式高倍数泡沫产生器发泡倍数较低,一般为 200 ~ 800 倍;发泡量范围较小,一般为 40 ~ 400m³/min。水力驱动式高倍数泡沫产生器适用范围广,不仅可以用新鲜空气发泡,也可以用热烟气发泡,同时,可以安装在系统的防护区内。

检测方法:采用尺量检查和观察检查。

5. 固定式泡沫炮的安装

安装要求:

（1）固定式泡沫炮的立管要垂直安装,炮口要朝向防护区,并不能有影响泡沫喷射的障碍物。

（2）安装在炮塔或支架上的泡沫炮要牢固固定。因为固定式泡沫炮的进口压力一般在 1.0MPa 以上,流量也较大,其反作用力很大。

（3）电动泡沫炮的控制设备、电源线、控制线的规格、型号及设置位置、敷设方式、接线等要符合设计要求。

检测方法:采用观察检查。

二、管网及管道安装与技术检测

（一）检测要求

（1）水平管道安装时要注意留有管道坡度,在防火堤内要以 3‰的坡度坡向防火堤,在防火堤外应以 2‰的坡度坡向放空阀,以便于管道放空,防止积水,避免在冬季冻裂阀门及管道。

（2）当出现 U 形管时要有放空措施。

（3）立管要用管卡固定在支架上,管卡间距不能大于 3m,以确保立管的牢固性,使其在受外力作用和自身泡沫混合液冲击时不致损坏。

（4）埋地管道安装前要做好防腐处理,安装时不能损坏防腐层;埋地管道采用焊接时,焊缝部位要在试压合格后进行防腐处理;埋地管道在回填前要进行隐蔽工程验收,合格后及时回填,分层夯实。

（5）管道安装的允许偏差要符合规定。

(6)管道支架、吊架的安装要平整牢固,管墩的砌筑必须规整,其间距要符合设计要求。

(7)管道穿过防火堤、防火墙、楼板时,需要安装套管。穿防火堤和防火墙套管的长度不能小于防火堤和防火墙的厚度,穿楼板套管长度要高出楼板50mm,底部要与楼板底面相平;管道与套管间的空隙需要采用防火材料封堵;管道穿过建筑物的变形缝时,要采取保护措施。

(二)检测方法

标高用水准仪或拉线和尺量检查;水平管道平直度用水平仪、直尺、拉线和尺量检查;立管垂直度用吊线和尺量检查;与其他管道成排布置间距及与其他管道交叉时外壁或绝热层间距用尺量检查。

(三)泡沫混合液管道的安装

安装要求:

(1)当储罐上的泡沫混合液立管与防火堤内地上水平管道或埋地管道用金属软管连接时,不能损坏其编织网,并要在金属软管与地上水平管道的连接处设置管道支架或管墩。

(2)储罐上泡沫混合液立管下端设置的锈渣清扫口与储罐基础或地面的距离一般为0.3~0.5m;锈渣清扫口需要采用闸阀或盲板封堵;当采用闸阀时,要竖直安装。

(3)当外浮顶储罐的泡沫喷射口设置在浮顶上,且泡沫混合液管道采用的耐压软管从储罐内通过时,耐压软管安装后的运动轨迹不能与浮顶的支撑结构相碰,且与储罐底部伴热管的距离要大于0.5m,以防止耐压软管受热老化。

(4)外浮顶储罐梯子平台上设置的带闷盖的管牙接口,要靠近平台栏杆安装,并高出平台1.0m,其接口要朝向储罐;引至防火堤外设置的相应管牙接口,要面向道路或朝下。

(5)连接泡沫产生装置的泡沫混合液管道上设置的压力表接口要靠近防火堤外侧,并竖直安装。

(6)泡沫产生装置入口处的管道要用管卡固定在支架上,其出口管道在储罐上的开口位置和尺寸要符合设计及产品要求。

(7)泡沫混合液主管道上留出的流量检测仪器安装位置要符合设计要求。

(8)泡沫混合液管道上试验检测口的设置位置和数量要符合设计要求。

检测方法:采用观察和尺量检查。

(四)泡沫管道的安装

安装要求:

(1)液下喷射泡沫喷射管的长度和泡沫喷射口的安装高度,要符合设计要求。当液下喷射一个喷射口设在储罐中心时,其泡沫喷射管要固定在支架上;当液下喷射和半液下喷射设有2个及以上喷射口,并沿罐周均匀设置时,其间距偏差不能大于100mm。

(2)半固定式系统的泡沫管道,在防火堤外设置的高背压泡沫产生器快装接口要水平安装。

(3)液下喷射泡沫管道上的防油品渗漏设施要安装在止回阀出口或泡沫喷射口处;半液

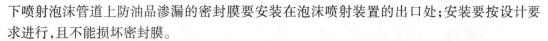

下喷射泡沫管道上防油品渗漏的密封膜要安装在泡沫喷射装置的出口处;安装要按设计要求进行,且不能损坏密封膜。

检测方法:采用观察和尺量检查。

(五)泡沫液管道的安装

安装要求:泡沫液管道冲洗及放空管道的设置要符合设计要求,当设计无要求时,要设置在泡沫液管道的最低处。

检测方法:采用观察检查。

(六)泡沫喷淋管道的安装

安装要求:

(1)泡沫喷淋管道支架、吊架与泡沫喷头之间的距离不宜小于0.3m,与末端泡沫喷头之间的距离不宜大于0.5m。

(2)泡沫喷淋分支管上每一直管段、相邻两泡沫喷头之间的管段设置的支架、吊架均不得少于1个,且支架、吊架的间距不得大于3.6m;当泡沫喷头的设置高度大于10m时,支架、吊架的间距不宜大于3.2m。

检测方法:采用尺量检查。

三、系统冲洗、试压

为确保系统投入运行后不出现泄露、管道及管件承压能力不足、杂质及污损物影响正常使用等问题,在管道安装完成后,须对管道进行水压强度试验和冲洗。

(一)管道的水压试验

(1)试验要求:试验要采用清水进行,试验时,环境温度不能低于5℃。低于5℃时,要采取防冻措施。试验压力为设计压力的1.5倍。试验前需要将泡沫产生装置、泡沫比例混合器(装置)隔离。

(2)检测方法:管道充满水,排净空气,用试压装置缓慢升压,当压力升至试验压力后,稳压10min,管道无损坏、变形,再将试验压力降至设计压力,稳压30min,以压力不降、无渗漏为合格。

(二)管道的冲洗

(1)冲洗要求:管道试压合格后,需要用清水冲洗,冲洗合格后,不能再进行影响管内清洁的其他施工。地上管道在试压、冲洗合格后需要进行涂漆防腐。

(2)检测方法:采用最大设计流量进行冲洗,水流速度不低于1.5m/s,以排出水色和透明度与入口水目测一致为合格。

四、系统调试

(一)泡沫比例混合器(装置)的调试

(1)调试要求:泡沫比例混合器(装置)的调试需要与系统喷泡沫试验同时进行,其混合

比要符合设计要求。

(2)检测方法:用流量计测量;蛋白、氟蛋白等折射指数高的泡沫液可用手持折射仪测量,水成膜、抗溶水成膜等折射指数低的泡沫液可用手持导电度测量仪测量。

(二)泡沫产生装置的调试

(1)调试要求:低、中、高倍数泡沫产生器要进行喷水试验,进口压力应符合设计要求;泡沫喷头、固定式泡沫炮和泡沫枪要进行喷水试验,其进口压力、射程和角度等应符合设计要求。高倍数泡沫产生器要进行喷水试验,其进口压力的平均值不能小于设计值,每台高倍数泡沫产生器发泡网的喷水状态要正常。

(2)检测方法:用压力表测量后进行观察和计算。对喷水试验进行手动或电动实际操作检查。

(三)泡沫消火栓的调试

(1)调试要求:泡沫消火栓要进行喷水试验,其出口压力应符合设计要求。

(2)检测方法:用压力表测量。

(四)系统功能测试

1.系统喷水试验

试验要求:当为手动灭火系统时,要以手动控制的方式进行一次喷水试验;当为自动灭火系统时,要以手动和自动控制的方式各进行一次喷水试验,其各项性能指标均要达到设计要求。

检测方法:用压力表、流量计、秒表测量。当系统为手动灭火系统时,选择最远的防护区或储罐进行喷水试验;当系统为自动灭火系统时,选择最大和最远两个防护区或储罐分别以手动和自动的方式进行喷水试验。

2.低、中倍数泡沫系统的喷泡沫试验

试验要求:低、中倍数泡沫灭火系统喷水试验完毕,将水放空后,进行喷泡沫试验;当为自动灭火系统时,要以自动控制的方式进行;喷射泡沫的时间不小于1min;实测泡沫混合液的混合比和泡沫混合液的发泡倍数,以及到达最不利点防护区或储罐的时间和湿式联用系统水与泡沫的转换时间,要符合设计要求。

检测方法:对于混合比的检测,蛋白、氟蛋白等折射指数高的泡沫液可用手持折射仪测量,水成膜、抗溶水成膜等折射指数低的泡沫液可用手持导电度测量仪测量;泡沫混合液的发泡倍数按现行国家标准《泡沫灭火剂》(GB 15308—2006)规定的方法测量;喷射泡沫的时间和泡沫混合液或泡沫到达最不利点防护区或储罐的时间,以及湿式系统自喷水至喷泡沫的转换时间,用秒表测量。喷泡沫试验要选择最不利点的防护区或储罐进行,为了节约试验成本,进行一次试验即可。

3.高倍数泡沫系统喷泡沫试验

试验要求:高倍数泡沫灭火系统喷水试验完毕,将水放空后,以手动或自动控制的方式

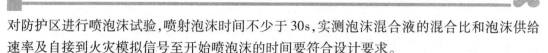

对防护区进行喷泡沫试验,喷射泡沫时间不少于30s,实测泡沫混合液的混合比和泡沫供给速率及自接到火灾模拟信号至开始喷泡沫的时间要符合设计要求。

检测方法:对于混合比的检测,蛋白、氟蛋白等折射指数高的泡沫液可用手持折射仪测量,水成膜、抗溶水成膜等折射指数低的泡沫液可用手持导电度测量仪测量;泡沫供给速度的检测方法是,记录各高倍数泡沫产生器进口端压力表的读数,用秒表测量喷射泡沫的时间,然后按制造厂给出的曲线查出对应的发泡量,经计算得出泡沫供给速度,供给速度不能小于设计要求的最小供给速度;喷射泡沫的时间和自接到火灾模拟信号至开始喷泡沫的时间,用秒表测量。对于高倍数泡沫系统,所有防护区均需要进行喷泡沫试验。

五、系统验收

泡沫灭火系统的施工质量验收需要包括下列内容:

(1)泡沫液储罐、泡沫比例混合器(装置)、泡沫产生装置、消防泵、泡沫消火栓、阀门、压力表、管道过滤器、金属软管等系统组件的规格、型号、数量、安装位置及安装质量。

(2)管道及管件的规格、型号、位置、坡向、坡度、连接方式及安装质量。

(3)固定管道的支架、吊架,管墩的位置、间距及牢固程度。

(4)管道穿防火堤、楼板、防火墙及变形缝的处理。

(5)管道和系统组件的防腐。

(6)消防泵房、水源及水位指示装置。

(7)动力源、备用动力及电气设备。

(一)系统水源的验收

(1)验收要求:室外给水管网的进水管管径及供水能力、消防水池(罐)和消防水箱容量,要符合设计要求。当采用天然水源作为系统水源时,其水量、水质要符合设计要求,并需要检查枯水期最低水位时确保消防用水的技术措施。过滤器的设置要符合设计要求。

(2)验收方法:对照设计资料采用流速计、尺等测量和观察检查;水质要进行取样检查,一般水质要符合工业用水的要求,确保水源无杂质、无腐蚀性,以防堵塞和腐蚀管道。

(二)动力源、备用动力及电气设备系统验收

(1)验收要求:动力源、备用动力及电气设备符合设计要求。

(2)验收方法:对照设计资料进行试验检查,看是否符合要求。

(三)消防泵房的验收

(1)验收要求:消防泵房的建筑防火要求符合相关规范的规定。消防泵房设置的应急照明、安全出口符合设计要求。备用电源、自动切换装置的设置符合设计要求。

(2)验收方法:对照图纸进行观察检查。

(四)消防水泵的验收

(1)验收要求:吸水管、出水管上的控制阀要锁定在常开位置,并有明显标记。工作泵、备用泵、吸水管、出水管及出水管上的泄压阀、止回阀、信号阀等的规格、型号、数量要符合设计要求。消防水泵在主电源下要能在规定时间内正常启动。当自动系统管网中的水压下降到设计最低压力时,稳压泵要能自动启动。自动系统的消防水泵启动控制要处于自动启动位置。消防水泵的引水方式要符合设计要求。

(2)验收方法:对照设计资料和产品说明书观察检查;打开消防水泵出水管上的手动测试阀,利用主电源向泵组供电;关掉主电源检查主备电源的切换情况,用秒表等观察检查。

(五)泡沫液储罐的验收

(1)验收要求:泡沫液储罐的规格、型号及安装质量要符合设计要求。泡沫液储罐的铭牌标记要清晰,并标有泡沫液种类、型号、出厂与灌装日期及储量等内容。

(2)验收方法:对照设计资料观察检查。

(六)泡沫比例混合器(装置)的验收

(1)验收要求:泡沫比例混合器(装置)的规格、型号及安装质量要符合设计及安装要求。混合比应符合设计要求。

(2)验收方法:对照设计资料和产品说明书观察检查;采用流量计或电导仪进行测量。

(七)泡沫产生装置的验收

(1)验收要求:泡沫产生装置的规格、型号及安装质量要符合设计及安装要求。

(2)验收方法:对照设计资料和产品说明书观察检查。

(八)报警阀组的验收

(1)验收要求:水力警铃的设置位置要正确。测试时,水力警铃喷嘴处压力不能小于0.05MPa,且距水力警铃3m处警铃声声强不能小于70dB。打开手动试水阀或电磁阀时,雨淋阀组要能可靠动作。控制阀要锁定在常开位置。

(2)验收方法:观察检查并核查相关证明材料;使用流量计、压力表观察检查;打开阀门放水,使用压力表、声级计和尺量检查。

(九)管网验收

(1)验收要求:管道的材质与规格、管径、连接方式、安装位置及采取的防冻措施要符合设计要求。管网放空坡度及辅助排水设施,要符合设计要求。管网上的控制阀、压力信号反馈装置、止回阀、试水阀、泄压阀、排气阀等,其规格和安装位置要符合设计要求。管墩、管道支、吊架的固定方式、间距要符合设计要求。管道穿越防火堤、楼板、防火墙、变形缝时的防火处理要符合设计要求。

(2)验收方法:观察检查和核查相关证明材料;使用水平尺和尺量检查。

(十)喷头的验收

(1)验收要求:喷头的规格、型号要符合设计要求。喷头的安装位置、安装高度、间距及与梁等障碍物的距离偏差要符合设计要求。

(2)验收方法:对照设计资料观察检查;对照图纸尺量检查。

（十一）水泵接合器的验收

（1）验收要求：水泵接合器的数量及进水管位置要符合设计要求。水泵接合器要进行充水试验，且系统最不利点的压力、流量要符合设计要求。

（2）验收方法：对照设计资料，使用流量计、压力表和观察检查。

（十二）系统功能验收

1. 低、中倍数泡沫灭火系统喷泡沫试验

试验要求：当泡沫灭火系统为自动灭火系统时，以自动控制的方式进行试验；喷射泡沫的时间不小于1min；实测泡沫混合液的混合比和泡沫混合液的发泡倍数，以及到达最不利点防护区或储罐的时间和湿式联用系统水与泡沫的转换时间要符合设计要求。

检测方法：蛋白、氟蛋白等折射指数高的泡沫液的混合比可用手持折射仪测量，水成膜、抗溶水成膜等折射指数低的泡沫液的混合比可用手持导电度测量仪测量；泡沫混合液的发泡倍数按现行国家标准《泡沫灭火剂》（GB 15308—2006）规定的方法测量；喷射泡沫的时间和泡沫混合液或泡沫到达最不利点防护区或储罐的时间，以及湿式系统自喷水至喷泡沫的转换时间，用秒表测量。

2. 高倍数泡沫灭火系统喷泡沫试验

试验要求：要以手动或自动控制的方式对防护区进行喷泡沫试验，喷射泡沫的时间不小于30s，实测泡沫混合液的混合比和泡沫供给速度，以及自接到火灾模拟信号至开始喷泡沫的时间要符合设计要求。

检测方法：蛋白、氟蛋白等折射指数高的泡沫液的混合比可用手持折射仪测量，水成膜、抗溶水成膜等折射指数低的泡沫液的混合比可用手持导电度测量仪测量；泡沫供给速度的检查，要记录各高倍数泡沫产生器进口端压力表的读数，用秒表测量喷射泡沫的时间，然后按制造厂给出的曲线查出对应的发泡量，经计算得出泡沫供给速度，供给速度不得小于设计要求的最小供给速度；喷射泡沫的时间和自接到火灾模拟信号至开始喷泡沫的时间，用秒表测量。试验时，任选一个防护区或储罐，进行一次试验即可。

第三节 系统维护管理

泡沫灭火系统在火灾时能否按设计要求投入使用，要由平时的定期检查、试验和检修来保证。整个系统需要确保在任何时间内都处于良好的工作状态。

一、系统巡查

泡沫灭火系统的使用或管理要由经过专门培训的人员负责，维护管理人员需要熟悉泡沫灭火系统的原理、性能和操作维护规程。维护管理人员需要每天对系统进行外观检查，并认真填写检查记录。系统巡查包括以下内容：

（1）查看消防泵及控制柜的工作状态，稳压泵、增压泵、气压水罐工作状态，泵房工作环境；查看消防水池水位及消防用水不被他用的设施；查看补水设施；查看防冻设施。

（2）查看泡沫喷头外观、泡沫消火栓外观、泡沫炮外观、泡沫产生器外观、泡沫液储罐间环境、泡沫液储罐外观、比例混合器外观、泡沫泵工作状态。

（3）查看水泵控制柜仪表、指示灯、控制按钮和标识；模拟主泵故障，查看自动切换启动备用泵情况，同时查看仪表及指示灯显示状态。

（4）查看泡沫液储罐罐体、铭牌及配件。

（5）查看相关阀门启闭性能，压力表状态。

（6）查看泡沫产生器吸气孔、发泡网及暴露的泡沫喷射口是否有堵塞。

二、系统检查与维护

泡沫灭火系统检查是指建筑使用、管理单位按照国家工程建设消防技术标准的要求，对已经投入使用的系统的组件、零部件等按照规定进行的检查、测试。

（一）消防泵和备用动力启动试验

每周需要对消防泵和备用动力以手动或自动控制的方式进行一次启动试验，看其是否运转正常，试验时泵可以打回流，也可空转，但空转时运转时间不大于5s，试验后必须将泵和备用动力及有关设备恢复原状。

（二）月检查项目

（1）对低、中、高倍数泡沫产生器、泡沫喷头、固定式泡沫炮、泡沫比例混合器（装置）和泡沫液储罐进行外观检查，各部件要完好无损。

（2）对固定式泡沫炮的回转机构、仰俯机构和电动操作机构进行检查，性能要达到标准的要求。

（3）泡沫消火栓和阀门要能自由开启与关闭，不能有锈蚀。

（4）压力表、管道过滤器、金属软管、管道及管件不能有损伤。

（5）对遥控功能或自动控制设施及操纵机构进行检查，性能要符合设计要求。

（6）储罐上的低、中倍数泡沫混合液立管要清除锈渣。

（7）动力源和电气设备工作状况要良好。

（8）水源及水位指示装置要正常。

（三）年检查项目

1.每半年检查要求

每半年除储罐上泡沫混合液立管和液下喷射防火堤内泡沫管道及高倍数泡沫产生器进口端控制阀后的管道外，其余管道需要全部冲洗，清除锈渣。对于储罐上泡沫混合液立管冲洗时，容易损坏密封玻璃，甚至把水打入罐内，影响介质的质量，若拆卸较困难，易损坏附件，因此可不冲洗，但要清除锈渣；对液下喷射防火堤内泡沫管道冲洗时，必然会把水打入罐内，影响介质的质量,若拆卸止回阀或密封膜也较困难,因此可不冲洗,也可不清除锈渣,因为泡沫喷射管的截面积比泡沫混合液管道的截面积大,不易堵塞。对高倍数泡沫产生器进口端控制阀后的管道不用冲洗和清除锈渣,因为这段管道设计时材料一般都是不锈钢的。

2.每两年检查要求

(1)对于低倍数泡沫灭火系统中的液上、液下及半液下喷射、泡沫喷淋、固定式泡沫炮和中倍数泡沫灭火系统进行喷泡沫试验,并对系统所有组件、设施、管道及管件进行全面检查。

(2)对于高倍数泡沫灭火系统,可在防护区内进行喷泡沫试验,并对系统所有组件、设施、管道及管件进行全面检查。

(3)系统检查和试验完毕,要将泡沫液泵或泡沫混合液泵、泡沫液管道、泡沫混合液管道、泡沫管道、泡沫比例混合器(装置)、泡沫消火栓、管道过滤器和喷过泡沫的泡沫产生装置等用清水冲洗后放空,复原系统。

三、系统常见故障分析及处理

1.泡沫产生器无法发泡或发泡不正常

(1)故障原因:泡沫产生器吸气口被异物堵塞;泡沫混合液不满足要求。

(2)故障处理:加强对泡沫产生器的巡检,发现异物及时清理;加强对泡沫比例混合器(装置)和泡沫液的维护和检测。

2.比例混合器锈死

(1)故障原因:使用后未及时用清水冲洗,泡沫液长期腐蚀混合器致使锈死。

(2)故障处理:加强检查,定期拆下保养,系统平时试验完毕后,用清水冲洗干净。

3.无囊式压力比例混合装置的泡沫液储罐进水

(1)故障原因:储罐进水的控制阀门选型不当或不合格,导致平时出现渗漏。

(2)故障处理:严格阀门选型,采用合格产品,加强巡检,发现问题及时处理。

4.囊式压力比例混合装置中因囊破裂而使系统瘫痪

(1)故障原因:比例混合装置中的囊因老化,承压降低;胶囊受力设计不合理,灌装泡沫液方法不当。

(2)故障处理:对胶囊加强维护管理,定期更换;采用合格产品,按正确的方法进行灌装。

5.平衡式比例混合装置的平衡阀无法工作

(1)故障原因:平衡阀的橡胶膜片由于承压过大被损坏。

(2)故障处理:选用采用耐压强度高的膜片;平时加强维护管理。

第九章　干粉灭火系统

干粉灭火系统
- 系统组件(设备)安装前检查
  - 系统构成
  - 系统部件现场检查
- 系统组件安装调试与检测验收
  - 系统组件的安装与技术检测
  - 系统试压和吹扫
  - 系统调试与现场功能测试
  - 系统验收
- 系统维护管理
  - 系统巡查
  - 系统周期性检查维护
  - 系统年度检测

1. 系统的分类和组成。
2. 干粉储存容器的安装要求。
3. 系统的调试步骤。
4. 系统检测内容和方法。

第一节　系统组件(设备)安装前检查

一、系统构成

干粉灭火系统由干粉储存装置、输送管道和喷头等组成,其中干粉储存装置内设有启动气体储瓶、驱动气体储瓶、减压阀、干粉储存容器、阀驱动装置、信号反馈装置、安全防护装置、压力报警及控制器等。为确保系统工作可靠性,必要时系统还需设置选择阀、检漏装置和称重装置等。

干粉灭火系统根据储存方式可分为储气瓶型干粉灭火系统和储压型干粉灭火系统;根据安装方式可分为固定式干粉灭火系统和半固定式干粉灭火系统;根据系统结构特点可分为管网干粉灭火系统、预制干粉灭火系统和干粉炮灭火系统;根据系统应用方式可分为全淹没灭火系统和局部应用灭火系统。

二、系统部件现场检查

干粉灭火系统施工安装前,按照施工过程质量控制要求,需要对质量控制文件、系统组件、材料进行现场检查(检验),不合格的组件、材料不得使用。

(一)干粉储存容器

干粉储存容器是用来储存干粉灭火剂的容器,一般为圆柱形,由两端为标准椭圆形的封头与中部直立圆筒焊接而成。干粉储存容器上设有充装干粉口、出粉管及法兰口、安全阀、压力表、进气及排气接口和清扫口等。

1. 外观质量检查

铭牌清晰、牢固、方向正确;干粉储存容器外表颜色为红色。无碰撞变形及其他机械性损伤,外露非机械加工表面保护涂层完好。品种、规格、性能等符合国家现行产品标准和设计要求。

2. 密封面检查

所有外露接口均设有防护堵、盖,且封闭良好,接口螺纹和法兰密封面无损伤。

3. 充装量检查

实际充装量不得小于设计充装量,也不得超过设计充装量的3%。可通过核查产品出厂合格证、灭火剂充装时称重测量等方法检查。

(二)其他部件

干粉灭火器其他部件包括气体储瓶、减压阀、选择阀、信号反馈装置、喷头、安全防护装置、压力报警及控制器等。

1. 外观和密封面要求

铭牌清晰、牢固、方向正确,无碰撞变形及其他机械性损伤,外露非机械加工表面保护涂层完好。品种、规格、性能等符合国家现行产品标准和设计标准要求。驱动气体储瓶容器阀具有手动操作机构。选择阀在明显部位永久性标有介质的流动方向。对同一规格干粉储存容器和驱动气体储瓶,其高度差不超过20mm。对同一规格的启动气体储瓶,其高度差不超过10mm。

2. 密封面检查要求

外露接口均设有防护堵、盖,且封闭良好。接口螺纹和法兰密封面无损伤。

（三）阀驱动装置

1. 外观质量检查要求

铭牌清晰、牢固、方向正确,无碰撞变形及其他机械性损伤。外露非机械加工表面保护涂层完好。所有外露接口均设有防护堵、盖,且封闭良好,接口螺纹和法兰密封面无损伤。

2. 功能检查要求

电磁驱动器的电源电压符合设计要求。电磁铁芯通电检查后行程能满足系统启动要求,且动作灵活,无卡阻现象。启动气体储瓶内压力不低于设计压力,且不超过设计压力的5%,设置在启动气体管道的单向阀启闭灵活,无卡阻现象。机械驱动装置传动灵活,无卡阻现象。

第二节　系统组件安装调试与检测验收

干粉灭火系统的安装调试、检测验收主要包括干粉储存装置、管网、喷头及系统其他组件等安装、系统试压和冲洗、系统调试、系统检测、验收等内容。

一、系统组件的安装与技术检测

干粉灭火系统的安装应在相应的技术标准、质量管理体系和施工质量检验制度下进行,并对施工全过程进行质量控制。在系统组件安装完成后,还须由建设单位组织委托相应资质的消防设施检测机构进行检测,以判断系统安装是否符合相关技术标准,确保系统能够按照设定的功能发挥作用,为系统竣工验收提供技术支持。

（一）干粉储存容器

1. 安装条件

干粉储存容器在安装前需核对其安装位置是否符合设计图纸要求,周边要留操作空间及维修间距。干粉储存容器的支座应与地面固定,并做防腐处理。安装地点避免潮湿或高温环境,不受阳光直接照射。

2. 安装要求

安全防护装置的泄压方向不能朝向操作面。压力显示装置方便人员观察和操作,阀门便于手动操作。

（二）驱动气体储瓶

1. 安装条件

驱动气体储瓶在安装前要检查瓶架是否固定牢固并做防腐处理。检查集流管和驱动气体管道内腔,确保清洁无异物并固定在瓶架上。

2. 安装要求

安装驱动气体储瓶时,注意安全防护装置的泄压方向不能朝向操作面。启动气体储瓶和驱动气体储瓶上压力显示装置、检漏装置的安装位置便于人员观察和操作。驱动介质流动方向与减压阀、止回阀标记的方向一致。

(三)干粉输送管道

干粉输送管道在安装前需清洁管道内部,避免油、水、泥沙或异物存留管道内。安装时应注意以下几点:

(1)采用螺纹连接时,管材采用机械切割;螺纹不得有缺纹和断纹等现象,拧紧螺纹时,避免将填料挤入管道内;安装后的螺纹根部有 2~3 条外露螺纹,连接处外部清理干净并做防腐处理。

(2)采用法兰连接时,衬垫不能凸入管内,其外边缘宜接近螺栓孔,不能放双垫或偏垫。拧紧后,凸出螺母的长度不能大于螺杆直径的 1/2,确保有不少于 2 条外露螺纹。

(3)管道穿过墙壁、楼板处须安装套管。套管公称直径比管道公称直径至少大 2 级,穿墙套管长度与墙厚相等,穿楼板套管长度高出地板 50mm。管道与套管间的空隙采用防火封堵材料填塞密实。当管道穿越建筑物的变形缝时,需设置柔性管段。

(4)管道末端采用防晃支架固定,支架与末端喷头间的距离不大于 500mm。

(5)经过防腐处理的无缝钢管不宜采用焊接连接,与选择阀等个别连接部位需采用法兰焊接连接时,要对被焊接损坏的防腐层进行二次防腐处理。

(四)喷头

(1)逐个核对其型号、规格及喷孔方向是否符合设计要求。当安装在吊顶下时,喷头如果没有装饰罩,其连接管的管端螺纹不能露出吊顶;如果带有装饰罩,装饰罩需紧贴吊顶安装。另外,在安装喷头时还应设有防护装置,以防灰尘或异物堵塞喷头。

(2)对于储压型系统,当采用全淹没灭火系统时,喷头的最大安装高度不大于 7m;当采用局部应用系统时,喷头最大安装高度不大于 6m。对于储气瓶型系统,当采用全淹没灭火系统时,喷头的最大安装高度不大于 8m;当采用局部应用系统时,喷头最大安装高度不大于 7m。

(五)其他组件和管件

1.减压阀

减压阀的流向指示箭头与介质流动方向一致。压力显示装置安装在便于人员观察的位置。

2.选择阀

选择阀的流向指示箭头与介质流动方向指向一致。选择阀采用螺纹连接时,其与管网连接处采用活接或法兰连接。选择阀上需设置标明防护区或保护对象名称或编号的永久性标志牌。选择阀操作手柄安装在操作面一侧,当安装高度超过 1.7m 时,需采取便于操作的措施。

3.阀驱动装置

对于拉索式机械阀驱动装置,拉索转弯处采用专用导向滑轮,拉索末端拉手需设在专用的保护盒内,且拉索套管和保护盒固定牢靠。对于重力式机械阀驱动装置,需保证重物在下落行程中无阻挡,其下落行程需保证驱动所需距离,且不小于25mm。对于气动阀驱动装置,启动气体储瓶上需永久性标明对应防护区或保护对象的名称或编号。

二、系统试压和吹扫

为确保系统投入运行后不出现漏粉、管道及管件承压能力不足、杂质及污损物影响正常使用等问题,在管网安装完成后,需对管网进行强度试验和严密性试验。

(一)基本要求

准备不少于2只的试验用压力表,精度不低于1.5级,量程为试验压力值的1.5~2.0倍。试压冲洗方案已获批准。隔离或者拆除不能参与试压的设备、仪表、阀门及附件;加设的临时盲板具有突出于法兰的边耳,且有明显标志,并对临时盲板数量、位置进行记录。采用生活用水进行水压试验和管网冲洗,不得使用海水或者含有腐蚀性化学物质的水进行试压试验、管网冲洗。

(二)水压强度试验

水压强度试验前,用温度计测试环境温度,确保环境温度不低于5℃,如果低于5℃,需采取必要的防冻措施,以确保水压试验正常进行。另外,还应在试验前对照设计文件核算试压试验压力,确保水压强度试验压力为不低于1.5倍系统最大工作压力。

水压强度试验时,其测试点选择在系统管网的最低点;管网注水时,将管网内的空气排净,以不大于0.5MPa/s的速率缓慢升压至试验压力,达到试验压力后,稳压5min,管网无泄漏、无变形。可采用试压装置进行试验,目测观察管网外观和测压用压力表。系统试压过程中出现泄漏时,停止试压,放空管网中的试验用水;消除缺陷后,重新试验。

(三)气压强度试验

当水压强度试验条件不具备时,可采用气压强度试验代替。气压强度试验压力取1.15倍系统最大工作压力。在试验前,用加压介质进行预试验,预试验压力为0.2MPa;试验时,逐步缓慢增加压力,当压力升至试验压力的50%时,如未发现异状或泄漏,继续按试验压力的10%逐级升压,每级稳压3min,直至试验压力;保压检查管道各处无变形、无泄漏为合格。

(四)管网吹扫

干粉输送管道在水压强度试验合格后,在气密性试验前需进行吹扫。管网吹扫可采用压缩空气或氮气;吹扫时,管道末端的气体流速不小于20m/s。可采用白布检查,直至无铁锈、尘土、水渍及其他异物出现。

(五)气密性试验

进行气密性试验时,应以不大于0.5MPa/s的升压速率缓慢升压至试验压力。关断试验气源3min内压力降不超过试验压力的10%为合格。

三、系统调试与现场功能测试

干粉灭火系统调试在系统各组件安装完成后进行,系统调试包括对系统进行模拟启动试验、模拟喷放试验和模拟切换操作试验等。

(一)模拟自动启动试验

(1)将灭火控制器的启动信号输出端与相应的启动驱动装置连接,启动驱动装置与启动阀门的动作机构脱离。对于燃气型预制灭火装置,可以用一个启动电压、电流与燃气发火装置相同的负载代替启动驱动装置。

(2)人工模拟火警使防护区内任意一个火灾探测器动作。

(3)观察探测器报警信号输出后,防护区的声光报警信号及联动设备动作是否正常。

(4)人工模拟火警使防护区内两个独立的火灾探测器动作。观察灭火控制器火警信号输出后,防护区的声光报警信号及联动设备动作是否正常。

(二)模拟手动启动试验

(1)将灭火控制器的启动信号输出端与相应的启动驱动装置连接,启动驱动装置与启动阀门的动作机构脱离。

(2)分别按下灭火控制器的启动按钮和防护区外的手动启动按钮,观察防护区的声光报警信号及联动设备动作是否正常。

(3)按下手动启动按钮后,在延迟时间内再按下紧急停止按钮,观察灭火控制器启动信号是否终止。

(三)模拟喷放试验

1.试验要求

模拟喷放试验采用干粉灭火剂和自动启动方式,干粉用量不少于设计用量的30%;当现场条件不允许喷放干粉灭火剂时,可采用惰性气体;采用的试验气瓶需与干粉灭火系统驱动气体储瓶的型号规格、阀门结构、充装压力、连接与控制方式一致。试验时应保证出口压力不低于设计压力。

2.试验方法

(1)启动驱动气体释放至干粉储存容器。

(2)容器内达到设计喷放压力并达到设定延时后,开启释放装置。

(3)在模拟喷放完毕后,还需进行模拟切换试验,试验时将系统使用状态从主用量干粉储存容器切换为备用量干粉储存容器,驱动气体储瓶、启动气体储瓶同时切换。

(四)干粉炮调试

1.试验要求

(1)采用液(气)压源作动力的干粉炮,其液(气)压源的实测工作压力需符合产品使用说明书的要求。

(2)电动阀门全部调试。

(3)无线遥控装置全部调试。

(4)系统调试以氮气代替干粉进行联动试验。

(5)装有现场手动按钮的干粉炮灭火系统,现场手动按钮所控制的相应联动单元全部调试。

2.判定标准

(1)有反馈信号的电动阀门反馈信号准确、可靠。

(2)无线遥控装置的遥控距离符合设计要求;多台无线遥控装置同时使用时,没有相互干扰或被控设备误动作现象。

(3)联动试验按设计的每个联动单元进行喷射试验时,其结果符合设计要求。

(4)装有现场手动按钮的干粉炮灭火系统,当现场手动按钮按下后,系统按设计要求自动运行,其各项性能指标均达到设计要求。

四、系统验收

系统各组件安装、调试完成后,需对系统进行技术检测和验收,以判断系统安装是否符合相关技术标准,系统调试是否符合相关功能要求,以确保系统能够按照设定的功能发挥作用,为确保系统工作可靠提供技术支持。

(一)系统组件验收

1.干粉储存容器

(1)干粉储存容器的数量、型号和规格、位置与固定方式、油漆和标志等。

(2)干粉灭火剂的类型、干粉充装量和干粉储存容器的安装质量。

2.驱动气体储瓶

(1)驱动气体储瓶的型号、规格和数量。

(2)驱动气体储瓶充装量、充装压力和气体种类。

3.集流管、驱动气体管道和减压阀

(1)规格、连接方式、布置及其安全防护装置的泄压方向。

(2)集流管内腔清洁度。

(3)支、框架牢固程度及防腐处理程度。

(4)减压阀的流向指示箭头指向。

(5)减压阀的压力显示装置安装位置便于人员观察。

4.阀驱动装置

(1)阀驱动装置的数量、型号、规格和标志、安装位置。

(2)气动阀驱动装置中启动气体储瓶的介质名称和充装压力,以及启动气体管道的规格、布置和连接方式。

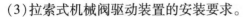

（3）拉索式机械阀驱动装置的安装要求。

（4）气动阀驱动装置的启动气体储瓶是否永久性标明对应防护区或保护对象的名称或编号。

合格判定标准：

①阀驱动装置的数量、型号、规格和标志、安装位置符合设计要求。

②气动阀驱动装置的启动气体储瓶上需永久性标明对应防护区或保护对象的名称或编号。

③拉索式机械阀驱动装置的拉索除必要外露部分外，其他部分采用了经内外防腐处理的钢管防护；拉索转弯处设置有专用导向滑轮；拉索末端拉手设在专用的保护盒内；拉索套管和保护盒已固定牢靠。

5.管道

管道的布置与连接方式。支架和吊架的位置及间距。穿过建筑构件及其变形缝的处理。穿过建筑构件及其变形缝的处理、各管道和附件的型号规格，以及防腐处理和油漆颜色符合消防技术标准和设计要求。管道固定牢靠，管道末端采用防晃支架固定，支架与末端喷头间的距离不大于 500mm。管道的外表面红色油漆涂覆。

6.喷头

（1）喷头的数量、型号、规格、安装位置和方向。

（2）是否设有防止灰尘或异物堵塞的防护装置。

7.启动气体储瓶和选择阀

启动气体储瓶和选择阀的机械应急手动操作处是否设有标明对应防护区或保护对象名称的永久标志。启动气体储瓶和选择阀是否加铅封的安全销，现场手动启动按钮是否有防护罩。

（二）防护区或保护对象及储存间验收

1.验收内容

（1）防护区或保护对象的位置、用途、几何尺寸、开口、通风环境，可燃物种类与数量，防护区封闭结构等。

（2）安全设施（疏散通道、应急照明、标志指示、声光报警、通风排气、安全泄压等）。

（3）干粉储存装置专用间的位置、通道、耐火等级、应急照明、火灾报警控制电源等。

（4）火灾报警控制系统及联动设备。

2.验收方法

观察检查、功能检查或核对设计要求。

3.合格判定标准

（1）防护区或保护对象的设置条件符合设计要求。

（2）防护区的疏散通道、疏散指示标志和应急照明装置、防护区内和入口处的声光报警

装置、入口处的安全标志及干粉灭火剂喷放指示门灯、无窗或固定窗扇的地上防护区和地下防护区的排气装置和门窗设有密封条的防护区的泄压装置符合设计要求。

（3）储存装置间的位置、通道、耐火等级、应急照明装置及地下储存装置间机械排风装置符合设计要求。

（三）系统功能验收

系统功能验收包括进行模拟启动试验验收、模拟喷放试验验收和模拟主、备用电源切换试验，其试验方法和判定标准同功能测试相同。

第三节　系统维护管理

干粉灭火系统的维护管理是系统正常完好、有效使用的基本保障。维护管理人员经过消防专业培训，熟悉干粉灭火系统的原理、性能和操作维护规程。

一、系统巡查

巡查是指对建筑消防设施直观属性的检查。干粉灭火系统的巡查主要是针对系统组件外观、现场运行状态、系统监测装置工作状态、安装部位环境条件等的日常巡查。

（一）巡查内容及要求

系统巡查内容包括喷头外观及其周边障碍物、驱动气体储瓶、灭火剂储存装置、干粉输送管道、选择阀、阀驱动装置外观与灭火控制器工作状态等。

（1）喷头：外观无机械损伤，内外表面无污物；安装位置和喷孔方向与设计要求一致。

（2）干粉储存容器：无碰撞变形及其他机械性损伤，表面保护涂层完好。

（3）管道：管道及管道附件的外观平整光滑，不能有碰撞、腐蚀。

（4）阀驱动装置：电气连接线沿固定灭火剂储存容器的支、框架或墙面固定；电磁铁芯动作灵活，无卡阻现象。

（5）选择阀：操作手柄安装在操作面一侧且便于操作，高度不超过 1.7m；设置标明防护区名称或编号的永久性标志牌，并将标志牌固定在操作手柄附近。

（6）集流管：固定支、框架固定牢靠；装有泄压装置的集流管，泄压装置的泄压方向朝向操作面。

（二）巡查方法

采用目测的方法，检查系统及其组件外观、阀门启闭状态、用电设备及其控制装置工作状态和压力监测装置（压力表）的工作情况。

二、系统周期性检查维护

建筑使用、管理单位对已经投入使用的干粉灭火系统按照规定周期进行的检查、测试。

（一）日检查项目

1.检查项目

干粉储存装置外观;灭火控制器运行情况;启动气体储瓶和驱动气体储瓶压力。

2.检查内容

（1）干粉储存装置是否固定牢固,标志牌是否清晰。

（2）启动气体储瓶和驱动气体储瓶压力是否符合设计要求。

（二）月检查项目

1.检查项目

干粉储存装置部件和驱动气体储瓶充装量。

2.检查内容

检查干粉储存装置部件是否有碰撞或机械性损伤,防护涂层是否完好;铭牌、标志、铅封是否完好。对驱动气体储瓶逐个进行称重检查。

（三）年检查项目

1.检查项目

防护区及干粉储存装置间;管网、支架及喷放组件;模拟启动检查。

2.检查内容

（1）防护区的疏散通道、疏散指示标志和应急照明装置、防护区内和入口处的声光报警装置、安全标志及干粉灭火剂喷放指示门灯。

（2）无窗或固定窗扇的地上防护区和地下防护区的排气装置和门窗。

（3）储存装置间的位置、通道、耐火等级、应急照明装置及地下储存装置间机械排风装置。

3.管网、支架及喷放组件

（1）干粉储存容器的数量、型号和规格,位置与固定方式,油漆和标志,干粉充装量,以及干粉储存容器的安装质量。

（2）集流管、驱动气体管道和减压阀的规格、连接方式、布置及其安全防护装置的泄压方向。

（3）选择阀及信号反馈装置的数量、型号、规格、位置、标志及其安装质量。

（4）阀驱动装置的数量、型号、规格和标志,安装位置,气动阀驱动装置中启动气体储瓶的介质名称和充装压力,以及启动气体管道的规格、布置和连接方式。

（5）管道的布置与连接方式、支架和吊架的位置及间距、穿过建筑构件及其变形缝的处理、各管段和附件的型号规格以及防腐处理和油漆颜色。

（6）喷头的数量、型号、规格、安装位置和方向。

（7）灭火控制器及手动、自动转换开关,手动启、停按钮,喷放灯、声光报警装置等联动设备的设置。

三、系统年度检测

年度检测是建筑使用、管理单位按照相关法律法规和工程建设消防技术标准,每年度开展的定期功能性检查和测试;建筑使用、管理单位的年度检测可以委托具有资质的消防技术服务单位实施。

(一)喷头

喷头数量、型号、规格、安装位置和方向符合要求,组件无机械性损伤,有型号、规格的永久性标识。

(二)储存装置

(1)干粉储存容器的数量、型号和规格,位置与固定方式,油漆和标志符合设计要求。

(2)驱动气瓶压力和干粉充装量符合设计要求。

(三)功能检测

1.检测内容及要求

模拟干粉喷放功能检测;模拟自动启动功能检测;模拟手动启动/紧急停止功能检测;备用瓶组切换功能检测。

2.检测步骤

(1)选择试验所需的干粉储存容器,并与驱动装置完全连接。

(2)拆除驱动装置动作机构,接启动电压、电流相同负载,使压力器动作,观察放气指示灯。按下手动启动按钮,观察有关设备动作是否正常。

(3)重复试验,在启动喷射延时阶段按手动紧急停止按钮,观察自动灭火启动信号是否被中止。

(4)将系统使用状态从主用量灭火剂储存容器切换至备用量灭火剂储存容器的使用状态。

第十章 建筑灭火器

知识框架

建筑灭火器
- 安装设置
  - 现场检查
  - 安装设置
- 竣工验收
  - 灭火器配置验收
  - 灭火器安装设置质量验收
  - 建筑灭火器竣工验收判定标准
- 维护管理
  - 灭火器日常管理
  - 灭火器维修与报废

考点梳理

1. 灭火器安装前现场质量检查。
2. 灭火器配置竣工验收方法及判定标准。
3. 灭火器日常管理的内容和要求。
4. 灭火器维修步骤及其技术要求。

考点精讲

第一节 安装设置

新建、扩建的建设工程,灭火器安装设置前,安装人员要对安装条件进行检查,重点对照经批准的消防设计文件以及灭火器配置标准、设置要求等,检查建筑灭火器配置设计文件(设计图纸、设计说明、材料表等)的合法性和完整性,施工现场灭火器安装配置的基本条件等。

一、现场检查

灭火器购置进场后,首先对灭火器及其附件、灭火器箱等消防产品进行现场检查,灭火器的配置类型、规格、数量等符合消防设计文件要求;经检查不合格的,不得用于安装设置。

(一)质量保证文件检查

1.检查内容

检查灭火器及其附件、灭火器箱符合市场准入规定的证明文件、出厂合格证、使用和维修说明;核查产品与市场准入文件、消防设计文件的一致性。

2.合格判定标准

(1)各类型、各规格型号的灭火器及其附件、灭火器箱、发光指示标志的质量保证文件符合市场准入规定,具有法定消防产品检测机构型式检验合格的检验报告,校核其质量保证文件复印件,与原件一致无误、无涂改。

(2)每具灭火器及其挂钩、托架等附件、灭火器箱、发光指示标志均有对应的出厂合格证。

(3)到场灭火器、灭火器箱的外观、标志、规格型号、结构部件、材料、性能参数、生产厂名及厂址等与其型式检验报告一致。

(4)到场灭火器箱、灭火器及其配件的类型、规格、数量,以及灭火器的灭火级别等与经消防设计审查、备案检查合格的建设工程消防设计文件要求一致。

(5)每具灭火器及其附件均有使用说明书,其内容包括灭火器及其附件安装、操作和维护保养的说明、警告和提示,并有灭火器维修、再充装时阅读生产厂家维修手册的提示。

(二)现场质量检查

1.外观标志检查

检查灭火器箱标志、铭牌、使用说明标志以及翻盖式灭火器箱开启标志。

合格判定标准:标志字体醒目、均匀、完整;字体尺寸不得小于 $30mm \times 60mm$(宽×高);灭火器箱正面粘贴发光标志;灭火器箱的正面右下角设置耐久性铭牌,铭牌内容包括产品名称、型号规格、注册商标或者生产厂家名称、生产厂址、生产日期或者产品批号、执行标准等;翻盖式灭火器箱在翻盖上标注有开启方向的标示。

2.外观质量检查

检查灭火器箱机械加工质量、配件及零部件安装质量及其公差等。

检查方法:目测检查灭火器箱机械加工质量,采用直尺、游标卡尺等测量零部件装配公差。

合格判定标准:灭火器箱各表面无凹凸不平,箱体无烧穿、焊瘤、毛刺、铆印,冲压件表面无褶皱等明显的机械加工缺陷;灭火器箱箱体无歪斜、翘曲等变形,置地式灭火器箱在水平地面上无倾斜、摇晃等现象；不耐腐蚀金属材料制造的灭火器箱表面防腐涂层光滑平整，色泽均匀，无流痕、龟裂、气泡、划痕、碰伤、剥落和锈迹等缺陷；开门式灭火器箱的箱门关闭到位后，与四周框面平齐，与箱框之间的间隙均匀平直，不影响箱门开启。经游标卡尺实测检查，其箱门平面度误差不大于2mm，灭火器箱正面的零部件凸出箱门外表面高度不大于15mm，其他各面零部件凸出其外表面高度不大于10mm；经直尺实测检查，门与框最大间隙不超过2.5mm；经游标卡尺实测检查，翻盖式灭火器箱箱盖在正面凸出不超过20mm，在侧面凸出不超过45mm，且均不小于15mm。

3. 箱体结构及箱门(盖)开启性能检查

目测检查翻盖式灭火器箱结构、开门式灭火器箱箱门结构和开启性能，在箱门、箱盖垂直方向采用测力计测量其开启力度，采用量角器测量其开启角度。

合格判定标准：符合下列要求的，灭火器箱体结构及箱门性能检查判定为合格；翻盖式灭火器箱正面的上挡板在箱盖打开后能够翻转下落；开门式灭火器箱箱门设有箱门关紧装置，且无锁具；灭火器箱箱门、箱盖开启操作轻便灵活，无卡阻；经测力计实测检查，开启力不大于50N；箱门开启角度不小于175°，箱盖开启角度不小于100°。

(三)现场质量检查

1. 外观标志检查

(1)检查内容：检查灭火器发光标志、铭牌、永久性钢印标志的内容和警示说明等。

(2)合格判定标准：

①灭火器上的发光标示，无明显缺陷和损伤，能够在黑暗中显示灭火器位置。

②经检查，灭火器认证标志、铭牌的主要内容齐全，包括灭火器名称、型号和灭火剂种类、灭火级别和灭火种类、使用温度、驱动气体名称和数量(压力)、制造企业名称、使用方法、再充装说明和日常维护说明等。贴花端正平服、不脱落，不缺边少字，无明显皱褶、气泡等缺陷。

③灭火器底圈或者颈圈等不受压位置的水压试验压力和生产日期等永久性钢印标志、钢印打制的生产连续序号等清晰。

④二氧化碳灭火器在瓶体肩部打制的钢印清晰，排列整齐，呈扇面状排列，钢印标记标注内容齐全。

⑤灭火器压力指示器表盘有灭火剂适用标志(如干粉灭火剂用"F"表示，水基型灭火剂用"S"表示，洁净气体灭火剂用"J"表示等)；指示器红区、黄区范围分别标有"再充装""超充装"的字样。

⑥推车式灭火器采用旋转式喷射枪的，其枪体上标注有指示开启方法的永久性标识。

2. 外观质量检查

(1)检查内容：检查灭火器及其附件机械加工、外表涂层质量。

（2）合格判定标准：灭火器筒体及其挂钩、托架等无明显缺陷和机械损伤。灭火器及其挂钩、托架等外表涂层色泽均匀，无龟裂、明显流痕、气泡、划痕、碰伤等缺陷；灭火器的电镀件表面无气泡、明显划痕、碰伤等缺陷。

3.结构检查

（1）检查内容：检查灭火器结构以及保险机构、器头（阀门）、压力指示器、喷射软管及喷嘴、推车式灭火器推行机构等装配质量。

（2）合格判定标准：

①灭火器开启机构灵活、性能可靠，不得倒置开启和使用；提把和压把无机械损伤，表面不得有毛刺、锐边等影响操作的缺陷。

②灭火器器头（阀门）外观完好，无破损，并安装有保险装置，保险装置的铅封（塑料带、线封）完好无损。

③除二氧化碳灭火器外的储压式灭火器装有压力指示器。经检查，压力指示器的种类与灭火器种类相符，其指针在绿色区域范围内；压力指示器20℃时显示的工作压力值与灭火器标志上标注的20℃的充装压力相同。

④二氧化碳灭火器的阀门能够手动开启、自动关闭，其器头设有超压保护装置，保护装置完好有效。

⑤3kg以上充装量的配有喷射软管，经钢卷尺测量，手提式灭火器喷射软管的长度不得小于400mm，推车式灭火器喷射软管的长度不得小于4m。

⑥手提式灭火器装有间歇喷射机构。除二氧化碳灭火器外的推车式灭火器的喷射软管前端，装有可间歇喷射的喷射枪，设有喷射枪夹持装置，灭火器推行时喷射枪不脱落。

⑦推车式灭火器的行驶机构完好，有足够的通过性能，推行时无卡阻；经直尺实际测量，灭火器整体（轮子除外）最低位置与地面之间的间距不小于100mm。

二、安装设置

灭火器安装设置包括灭火器、灭火器箱、挂钩、托架和发光指示标志等安装设置。灭火器稳固安装在便于取用，且不影响人员安全疏散的位置，铭牌朝外，灭火器器头向上，其配置点的环境温度不得超出灭火器使用温度范围。灭火器箱箱体正面或者灭火器设置点附近的墙面上，设有指示灭火器位置的发光标志；有视线障碍的灭火器配置点，在其醒目部位设置指示灭火器位置的发光标示。

（一）手提式灭火器安装设置要求

手提式灭火器设置在灭火器箱内或者挂钩、托架上；环境干燥、洁净的场所可直接将其放置在地面上。

1.灭火器箱的安装

灭火器箱不得被遮挡、上锁或者拴系。灭火器箱箱门开启方便灵活，开启后不得阻挡人

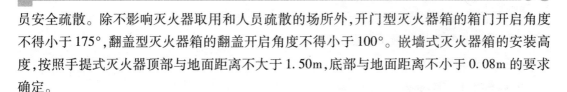

员安全疏散。除不影响灭火器取用和人员疏散的场所外,开门型灭火器箱的箱门开启角度不得小于175°,翻盖型灭火器箱的翻盖开启角度不得小于100°。嵌墙式灭火器箱的安装高度,按照手提式灭火器顶部与地面距离不大于1.50m,底部与地面距离不小于0.08m的要求确定。

2.灭火器挂钩、托架等附件的安装

(1)挂钩、托架安装后,能够承受5倍的手提式灭火器(当5倍的手提式灭火器质量小于45kg时,按45kg计)的静载荷,承载5min后,不出现松动、脱落、断裂和明显变形等现象。

(2)挂钩、托架按照下列要求安装:保证可用徒手的方式便捷地取用设置在挂钩、托架上的手提式灭火器。2具及以上手提式灭火器相邻设置在挂钩、托架上时,可任取其中1具。

(3)设有夹持带的挂钩、托架,夹持带的开启方式可从正面看到。当夹持带打开时,灭火器不得坠落。

(4)挂钩、托架的安装高度满足手提式灭火器顶部与地面距离不大于1.50m,底部与地面距离不小于0.08m的要求。

(二)推车式灭火器的设置

推车式灭火器设置在平坦的场地上,不得设置在台阶、坡道等地方,其设置按照消防设计文件和安装说明实施。在没有外力作用下,推车式灭火器不得自行滑动,推车式灭火器的设置和防止自行滑动的固定措施等均不得影响其操作使用和正常行驶移动。

第二节 竣工验收

新建、扩建的建设工程的灭火器安装设置完成后,安装单位提交建筑灭火器配置工程竣工图、配置定位编码表和灭火器的有关质量证明文件、出厂合格证、使用维护说明书等资料。灭火器配置验收由建设单位组织设计、安装、监理等单位按照消防设计文件和国家标准《建筑灭火器配置验收及检查规范》(GB 50444—2008)实施,填写建筑灭火器配置验收报告。

一、灭火器配置验收

(一)验收检查的内容

(1)查验灭火器选型及基本配置要求。

(2)查验灭火器配置点设置、灭火器数量及其保护距离。

(二)验收检查方法

(1)现场核查灭火器配置数量,核对灭火器铭牌,查验灭火器类型、规格、灭火级别等基本配置要求。

(2)同一个配置单元内配置有不同类型灭火器时,核实其灭火剂的相容性。

（3）目测检查灭火器配置点的环境条件和灭火器放置方式，采用卷尺实地测量灭火器配置点之间以及与配置场所最不利点的距离。

（三）合格判定标准

1.基本配置合格标准

（1）经对照检查，配置单元内的灭火器类型、规格、灭火级别和配置数量符合消防设计审查、备案检查合格的消防设计文件要求。

（2）经检查，经备案未确定为检查项目的，其灭火器类型与其场所的火灾种类相匹配；每个配置单元内灭火器数量不少于2具，每个设置点灭火器不多于5具；住宅楼每层公共部位建筑面积超过100m²的，配置1具1A的手提式灭火器；每增加100m²，增配1具1A的手提式灭火器。

（3）经核对，同一配置单元配置的不同类型灭火器，其灭火剂类型不属于不相容的灭火剂。

2.设置点及其间距

（1）经目测检查，灭火器配置点设在明显、便于灭火器取用且不影响安全疏散的地点。设置在室外的，设有防湿、防寒、防晒等保护措施；设置在潮湿性、腐蚀性场所的，设有防湿、防腐蚀措施。

（2）经实际测量，配置单元内灭火器的保护距离不小于本场所相对应的火灾类别、危险等级的场所的灭火器最大保护距离要求。

二、灭火器安装设置质量验收

灭火器安装设置验收是针对灭火器及其附件、灭火器箱的安装质量实施的验收。

（一）验收检查的内容

灭火器安装设置质量验收检查主要包括以下内容：

（1）抽查灭火器及其附件、灭火器箱外观标志和外观质量。

（2）抽查灭火器及其附件、灭火器箱安装质量。

（二）验收检查方法

采用目测观察的方法检查灭火器及其附件、灭火器箱的外观标志、外观质量、结构，采用直尺、卷尺、测力计等通用量具测量相关安装尺寸、承重能力等。

三、建筑灭火器竣工验收判定标准

建筑灭火器配置验收按照单栋建筑独立验收，局部验收按照规定要求申报。其项目缺陷划分为严重缺陷项（A）、重缺陷项（B）和轻缺陷项（C），灭火器配置验收的合格判定条件为：A＝0，且B≤1，B＋C≤4；否则，验收评定为不合格。

第三节　维护管理

建筑灭火器的维护管理包括日常管理、维修与报废、建档等工作。灭火器日常管理、建档工作由建筑(场所)使用管理单位的消防技术人员负责实施,灭火器维修由具有资质的专业维修机构负责实施。建筑灭火器购置或者安装时,建筑使用管理单位或者安装单位要对生产企业提供的质量保证文件进行查验,生产企业对于每具灭火器均需提供一份使用说明书;对于每类灭火器,需提供一本维修手册。

一、灭火器日常管理

建筑(场所)使用管理单位确定专门人员,对灭火器进行日常检查,并根据生产企业提供的灭火器使用说明书,对员工进行灭火器操作使用培训。

建筑灭火器日常检查分为巡查和检查两种情形。巡查是在规定周期内对灭火器直观属性的检查,检查是在规定期限内根据消防技术标准对灭火器配置和外观进行的全面检查。

(一)巡查

1.巡查内容

巡查内容包括灭火器配置点状况、灭火器数量、外观、维修标识以及灭火器压力指示器等。

2.巡查周期

灭火器巡查周期为重点单位每天至少巡查1次,其他单位每周至少巡查1次。

3.巡查要求

灭火器配置点符合安装配置图表要求,配置点及其灭火器箱上有符合规定要求的发光指示标志。灭火器数量符合配置安装要求,灭火器压力指示器指向绿区。灭火器外观无明显损伤和缺陷,保险装置的铅封、销闩等组件完好无损。经维修的灭火器,维修标识符合规定。

(二)检查

1.检查内容

全面检查灭火器配置及外观。

2.检查周期

灭火器的检查周期为对灭火器的配置、外观等全面检查每月进行1次,候车(机、船)室、歌舞娱乐放映游艺等人员密集的公共场所以及堆场、罐区、石油化工装置区、加油站、锅炉房、地下室等场所配置的灭火器每半月检查1次。

3.检查要求

应对灭火器的配置、外观等全面检查,灭火器检查时进行详细记录,并存档。

检查或者维修后的灭火器按照原配置点位置和配置要求放置。巡查、检查中发现灭火器被挪动、缺少零部件、有明显缺陷或者损伤、灭火器配置场所的使用性质发生变化等情况的,及时按照单位规定程序进行处置;符合维修条件的,及时送修;达到报废条件、年限的,及时报废,不得使用,并采用符合要求的灭火器进行等效更换。

二、灭火器维修与报废

建筑(场所)使用管理单位对照灭火器生产企业提供的使用说明书和维修手册,检查灭火器使用情况时,符合报修条件或者达到维修期限的,及时向具有法定资质的灭火器生产企业的维修部门以及经授权的灭火器维修机构送修;符合报废条件或者达到报废期限的,采购符合要求的灭火器进行等效替代

(一)灭火器送修

灭火器出厂时,生产企业附送灭火器维修手册,用于指导社会单位的灭火器送修和灭火器维修机构的维修工作。

1.维修手册的主要内容

灭火器生产企业的维修手册主要包括下列内容:

(1)必要的说明、警告和提示。

(2)灭火器维修机构必须具备的维修条件和维修设备的要求、说明。

(3)灭火器维修说明。

(4)灭火器易损零部件的名称、数量。

(5)关键零部件说明。

2.报修条件及维修年限

日常管理中,发现灭火器使用达到维修年限,或者灭火器存在机械损伤、明显锈蚀、灭火剂泄漏、被开启使用过、压力指示器指向红区等问题,或者符合其他报修条件的,建筑(场所)使用管理单位应按照规定程序予以送修。

使用达到下列规定年限的灭火器,建筑(场所)使用管理单位要分批次向灭火器维修企业送修。

(1)手提式,推车式水基型灭火器出厂期满3年,首次维修以后每满1年。

2)手提式、推车式干粉灭火器,洁净气体灭火器,二氧化碳灭火器出厂期满5年,首次维修以后每满2年。

送修灭火器时,一次送修数量不得超过配置计算单元所配置的灭火器总数量的1/4。超

出时,需要选择相同类型、相同操作方法的灭火器代替,且其灭火级别不得小于原配置灭火器的灭火级别。

3. 维修标识

每具灭火器维修后,经维修出厂检验合格后,维修机构在灭火器筒体或者气瓶上粘贴维修标识,即灭火器维修合格证。建筑(场所)使用管理单位根据维修合格证的信息对灭火器进行定期送修和报废更换。

维修合格证的形状和内容的编排格式由原灭火器生产企业或者维修机构设计。维修合格证要字体清晰,其尺寸不得小于 $30cm^2$。维修合格证主要包括下列内容:

(1)维修编号。

(2)总质量。

(3)项目负责人签署。

(4)维修日期。

(5)维修机构名称、地址和联系电话等。

维修合格证采用不加热的方法固定在灭火器的筒体或者气瓶上,不得覆盖原灭火器生产企业的铭牌标志,当将其从灭火器的筒体清除时,标识能够自行破损。

(二)灭火器维修

灭火器维修是指为确保灭火器安全使用和有效灭火,对灭火器进行的检查、水压试验、灭火剂回收、零部件更换、再充装、报废与回收处置、质量检验等活动。灭火器维修由具备灭火器维修条件,依法获得灭火器维修资质的维修机构,按照灭火器产品生产技术标准和《灭火器维修》(GA 95—2015)的规定组织实施。

1. 维修机构

(1)资质管理。维修机构按照《社会消防技术服务管理规定》的要求,获得相应的消防技术服务机构资质证书后,方可开展灭火器维修业务;从事二氧化碳灭火器气瓶,灭火器驱动气体储气瓶的再充装的维修机构,还须获得特种设备安全监督管理部门的许可。

(2)维修条件。维修机构在维修场所、维修设备、维修人员、维修质量管理等方面需要具备《灭火器维修》(GA 95—2015)规定的维修条件。

(3)维修检验。经维修后的灭火器,维修机构按照《灭火器维修》(GA 95—2015)规定的试验项目、试验方法和不合格规定等,进行维修出厂检验和维修确认检验。

维修机构对其维修后的灭火器质量负责。

2. 维修前准备

(1)维修前检查。灭火器维修前,维修人员逐具检查送修灭火器的外观和铭牌标志,并做好灭火器信息记录。储气式灭火器维修前,应确认完全释放驱动气体,再逐具检查、维修。

经检查确认,符合规定报废条件的灭火器,直接进行报废处置,并做好记录。

(2)灭火器信息记录。维修人员在灭火器维修前检查时,对送修的灭火器逐具进行信息记录。需要记录的灭火器信息主要包括下列内容:

①灭火器用户名称。

②灭火器生产企业名称或者代号。

③灭火器筒体或者气瓶的生产连续序号或者编号。

④灭火器型号、灭火剂的种类。

⑤灭火器灭火级别和灭火种类。

⑥灭火器使用温度范围。

⑦天火器驱动气体名称、数量或者压力。

⑧灭火器水压试验压力。

⑨灭火器生产制造年月。

⑩二氧化碳灭火器最大工作压力或者公称工作压力。

⑪二氧化碳灭火器气瓶的瓶体设计壁厚。

⑫二氧化碳灭火器实际内容积。

⑬二氧化碳灭火器空瓶质量。

⑭上次维修合格证上的信息

3.维修程序及其技术要求

(1)拆卸灭火器。灭火器拆卸过程中,维修人员要按照操作规程,采用安全的拆卸方法,采取必要的安全防护措施拆卸灭火器;在确认灭火器内部无压力后,方可拆卸灭火器器头或者阀门。灭火器拆卸后,对灭火器筒体或者气瓶器头(阀门)和储气瓶等零部件进行检查。检查并确认灭火器筒体或者气瓶内部缺陷,符合规定的报废条件的灭火器,进行报废处理;检查并确认器头(阀门)和储气瓶等零部件存在规定的需要更换情形的,对其相应的零部件更换。

(2)灭火剂回收处理。灭火器拆卸后,首先要对灭火器内的灭火剂进行清除;为防止对环境造成污染,要对维修中清除出的灭火剂进行分类回收处理。

1211灭火器、1301灭火器内的灭火剂,拆卸前按照国家相关的回收规则进行回收处理,做好记录并存档。水基型灭火器内清除的灭火剂、不能再利用的洁净气体灭火器内的灭火剂和二氧化碳灭火器内的灭火剂等按照符合环保要求的方法进行回收处理;洁净气体灭火器、二氧化碳灭火器内的灭火剂用于回收再利用时,经对其纯度和含水率进行检验,符合相关灭火剂产品技术标准的,可用于再充装。

经检验合格,用于再充装的灭火剂,维修人员要做好检验记录并存档。

（3）水压试验。灭火器再充装前，维修机构必须逐具对确认不属于报废范围的灭火器的零部件进行水压试验；二氧化碳灭火器的气瓶还要逐个进行残余变形率测定。需要进行水压试验的灭火器零部件包括筒体或者气瓶，储气瓶，可不更换的器头（阀门）、装有可间歇喷射装置的喷射软管组件，以及筒体或者气瓶与器头（阀门）的连接件等。

①试验压力。按照灭火器铭牌标志上规定的水压试验压力进行水压试验。

②试验要求。水压试验时，不得有泄漏、部件脱落、破裂，可见的宏观变形；二氧化碳灭火器气瓶的残余变形率不得大于3%。

（4）更换零部件。经对灭火器零部件检查和水压试验后，维修机构按照原灭火器生产企业的灭火器装配图样和可更换零部件明细表，对具有缺陷需要更换的零部件进行更换，但不得更换灭火器筒体或者气瓶。

存在下列缺陷的零部件需要进行更换：

①器头或者阀门有明显的裂纹和损失、阀杆变形、弹簧锈蚀、密封件破损、超压保护装置损坏、水压试验不符合试验要求等缺陷。

②灭火器的压把，提把等金属件有严重损伤、变形、锈蚀等影响使用的缺陷。

③储气瓶式灭火器的顶针有肉眼可见的缺陷。

④虹吸管和储气瓶式灭火器的出气管有弯折、堵塞、损伤和裂纹等缺陷。

⑤压力指示器存在卸压后指示不在零位、指示区域不清晰、外表面有变形、损伤等缺陷或者示值误差不符合灭火器产品技术标准中相关的要求。

⑥喷嘴有变形、开裂、脱落、损伤等缺陷。

⑦喷射软管有变形、龟裂、断裂等缺陷。

⑧喷射控制阀（喷枪）损坏。

⑨水基型灭火器的滤网有损坏。

⑩储气瓶的水压试验不符合试验要求或者永久性标志不符合灭火器产品技术标准的相关要求。

⑪橡胶和塑料零部件有变形、变色、龟裂或者断裂等缺陷。

⑫推车式灭火器的车轮、车架组件的固定单元、喷射软管和喷枪的固定装置有损坏。

⑬干粉灭火剂的主要组分含量、含水率、吸湿率、抗结块性（针入度）、斥水性不符合相关灭火剂产品技术标准的相关要求，或者有外来杂质，或者存在其他任何疑问。

⑭洁净气体灭火剂和二氧化碳灭火剂的纯度、含水率不符合相关灭火剂产品技术标准的相关要求。

灭火器的密封片、密封圈、密封垫等密封零件，水基型灭火剂，二氧化碳灭火器的超压安全膜片等零部件，每次维修均须更换。

经水压试验合格的灭火器筒体或者气瓶，外部存在部分涂层脱落但无锈蚀的，可补加涂层；补加涂层要光滑、平整、色泽一致，无气泡、流痕、褶皱等缺陷，补加涂层不得覆盖铭牌标志。

(5)再充装。根据灭火器产品生产技术标准和灭火器铭牌信息，按照生产企业规定的操作要求，实施灭火剂、驱动气体再充装。灭火器再充装时，任何一种灭火器均不得变更充装其他类型的灭火剂。

再充装按照下列要求实施：

①再充装前，对经水压试验合格、未更换的零部件进行清洁干燥处理。清洗时，不得使用有机溶剂洗涤零部件，对所有非水基型灭火器零部件进行干燥处理，以确保灭火器各零部件洁净干燥。

②再充装的灭火剂要与原灭火器生产企业提供的灭火剂的特性保持一致。采用回收再利用的干粉灭火剂、洁净气体灭火剂、二氧化碳灭火剂再充装时，按照上述"灭火剂回收处理"维修程序的相关要求进行灭火剂回收。灭火剂质量检验合格后，方可进行再充装。

③灭火剂的充装采用专用灌装设备。灭火剂的充装量和充装密度符合该型号的灭火器充装要求，逐具进行复称确认，并做好记录。

④ABC干粉、BC干粉灌装设备分别独立使用，充装场地完全独立分隔，以确保不同种类干粉不相互混合、不交叉污染。

⑤储压式灭火器中充装的驱动气体符合灭火器铭牌标志上规定的充装气体和充装压力的要求。充气时，根据充装的环境温度调整充装气体压力，驱动气体充压不得采用灭火器压力指示器作计量器具。除水基型灭火器外，驱动气体的露点不得高于−55℃。

⑥灭火器的驱动气体储气瓶按照原灭火器生产企业的要求进行再充装，或者采用由原生产企业提供的已充装的储气瓶进行更换。

⑦再充装后的储压式灭火器、储气瓶要逐具进行气密性试验，气密性试验过程中不得有气泡泄漏现象，并做好试验记录。

⑧维修记录。维修机构需要对维修过的灭火器逐具编号，按照编号记录维修信息以确保维修后灭火器的可追溯性。维修记录主要包括维修编号、型号、规格筒体或者气瓶的生产连续序号，更换的零部件名称，灭火剂充装量，维修后灭火器总质量，维修出厂检验项目、检验记录和判定结果，维修人员、检验人员和项目负责人的签署，维修日期等内容。再充装采用回收再利用的灭火剂时，维修记录还要增加回收再利用的灭火剂再充装的记录。灭火剂维修记录、报废记录与维修前的灭火器信息记录合并建档，保存期限不得低于5年。

(三)灭火器报废与回收处置

灭火器报废分为四种情形，一是列入国家颁布的淘汰目录的灭火器；二是达到报废年限

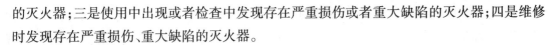

的灭火器;三是使用中出现或者检查中发现存在严重损伤或者重大缺陷的灭火器;四是维修时发现存在严重损伤、重大缺陷的灭火器。

1.报废条件

灭火器使用、检查、维修过程中,建筑(场所)使用管理单位、维修机构对出现或者发现下列情形之一的灭火器,予以报废处理。

(1)列入国家颁布的淘汰目录的灭火器。下列类型的灭火器,有的因灭火剂具有强腐蚀性、毒性,有的因操作需要倒置使用并对操作人员具有一定的危险性,有的因环保要求,已列入国家颁布的淘汰目录,一经发现予以报废处理。

①酸碱型灭火器。

②化学泡沫型灭火器。

③倒置使用型灭火器。

④氯溴甲烷、四氯化碳灭火器。

⑤1211 灭火器、1301 灭火器。

⑥国家政策明令淘汰的其他类型灭火器。

(2)达到报废年限的灭火器。手提式、推车式灭火器出厂时间达到或者超过下列规定期限的,予以报废处理。

①水基型灭火器出厂期满 6 年。

②干粉灭火器、洁净气体灭火器出厂期满 10 年

③二氧化碳灭火器出厂期满 12 年。

(3)存在严重损伤、重大缺陷的灭火器。灭火器使用、检查、维修过程中,发现存在下列情形之一的,予以报废处理。

①永久性标志模糊,无法识别。

②筒体或者气瓶被火烧过。

③筒体或者气瓶有严重变形。

④筒体或者气瓶外部涂层脱落面积大于筒体或者气瓶总面积的三分之一。

⑤筒体或者气瓶外表面、连接部位、底座有腐蚀的凹坑。

⑥筒体或者气瓶有锡焊、铜焊或补缀等修补痕迹。

⑦筒体或者气瓶内部有锈屑或内表面有腐蚀的凹坑。

⑧水基型灭火器筒体内部的防腐层失效。

⑨筒体或者气瓶的连接螺纹有损伤。

⑩筒体或者气瓶水压试验不符合水压试验的要求。

⑪灭火器产品不符合消防产品市场准入制度。

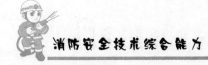

⑫灭火器由不合法的维修机构维修的。

2. 回收处置

报废灭火器的回收处置按照规定要求由维修机构向社会提供回收服务,并做好报废处置记录。经灭火器用户同意,对报废的灭火器筒体或者气瓶、储气瓶进行消除使用功能处理。在确认报废的灭火器筒体或者气瓶、储气瓶内部无压力的情况下,采用压扁或者解体等不可修复的方式消除其使用功能,不得采用钻孔或者破坏瓶口螺纹的方式进行报废处置。

报废处理时,对灭火器中的灭火剂按照灭火剂回收处理的要求进行处理;其余固体废物按照相关的环保要求进行回收利用处置。

灭火器报废后,建筑(场所)使用管理单位按照等效替代的原则对灭火器进行更换。

3. 报废记录

灭火器报废处置后,维修机构要将报废处置过程及其相关信息进行记录。报废记录的主要包括灭火器维修编号,型号、规格,报废理由,用户确认报废的记录,维修人员、检验人员和项目负责人的签署和维修日期,报废处置日期等内容。报废记录整理后与维修记录一并归档。

第十一章　防烟排烟系统

知识框架

防烟排烟系统
- 系统组件(设备)安装前检查
  - 系统构成
  - 质量控制文件检查
  - 现场检验
- 系统的安装检测与调试
  - 系统的安装与检测
  - 系统调试
  - 系统验收
- 系统维护管理
  - 系统日常巡查
  - 系统周期性检查

考点梳理

1. 系统组件安装前现场检查的内容。
2. 系统的验收内容和要求。
3. 系统的阀门和组件的安装要求。
4. 系统检查周期和巡查内容。

考点精讲

第一节　系统组件(设备)安装前检查

防烟系统是指采用机械加压送风或自然通风的方式,防止烟气进入楼梯间、前室、避难层(间)等空间的系统;排烟系统是指采用机械排烟或自然排烟的方式,将房间、走道等空间的烟气排至建筑物外的系统。防烟排烟系统施工安装前,按照施工过程质量控制要求,需要对系统组件及其他设备、材料进行现场检查(检验),不合格的组件、设备、材料不得使用。防烟排烟系统按照其控烟机理,分为防烟系统和排烟系统,通常称为防烟设施和排烟设施。防烟设施分为机械加压送风的防烟设施和可开启外窗的自然排烟设施;排烟设施分为机械排烟设施和可开启外窗的自然排烟设施。

一、系统构成

防烟排烟系统由风口、风阀、排烟窗和风机、风道以及相应的控制系统构成。

(一)防烟系统

1.机械加压送风系统

机械加压送风的防烟设施包括加压送风机、加压送风管道、加压送风口等。当防烟楼梯间加压送风而前室不送风时,楼梯间与前室的隔墙上还可能设有余压阀。

加压送风机一般采用中、低压离心风机、混流风机或轴流风机。加压送风管道采用不燃材料制作。加压送风口分为常开式、常闭式和自垂百叶式。常开式即普通的固定叶片式百叶风口;常闭式采用手动或电动开启,常用于前室或合用前室;自垂百叶式平时靠百叶重力自行关闭,加压时自行开启,常用于防烟楼梯间。

2.自然通风系统

可开启外窗的自然排烟设施,通常指位于防烟楼梯间及其前室、消防电梯前室或合用前室外墙上的洞口或便于人工开启的普通外窗。可开启外窗的开启面积以及开启的便利性都有相应的要求,虽然不列为专门的消防设施,但其设置与维护管理仍不能忽略。

(二)排烟系统

1.机械排烟系统

机械排烟设施包括排烟风机、排烟管道、排烟防火阀、排烟口、挡烟垂壁等。

(1)排烟风机。排烟风机一般可采用离心风机、排烟专用的混流风机或轴流风机,也有采用风机箱或屋顶式风机。排烟风机与加压送风机的不同在于:排烟风机应保证在280℃的环境条件下能连续工作不少于30min。

(2)排烟管道。排烟管道采用不燃材料制作,常用的排烟管道采用镀锌钢板加工制作,厚度按高压系统要求,并应采取隔热防火措施或与可燃物保持不小于150mm的距离。

(3)排烟防火阀。排烟防火阀是安装在机械排烟系统的管道上,平时呈开启状态,火灾时当排烟管道内温度达到280℃时关闭,并在一定时间内能满足漏烟量和耐火完整性要求,起隔烟阻火作用的阀门。排烟防火阀一般由阀体、叶片、执行机构和温感器等部分组成。

(4)排烟口。安装在机械排烟系统的风管(风道)管壁上作为烟气吸入口,平时呈关闭状态并满足允许漏风量要求,火灾或需要排烟时手动或电动打开,起排烟作用,外加带有装饰口或进行过装饰处理的阀门称为排烟口。

(5)挡烟垂壁。挡烟垂壁是用于分隔防烟分区的装置或设施,可分为固定式和活动式。

固定式挡烟垂壁可采用隔墙、楼板下不小于500mm的梁或吊顶下凸出不小于500mm的不燃烧体;活动式挡烟垂壁本体采用不燃烧体制作,平时隐藏于吊顶内或卷缩在装置内,当其所在部位温度升高,或消防控制中心发出火警信号或直接接收烟感信号后,置于吊顶上方的挡烟垂壁迅速垂落至设定高度,限制烟气流动以形成"储烟仓",便于排烟系统将高温烟气迅速排出室外。

2. 自然排烟系统

可开启外窗的自然排烟设施包括普通外窗和专门为高大空间自然排烟而设置的自动排烟窗。

自动排烟窗平时作为自然通风设施,根据气候条件及通风换气的需要开启或关闭。发生火灾时,在消防控制中心发出火警信号或直接接收烟感信号后开启,同时具有自动和手动开启功能。

二、质量控制文件检查

(一)检查内容

(1)系统组件、设备、材料的铭牌、标志、出厂产品合格证、消防产品的符合法定市场准入规则。

(2)风机、正压送风口、防火阀、排烟阀等系统主要组件、设备经国家消防产品质量监督检验中心检测合格的法定检测报告。

(二)检查方法及要求

对照到场组件、设备、材料的规格型号,查验、核对其出厂合格证、质量认证证书、法定检测机构的检测合格报告等质量控制文件是否齐全、有效,比对复印件与原件是否一致。

三、现场检验

系统组件、材料、设备到场后,对其外观、规格型号、基本性能、严密性等进行检查。

1. 风管检查要求

(1)风管的材料品种、规格、厚度等应符合设计要求和国家现行标准的规定。

检查数量:按风管、材料加工批次的数量抽查10%,且不得少于5件。

检查方法:尺量检查、直观检查,查验风管、材料质量合格证明文件、性能检验报告。

(2)有耐火极限要求的风管的本体、框架与固定材料、密封垫料等必须为不燃材料,材料品种、规格、厚度及耐火极限等应符合设计要求和国家现行标准的规定。

检查数量:按风管、材料加工批次的数量抽查10%,且不得少于5件。

检查方法:尺量检查、直观检查与点燃试验,查验材料的质量合格证明文件、符合国家市场准入要求的检验报告。

2. 阀(口)检查要求

(1)排烟防火阀、送风口、防烟阀、排烟阀(口)等符合有关消防产品标准的规定,其规格、型号应符合设计要求,手动开启灵活、关闭可靠严密。

检查数量:按种类、批抽查10%,且不得少于2个。

检查方法:测试、直观检查,查验产品的质量合格证明文件、符合国家市场准入要求的检验报告。

(2)电动防火阀、送风口和排烟阀(口)的驱动装置,动作应可靠,在最大工作压力下工作正常。

检查数量:按批抽查10%,且不得少于1件。

检查方法:测试、直观检查,查验产品的质量合格证明文件、符合国家市场准入要求的检验报告。

(3)防烟、排烟系统柔性短管的制作材料必须为不燃材料。

检查数量:全数检查。

检查方法:直观检查与点燃试验,查验产品的质量格证明文件、符合国家市场准入要求的检验报告。

3. 风机检查要求

符合产品标准的规定,排烟风机符合有关消防产品标准的规定,其型号、规格、数量应符合设计要求,出口方向正确。

检查数量:全数检查。

检查方法:核对、直观检查,查验产品的质量合格证明文件、符合国家市场准入要求的检验报告。

4. 活动挡烟垂壁及其电动驱动装置和控制装置检查要求

活动挡烟垂壁及其电动驱动装置和控制装置应符合有关消防产品标准的规定,其型号、规格、数量应符合设计要求,动作可靠。

检查数量:按批抽查10%,且不得少于1件。

检查方法:测试、直观检查,查验产品的质量合格证明文件、符合国家市场准入要求的检验报告。

5. 自动排烟窗的驱动装置和控制装置检查要求

自动排烟窗的驱动装置和控制装置应符合设计要求,动作可靠。

检查数量:抽查1%,且不得少于1件。

检查方法:测试、直观检查,查验产品的质量合格证明文件、符合国家市场准入要求的检验报告。

第二节 系统的安装检测与调试

防烟排烟系统的安装按照经批准的施工图、设计说明书等设计文件进行,主要内容包括风管、部件和风机等主要设备的安装检测与调试。

一、系统的安装与检测

(一)风管的安装与检测

1.金属风管的制作和连接

风管采用法兰连接时,风管法兰材料规格按规定选用,其螺栓孔的间距不得大于150mm,矩形风管法兰的四角处应设有螺孔。板材应采用咬口连接或铆接,除镀锌钢板及含有复合保护层的钢板外,板厚大于1.5mm的可采用焊接。风管应以板材连接的密封为主,可辅以密封胶嵌缝或其他方法密封,密封面宜设在风管的正压侧。排烟风管的隔热层应采用厚度不小于40mm的不燃绝热材料,绝热材料的施工及风管加固、导流片的设置应按国家标准《通风与空调工程施工质量验收规范》(GB 50243—2016)的有关规定执行。

检查数量:各系统按不小于30%检查。

检查方法:尺量、直观检查。

2.非金属风管的制作和连接

非金属风管的材料品种、规格、性能与厚度等应符合设计和现行国家标准的规定。法兰的规格符合相关规定,其螺栓孔的间距不得大于120mm,矩形风管法兰的四角处应设有螺孔。采用套管连接时,套管厚度不小于风管板材的厚度。无机玻璃钢风管的玻璃布,必须无碱或中碱,层数应符合国家标准《通风与空调工程施工质量验收规范》(GB 50243—2016)的规定,风管的表面不得出现泛卤或严重泛霜。

检查数量:各系统按不小于30%检查。

检查方法:尺量检查、直观检查。

3.风管的安装

风管的规格、安装位置、标高、走向应符合设计要求,现场风管的安装,不得缩小接口的有效截面。风管接口的连接应严密、牢固,垫片厚度不应小于3mm,不应凸入管内和超出法兰外;排烟风管法兰垫片应为不燃材料,薄钢板法兰风管应采用螺栓连接。风管与风机的连接宜采用法兰连接,或采用不燃材料的柔性短管连接。如风机仅用于防烟、排烟,不宜采用柔性连接。风管与风机连接若有转弯处宜加装导流叶片,保证气流顺畅。风管穿越隔墙或楼板时,风管与隔墙之间的空隙,应采用水泥砂浆等不燃材料严密填塞。吊顶内的排烟管道应采用不燃材料隔热,并应与可燃物保持不小于150mm的距离。

4.风管的强度和严密性检验

风管应按系统类别进行强度和严密性检验,其强度和严密性应符合设计要求或下列规定:

(1)风管强度应符合《通风管道技术规程》的规定。

(2)金属圆形风管、非金属风管允许的气体漏风量应为金属矩形风管规定值的50%。

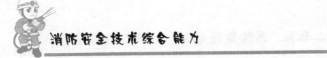

（3）排烟风管应按中压系统风管的规定。

检查数量：按风管系统类别和材质分别抽查，不应少于3件及15m²。

检查方法：检查产品合格证明文件和测试报告或进行测试。系统的强度和漏风量测试方法按照《通风管道技术规程》的有关规定执行。

5.风管（道）系统严密性检验

风管（道）系统安装完毕后，应按系统类别进行严密性检验。检验应以主、干管道为主，漏风量应符合相关规范的规定。

检查数量：按系统不小于30%检查，且不应少于1个系统。

检查方法：系统的严密性检验测试按照《通风与空调工程施工质量验收规范》的有关规定执行。

（二）部件的安装与检测

1.排烟防火阀

型号、规格及安装的方向、位置应正确，阀门顺气流方向关闭，防火分区隔墙两侧的排烟防火阀，距墙端面不应大于200mm。手动和电动装置应灵活、可靠，阀门关闭严密。应设独立的支、吊架，当风管采用不燃材料防火隔热时，阀门安装处应有明显标识。

检查数量：各系统按不小于30%检查。

检查方法：尺量检查、直观检查及动作检查。

2.送风口、排烟阀（口）

安装应固定牢靠，表面平整、不变形，调节灵活。排烟口距可燃物或可燃构件的距离不应小于1.5m。

检查数量：各系统按不小于30%检查。

检查方法：尺量检查、直观检查。

3.常闭送风口、排烟阀（口）

常闭送风口、排烟阀（口）的手动驱动装置应固定安装在明显可见、距楼地面1.3～1.5m之间便于操作的位置，预埋套管不得有死弯及瘪陷，手动驱动装置操作应灵活。

检查数量：各系统按不小于30%检查。

检查方法：尺量检查、直观检查及操作检查。

4.挡烟垂壁

活动挡烟垂壁与建筑结构（柱或墙）面的缝隙不应大于60mm，由两块或两块以上的挡烟垂帘组成的连续性挡烟垂壁，各块之间不应有缝隙，搭接宽度不应小于100mm。活动挡烟垂壁的手动操作按钮应固定安装在便于操作、明显可见处，距楼地面1.3～1.5m处。

检查数量：全数检查。

检查方法：依据设计图核对，尺量检查、动作检查。

5.排烟窗

安装应牢固、可靠，符合有关门窗施工验收规范要求，并开启、关闭灵活。手动开启机构或按钮应安装在距楼地面 1.3～1.5m 处,并便于操作、明显可见。自动排烟窗驱动装置的安装应符合设计和产品技术文件要求,并应灵活、可靠。

检查数量:全数检查。

检查方法:依据设计图核对、操作检查、动作检查。

（三）风机的安装与检测

风机外壳至墙壁或其他设备的距离不应小于 600mm。应设在混凝土或钢架基础上,并不设减振装置;若排烟系统与通风空调系统共用需要设置减振装置,不应使用橡胶减振装置。吊装风机的支吊架应焊接牢固、安装可靠,其结构形式和外形尺寸应符合设计或设备技术文件要求。风机驱动装置的外露部位必须装设防护罩;直通大气的进、出风口必须装设防护网或采取其他安全设施,并应设防雨措施。

检查数量:全数检查。

检查方法:依据设计图核对,直观检查。

二、系统调试

防烟排烟系统调试在系统施工完成及与工程有关的火灾自动报警系统及联动控制设备调试合格后进行,系统调试包括单机调试和联动调试。

（一）单机调试

1. 排烟防火阀的调试

进行手动关闭、复位试验,阀门动作应灵敏、可靠,关闭应严密。模拟火灾,相应区域火灾报警后,同一防火区域内阀门应联动关闭。阀门关闭后的状态信号应能反馈到消防控制室。阀门关闭后应能联动相应的风机停止。

调试数量:全数调试。

2. 常闭送风口、排烟阀（口）的调试

进行手动开启、复位试验,阀门动作应灵敏、可靠,远距离控制机构的脱扣钢丝连接应不松弛、不脱落。模拟火灾,相应区域火灾报警后,同一防火区域内阀门应联动开启。阀门开启后的状态信号应能反馈到消防控制室。阀门开启后应能联动相应的风机启动。

调试数量:全数调试。

3. 活动挡烟垂壁的调试

手动操作挡烟垂壁按钮进行开启、复位试验,挡烟垂壁应灵敏、可靠地启动与到位后停止,下降高度符合设计要求。模拟火灾,相应区域火灾报警后,同一防烟区域内挡烟垂壁应联动下降到设计高度。挡烟垂壁下降到设计高度后应能将状态信号反馈到消防控制室。

调试数量:全数调试。

4. 自动排烟窗的调试

手动操作排烟窗按钮进行开启、关闭试验,排烟窗动作应灵敏、可靠,完全开启时间应符合设计。模拟火灾,相应区域火灾报警后,同一防烟区域内排烟窗应能联动开启。排烟窗完全开启后,状态信号应反馈到消防控制室。

调试数量:全数调试。

5.送风机、排烟风机的调试

手动开启风机,风机应正常运转2.0h,叶轮旋转方向应正确、运转平稳、无异常振动与声响。核对风机的铭牌值,并测定风机的风量、风压、电流和电压,其结果应与设计相符。在消防控制室手动控制风机的启动、停止;风机的启动、停止状态信号应能反馈到消防控制室。当风机进出管上安装单向风阀或者电动风阀时,风阀的启动与关闭应同风机的启动、停止同步。

调试数量:全数调试。

6.机械加压送风系统风速及余压的调试

(1)应选取送风系统末端所对应的送风最不利的三个连续楼层模拟起火层及其上下层,封闭避难层(间)仅需选取本层,调试送风系统使上述楼层的楼梯间、前室及封闭避难层(间)的风压值及疏散门的门洞断面风速值与设计值的偏差不大于10%。

(2)对楼梯间和前室的调试应单独分别进行,且互不影响。

(3)调试楼梯间和前室疏散门的门洞断面风速时,应同时开启三个楼层的疏散门。

调试数量:全数调试。

7.机械排烟系统风速和风量的调试

(1)应根据设计模式,开启排烟风机和相应的排烟阀或排烟口,调试排烟系统使排烟阀或排烟口处的风速值及排烟量值达到设计要求。

(2)开启排烟系统的同时,还应开启补风机和相应的补风口,调试补风系统使补风口处的风速值及补风量值达到设计要求。

(3)应测试每个风口风速,核算每个风口的风量及其排烟分区总风量。

调试数量:全数调试。

(二)联动调试

1.机械加压送风系统的联动调试

当任何一个常闭送风口开启时,送风机均能联动启动。与火灾自动报警系统联动调试。当火灾自动报警探测器发出火警信号后,应在15s内启动有关部位的送风口、送风机,启动的送风口、送风机应与设计和规范要求一致,其状态信号能反馈到消防控制室。

调试数量:全数调试。

2.机械排烟系统的联动调试

当任何一个常闭排烟阀(口)开启时,排烟风机均能联动启动。与火灾自动报警系统联动调试。当火灾自动报警探测器发出火警信号后,机械排烟系统应启动有关部位的排烟阀(口)、排烟风机与启动的排烟阀(口)、排烟风机应与设计和规范要求一致,其状态信号应反馈到消防控制室。有补风要求的机械排烟场所,当火灾自动报警探测器发出火警信号后,补风系统应启动。排烟系统与通风、空调系统合用,当火灾自动报警系统发出联动控制信号后,由通风、空调系统转换排烟系统的时间应符合规范要求。

3. 自动排烟窗的联动调试

在火灾报警后联动开启到符合要求的位置,其状态信号应反馈到消防控制室。

调试数量:全数调试。

4. 活动挡烟垂壁的调试

在火灾报警后联动下降到设计高度,其状态信号应反馈到消防控制室。

调试数量:全数调试。

三、系统验收

防烟排烟系统施工调试完成后,由建设单位负责组织设计、施工、监理等单位共同进行竣工验收,验收内容主要包括资料查验、观感质量检查、现场抽样检查及功能性测试和验收结果判定等。

(一)验收资料查验

(1)竣工验收申请报告。

(2)施工图、设计说明书、设计变更通知书和消防设计审查意见书、竣工图。

(3)工程质量事故处理报告。

(4)防烟、排烟系统施工过程质量检查记录。

(5)防烟、排烟系统工程质量控制资料检查记录。

(二)系统观感质量的综合验收

(1)风管表面应平整、无损坏;接管应合理,风管的连接以及风管与风机的连接应无明显缺陷。

(2)风口表面应平整,颜色一致,安装位置正确,风口可调节部件应能正常动作。

(3)各类调节装置安装应正确牢固,调节灵活,操作方便。

(4)风管、部件及管道的支、吊架型式、位置及间距应符合要求。

(5)风机的安装应正确牢固。

检查数量:各系统按30%抽查。

(三)现场抽样检查及功能性测试验收

1. 系统设备手动功能验收

送风机、排烟风机应能正常手动启动和停止,状态信号应在消防控制室显示。送风口、排烟阀(口)应能正常手动开启和复位,阀门关闭严密,动作信号应在消防控制室显示。活动挡烟垂壁、自动排烟窗应能正常手动开启和复位,动作信号应在消防控制室显示。

检查数量:各系统按30%抽查。

2. 设备联动功能验收

火灾报警后,根据设计模式,相应系统及部位的送风机启动、送风口开启,排烟风机启动、排烟阀(口)开启,自动排烟窗开启到符合要求的位置,活动挡烟垂壁下降到设计高度,有补风要求的补风机、补风口开启;各部件、设备动作状态信号在消防控制室显示。

3. 自然通风及自然排烟设施验收

下列项目布置方式和主要性能参数达到设计和规范要求:

(1)封闭楼梯间,防烟楼梯间、前室及消防电梯前室可开启外窗的布置方式和面积。

(2)避难层(间)可开启外窗或百叶窗的布置方式和面积。

(3)设置自然排烟场所的可开启外窗,排烟窗、可熔性采光带(窗)的布置方式和面积。

检查数量:各系统按30%检查。

4. 机械防烟系统验收

(1)选取送风系统末端所对应的送风最不利的三个连续楼层模拟起火层及其上下层,封闭避难层(间)仅需选取本层,测试前室及封闭避难层(间)的风压值及疏散门的门洞断面风速值,应分别符合相关规范规定且偏差不大于设计值的10%。

(2)对楼梯间和前室的测试应单独分别进行,且互不影响。

(3)测试楼梯间和前室疏散门的门洞断面风速时,应同时开启三个楼层的疏散门。

检查数量:全数检查。

5. 机械排烟系统验收

(1)开启任一防烟分区的全部排烟口,风机启动后测试排烟口处的风速应符合设计要求且偏差不大于设计值的10%。

(2)设有补风系统的场所,还应测试补风口风速应符合设计要求且偏差不大于设计值的10%。

检查数量:各系统全数检查。

(四)系统工程质量验收判定条件

(1)系统的设备、部件型号、规格与设计不符,无出厂质量合格证明文件及符合消防产品准入制度规定的检验报告,系统设备手动功能验收、联动功能验收、自然通风及自然排烟验收、机械防烟系统的主要性能参数验收、机械排烟系统的主要性能参数验收中任一款不符合规范要求的,定为A类不合格。

(2)验收资料提供不全或不符合要求的,定为B类不合格。

(3)观感质量综合验收任一款不符合要求的,定为C类不合格。

(4)系统验收判定条件应为:A=0,且B≤2,B+C≤6为合格,否则为不合格。

第三节　系统维护管理

防烟排烟系统的维护管理是系统正常完好、有效使用的基本保障,系统设施的维护管理包括检测、维修、保养、建档等工作。单位应定期自行或委托具有维护保养资格的企业对系统进行检测、维护,确保机械防烟、排烟系统的正常运行。

一、系统日常巡查

防烟排烟系统巡查是指系统使用过程中对系统直观属性的检查,主要是针对系统组件外观、现场状态、系统检测装置准工作状态、安装部位环境条件等的日常巡查。

防烟排烟系统能否正常使用与系统各组件、配件的日常监控时的现场状态密切相关,机械防烟、排烟系统应始终保持正常运行,不得随意断电或中断。正常工作状态下,正压送风机、排烟风机、通风空调风机电控柜等受控设备应处于自动控制状态,严禁将受控的正压送风机、排烟风机、通风空调风机等电控柜设置在手动位置。消防控制室应能显示系统的手动、自动工作状态及系统内的防烟排烟风机、防火阀、排烟防火阀的动作状态。应能控制系统的启、停及系统内的防烟、排烟风机、防火阀、排烟防火阀、常闭送风口、排烟口、电控挡烟垂壁的开、关,并显示其反馈信号。应能停止相关部位正常通风的空调,并接收和显示通风系统内防火阀的反馈信号。

二、系统周期性检查

系统周期性检查是指建筑使用管理单位按照国家工程建设消防技术标准的要求,对已经投入使用的防烟排烟系统的组件、零部件等按照规定检查周期进行的检查、测试。

(1)每季度应对防烟排烟风机、活动挡烟垂壁、自动排烟窗进行一次功能检测启动试验及供电线路检查。

(2)每半年应对全部排烟防火阀、送风阀或送风口、排烟阀或排烟口进行自动和手动启动试验一次。

(3)每年应对全部防烟排烟系统进行一次联动试验和性能检测,其联动功能和性能参数应符合原设计要求。

(4)当防烟排烟系统采用无机玻璃钢风管时,应每年对该风管进行质量检查。检查面积应不少于风管面积的30%;风管表面应光洁,无明显泛霜、结露和分层现象。

(5)排烟窗的温控释放装置、排烟防火阀的易熔片应有10%的备用件,且不少于10只。

第十二章　消防用电设备的供配电与电气防火防爆

知识框架

消防用电设备的供配电
与电气防火防爆

消防用电设备供配电系统
- 供配电系统设置
- 供电线路的敷设
- 供电线路的防火封堵措施

电气防火防爆要求及技术措施
- 防火防爆的检查
- 防火措施的检查
- 电气装置和设备的维护方法

考点梳理

1. 供电线路的敷设要求。
2. 电气线路和器具的防火措施。
3. 电热器具的防火措施。

考点精讲

第一节　消防用电设备供配电系统

按照建筑类型、负荷性质、用电容量、工程特点、系统规模以及当地的供电条件,检查消防用电设备供配电系统的设置方案是否合理。

一、供配电系统设置

为确保消防作业人员和其他人员的人身安全以及消防用电设备运行的可靠性,消防用电设备的供配电系统应作为独立系统进行设置。当建筑物内设有变电所时,要在变电所处开始自成系统,当建筑物为低压进线时,要在进线处开始自成系统。

（一）配电装置检查

消防用电设备的配电装置，应设置在建筑物的电源进线处或配变电所处，应急电源配电装置要与主电源配电装置分开设置；当由于地域所限，无法分开设置而需要并列布置时，其分界处要设置防火隔断。

（二）启动装置检查

在普通民用建筑中，采用自备发电机组作为应急电源的现象十分普遍。当消防用电负荷为一级时，应设置自动启动装置，并在主电源断电后30s内供电；当消防用电负荷为二级且采用自动启动方式有困难时，可采用手动启动装置。

（三）自动切换功能检查

消防控制室、消防水泵房、防烟和排烟风机房的消防用电设备及消防电梯等的供电设备，应在其配电线路的最末一级配电箱处设置自动切换装置。水泵控制柜、风机控制柜等消防电气控制装置不应采用变频启动方式。

除消防水泵、消防电梯、防烟和排烟风机等消防用电设备，各防火分区的其他消防用电设备应由消防电源中的双电源或双回线路电源供电，末端配电箱要设置双电源自动切换装置，并将配电箱安装在所在防火分区内，再由末端配电箱配出引至相应的消防设备。

二、供电线路的敷设

当采用矿物绝缘电缆时，可直接采用明敷设或在吊顶内敷设。当采用难燃性电缆或有机绝缘耐火电缆时，在电气竖井内或电缆沟内敷设可不穿导管保护，但应采取与非消防用电缆隔离的措施。采用明敷设、吊顶内敷设或架空地板内敷设时，要穿金属导管或封闭式金属线槽保护，所穿金属导管或封闭式金属线槽要采用涂防火涂料等防火保护措施。当线路采用暗敷设时，要穿金属导管或难燃性刚性塑料导管保护，并敷设在不燃烧结构内，保护层厚度不小于30mm。

三、供电线路的防火封堵措施

消防电源在火灾时要持续为消防设备供电，为防止火灾通过消防用电设备供电线路蔓延，应对消防用电设备供电线路采取防火封堵措施。

（一）防火封堵部位的检查

消防用电设备供电线路应采取防火封堵措施的部位有穿越不同的防火分区、沿竖井垂直敷设穿越楼板处、管线进出竖井处、电缆隧道、电缆沟、电缆间的隔墙处、穿越建筑物的外墙处、至建筑物的入口处、至配电间、控制室的沟道入口处和电缆引至配电箱、柜或控制屏、台的开孔部位等。

（二）防火封堵的检查

1. 电缆隧道

有人通过的电缆隧道，应在预留孔洞的上部采用膨胀型防火堵料进行加固；预留的孔洞过大时,应采用槽钢或角钢进行加固,将孔洞缩小后方可加装防火封堵系统;防火密封胶直接接触电缆时,封堵材料不得含有腐蚀电缆表皮的化学元素;无机堵料封堵应表面光洁,无粉化、硬化、开裂等缺陷;防火涂料表面应光洁,厚度应均匀。

2. 电缆竖井

电缆竖井应采用矿棉板加膨胀型防火堵料组合成的膨胀型防火封堵系统,防火封堵系统的耐火极限不应低于楼板的耐火极限;封堵处应采用角钢或槽钢托架进行加固,应能承载检修人员的荷载,角钢或槽钢托架应采用防火涂料处理;封堵垂直段竖井时,在封堵处上方,应使用密度为 160kg/m³ 以上的矿棉板,并在矿棉板上开好电缆孔,防火封堵系统与竖井之间应采用膨胀型防火密封胶封边,系统与电缆的其他空间之间应采用膨胀型防火密封胶封堵,密封胶厚度凸出防火封堵系统面不应小于 13mm,贯穿电缆横截面应小于贯穿孔洞的40%。

3. 电气柜

电气柜孔应采用矿棉板加膨胀型防火堵料组合的防火封堵系统,先根据需封堵孔洞的大小估算出密度为 160kg/m³ 以上的矿棉板使用量,并根据电缆数量裁出适当大小的孔;孔洞底部应敷设厚度为 50mm 的矿棉板,孔隙口及电缆周围应填塞矿棉,并应采用膨胀型防火密封胶进行密实封堵。固定矿棉板、矿棉板与楼板之间应采用弹性防火密封胶封边,防火封堵系统与电缆之间应采用膨胀型防火密封胶封堵,密封胶厚度突出防火封堵系统面不应小于 13mm。封堵完成后,在封堵层两侧电缆上涂刷防火涂料,长度为 300mm,干涂层厚度为 1mm。盘柜底部空隙处应填塞矿棉,并用防火密封胶严密封实,密封胶厚度凸出防火封堵系统面不应小于 13mm,面层应平整。

4. 无机堵料

无机堵料应用于电缆沟、电缆隧道由室外进入室内处,长距离电缆沟每隔 50m 处;电缆穿阻火墙应使用防火灰泥加膨胀型防火堵料组合的阻火墙。

采用无机堵料(防火灰泥或耐火砖)堆砌,其厚度不应小于 200mm(根据产品的性能而定);阻火墙内部的电缆周围必须采用不小于 13mm 的防火密封胶进行包裹,阻火墙底部必须留有两个排水孔洞,排水孔洞处可利用砖块砌筑;阻火墙两侧的电缆周围应采用防火密封胶进行密实分隔包裹,其两侧厚度应大于阻火墙表层 13mm,阻火墙外侧电缆用防火涂料涂刷,涂刷长度为 1m。

5. 电缆涂料

防火封堵系统两侧电缆应采用电缆涂料,电缆涂料的涂覆位置应在阻火墙两端和电力电缆接头两侧长度为 1~2m 的区段;使用燃烧性能等级为非 A 级电缆的隧道(沟),在封堵完成后,孔洞两侧电缆涂刷防火涂料长度不应小于 1m,干涂层厚度不应小于 1mm。使用燃烧性能等级为非 A 级电缆的竖井,每层均应封堵。竖井穿楼板时应先在穿楼板处进行封堵,并应无缝隙。在常温条件下或火灾温度达到 200℃时,烟雾渗透应小于 28.3185L/min。施工前,应清除电缆表面灰尘、油污。涂料应在搅拌均匀后涂刷,涂料不宜太稠;水平敷设的电缆,应沿电缆走向进行均匀涂刷;垂直敷设的电缆宜自上而下涂刷。涂刷的次数、厚度及间隔时间要符合产品的要求。

第二节　电气防火防爆要求及技术措施

发生电气火灾和爆炸要具备易燃易爆物质和环境和引燃引爆两个条件。在生产场所的动力、照明、控制、保护、测量等系统和生活场所中的各种电气设备和线路,在正常工作或事故中常常会产生电弧、火花和危险的高温,这就具备了引燃或引爆条件。

一、防火防爆的检查

防火防爆措施是综合性的措施,包括选用合理的电气设备、保持必要的防火间距、电气设备正常运行并有良好的通风、采用耐火设施和有完善的继电保护装置等技术措施。

(一)平面布置

变、配电站(室)是工业企业的动力枢纽,电气设备较多,而且有些设备工作时会产生火花和高温,因此变、配电站(室)的设置是电气设备合理布置的重要环节之一。

室外变、配电装置距堆场、可燃液体储罐和甲、乙类厂房库房不应小于25m;距其他建筑物不应小于10m;距液化石油气罐不应小于35m;石油化工装置的变、配电室还应布置在装置的一侧,并位于爆炸危险区范围以外。变压器油量越大,建筑物耐火等级越低及危险物品储量越大者,所要求的间距也越大,必要时可加防火墙。

户内电压为10kV以上、总油量为60kg以下的充油设备,可安装在两侧有隔板的间隔内;总油量为60～600kg者,应安装在有防爆隔墙的间隔内;总油量为600kg以上者,应安装在单独的防爆间隔内。10kV及以下的变、配电室不应设在爆炸危险环境的正上方或正下方。变电室与各级爆炸危险环境毗连,最多只能有两面相连的墙与危险环境共用。

为了防止电火花或危险温度引起火灾,开关、插销、熔断器、电热器具、照明器具、电焊设备和电动机等均应根据需要,适当避开易燃物或易燃建筑构件。

(二)环境

1.消除或减少爆炸性混合物

保持良好通风,使现场易燃易爆气体、粉尘和纤维浓度降低到无法引起火灾和爆炸的程度。加强密封,减少和防止易燃易爆物质的泄漏。有易燃易爆物质的生产设备、储存容器、管道接头和阀门应严格密封,并经常巡视检测。

2.消除引燃物

对运行中能够产生火花、电弧和高温危险的电气设备和装置,不应放置在易燃易爆的危险场所。在易燃易爆场所安装的电气设备和装置应该采用密封的防爆电器,并应尽量避免使用便携式电气设备。

(三)保护

爆炸和火灾危险场所内的电气设备的金属外壳应可靠地接地(或接零)。

二、防火措施的检查

建筑物内常用的电气设备和装置包括变、配电装置以及安装在装置中的低压配电和控制电器。

(一)变、配电装置防火措施

1.变压器保护

变压器应设置短路保护装置,当发生事故时,能及时切断电源。变压器高压侧还可通过采用过电流继电器来进行短路保护和过载保护。根据变压器运行情况、容量大小、电压等级,还应设置气体保护、差动保护、温度保护、低电压保护、过电压保护等设施。

2.防止雷击措施

为防止雷击,在变压器的架空线引入电源侧,应安装避雷器,并设有一定的保护间隙。

3.接地措施

在中性点有良好接地的低压配电系统中,应该采用保护接零方式。但城市公用电网应采用统一的保护方式;所有农村配电网络,为避免接零与接地两种保护方式混用而引起事故,一律不得实行保护接零,而应采用保护接地方式。在中性点不接地的低压配电网络中,采用保护接地。高压电气设备,一般实行保护接地。

4.过电流保护措施

防护电器的额定电流或整定电流不应小于回路的计算负载电流。防护电器的额定电流或整定电流不应大于回路的允许持续载流量。保证防护电器有效动作的电流不应大于回路载流量的 1.45 倍。

5.短路防护措施

短路防护电器的遮断容量不应小于其安装位置处的预期短路电流。被保护回路内任一点发生短路时,防护电器都应在被保护回路的导体温度上升到允许限值前切断电源。

6.漏电保护装置

在安装带有短路保护的漏电保护装置时,必须保证在电弧喷出方向有足够的飞弧距离。注意漏电保护装置的工作条件,在高温、低温、高湿、多尘以及有腐蚀性气体的环境中使用时,应采取必要的辅助保护措施,以防漏电保护装置不能正常工作或损坏。剩余电流保护装置的漏电、过载和短路保护特性均由制造厂调整好,不允许用户自行调节。

(二)低压配电和控制电器防火措施的检查

核对控制电器的铭牌、设备是否符合使用要求,检查设备的接线是否正确,对于出现的问题应及时处理。定期对控制电器进行维护,清理积尘,保持设备清洁。

低压配电与控制电器的导线绝缘应无老化、腐蚀和损伤现象;同一端子上导线连接不应多于两根,且两根导线线径相同,防松垫圈等部件齐全;进出线接线正确;接线应采用铜质或有电镀金属层防锈的螺栓和螺钉连接,连接应牢固,要有防松装置,电连接点应无过热、锈蚀、烧伤、熔焊等痕迹;金属外壳、框架的接零(PEN)线或接地(PE)线应连接可靠;套管、瓷件外部无破损、裂纹痕迹。

低压配电与控制电器安装区域,无渗漏水现象。低压配电与控制电器的灭弧装置应完好无损。连接到发热元件上的绝缘导线,应采取隔热措施。熔断器应按规定采用标准的熔体。电器靠近高温物体或安装在可燃结构上时,应采取隔热、散热措施。电器相间绝缘电阻不应小于 $5M\Omega$。

1. 刀开关

降低接触电阻以防止发热过度。采用电阻率和抗压强度低的材料制造触头。利用弹簧或弹簧垫片等增加触头接触面间的压力。对易氧化的铜、黄铜、青铜触头表面,镀一层锡、铅锡合金或银等保护层,防止因触头氧化使接触电阻增加。在铝触头表面,涂上防止氧化的中性凡士林油层加以覆盖。可断触头在结构上,动、静触头间有一定的相对滑动,分合时可以擦去氧化层(称为自洁作用),以减少接触电阻。

2. 组合开关

若为组合开关,应加装能切断三相电源的控制开关及熔断器。

3. 断路器

在断路器投入使用前应将各磁铁工作面的防锈油脂擦净,以免影响磁系统的动作;长期未使用的灭弧室,在使用前应先烘一次,以保证良好的绝缘;监听断路器在运行中有无不正常声响。使用过程中,应定期检查传动机构、灭弧室、触头和相间绝缘主轴等构件,如发现活动不灵、破损、变形、锈蚀、过热、异响等现象,应及时处理。检查灭弧罩的工作位置有无移动、是否完整、有无受潮等情况。对电动合闸的断路器,应检查合闸电磁铁机构是否处于正常状态。

4. 接触器

安装、接线时要防止螺钉、垫片等零件落入接触器内部造成卡住或短路现象;各接点需保证牢固无松动。检查无误后,应进行试验,确认动作可靠后再投入使用。使用前应先在不接通主触头的情况下使吸引线圈通电,分合数次,以检查接触器动作是否确实可靠。使用可逆转接触器时,为保证连锁可靠,除安装电气连锁外,还应考虑加装机械连锁机构。

针对接触器频繁分合的工作特点,应每月检查维修一次接触器各部件,紧固各接点,及时更换损坏的零件,铁芯极面上的防锈油必须擦净,以免油垢粘住而造成接触器在断电后仍不释放。

5. 启动器

定期检查触头表面状况,若发现触头表面粗糙,应以细锉修整,切忌用砂纸打磨。对于

259

充油式产品的触头,应在油箱外修整,以免油被污染,使其绝缘强度降低。对于手动式减压启动器,当电动机运行时因失电压而停转时,应及时将手柄扳回停止位置,以防电压恢复后电动机自行全压起动,必要时另装一个失电压脱扣器。手动式启动器的操作机械应保持灵活,并定期添加润滑剂。

6. 继电器

继电器要安装在少震、少尘、干燥的场所,现场严禁有易燃易爆物品。安装完毕后必须检查各部分接点是否牢固、触点接触是否良好、有无绝缘损坏等,确认安装无误后方可投入运行。

由于控制继电器的动作十分频繁,因此必须做到每月至少检修两次。另外应注意保持控制继电器清洁无积尘,以确保其正常工作。还应经常监视继电器的工作情况,除例行检查外,重点应检查各触头的接触是否良好,有无绝缘老化,必要时应测其绝缘电阻值。定期检查其触点接触情况,各部件有无松动、损坏及锈蚀现象,发现问题及时修复或更换。经常保持清洁,避免尘垢积聚致使绝缘水平降低,发生相间闪络事故。应经常注意环境条件的变化,当不符合继电器使用条件时,采取可靠措施,保证其工作的可靠性。

(三)电气线路防火措施

1. 预防电气线路短路的措施

要根据导线使用的具体环境选用不同类型的导线,正确选择配电方式;安装线路时,电线之间、电线与建筑构件或树木之间要保持一定距离。坚决禁止非电工人员安装、修理;在距地面2m高以内的电线,应用钢管或硬质塑料加以保护,以防绝缘遭受损坏;在线路上应按规定安装断路器或熔断器,以便在线路发生短路时能及时、可靠地切断电源。

2. 预防电气线路过负荷的措施

根据负载情况,选择合适的电线;严禁滥用铜丝、铁丝代替熔断器的熔丝;不准乱拉电线和接入过多或功率过大的电气设备;应根据线路负荷的变化及时更换适宜容量的导线。严禁随意增加用电设备,尤其是大功率用电设备;可根据生产程序和需要,采取排列先后控制使用的方法,把用电时间调开,以使线路不超过负载。

3. 预防电气线路接触电阻过大的措施

导线与导线、导线与电气设备的连接必须牢固可靠;铜线、铝线相接,宜采用铜铝过渡接头,也可采用在铜线接头处搪锡;通过较大电流的接头,应采用油质或氧焊接头,在连接时加弹力片后拧紧;要定期检查和检测接头,防止接触电阻增大对重要的连接接头要加强监视。

4. 屋内布线的设置要求

根据使用电气设备的环境特点,正确选择导线类型;明敷绝缘导线要防止绝缘受损引起危险,在使用过程中要经常检查、维修;布线时,导线与导线之间、导线的固定点之间,要保持合适的距离;为防止机械损伤,绝缘导线穿过墙壁或可燃建筑构件时,应穿过砌在墙内的绝缘管,每根管宜只穿一根导线,绝缘管(瓷管)两端的出线口伸出墙面的距离不宜小于

10mm,这样可以防止导线与墙壁接触,以免墙壁潮湿而产生漏电等现象;沿烟囱、烟道等发热构件表面敷设导线时,应采用石棉、玻璃丝、瓷珠、瓷管等材料作为绝缘的耐热线。

(四)插座与照明开关

当直接、交流或不同电压等级的插头安装在同一场所时,要有明显的区别,应选择不同结构、不同规格和不可互换的插座,配套的插头应按直流、交流和不同电压等级区别使用。落地插座面板应牢固可靠、密封良好。单相两孔插座,面对插座的右孔或上孔与相线连接,左孔或下孔与零线连接;三孔插座,面对插座的右孔与相线连接,左孔与零线连接。在潮湿场所中,插座应采用密封型并带保护地线触头的保护型插座,安装高度不低于1.5m。

同一建筑物、构筑物的照明开关应采用同一系列的产品,开关的通断位置一致,操作灵活、接触可靠;插座、照明开关靠近高温物体、可燃物或安装在可燃结构上时,应采取隔热、散热等保护措施。导线与插座或开关连接处应牢固可靠,螺丝应压紧无松动,面板无松动或破损。在使用Ⅰ类电器的场所,必须设置带有保护线触头的电源插座,并将该触头与保护地线(PE线)连成电气通路。车间及试(实)验室的插座安装高度距地面不小于0.3m,特殊场所暗装的插座安装高度距地面不小于0.15m,同一室内插座安装高度一致。插座面板应无烧蚀、变色、熔融痕迹。

注意:上面提到的Ⅰ类电器是指该类电器的防触电保护不仅依靠基本绝缘,而且还需要一项附加的安全预防措施,其方法是将电器外露导电部分与已安装在固定线路中的保护接地导体连接起来,以便在发生接地故障时能有效地切断电源。

非临时用电不宜使用移动式插座。当使用移动式插座时,电源线要采用铜芯电缆或护套软线,具有保护接地线(PE线),禁止放置在可燃物上,禁止串接使用,严禁超容量使用。

(五)照明器具

卤素灯、60W以上的白炽灯等高温照明灯具不应设置在火灾危险性场所。产生腐蚀性气体的蓄电池室等场所应采用密闭型灯具。在有尘埃的场所,应按防尘的保护等级分类选择合适的灯具。重要场所的大型灯具,应安装防止玻璃罩破裂后向下飞溅的保护设施。

库房照明宜采用投光灯采光。储存可燃物的仓库及类似场所照明光源应采用冷光源,其垂直下方与堆放可燃物品的水平间距不应小于0.5m,不应设置移动式照明灯具;应采用有防护罩的灯具和墙壁开关,不得使用无防护罩的灯具和拉线开关。

超过60W的白炽灯、卤素灯、荧光高压汞灯等照明灯具(包括镇流器)不应安装在可燃材料和可燃构件上,聚光灯的聚光点不应落在可燃物上。当灯具的高温部位靠近除不燃性以外的装修材料时,应采取隔热(如玻璃丝、石膏板、石棉板等加以隔热防护)、散热(如在灯具上增加散热空隙或加强顶棚内的通风降温,以及与可燃物保持一定距离)等防火保护措施。灯饰所用材料的燃烧性能等级不应低于B1级。

嵌入顶棚内的灯具,灯头引线应采用柔性金属管保护,其保护长度不宜超过1m。嵌入式灯具、贴顶灯具以及光檐(槽灯)照明,当采用卤钨灯以及单灯功率超过100W的白炽灯时,灯具(或灯)引入线应选用耐105～250℃高温的绝缘电线,或采用瓷管、石棉等不燃材料做隔热保护。

聚光灯、回光灯不应安装在可燃基座上,贴近灯头的引出线应用高温线或瓷套管保护,配线接点必须设在金属接线盒内。

用于舞台效果的高温灯具,其灯头引线应采用耐高温导线或穿瓷管保护,再经接线柱与灯具连接,导线不得靠近灯具表面或敷设在高温灯具附近。霓虹灯与建筑物、构筑物表面距离不小于20mm。

照明灯具与可燃物之间的安全距离应符合规定的数值。

当安全距离不够时,应采取隔热、散热等防火保护措施。

照明灯具上所装的灯泡,不应超过灯具的额定功率。灯具及其配件齐全,无机械损伤、变形、涂层剥落和灯罩破裂等缺陷;软线吊灯的软线两端做保护扣,两端芯线搪锡;当装升降器时,套塑料软管,采用安全灯头;除敞开式灯具,其他各类灯具灯泡功率在100W及以上者采用瓷质灯头;连接灯具的软线盘扣、搪锡压线,当采用螺口灯头时,相线接于螺口灯头中间的端子上;灯头的绝缘外壳不破损和漏电;带有开关的灯头,开关手柄无裸露的金属部分。

每个灯控开关所控灯具的总额定电流值不应大于该灯控开关的额定电流。建筑物内景观照明灯具的导电部分对地电阻应大于2MΩ。

节日彩灯的检查应符合下列规定:

建筑物顶部彩灯采用有防雨性能的专用灯具,灯罩要拧紧。彩灯连接线路应采用绝缘铜导线,导线截面积应满足载流量要求,且不应小于2.5mm^2,灯头线不应小于1.0mm^2。悬挂式彩灯应采用防水吊线灯头,灯头线与干线的连接应牢固、绝缘包扎紧密。彩灯供电线路应采用橡胶多股铜芯软导线,截面面积不应小于4.0mm^2,垂直敷设时,对地面的距离不小于3.0m。彩灯的电源除统一控制外,每个支路应有单独控制开关和熔断器保护,导线的支持物应安装牢固。

(六)电动机

电动机应安装在牢固的机座上,机座周围应有适当的通道,与其他低压带电体、可燃物之间的距离不应小于1.0m,并应保持干燥清洁。电动机外壳接地应牢固可靠、完好无损。电动机应装设短路保护和接地故障保护,并应根据具体情况分别装设过载保护、断相保护和低电压保护。

电动机控制设备的电气元器件外观应整洁,外壳应无破裂,零部件齐全,各接线端子及紧固件应无缺损、锈蚀等现象;电气元器件的触头应无熔焊粘连变形和严重氧化等痕迹;端子上的所有接线应压接牢固,接触应良好,不应有松动、脱落现象。

(七)电热器具

超过3kW的固定式电热器具应采用单独回路供电,电源线应装设短路、过载及接地故障保护电器;导线和热元件的接线处应紧固,引入线处应采用耐高温的绝缘材料予以保护;

电热器具周围0.5m以内不应放置可燃物;电热器具的电源线,装设刀开关和短路保护电器处,其可触及的外露导电部分应接地。

低于3kW以下的可移动式电热器应放在不燃材料制作的工作台上,与周围可燃物应保持0.3m以上的距离;电热器应采用专用插座,引出线应采用石棉、瓷管等耐高温绝缘套管保护。

工业用大型电热设备,应设置在一、二级耐火建筑内,小型电热设备应单独设在非燃烧材料的室内,并应采取通风散热、排风和防爆泄压措施;为防止线路过载,最好采用单独的供电线路,供电线路应采用耐火耐热绝缘材料的电线电缆,并装设熔断器等保护装置;应装设有温度、时间等控制和报警装置,并应严格控制运行时间和温度。

小型电热设备和电热器具如电烘箱、电熨斗、电烙铁等,在使用和管理上,要注意防火安全。在电热设备通电使用时,不要轻易离开,应养成人走切断电源的习惯;电热器具使用较多的单位,在下班后应有专人负责切断总电源;根据电热设备使用的性质,配备必要的灭火器材,以便在发生火灾初期能及时扑灭。

(八)空调器具

空调器具应单独供电,电源线应设置短路、过载保护。空调不要靠近窗帘、门帘等悬挂物,以免卷入电机而使电机发热起火;由于空调不具备防雷功能,雷雨天气时,最好不要使用空调;其电源插头的容量不应大于插座的容量且与之匹配。分体式空调穿墙管路应选择不燃或难燃材料套管保护,室内机体接线端子板处接线牢固、整齐、正确。

空调器具不应安装在可燃结构上,其设备与周围可燃物的距离不应小于0.3m。空调器具单独供电线路短路保护和过载保护应动作灵活可靠,无拒动现象。空调器具应保持清洁;空气过滤器应定期清洗,以免造成空气堵塞。选用的空调器具应符合实际运行环境的要求。

(九)家用电器

电冰箱及电视机等电器不要短时间内连续切断、接通电源;保证电冰箱后部干燥通风,切勿在电冰箱后面塞放可燃物。电视机应保证良好的通风,若长期不用,尤其在雨季,要每隔一段时间使用几小时,用电视机自身发出的热量来驱散机内的潮气;室外天线或共用天线的避雷器要有良好的接地,雷雨天气时尽量不要使用室外天线;电热毯第一次使用或长期搁置后再使用,应在有人监视的情况下先通电1h左右,检查是否安全;折叠电热毯不要固定位置;不要在沙发、席梦思床和钢丝床上使用直线型电热线电热毯,这种电热毯只适合在木板床上使用;避免电热毯与人体接触,不能在电热毯上只铺一层床单,以防人体的揉搓使电热毯堆集打褶,导致局部过热或电线损坏而发生事故。

三、电气装置和设备的维护方法

系统进行维护前,应制定详细的维护方案,综合运用红外测温技术、超声波探测技术和电工测量技术等多种现代科技手段,选定必要的范围进行抽样检查。

（1）温度：电气装置和设备在异常情况下必然会出现异常的温度，因此温度的检测是安全维护的一个非常重要的方面。

（2）绝缘电阻：绝缘电阻值反映电气装置和设备的绝缘能力，绝缘电阻值下降，说明绝缘老化，可能会出现过热、短路等故障，容易引起火灾事故。

（3）接地电阻：电气装置和设备接地分为保护性接地和功能性接地。为了保证电气装置和设备的正常工作，必须有一个良好的接地系统。接地电阻是反映接地系统好坏的一个重要指标，对于防雷、防爆、防静电场所尤为重要。

（4）谐波分量及中性线过载电流：中性线电流是由三相不平衡负载电流和非线性负载电流的三次甚至更高倍的奇次谐波电流两部分组成，因此检测中性线电流可以判定三相不平衡负载电流和奇次谐波电流的大小。同时，利用仪表检测相线电流直接判定导线的负荷状态也十分必要。

（5）火花放电：火花放电可以导致火灾的发生，准确掌握火花放电部位是预防电气火灾的前提，用超声波检测仪可以检测出电器设备内部火花放电现象。

第十三章 消防应急照明和疏散指示系统

知识框架

消防应急照明和疏散指示系统 {
　系统安装与调试 {
　　系统分类
　　系统安装
　　系统调试
　}
　系统检测验收与运行维护 {
　　系统检测验收
　　系统运行维护
　}
}

考点梳理

1. 系统的分类和安装要求。
2. 系统各组件的调试内容。
3. 系统月检、季检和年检的内容。

考点精讲

第一节　系统安装与调试

一、系统分类

　　根据控制方式和应急电源的实现方式,可以将消防应急照明和疏散指示系统分为自带电源型系统和集中电源型系统,包含自带电源非集中控制型、自带电源集中控制型、集中电源非集中控制型和集中电源集中控制型四种形式。

二、系统安装

　　消防应急照明和疏散指示系统施工安装前,应首先检查产品的外包装是否破损、外观及结构是否存在问题,并严格按照施工过程质量控制要求。

(1)消防应急灯具与供电线路之间不能使用插头连接。

(2)消防应急灯具应安装牢固,消防应急标志灯具周围要保证无遮挡物。

(3)消防应急照明灯具安装时,在正面迎向人员疏散方向,应有防止造成眩光的措施。

(4)消防应急灯具吊装时宜使用金属吊管,吊管上端应固定在建筑物实体或构件上。

(5)作为辅助指示的蓄光型标志牌只能安装在与标志灯具指示方向相同的路线上,但不能代替标志灯具。

(6)消防应急灯具宜安装在不燃烧墙体和不燃烧装修材料上。

(二)系统主要组件安装

1.消防应急标志灯具的安装

(1)在顶部安装时,尽量不要贴顶安装,灯具上边与顶棚距离宜大于200mm;吊装时,应采用金属吊杆或吊链,吊杆或吊链上端应固定在建筑结构件上。

(2)低位安装在疏散走道及其转角处时,应安装在距地面(楼面)1m以下的墙上,标志表面应与墙面平行,凸出墙面的部分不应有尖锐角及伸出的固定件;灯光疏散指示标志的间距不应大于20m;对于袋形走道不应大于10m;在走道转角区不应大于1m。

(3)安装在地面上时,灯具的所有金属构件应采用耐腐蚀构件或做防腐处理,电源连接和控制线连接应采用密封胶密封,标志灯具表面应与地面平行,与地面高度差不宜大于3mm,与地面接触边缘不宜大于1mm。

(4)在人员密集的大型室内公共场所的疏散走道和主要疏散线路上,安装保持视觉连续的消防应急标志灯具时,箭头指示方向或导向光流流动方向应与实际疏散方向一致。

2.消防应急照明灯具的安装

(1)消防应急照明灯具应均匀布置,最好安装在棚顶或距楼地面2m以上的侧面墙上。

(2)在侧面墙上顶部安装时,其底部距地面距离不得低于2m,在距地面1m以下侧面墙上安装时,应采用嵌入式安装。其突出墙面最高水平距离不应超过20mm,且应保证光线照射在安装灯具的水平线以下;不得安装在地面或距地面1~2m之间的侧面墙上。

(3)吊装时,要采用金属吊杆或吊链,吊杆或吊链上端应固定在建筑结构件上。

3.应急照明配电箱和分配电装置的安装

(1)应急照明配电箱和分配电装置落地安装时宜高出地面50mm以上,屏前和屏后的通道最小宽度应符合国家标准《低压配电设计规范》(GB 50054—2011)中的规定。

(2)应急照明配电箱和分配电装置安装在墙上时,其底边距地面高度宜为1.3~1.5m,靠近门轴的侧面距墙不应小于0.5m,正面操作距离不应小于1.0m。

4.应急照明集中电源的安装

(1)安装场所应无腐蚀性气体、蒸汽、易燃物及尘土;电池应安装在通风良好的场所,严禁安置在密封环境、仓库等场所。

(2)落地安装时,宜高出地面150mm以上,屏前和屏后的通道应能够满足更换电池的需求。

5.应急照明控制器的安装

(1)在墙上安装时,应急照明控制器的底边距地(楼)面高度为1.3~1.5m,靠近门或侧墙安装时应保证应急照明控制器门的正常开关,正面操作距离不应小于1.2m;落点安装时,其底边宜高出地坪0.1~0.2m。

(2)应急照明控制器应安装牢固,不得倾斜;安装在轻质墙上时,应采取加固措施。

(3)应急照明控制器的主电源要有明显标志,并应直接与消防电源连接,严禁使用电源插头;应急照明控制器与其外接备用电源之间应直接连接;接地应牢固,并应有明显标志。

(4)应急照明控制器的控制线路要单独穿管。引入应急照明控制器的电缆或导线,配线应整齐,避免交叉,并应固定牢靠;电缆芯线和所配导线的端部,均应标明编号,并与图样一致,字迹应清晰且不易褪色;端子板的每个接线端,接线不得超过两根;电缆芯和导线应留有不小于200mm的余量导线应绑扎成束;导线穿管后,应将管口封堵。

6.布线

(1)系统线路的防护方式应符合下列规定:①矿物绝缘类不燃性电缆可直接明敷。②系统线路明敷时,应采用金属管、可弯曲金属电气导管或槽盒保护。③系统线路暗敷时,应采用金属管、可弯曲金属电气导管或B1级及以上的刚性塑料管保护。

(2)各类管路明敷时,应在下列部位设置吊点或支点,吊杆直径不应小于6mm:①管路始端、终端及接头处。②距接线盒0.2m处。③管路转角或分支处。④直线段不大于3m处。

(3)各类管路暗敷时,应敷设在不燃性结构内,且保护层厚度不应小于30mm。管路经过建、构筑物的沉降缝、伸缩缝、抗震缝等变形缝处,应采取补偿措施。敷设在地面上、多尘或潮湿场所管路的管口和管子连接处,均应做防腐蚀、密封处理。

三、系统调试

(一)一般规定

(1)施工结束后,建设单位应组织施工单位或设备制造企业,对系统进行调试。系统调试前,应编制调试方案。

(2)系统调试应包括系统部件的功能调试和系统功能调试,并应符合下列规定。

①对应急照明控制器、集中电源、应急照明配电箱、灯具的主要功能进行全数检查。应急照明控制器、集中电源、应急照明配电箱、灯具的主要功能、性能应符合现行国家标准《消防应急照明和疏散指示系统》(GB 17945—2010)的规定。

②对系统功能进行检查。

③主要功能、性能不符合现行国家标准《消防应急照明和疏散指示系统》(GB 17945—

2010)规定的系统部件应予以更换,系统功能不符合设计文件规定的项目应进行整改,并应重新进行调试。

(3)系统部件功能调试或系统功能调试结束后,应恢复系统部件之间的正常连接,并使系统部件恢复正常工作状态。

(4)系统调试结束后,应编写调试报告;施工单位、设备制造企业应向建设单位提交系统竣工图,材料、系统部件及配件进场检查记录,安装质量检查记录,调试记录及产品检验报告,合格证明材料等相关材料。

(二)调试准备

(1)系统调试前,应按设计文件的规定,对系统部件的型号、规格、数量、备品备件等进行查验,并对系统的线路进行检查。

(2)集中控制型系统调试前,应对灯具、集中电源或应急照明配电箱进行地址设置及地址注释,并应符合下列规定:

①应对应急照明控制器配接的灯具、集中电源或应急照明配电箱进行地址编码,每一台灯具、集中电源或应急照明配电箱应对应一个独立的识别地址。

②应急照明控制器应对其配接的灯具、集中电源或应急照明配电箱进行地址注册,并录入地址注释信息。

③填写系统部件设置情况记录。

(3)集中控制型系统调试前,调试人员应按照系统控制逻辑设计文件的规定,进行应急照明控制器控制逻辑的编程,将控制程序录入应急照明控制器中,并按规定填写应急照明控制器控制逻辑编程记录。

(4)系统调试前,应具备下列技术文件:

①系统图。

②各防火分区、楼层、隧道区间、地铁站台和站厅的疏散指示方案和系统各工作模式设计文件。

③系统部件的现行国家标准、使用说明书、平面布置图和设置情况记录。

④系统控制逻辑设计文件等必要的技术文件。

(5)应对系统中的应急照明控制器、集中电源和应急照明配电箱分别进行单机通电检查。

(三)调试

1.应急照明控制器调试

将应急照明控制器与配接的集中电源、应急照明配电箱、灯具相连接后,接通电源,使控制器处于正常监视状态。对控制器进行下列主要功能检查并记录,控制器的功能应符合现行国家标准《消防应急照明和疏散指示系统》(GB 17945—2010)规定:

(1)自检功能。

（2）操作级别。

（3）主、备电源的自动转换功能。

（4）故障报警功能，包括控制器与备用电源之间的连线断路、短路；控制器与集中电源或应急照明配电箱通信故障；灯具与集中电源或应急照明配电箱之间的连线断路、短路。

（5）消音功能。

（6）一键式检查功能。

2.集中电源调试

将集中电源与灯具相连接后，接通电源，使集中电源处于正常工作状态。对集中电源进行下列主要功能检查并记录，集中电源的功能应符合现行国家标准《消防应急照明和疏散指示系统》(GB 17945—2010)规定：

（1）操作级别。

（2）故障报警功能，包括充电器与电池组之间连线断路；应急输出回路开路。

（3）消音功能。

（4）电源分配输出功能。

（5）集中控制型集中电源电源转换手动测试功能。

（6）集中控制型集中电源通信故障连锁控制功能。

（7）集中控制型集中电源灯具应急状态保持功能。

3.应急照明配电箱调试

接通应急照明配电箱的电源，使应急照明配电箱处于正常工作状态。对应急照明配电箱进行下列主要功能检查并记录，应急照明配电箱的功能应符合现行国家标准《消防应急照明和疏散指示系统》(GB 17945—2010)规定：

（1）主电源分配输出功能。

（2）集中控制型应急照明配电箱主电源输出关断测试功能。

（3）集中控制型应急照明配电箱通信故障连锁控制功能。

（4）集中控制型应急照明配电箱灯具应急状态保持功能。

（四）集中控制型系统的系统功能调试

1.非火灾状态下，系统正常工作模式调试

系统功能调试前，集中电源的蓄电池组、灯具自带的蓄电池应连续充电24h。根据系统设计文件的规定，对系统的正常工作模式进行检查并记录，系统的正常工作模式应符合下列规定：

（1）灯具采用集中电源供电时，集中电源应保持主电源输出；灯具采用自带蓄电池供电时，应急照明配电箱应保持主电源输出。

（2）系统内所有标志灯的工作状态应符合规范标准规定。

（3）系统内所有照明灯的工作状态应符合设计文件的规定。

2. 非火灾状态下, 系统主电源断电控制功能调试

切断集中电源、应急照明配电箱的主电源, 根据系统设计文件的规定, 对系统的主电源断电控制功能进行检查并记录, 系统的主电源断电控制功能应符合下列规定:

(1) 集中电源、应急照明配电箱配接的所有非持续型照明灯的光源应应急点亮, 持续型灯具的光源应由节电点亮模式转入应急点亮模式; 灯具持续应急点亮时间应符合设计文件的规定, 且不应大于 0.5h。

(2) 恢复集中电源、应急照明配电箱的主电源供电, 配接灯具的光源应恢复原工作状态。

(3) 使灯具持续应急点亮时间达到设计文件规定的时间, 集中电源、应急照明配电箱应连锁其配接灯具的光源熄灭。

3. 非火灾状态下, 系统正常照明电源断电控制功能调试

切断防火分区、楼层、隧道区间、地铁站台和站厅正常照明配电箱的电源, 根据系统设计文件的规定, 对系统正常照明电源断电控制功能进行检查并记录, 系统正常照明电源断电控制功能应符合下列规定:

(1) 该区域所有非持续型照明灯的光源应应急点亮, 持续型灯具的光源应由节电点亮模式转入应急点亮模式。

(2) 恢复正常照明应急照明配电箱的电源供电, 该区域所有灯具的光源应自动恢复原工作状态。

4. 火灾状态下, 系统自动应急启动功能调试

系统功能调试前, 将应急照明控制器与火灾报警控制器、消防联动控制器相连, 使应急照明控制器处于正常监视状态。根据系统设计文件的规定, 使火灾报警控制器发出火灾报警输出信号, 对系统的自动应急启动功能进行检查并记录, 系统的自动应急启动功能应符合下列规定:

(1) 应急照明控制器应发出系统自动应急启动信号, 显示启动时间。

(2) 系统内所有的非持续型照明灯的光源应应急点亮, 持续型灯具的光源应由节电点亮模式转入应急点亮模式, 高危险场所灯具光源应急点亮的响应时间不应大于 0.25s, 其他场所灯具光源应急点亮的响应时间不应大于 5s。

(3) 系统配接的 B 型集中电源应转入蓄电池电源输出, B 型应急照明配电箱应切断主电源输出。

(4) 系统配接的 A 型集中电源、A 型应急照明配电箱应保持主电源输出; 系统主电源断电后, A 型集中电源应转入蓄电池电源输出。

5. 火灾状态下, 借用相邻防火分区疏散的防火分区, 标志灯指示状态改变功能调试

根据系统设计文件的规定, 使消防联动控制器发出被借用防火分区的火灾报警区域信号, 对需要借用相邻防火分区疏散的防火分区中标志灯指示状态的改变功能进行检查并记录, 标灯的指示状态改变功能应符合下列规定:

（1）应急照明控制器应发出控制标志灯指示状态改变的启动信号,显示启动时间。

该防火分区内,按不可借用相邻防火分区疏散工况条件对应的疏散指示方案,需要变换指示方向的方向标志灯应改变箭头指示方向,通向被借用防火分区入口的出口标志灯的"出口指示标志"的光源应熄灭、"禁止入内"指示标志的光源应应急点亮;灯具改变指示状态的响应时间不应大于5s。

（2）该防火分区内其他标志灯的工作状态应保持不变。

6.火灾状态下,需要采用不同疏散预案的交通隧道、地铁隧道、地铁站台和站厅等场所,标志灯指示状态改变功能调试

根据系统设计文件的规定,使消防联动控制器发出代表相应疏散预案的消防联动控制信号,对需要采用不同疏散预案的交通隧道、地铁隧道、地铁站台和站厅等场所中标志灯指示状态的改变功能进行检查并记录,标志灯的指示状态改变功能应符合下列规定:

（1）应急照明控制器应发出控制标志灯指示状态改变的启动信号,显示启动时间。

（2）该区域内,按照对应的疏散指示方案需要变换指示方向的方向标志灯应改变箭头指示方向,通向需要关闭的疏散出口处设置的出口标志灯的"出口指示标志"的光源应熄灭、"禁止入内"指示标志的光源应应急点亮;灯具改变指示状态的响应时间不应大于5s。

（3）该区域内其他标志灯的工作状态应保持不变。

7.火灾状态下,系统手动应急启动功能调试

手动操作应急照明控制器的一键启动按钮,对系统的手动应急启动功能进行检查并记录,系统的手动应急启动功能应符合下列规定:

（1）应急照明控制器应发出手动应急启动信号,显示启动时间。

（2）系统内所有的非持续型照明灯的光源应应急点亮,持续型灯具的光源应由节电点亮模式转入应急点亮模式。

（3）集中电源应转入蓄电池电源输出,应急照明配电箱应切断主电源的输出。

（4）照明灯设置部位地面水平最低照度应符合标准规范的规定。

（5）灯具应急点亮的持续工作时间应符合标准规范的规定。

（五）非集中控制型系统的系统功能调试

1.非火灾状态下,系统正常工作模式调试

系统功能调试前,集中电源的蓄电池组、灯具自带的蓄电池应连续充电24h。根据系统设计文件的规定,对系统的正常工作模式进行检查并记录,系统的正常工作模式应符合下列规定:

（1）灯具采用集中电源供电时,集中电源应保持主电源输出;灯具采用自带蓄电池供电时,应急照明配电箱应保持主电源输出。

（2）系统灯具的工作状态应符合设计文件的规定。

2.非火灾状态下,非持续型灯具的感应点亮功能调试

非持续型照明灯具有人体、声控等感应方式点亮功能时,根据系统设计文件的规定,使

灯具处于主电供电状态下,对非持续型灯具的感应点亮功能进行检查并记录,灯具的感应点亮功能应符合下列规定:

(1)按照产品使用说明书的规定,使灯具的设置场所满足点亮所需的条件。

(2)非持续型照明灯应点亮。

3.火灾状态下,设置区域火灾报警系统的场所,系统自动应急启动功能调试

在设置区域火灾报警系统的场所,使集中电源或应急照明配电箱与火灾报警控制器相连,根据系统设计文件的规定,使火灾报警控制器发出火灾报警输出信号,对系统的自动应急启动功能进行检查并记录,系统的自动应急启动功能应符合下列规定:

(1)灯具采用集中电源供电时,集中电源收到火灾报警控制器发出的火灾报警输出信号后,应转入蓄电池电源输出,其所配接的非持续型照明灯的光源应应急点亮,持续型灯具的光源应由节电点亮模式转入应急点亮模式。高危险场所灯具光源应急点亮的响应时间不应大于0.25s,其他场所灯具光源应急点亮的响应时间不应大于5s。

(2)灯具采用自带蓄电池供电时,应急照明配电箱收到火灾报警控制器发出的火灾报警输出信号后,应自动切断主电源输出,其所配接的非持续型照明灯的光源应应急点亮,持续型灯具的光源应由节电点亮模式转入应急点亮模式。高危险场所灯具光源应急点亮的响应时间0.25s,其他场所灯具光源应急点亮的响应时间不应大于5s。

4.火灾状态下,系统手动应急启动功能调试

根据系统设计文件的规定,对系统的手动应急启动功能进行检查并记录,系统的手动应急启动功能应符合下列规定:

(1)灯具采用集中电源供电时,应能手动控制集中电源转入蓄电池电源输出,其所配接的非持续型照明灯光源应应急点亮、持续型灯具的光源由节电点亮模式转入应急点亮模式。高危险场所灯具光源应急点亮的响应时间不应大于0.25s,其他场所灯具光源应急点亮的响应时间不应大于5s。

(2)灯具采用自带蓄电池供电时,应能手动控制应急照明配电箱切断主电源输出,其所配接的非持续型照明灯光源应应急点亮、持续型灯具的光源由节电点亮模式转入应急点亮模式。高危险场所灯具光源应急点亮的响应时间不应大于0.25s,其他场所灯具光源应急点亮的响应时间不应大于5s。

(3)照明灯设置部位地面水平最低照度应符合标准规范的规定。

灯具应急点亮的持续工作时间应符合标准规范的规定。

(六)备用照明功能调试

根据设计文件的规定,对系统备用照明的功能进行检查并记录,系统备用照明的功能应符合下列规定:

(1)切断为备用照明灯具供电的正常照明电源输出。

(2)消防电源专用应急回路供电应能自动投入为备用照明灯具供电。

第二节　系统检测验收与运行维护

一、系统检测验收

系统检测、验收时,应对施工单位提供的下列资料进行齐全性和符合性检查,并填写记录:

(1)竣工验收申请报告、设计变更通知书、竣工图。

(2)工程质量事故处理报告。

(3)施工现场质量管理检查记录。

(4)系统安装过程质量检查记录。

(5)系统部件的现场设置情况记录。

(6)系统控制逻辑编程记录。

(7)系统调试记录。

(8)系统部件的检验报告、合格证明材料。

二、系统运行维护

(1)系统投入使用前,应具有下列文件资料:

①检测、验收合格资料。

②消防安全管理规章制度、灭火及应急疏散预案。

③建、构筑物竣工后的总平面图、系统图、系统设备平面布置图、重点部位位置图。

④各防火分区、楼层、隧道区间、地铁站厅或站台的疏散指示方案。

⑤系统部件现场设置情况记录。

⑥应急照明控制器控制逻辑编程记录。

⑦系统设备使用说明书、系统操作规程、系统设备维护保养制度。

(2)系统的使用单位应建立在上述文件档案,并应有电子备份档案。应保持系统连续正常运行,不得随意中断。

(3)系统日常巡查的部位、频次应符合现行国家标准《建筑消防设施的维护管理》(GB 25201—2010)的规定,并填写记录。巡查过程中发现设备外观破损、设备运行异常时应立即报修。

(4)每年应按规定的检查项目、数量对系统部件的功能、系统的功能进行检查。

第十四章　火灾自动报警系统

知识框架

火灾自动报警系统
- 系统安装与调试
  - 系统构成
  - 布线
  - 系统主要组件安装
  - 系统调试
- 系统检测与维护
  - 检测资料
  - 系统检测
  - 现场功能性检测
  - 系统维护管理
  - 故障及处理方法

考点梳理

1. 火灾探测器的安装、调试与检测。
2. 消防电气控制装置的安装、调试与检测。
3. 模块的安装、调试与检测。
4. 消防专用电话的安装、调试与检测。
5. 消防设备应急电源的安装、调试与检测。
6. 系统工程质量检测判定标准。

考点精讲

第一节　系统安装与调试

一、系统构成

火灾自动报警系统由触发装置、火灾报警装置、火灾警报装置、电源和其他辅助控制功能的联动装置等部分组成。

（一）火灾探测报警系统

火灾探测报警系统由火灾报警控制器、触发器件和火灾警报装置等组成，能及时、准确地探测保护对象的初起火灾，并做出报警响应，告知建筑中的人员火灾的发生，从而使建筑中的人员有足够的时间在火灾发展到危害生命安全的程度时疏散至安全地带，是保障人员生命安全的最基本的建筑消防系统。

（二）消防联动控制系统

消防联动控制系统由消防联动控制器、消防控制室图形显示装置、消防电气控制装置（防火卷帘控制器、气体灭火控制器等）、消防电动装置、消防联动模块、消火栓按钮、消防应急广播设备、消防电话等设备和组件组成，在火灾发生时联动控制器按设定的控制逻辑准确发出联动控制信号给消防泵、喷淋泵、防火门、防火阀、排烟阀等消防设备，完成对灭火系统、消防应急照明和疏散指示系统、防烟排烟系统及防火卷帘等其他消防相关设备的控制功能，当消防设备动作后将动作信号反馈给消防控制室并显示。消防联动控制系统还监视建筑消防设施的运行状态，即接收来自消防联动现场设备以及火灾自动报警系统以外的其他系统的火灾信息或其他触发和输入信息，并通过传输设备将火灾报警控制器发出的火灾报警信号及其他有关信息传输到建筑消防设施及消防安全管理远程监控系统。

（三）可燃气体探测报警系统

可燃气体探测报警系统由可燃气体报警控制器、可燃气体探测器和火灾声光警报器组成，能够在保护区域内泄漏可燃气体的浓度低于爆炸下限的条件下提前报警，从而预防由于可燃气体泄漏引发的火灾和爆炸事故的发生。可燃气体探测报警系统是火灾自动报警系统的独立子系统，属于火灾预警系统。

（四）电气火灾监控系统

电气火灾监控系统由电气火灾监控器、电气火灾监控探测器组成，能在发生电气故障，产生一定电气火灾隐患的条件下发出警报，提醒专业人员排除电气火灾隐患，实现电气火灾的早期预防，避免电气火灾的发生。电气火灾监控系统是火灾自动报警系统的独立子系统，属于火灾预警系统。

二、布线

在火灾自动报警系统布线前，应按设计文件的要求对材料进行检查，导线的种类、电压等级应符合设计文件要求，并按照下列要求进行布线。

（1）火灾自动报警系统的布线应符合国家标准《建筑电气工程施工质量验收规范》（GB 50303—2015）的规定。火灾自动报警系统应单独布线，系统内不同电压等级、不同电流类别的线路，不应布在同一管内或线槽的同一槽孔内。在管内或线槽内的布线，应在建筑抹灰及地面工程结束后进行，管内或线槽内不应有积水及杂物。

（2）导线在管内或线槽内不应有接头或扭结。导线的接头应在接线盒内焊接或用端子连接。从接线盒、线槽等处引到探测器底座、控制设备、扬声器的线路，当采用可挠金属软管保护时，其长度不应大于 2m。敷设在多尘或潮湿场所的管路的管口和管子连接处，均应做密封处理。

（3）管路超过下列长度时，应在便于接线处装设接线盒：

①管子长度每超过 30m，无弯曲时。

②管子长度每超过 20m，有 1 个弯曲时。

③管子长度每超过 10m，有 2 个弯曲时。

④管子长度每超过 8m，有 3 个弯曲时。

（4）金属管子入盒，盒外侧应套锁母，内侧应装护口；在吊顶内敷设时，盒的内外侧均应套锁母。塑料管入盒时应采取相应固定措施。明敷设各类管路和线槽时，应采用单独的卡具吊装或支撑物固定。吊装线槽或管路的吊杆直径不应小于 6mm。

（5）线槽敷设时，应在下列部位设置吊点或支点：

①线槽始端、终端及接头处。

②距接线盒 0.2m 处。

③线槽转角或分支处。

④直线段不大于 3m 处。

（6）线槽接口应平直、严密，槽盖应齐全、平整、无翘角。并列安装时，槽盖应便于开启。管线经过建筑物的变形缝（包括沉降缝、伸缩缝、抗震缝等）处，应采取补偿措施，导线跨越变形缝的两侧时应固定，并留有适当余量。

（7）火灾自动报警系统导线敷设后，应用 500V 绝缘电阻表测量每个回路导线对地的绝缘电阻，且绝缘电阻值不应小于 20MΩ。同一工程中的导线，应根据不同用途选择不同颜色加以区分，相同用途的导线颜色应一致。电源线正极应为红色，负极应为蓝色或黑色。

三、系统主要组件安装

火灾自动报警系统施工安装前，按照施工过程质量控制要求，需要对系统设备、材料及配件进行现场检查（检验）和设计符合性检查。

（一）安装前的检查

（1）根据设计文件的要求对组件进行检查，组件的型号、规格应符合设计文件的要求。

（2）对组件外观进行检查，组件表面应无明显划痕、毛刺等机械损伤，紧固部位应无松动。

（二）控制器类设备

控制类设备主要包括火灾报警控制器、区域显示器、消防联动控制器、可燃气体报警控制器、电气火灾监控器、气体（泡沫）灭火控制器、消防控制室图形显示装置、火灾报警传输设备或用户信息传输装置、防火门监控器等设备。

（1）控制类设备采用壁挂方式安装时,其主显示屏高度宜为 1.5~1.8m,其靠近门轴的侧面距墙不应小于 0.5m,正面操作距离不应小于 1.2m;落地安装时,其底边宜高出地(楼)面 0.1~0.2m。

（2）控制器应安装牢固,不应倾斜;安装在轻质墙上时,应采取加固措施。

（3）控制器的主电源应有明显的永久性标志,并应直接与消防电源连接。

（4）控制器的接地应牢固,并有明显的永久性标志。

（5）控制器类设备在消防控制室内的布置要求。

①设备面盘前的操作距离,单列布置时不应小于 1.5m,双列布置时不应小于 2m。

②在值班人员经常工作的一面,设备面盘至墙的距离不应小于 3m。

③设备面盘后的维修距离不宜小于 1m。

④设备面盘的排列长度大于 4m 时,其两端应设置宽度不小于 1m 的通道。

⑤与建筑内其他弱电系统合用的消防控制室,消防设备应集中设置,并应与其他设备间有明显间隔。

（6）引入控制器的电缆或导线的安装要求。

配线应整齐,不宜交叉,并应固定牢靠。电缆芯线和所配导线的端部均应标明编号,并与图样一致,字迹应清晰且不易褪色。端子板的每个接线端,接线不得超过 2 根,电缆芯线和导线应留有不小于 200mm 的余量,并应绑扎成束。导线穿管、线槽后,应将管口、槽口封堵。

（三）火灾探测器

1.线型光束感烟火灾探测器

探测器应安装牢固,不应产生位移。发射器和接收器(反射式探测器的探测器和反射板)之间的光路上应无遮挡物,并应保证接收器避开日光和人工光源直接照射。

2.缆式线型感温火灾探测器

探测器应采用专用固定装置固定在保护对象上。探测器应采用连续无接头方式安装,如确需中间接线,必须用专用接线盒连接;探测器安装敷设时不应硬性折弯、扭转,避免重力挤压冲击,探测器的弯曲半径宜大于 0.2m。

3.敷设在顶棚下方的线型感温火灾探测器

探测器至顶棚距离宜为 0.1m,探测器的保护半径应符合点型感温火灾探测器的保护半径要求;探测器至墙壁距离宜为 1~1.5m。

4.探测器底座

探测器的底座应安装牢固,与导线连接必须可靠压接或焊接。当采用焊接时,不应使用带腐蚀性的助焊剂。探测器底座的连接导线,应留有不小于 150mm 的余量,且在其端部应有明显的永久性标志。探测器底座的穿线孔宜封堵,安装完毕的探测器底座应采取保护措施。

5. 点型感烟、感温火灾探测器

（1）探测器至墙壁、梁边的水平距离不应小于0.5m；探测器周围水平距离0.5m内，不应有遮挡物；探测器至空调送风口最近边的水平距离不应小于1.5m；至多孔送风顶棚孔口的水平距离不应小于0.5m。

（2）在宽度小于3m的内走道顶棚上安装探测器时，宜居中安装。点型感温火灾探测器的安装间距不应超过10m，点型感烟火灾探测器的安装间距不应超过15m。探测器至端墙的距离不应大于安装间距的一半。

（3）探测器宜水平安装，当确实需倾斜安装时，倾斜角不应大于45°。

6. 分布式线型光纤感温火灾探测器

根据设计文件的要求确定探测器的安装位置及敷设方式，感温光纤应采用专用固定装置固定。感温光纤严禁打结，光纤弯曲时，弯曲半径应大于0.5m；分布式感温光纤穿越相邻的报警区域时应设置光缆余量段，隔断两侧应各留不小于8m的余量段；每个光通道始端及末端光纤应各留不小于8m的余量段。

7. 光栅光纤感温火灾探测器

根据设计文件的要求确定探测器的安装位置及敷设方式，信号处理器及感温光纤（缆）的安装位置不应受强光直射。光栅光纤感温火灾探测器每个光栅的保护面积和保护半径应符合点型感温火灾探测器的保护面积和保护半径要求，光纤光栅感温段的弯曲半径应大于0.3m。

8. 管路采样式吸气感烟火灾探测器

根据设计文件和产品使用说明书的要求确定探测器的管路安装位置、敷设方式及采样孔的设置。采样管应固定牢固，在有过梁、空间支架的建筑中，采样管路应固定在过梁、空间支架上。

9. 点型火焰探测器和图像型火灾探测器

根据设计文件的要求确定探测器的安装位置，探测器的视场角应覆盖探测区域。探测器与保护目标之间不应有遮挡物；应避免光源直接照射探测器的探测窗口；探测器在室外或交通隧道安装时，应有防尘、防水措施。

10. 其他事项

探测器报警确认灯应朝向便于人员观察的主要入口方向。探测器在即将调试时方可安装，在调试前应妥善保管，并应采取防尘、防潮、防腐蚀措施。

(四)手动火灾报警按钮

手动火灾报警按钮应牢固安装，不应倾斜。手动火灾报警按钮，应安装在明显和便于操作的部位，当安装在墙上时，其底边距地（楼）面高度宜为1.3～1.5m。手动火灾报警按钮的连接导线，应留有不小于150mm的余量，且在其端部应有明显标志。

(五)消防电气控制装置

消防电气控制装置应安装牢固,不应倾斜;安装在轻质墙上时,应采取加固措施。消防电气控制装置在消防控制室内墙上安装时,其主显示屏高度宜为1.5~1.8m,其靠近门轴的侧面距墙不应小于0.5m,正面操作距离不应小于1.2m;落地安装时,其底边宜高出地(楼)面0.1~0.2m。消防电气控制装置在安装前应进行功能检查,检查结果不合格的装置严禁安装。消防电气控制装置外接导线的端部应有明显的永久性标志。消防电气控制装置箱体内不同电压等级、不同电流类别的端子应分开布置,并有明显的永久性标志。

(六)模块

同一报警区域内的模块宜集中安装在金属箱内。模块(或金属箱)应独立支撑或固定,安装牢固,并应采取防潮、防腐蚀等措施。隐蔽安装时在安装处应有明显的部位显示和检修孔。模块的连接导线应留有不小于150mm的余量,其端部应有明显标志。

(七)消防应急广播扬声器和火灾警报器

消防应急广播扬声器和火灾警报器宜在报警区域内均匀安装,安装应牢固可靠,表面不应有破损。火灾光警报装置应安装在安全出口附近明显处,底边距地(楼)面高度在2.2m以上。光警报器与消防应急疏散指示标志不宜在同一面墙上,安装在同一面墙上时距离应大于1m。

(八)消防专用电话

消防专用电话、电话插孔、带电话插孔的手动报警按钮宜安装在明显、便于操作的位置;当在墙面上安装时,其底边距地(楼)面高度宜为1.3~1.5m。消防专用电话和电话插孔应有明显的永久性标志。

(九)消防设备应急电源

消防设备应急电源的电池应安装在通风良好的地方,当安装在密封环境中时应有通风措施。酸性电池不得安装在带有碱性介质的场所;碱性电池不得安装在带酸性介质的场所。消防设备应急电源不应安装在有可燃气体的场所。

(十)可燃气体探测器

根据设计文件的要求确定可燃气体探测器的安装位置。在探测器周围应适当留出更换和标定的空间。在有防爆要求的场所,应按防爆要求施工。线型可燃气体探测器的发射器和接收器的窗口应避免日光直射,发射器与接收器之间不应有遮挡物。

(十一)电气火灾监控探测器

剩余电流式探测器负载侧的N线(穿过探测器的工作零线)不应与其他回路共用,且不能重复接地(与PE线相连)。探测器周围应适当留出更换和标定的空间。测温式电气火灾监控探测器应采用专用固定装置固定在保护对象上。

四、系统调试

系统调试前,应按设计文件要求对设备的规格、型号、数量、备品备件等进行查验;应按相应的施工要求对系统的施工质量进行检查。对属于施工中出现的问题,应会同有关单位协商解决,并应有文字记录;应按相应的施工要求对系统线路进行检查,对于错线、开路、虚焊、短路、绝缘电阻小于20MΩ等问题,应采取相应的处理措施。

对系统中的火灾报警控制器、消防联动控制器、可燃气体报警控制器、电气火灾监控器、气体(泡沫)灭火控制器、消防电气控制装置、消防设备应急电源、消防应急广播控制设备、消防专用电话、火灾报警传输设备或用户信息传输装置、消防控制室图形显示装置、消防电动装置、防火卷帘控制器、区域显示器(火灾显示盘)、防火门监控器、火灾警报装置等设备应分别进行单机通电检查。

(一)火灾报警控制器

按国家标准《火灾报警控制器》(GB 4717—2005)的有关要求采用观察、仪表测量等方法逐个对控制器进行下列功能检查并记录,并应符合下列要求:

(1)自检功能和操作级别。

(2)使控制器与探测器之间的连线断路和短路,控制器应在100s内发出故障信号(短路时发出火灾报警信号除外);在故障状态下,使任一非故障部位的探测器发出火灾报警信号,控制器应在1min内发出火灾报警信号,并应记录火灾报警时间;再使其他探测器发出火灾报警信号,检查控制器的再次报警功能。

(3)消音和复位功能。

(4)使控制器与备用电源之间的连线断路和短路,控制器应在100s内发出故障信号。

(5)屏蔽功能。

(6)使总线隔离器保护范围内的任一点短路,检查总线隔离器的隔离保护功能。

(7)使任一总线回路上有不少于10只的火灾探测器同时处于火灾报警状态,检查控制器的负载功能。

(8)主用、备用电源的自动转换功能,并在备电工作状态下重复本条第(7)款检查。

(9)控制器特有的其他功能。

(10)依次将其他回路与火灾报警控制器相连接,重复检查。

(二)点型感烟、感温火灾探测器

(1)采用专用的检测仪器或模拟火灾的方法,逐个检查每只火灾探测器的报警功能,探测器应能发出火灾报警信号。对于不可恢复的火灾探测器应采取模拟报警方法逐个检查其报警功能,探测器应能发出火灾报警信号。当有备品时,可抽样检查其报警功能。

(2)采用专用的检测仪器、模拟火灾或按下探测器报警测试按键的方法,逐个检查每只家用火灾探测器的报警功能,探测器应能发出声光报警信号,与其连接的互联型探测器应发出声音报警信号。

(三)线型感温火灾探测器

在不可恢复的探测器上模拟火警和故障,逐个检查每只火灾探测器的火灾报警和故障报警功能,探测器应能分别发出火灾报警和故障信号。可恢复的探测器可采用专用检测仪器或模拟火灾的办法使其发出火灾报警信号,并模拟故障,逐个检查每只火灾探测器的火灾报警和故障报警功能,探测器应能分别发出火灾报警和故障信号。

(四)线型光束感烟火灾探测器

逐一调整探测器的光路调节装置,使探测器处于正常监视状态,用减光率为 0.9dB 的减光片遮挡光路,探测器不应发出火灾报警信号;用产品生产企业设定减光率(1.0~10.0dB)的减光片遮挡光路,探测器应发出火灾报警信号;用减光率为 11.5dB 的减光片遮挡光路,探测器应发出故障信号或火灾报警信号。选择反射式探测器时,在探测器正前方 0.5m 处按上述要求进行检查,探测器应正确响应。

(五)管路采样式吸气感烟火灾探测器

逐一在采样管最末端(最不利处)采样孔加入试验烟,采用秒表测量探测器的报警响应时间,探测器或其控制装置应在 120s 内发出火灾报警信号。根据产品说明书,改变探测器的采样管路气流,使探测器处于故障状态,采用秒表测量探测器的报警响应时间,探测器或其控制装置应在 100s 内发出故障信号。

(六)点型火焰探测器和图像型火灾探测器

采用专用检测仪器或模拟火灾的方法逐一在探测器监视区域内最不利处检查探测器的报警功能,探测器应能正确响应。

(七)手动火灾报警按钮

对可恢复的手动火灾报警按钮,施加适当的推力使报警按钮动作,报警按钮应发出火灾报警信号。对不可恢复的手动火灾报警按钮应采用模拟动作的方法使报警按钮动作(当有备用启动零件时,可抽样进行动作试验),报警按钮应发出火灾报警信号。

(八)消防联动控制器

1.调试准备

消防联动控制器调试时,在接通电源前应按以下顺序做准备工作:

(1)将消防联动控制器与火灾报警控制器相连。

(2)将消防联动控制器与任一备调回路的输入/输出模块相连。

(3)将备调回路模块与其控制的消防电气控制装置相连。

(4)切断水泵、风机等各受控现场设备的控制连线。

2.调试要求

(1)使消防联动控制器分别处于自动工作和手动工作状态,检查其状态显示,并按现行国家标准《消防联动控制系统》(GB 16806—2006)的有关要求,采用观察、仪表测量等方法逐个对控制器进行下列功能检查并记录:

①自检功能和操作级别。

②当消防联动控制器与各模块之间的连线断路和短路时,消防联动控制器应能在 100s

内发出故障信号。

③当消防联动控制器与备用电源之间的连线断路和短路时,消防联动控制器应能在100s内发出故障信号。

④消音和复位功能。

⑤屏蔽功能。

⑥使总线隔离器保护范围内的任一点短路,检查总线隔离器的隔离保护功能。

⑦使至少50个输入/输出模块同时处于动作状态(模块总数少于50个时,使所有模块同时动作),检查消防联动控制器的最大负载功能。

⑧主用、备用电源的自动转换功能,并在备电工作状态下重复第⑦项检查。

(2)接通所有启动后可以恢复的受控现场设备。

(3)使消防联动控制器处于自动状态,按国家标准《火灾自动报警系统设计规范》(GB 50116—2013)要求设计的联动逻辑关系进行下列功能检查:

①按设计的联动逻辑关系,使相应的火灾探测器发出火灾报警信号,检查消防联动控制器接收火灾报警信号的情况、发出联动控制信号的情况、模块动作的情况、消防电气控制装置动作的情况、受控现场设备动作的情况、接收联动反馈信号(对于启动后不能恢复的受控现场设备,可模拟现场设备联动反馈信号)及各种显示情况。

②手动插入优先功能。

(4)使消防联动控制器处于手动状态,按国家标准《火灾自动报警系统设计规范》(GB 50116—2013)要求设计的联动逻辑关系依次手动启动相应的消防电气控制装置,检查消防联动控制器发出联动控制信号的情况、模块动作的情况、消防电气控制装置动作的情况、受控现场设备动作的情况、接收联动反馈信号(对于启动后不能恢复的受控现场设备,可模拟现场设备启动反馈信号)及各种显示情况。

(5)对于直接用火灾探测器作为触发器件的自动灭火系统除符合本节有关规定外,还应按国家标准《火灾自动报警系统设计规范》(GB 50116—2013)的规定进行功能检查。

(6)依次将其他备调回路的输入/输出模块及该回路模块控制的消防电气控制装置相连接,切断所有受控现场设备的控制连线,接通电源,重复(1)~(5)项检查。

(九)区域显示器(火灾显示盘)

将区域显示器(火灾显示盘)与火灾报警控制器相连接,按国家标准《火灾显示盘》(GB 17429—2011)的有关要求,采用观察、仪表测量等方法逐个对区域显示器(火灾显示盘)进行下列功能的检查并记录:

(1)区域显示器(火灾显示盘)应在3s内正确接收和显示火灾报警控制器发出的火灾报警信号。

(2)消音和复位功能。

(3)操作级别。

（4）对于非火灾报警控制器供电的区域显示器（火灾显示盘），应检查主用、备用电源的自动转换功能和故障报警功能。

（十）消防专用电话

按国家标准《消防联动控制系统》（GB 16806—2006）的有关要求，采用观察、仪表测量等方法逐个对消防专用电话进行下列功能检查并记录：

（1）消防电话主机的自检功能。

（2）使消防电话总机与消防电话分机或消防电话插孔间的连接线断线、短路，消防电话主机应在100s内发出故障信号，并显示出故障部位（短路时显示通话状态除外）；故障期间，非故障消防电话分机应能与消防电话总机正常通话。

（3）消防电话主机的消音和复位功能。

（4）在消防控制室与所有消防电话、电话插孔之间互相呼叫与通话，总机应能显示每部分机或电话插孔的位置，呼叫音和通话语音应清晰。

（5）消防控制室的外线电话与另外一部外线电话模拟报警电话通话，语音应清晰。

（6）消防电话主机的群呼、录音、记录和显示等功能，各项功能均应符合要求。

（十一）消防应急广播控制设备

按国家标准《消防联动控制系统》（GB 16806—2006）的有关要求，采用观察、仪表测量等方法逐个对消防应急广播控制设备进行下列功能的检查并记录：

（1）消防应急广播控制设备的自检功能。

（2）使消防应急广播控制设备与扬声器间的广播信息传输线路断路、短路，消防应急广播控制设备应在100s内发出故障信号，并显示出故障部位。

（3）将所有共用扬声器强行切换至应急广播状态，对扩音机进行全负荷试验，应急广播的语音应清晰，声压级应满足要求。

（4）消防应急广播控制设备的监听、显示、预设广播信息、通过传声器广播及录音的功能。

（5）消防应急广播控制设备的主用、备用电源的自动转换功能。

（6）每个回路任意抽取一个扬声器，使其处于断路状态，其他扬声器的工作状态不应受影响。

（十二）火灾声光警报器

逐一将火灾声光警报器与火灾报警控制器相连，接通电源。操作火灾报警控制器使火灾声光警报器启动，采用仪表测量其声压级，非住宅内使用室内型和室外型火灾声警报器的声信号至少在一个方向上3m处的声压级（A计权）应不小于75dB，且在任意方向上3m处的声压级（A计权）应不大于120dB。具有两种及以上不同音调的火灾声警报器，其每种音调应有明显区别。火灾光警报器的光信号在100~500lx环境光线下，25m处应清晰可见。

（十三）传输设备（火灾报警传输设备或用户信息传输装置）

将传输设备与火灾报警控制器相连，接通电源。按国家标准《消防联动控制系统》

（GB 16806—2006）的有关要求，采用观察、仪表测量等方法逐个对传输设备进行下列功能的检查并记录，传输设备应满足标准要求：自检功能；切断传输设备与监控中心间的通信线路（或信道），传输设备应在100s内发出故障信号；消音和复位功能；火灾报警信息的接收与传输功能；监管报警信息的接收与传输功能；故障报警信息的接收与传输功能；屏蔽信息的接收与传输功能；手动报警功能；主用、备用电源的自动转换功能。

（十四）消防控制室图形显示装置

将消防控制室图形显示装置与火灾报警控制器和消防联动控制器相连，接通电源。按国家标准《消防联动控制系统》（GB 16806—2006）的有关要求，采用观察、仪表测量等方法逐个对消防控制室图形显示装置进行下列功能的检查并记录，消防控制室图形显示装置应满足标准要求：

（1）操作显示装置使其显示建筑总平面布局图、各层平面图和系统图，图中应明确标示出报警区域、疏散路线、主要部位，显示各消防设备（设施）的名称、物理位置和状态信息。

（2）使消防控制室图形显示装置与控制器及其他消防设备（设施）之间的通信线路断路、短路，消防控制室图形显示装置应在100s内发出故障信号。

（3）消音和复位功能。

（4）使火灾报警控制器和消防联动控制器分别发出火灾报警信号和联动控制信号，显示装置应在3s内接收，并准确显示相应信号的物理位置，且能优先显示与火灾报警信号相对应的界面。

（5）使具有多个报警平面图的显示装置处于多报警平面显示状态，各报警平面应能自动和手动查询，并应有总数显示，且应能手动控制其直接切换到首火警相应的报警平面图。

（6）使火灾报警控制器和消防联动控制器分别发出故障信号，消防控制室图形显示装置应能在100s内显示故障状态信息，然后输入火灾报警信号，显示装置应能立即转入火灾报警平面的显示。

（7）消防控制室图形显示装置的信息记录功能。

（8）消防控制室图形显示装置的信息传输功能。

（十五）气体（泡沫）灭火控制器

切断驱动部件与气体（泡沫）灭火装置间的连接，接通系统电源。按国家标准《消防联动控制系统》（GB 16806—2006）的有关要求，采用观察、仪表测量等方法逐个对气体（泡沫）灭火控制器进行下列功能的检查并记录，气体（泡沫）灭火控制器应满足标准要求：

（1）自检功能。

（2）使气体（泡沫）灭火控制器与声光警报器、驱动部件、现场启动和停止按键（按钮）之间的连接线断路、短路，气体（泡沫）灭火控制器应在100s内发出故障信号。

（3）使气体（泡沫）灭火控制器与备用电源之间的连接线断路、短路，气体（泡沫）灭火控制器应能在100s内发出故障信号。

（4）消音和复位功能。

（5）给气体（泡沫）灭火控制器输入设定的启动控制信号，控制器应有启动输出，并发出声、光启动信号。

（6）输入启动模拟反馈信号，控制器应在10s内接收并显示。

（7）控制器的延时功能，设定的延时时间应符合设计要求。

（8）使控制器处于自动控制状态，再手动插入操作，手动插入操作应优先。

（9）按设计的联动逻辑关系，使消防联动控制器发出相应的联动控制信号，检查气体（泡沫）灭火控制器的控制输出是否满足设计的逻辑功能要求。

（10）气体（泡沫）灭火控制器向消防联动控制器输出的启动控制信号、延时信号、启动喷洒控制信号、气体喷洒信号、故障信号、选择阀和瓶头阀动作信息。

（11）主用、备用电源的自动转换功能。

（十六）防火卷帘控制器

逐个将防火卷帘控制器与消防联动控制器、火灾探测器、卷门机连接并通电，手动操作防火卷帘控制器的按钮，防火卷帘控制器应能向消防联动控制器发出防火卷帘启、闭和停止的反馈信号。

用于疏散通道的防火卷帘控制器应具有两步关闭的功能，并应向消防联动控制器发出反馈信号。防火卷帘控制器接收到首次火灾报警信号后，应能控制防火卷帘自动下降至距楼板面1.8m处；接收到二次报警信号后，应能控制防火卷帘继续下降至楼板面。

用于分隔防火分区的防火卷帘控制器在接收到防火分区内任一火灾报警信号后，应能控制防火卷帘直接下降至楼板面，并应向消防联动控制器发出反馈信号。

（十七）防火门监控器

逐个将防火门监控器与火灾报警控制器、闭门器和释放器连接并通电，手动操作防火门监控器，应能直接控制与其连接的每个释放器的工作状态，并点亮其启动总指示灯，显示释放器的反馈信号。使火灾报警控制器发出火灾报警信号，监控器应能接收来自火灾自动报警系统的火灾报警信号，并在30s内向释放器发出启动信号，点亮启动总指示灯，接收释放器（或门磁开关）的反馈信号。

检查防火门监控器的故障状态总指示灯，使防火门处于半开闭状态时，该指示灯应点亮并发出声光报警信号，采用仪表测量声信号的声压级（正前方1m处），应在65~85dB之间，故障声信号每分钟至少提示1次，每次持续时间应在1~3s。

检查防火门监控器主用、备用电源的自动转换功能，主用、备用电源的工作状态应有指示，主用、备用电源的转换应不使监控器发生误动作。

（十八）系统备用电源

按照设计文件的要求核对系统中各种控制装置使用的备用电源容量，电源容量应与设计容量相符。使各备用电源放电终止，再充电48h后断开设备主用电源，备用电源至少应保

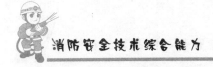

证设备工作8h,且应满足相应的标准及设计要求。

(十九)消防设备应急电源

切断应急电源应急输出时直接启动设备的连线,接通应急电源的主用电源。按下列要求采用仪表测量、观察等方法检查应急电源的控制功能和转换功能,检查其输入电压、输出电压、输出电流、主电工作状态、应急工作状态、电池组及各单节电池电压的显示情况,并做好记录,显示情况应与产品使用说明书的规定相符,并满足以下要求:

(1)手动启动应急电源输出,应急电源的主用电源和备用电源应不能同时输出,且应在5s内完成。

(2)手动停止应急电源的输出,应急电源应恢复到启动前的工作状态。

(3)断开应急电源的主电源,应急电源应能发出声音提示信号,声信号应能手动消除;接通主用电源,应急电源应恢复到主电工作状态。

(4)给具有联动自动控制功能的应急电源输入联动启动信号,应急电源应在5s内转入应急工作状态,且主用电源和备用电源应不能同时输出;输入联动停止信号,应急电源应恢复到主电工作状态。

(5)具有手动和自动控制功能的应急电源处于自动控制状态,然后手动插入操作,应急电源应有手动插入优先功能,且应有自动控制状态和手动控制状态指示。

(6)断开应急电源的负载,按下列要求检查应急电源的保护功能,并做好记录。

①使任一输出回路保护动作,其他回路输出电压应正常。

②使配接三相交流负载输出的应急电源的三相负载回路中的任一相停止输出,应急电源应能自动停止该回路的其他两相输出,并应发出声、光故障信号。

③使配接单相交流负载的交流三相输出应急电源输出的任一相停止输出,其他两相应能正常工作,并应发出声、光故障信号。

(7)将应急电源接上等效于满负载的模拟负载,使其处于应急工作状态,应急工作时间应大于设计应急工作时间的1.5倍,且不小于产品标称的应急工作时间。

(8)使应急电源充电回路与电池之间、电池与电池之间的连线断线,应急电源应在100s内发出声、光故障信号,声故障信号应能手动消除。

(二十)可燃气体报警控制器

切断可燃气体报警控制器的所有外部控制连线,将任一回路与控制器相连接后,接通电源。按国家标准《可燃气体报警控制器》(GB 16808—2008)的有关要求,采用观察、仪表测量等方法逐个对可燃气体报警控制器进行下列功能的检查并记录,可燃气体报警控制器应满足标准要求:

(1)自检功能和操作级别。

(2)控制器与探测器之间的连线断路和短路时,控制器应在100s内发出故障信号。

(3)在故障状态下,使任一非故障探测器发出报警信号,控制器应在60s内发出报警信号,并应记录报警时间;再使其他探测器发出报警信号,检查控制器的再次报警功能。

(4)消音和复位功能。

(5)控制器与备用电源之间的连线断路和短路时,控制器应在100s内发出故障信号。

(6)高限报警或低、高两段报警功能。

(7)报警设定值的显示功能。

(8)控制器最大负载功能,使至少4只可燃气体探测器同时处于报警状态(探测器总数少于4只时,使所有探测器均处于报警状态)。

(9)主用、备用电源的自动转换功能,并在备电工作状态下重复本条第(8)款的检查。

(10)依次将其他回路与可燃气体报警控制器相连接,重复本条第(2)~(8)款的检查。

(二十一)可燃气体探测器

依次逐个对探测器施加达到响应浓度值的可燃气体标准样气,采用秒表测量、观察方法检查探测器的报警功能,探测器应在30s内响应;撤去可燃气体,探测器应在60s内恢复到正常监视状态。对于线型可燃气体探测器除按要求检查报警功能外,还应将发射器发出的光全部遮挡,采用秒表测量、观察方法检查探测器的故障报警功能,探测器相应的控制装置应在100s内发出故障信号。

(二十二)电气火灾监控器

切断监控设备的所有外部控制连线,将任一备调总线回路的电气火灾探测器与电气火灾监控器相连,接通电源。按国家标准《电气火灾监控系统第1部分:电气火灾监控设备》(GB 14287.1—2014)的有关要求,采用观察、仪表测量等方法逐个对电气火灾监控器进行下列功能的检查并记录,电气火灾监控器应满足标准要求:

(1)自检功能和操作级别。

(2)使监控器与探测器之间的连线断路和短路,监控器应在100s内发出故障信号(短路时发出报警信号除外);在故障状态下,使任一非故障部位的探测器发出报警信号,监控器应在60s内发出报警信号;再使其他探测器发出报警信号,检查监控器的再次报警功能。

(3)消音和复位功能。

(4)使监控器与备用电源之间的连线断路和短路,监控器应在100s内发出故障信号。

(5)屏蔽功能。

(6)主用、备用电源的自动转换功能。

(7)监控器特有的其他功能。

(8)依次将其他备调回路与监控器相连接,重复本条第(2)~(5)款的检查。

(二十三)电气火灾监控探测器

(1)按国家标准《电气火灾监控系统第2部分:剩余电流式电气火灾监控探测器》(GB 14287.2—2014)的有关要求,采用观察方法逐个对剩余电流式电气火灾监控探测器进

行下列功能的检查并记录,剩余电流式电气火灾监控探测器应满足标准要求:

①采用剩余电流发生器对监控探测器施加剩余电流,检查其报警功能。

②监控探测器特有的其他功能。

(2)按国家标准《电气火灾监控系统第 3 部分:测温式电气火灾监控探测器》(GB 14287.3—2014)的有关要求,采用观察方法逐个对测温式电气火灾监控探测器进行下列功能的检查并记录,测温式电气火灾监控探测器应满足标准要求:

①采用发热试验装置给监控探测器加热,检查其报警功能。

②监控探测器特有的其他功能。

(二十四)其他受控部件

系统内其他受控部件的调试应按相应的国家标准或行业标准进行,在无相应标准时,宜按产品生产企业提供的调试方法分别进行。

(二十五)火灾自动报警系统的性能

将所有经调试合格的各项设备、系统按设计连接组成完整的火灾自动报警系统,按设计文件的要求,采用观察方法检查消防联动控制器对以下各类系统的显示功能。

1.自动喷水灭火系统、水喷雾灭火系统、细水雾灭火系统的显示要求

显示消防水泵电源的工作状态。显示消防水泵的启、停状态和故障状态,水流指示器、信号阀、报警阀、压力开关等设备的正常工作状态和动作状态,消防水箱(池)最低水位信息和管网最低压力报警信息。显示消防水泵的联动反馈信号。

2.消火栓系统的显示要求

显示消防水泵电源的工作状态。显示消防水泵的启、停状态和故障状态,消火栓按钮的正常工作状态和动作状态及位置等信息、消防水箱(池)最低水位信息和管网最低压力报警信息。显示消防水泵的联动反馈信号。

3.气体灭火系统的显示要求

显示系统的手动、自动工作状态及故障状态。显示系统驱动装置的正常工作状态和动作状态,防护区域中的防火门(窗)、防火阀、通风空调等设备的正常工作状态和动作状态。显示延时状态信号、紧急停止信号和管网压力信号。

4.泡沫灭火系统的显示要求

显示消防水泵、泡沫液泵电源的工作状态。显示系统的手动、自动工作状态及故障状态。显示消防水泵、泡沫液泵的启、停状态和故障状态,消防水池(箱)最低水位和泡沫液罐最低液位信息。显示消防水泵和泡沫液泵的联动反馈信号。

5.干粉灭火系统的显示要求

显示系统的手动、自动工作状态及故障状态。显示系统驱动装置的正常工作状态和动作状态,防护区域中的防火门窗、防火阀、通风空调等设备的正常工作状态和动作状态。显示延时状态信号、紧急停止信号和管网压力信号。

6.防烟排烟系统的显示要求

显示防烟排烟系统风机电源的工作状态。显示防烟排烟系统的手动、自动工作状态及防烟排烟风机的正常工作状态和动作状态。显示防烟排烟系统的风机和电动排烟防火阀、电控挡烟垂壁、电动防火阀、常闭送风口、排烟阀(口)、电动排烟窗的联动反馈信号。

7.防火门及防火卷帘系统的显示要求

显示防火门监控器、防火卷帘控制器的工作状态和故障状态等动态信息。显示防火卷帘、常开防火门、人员密集场所中因管理需要平时常闭的疏散门及具有信号反馈功能的防火门的工作状态。显示防火卷帘和常开防火门的联动反馈信号。

8.电梯的显示要求

显示消防电梯电源的工作状态。显示消防电梯的故障状态和停用状态。显示电梯动作的反馈信号及消防电梯运行时所在楼层。

9.其他的显示要求

显示各消防电话的故障状态。显示消防应急广播的故障状态。显示受消防联动控制器控制的消防应急照明和疏散指示系统的故障状态和应急工作状态信息。

第二节 系统检测与维护

火灾自动报警系统竣工后,建设单位应负责组织施工、设计、监理等单位进行检测,检测不合格不得投入使用。

一、检测资料

系统检测时,施工单位应提供下列资料:

(1)竣工检测申请报告、设计变更通知书、竣工图。

(2)工程质量事故处理报告。

(3)施工现场质量管理检查记录。

(4)火灾自动报警系统施工过程质量管理检查记录。

(5)火灾自动报警系统内各设备的检验报告、合格证及相关材料。

二、系统检测

系统的检测要按照检测数量要求对系统内的所有装置进行检测,检测内容和数量要符合要求,同时按照判定标准要求对检测结果进行判定。

(一)检测内容

系统检测的内容包括火灾报警系统装置、消防联动控制系统、自动灭火系统控制装置、消火栓系统的控制装置、通风空调、防烟排烟及电动防火阀等控制装置、防火门监控器、防火卷帘控制器、消防电梯和非消防电梯的回降控制装置、火灾警报装置、消防应急照明和疏散指示控制装置、切断非消防电源的控制装置、电动阀控制装置、消防联网通信、系统内的其他消防控制、可燃气体报警探测系统装置和电气火灾监控系统装置等。

(二)数量要求

(1)各类消防用电设备主、备电源的自动转换装置,应进行3次转换试验,每次试验均应正常。

(2)火灾报警控制器(含可燃气体报警控制器和电气火灾监控设备)和消防联动控制器应按实际安装数量全部进行功能检验。实际安装数量在5台以下者,全部检验;实际安装数量在6~10台者,抽验5台;实际安装数量超过10台者,按实际安装数量30%~50%的比例抽验,但抽验总数不应少于5台;各装置的安装位置、型号、数量、类别及安装质量应符合设计要求。

(3)火灾探测器(含可燃气体探测器、电气火灾监控探测器)和手动火灾报警按钮,应在实际安装数量在100只以下者,抽验20只(每个回路都应抽验);实际安装数量超过100只,每个回路按实际安装数量10%~20%的比例抽验,但抽验总数不应少于20只。

(4)室内消火栓的功能检测应按实际安装数量5%~10%的比例抽验消火栓启动按钮,在消防控制室内操作启、停泵1~3次。

(5)自动喷水灭火系统的水流指示器、信号阀等按实际安装数量的30%~50%的比例抽验,在消防控制室内操作启、停泵1~3次;压力开关、电动阀、电磁阀等按实际安装数量全部进行检验。

(6)气体、泡沫、干粉等灭火系统,应在符合国家现行有关系统设计规范的条件下按实际安装数量的20%~30%的比例抽验;自动、手动启动和紧急切断试验1~3次;与固定灭火设备联动控制的其他设备动作(包括关闭防火门窗、停止空调风机、关闭防火阀等)试验1~3次。

(7)电动防火门、防火卷帘,5樘以下的应全部检验,超过5樘的应按实际安装数量20%的比例抽验,但抽验总数不应小于5樘,并抽验联动控制功能。

(8)防烟排烟风机应全部检验,通风空调和防排烟设备的阀门,应按实际安装数量10%~20%的比例抽验,并抽验联动功能;报警联动启动、消防控制室直接启停、现场手动启动联动防烟排烟风机1~3次;报警联动停止、消防控制室远程停止通风空调送风1~3次;报警联动开启、消防控制室开启、现场手动开启防烟排烟阀门1~3次。

(9)电梯应进行1~2次联动返回首层功能检验,其控制功能、信号均应正常。

(10)消防应急广播设备,应按实际安装数量的10%~20%的比例进行下列功能检验:对所有广播分区进行选区广播,对共用扬声器进行强行切换,对扩音机进行全负荷试验。

(11)消防专用电话的电话插孔按实际安装数量10%~20%的比例进行通话试验;消防控制室与所设的消防专用电话分机进行1~3次通话试验;消防控制室的外线电话与另一部

外线电话进行 1～3 次模拟报警电话通话试验。

（12）消防应急照明和疏散指示系统控制装置应进行 1～3 次使系统转入应急状态检验，系统中各消防应急照明灯具均应能转入应急状态。

本部分各项检验项目中，当有不合格情况时，应修复或更换，并进行复验。复验时，对有抽验比例要求的，应加倍检验。

（三）系统工程质量检测判定标准

系统内的设备及配件规格型号与设计不符、无国家相关证书和检验报告；系统内的任一控制器和火灾探测器无法发出报警信号、无法实现要求的联动功能，定为 A 类不合格。检测前提供资料不符合相关要求的定为 B 类不合格。其余不合格项均为 C 类不合格。系统检测判定 A＝0 且 B≤2，且 B＋C≤检查项的 5% 为合格，否则为不合格。

三、现场功能性检测

系统功能性的现场检测包括布线检查、设备设计符合性检查、设备安装检查、设备功能检查等内容。

（一）布线检查

系统现场功能性检测前应按现行国家标准《建筑电气工程施工质量验收规范》（GB 50303—2015）的规定和布线要求，采用尺量、观察等方法对现场布线进行全数检验。

（二）设备设计符合性检查

按照设计文件的要求，核对各系统设备的规格、型号、容量、数量。

（三）设备安装检查

按照各系统设备检测数量要求抽取相应的系统设备，并按照本章各系统设备安装的相关要求，采用对照图纸、尺量、观察等方法对系统设备的安装进行检查。

（四）设备功能检查

按照各系统设备检测数量要求抽取相应的系统设备，并按照本章各系统设备调试的相关要求，采用对照设计文件、仪表测量、观察等方法对系统设备的功能进行检查。

四、系统维护管理

火灾自动报警系统的管理、操作和维护人员应持证上岗。

（一）文件资料要求

系统竣工图及设备的技术资料、消防救援机构、住房和城乡建设主管部门出具的有关法律文书、系统的操作规程及维护保养管理制度、系统操作员名册及相应的工作职责、值班记录和使用图表。

（二）系统使用与检查

火灾自动报警系统应保持连续正常运行，不得随意中断。每日应检查火灾报警控制器的功能。

1.季度检查项目

(1)采用专用检测仪器分期分批试验探测器的动作及确认灯显示。

(2)试验火灾警报器的声光显示。

(3)试验水流指示器、压力开关等报警功能、信号显示。

(4)对主电源和备用电源进行1~3次自动切换试验。

(5)自动或手动检查下列消防控制设备的控制显示功能:

①室内消火栓、自动喷水、泡沫、气体、干粉等灭火系统的控制设备。

②抽验电动防火门、防火卷帘门,数量不少于总数的25%。

③选层试验消防应急广播设备,并试验公共广播强制转入火灾应急广播的功能,抽检数量不少于总数的25%。

④消防应急照明与疏散指示标志的控制装置。

⑤送风机、排烟机和自动挡烟垂壁的控制设备。

⑥检查消防电梯迫降功能。

⑦应抽取不少于总数25%的消防电话和电话插孔在消防控制室进行对讲通话试验。

2.年检查项目

(1)应用专用检测仪器对所安装的全部探测器和手动报警装置试验至少1次。

(2)自动和手动打开排烟阀,关闭电动防火阀和空调系统。

(3)对全部电动防火门、防火卷帘的试验至少一次。

(4)强制切断非消防电源功能试验。

(5)对其他有关的消防控制装置进行功能试验。

(三)系统检测与维修

(1)具有报脏功能的探测器,在报脏时应及时清洗保养。没有报脏功能的探测器,应按产品说明书的要求进行清洗保养。

(2)产品说明书没有明确要求的,应每两年清洗或标定一次。

(3)可燃气体探测器的气敏元件达到生产企业规定的寿命年限后应及时更换。

(4)不同类型的探测器应有10%且不少于50只的备品。

(5)火灾报警系统内的产品寿命应符合国家有关标准要求,达到寿命极限的产品应及时更换。

五、故障及处理方法

(一)常见故障

1.火灾探测器常见故障

(1)故障现象:火灾报警控制器发出故障报警,故障指示灯亮,打印机打印探测器故障类型、时间、部位等。

（2）故障原因：探测器与底座脱落、接触不良；报警总线与底座接触不良；报警总线开路或接地性能不良造成短路；探测器本身损坏；探测器接口板故障。

（3）故障处理：重新拧紧探测器或增大底座与探测器卡簧的接触面积；重新压接总线，使之与底座有良好接触；查出有故障的总线位置，予以更换；更换探测器；维修或更换接口板。

2. 主电源常见故障

（1）故障现象：火灾报警控制器发出故障报警，主电源故障灯亮，打印机打印主电源故障时间、部位等。

（2）故障原因：市电停电；电源线接触不良；主电熔断丝熔断等。

（3）故障处理：连续供停电 8h 时应关机，主电正常后再开机；重新接主电源线，或使用烙铁焊接牢固；更换熔断丝或保险管。

3. 备用电源常见故障

（1）故障现象：火灾报警控制器发出故障报警，备用电源故障灯亮，打印机打印备用电源故障时间、部位等。

（2）故障原因：备用电源损坏或电压不足；备用电池接线接触不良；熔断丝熔断等。

（3）故障处理：开机充电 24h 后，备用电源仍报故障，更换备用蓄电池；用烙铁焊接备电的连接线，使备电与主机良好接触；更换熔断丝或熔丝管。

4. 通信常见故障

（1）故障现象：火灾报警控制器发出故障报警，通信故障灯亮，打印机打印通信故障时间。

（2）故障原因：区域报警控制器或火灾显示盘损坏或未通电、开机；通信接口板损坏；通信线路短路、开路或接地性能不良造成短路。

（3）故障处理：更换设备，使设备供电正常，开启报警控制器；检查区域报警控制器与集中报警控制器的通信线路，若存在开路、短路、接地接触不良等故障，更换线路；检查区域报警控制器与集中报警控制器的通信板，若存在故障，维修或更换通信板；若因为探测器或模块等设备造成通信故障，更换或维修相应设备。

（二）重大故障

1. 强电串入火灾自动报警及联动控制系统

（1）故障原因：弱电控制模块与被控设备的启动控制柜的接口处，如防火卷帘、消防水泵、防排烟风机、防火阀等处发生强电串入。

（2）排除方法：控制模块与受控设备间增设电气隔离模块。

2. 短路或接地故障而引起控制器损坏

（1）故障原因：传输总线与大地、水管、空调管等发生电气连接，从而造成控制器接口板的损坏。

（2）排除方法：按要求做好线路连接和绝缘处理，使设备尽量与大地、水管、空调管隔开，保证设备和线路的绝缘电阻满足设计要求。

（三）火灾自动报警系统误报原因

1. 产品质量

产品技术指标达不到要求，稳定性比较差，对使用环境非火灾因素如温度、湿度、灰尘、风速等引起的灵敏度漂移得不到补偿或补偿能力低，对各种干扰及线路分析参数的影响无法自动处理而误报。

2. 设备选择和布置

（1）探测器选型不合理：灵敏度高的火灾探测器能在很低的烟雾浓度下报警，相反灵敏度低的探测器只能在高浓度烟雾环境中报警，如在会议室、地下车库等易集烟的环境选用高灵敏度的感烟探测器，在锅炉房高温度环境中选用定温探测器。

（2）使用场所性质变化后未及时更换相适应的探测器，例如将办公室、商场等改作厨房、洗浴房、会议室时，原有的感烟火灾探测器会受新场所产生油烟、香烟烟雾、水蒸气、灰尘、杀虫剂以及醇类、酮类、醚类等腐蚀性气体等非火灾报警因素影响而误报警。

3. 环境因素

（1）电磁环境干扰主要表现为空中电磁波干扰、电源及其他输入输出线上的窄脉冲群、人体静电。

（2）气流可影响烟气的流动线路，对离子感烟探测器影响比较大，对光电感烟探测器也有一定影响。

（3）感温探测器布置距高温光源过近，感烟探测器距空调送风口过近，感温探测器安装在易产生水蒸气的场所等。

（4）光电感烟探测器安装在可能产生黑烟、大量粉尘、蒸气和油雾等场所。

4. 其他原因

（1）系统接地被忽略或达不到标准要求、线路绝缘达不到要求、线路接头压接不良或布线不合理、系统开通前对防尘、防潮、防腐措施处理不当。

（2）元件老化，一般火灾探测器使用寿命约 12 年，每 2 年要求全面清洗一次。

（3）灰尘和昆虫，据有关统计，60％的误报是受灰尘影响。

（4）探测器损坏。

第十五章　城市消防远程监控系统

知识框架

城市消防远程监控系统
- 系统安装前检查
  - 系统构成
  - 系统进场检查
  - 系统布线检查
- 系统安装与调试
  - 质量控制要求
  - 组件安装
  - 系统接地检查
  - 系统调试
- 系统检测与维护
  - 系统检测
  - 系统运行管理
  - 系统使用与日常检查
  - 年度检查与维护保养

考点梳理

1. 城市消防远程监控系统的安装要求。
2. 城市消防远程监控系统的调试步骤。
3. 城市消防远程监控系统检测项目和内容。

考点精讲

第一节　系统安装前检查

一、系统构成

城市消防远程监控系统能够对联网用户的火灾报警信息、建筑消防设施运行状态信息进行接收、处理和查询,向城市消防通信指挥中心或其他接警中心发送经确认的火灾报警信息,对联网用户的消防安全管理信息等进行管理,并为消防救援机构和联网用户提供信息服务。城市消防远程监控系统由用户信息传输装置、报警传输网络、监控中心以及火警信息终端等部分组成。

二、系统进场检查

城市消防远程监控系统在安装和调试前,首先进行进场检查,进场检查的内容主要包括相关质量控制文件检查、系统管线检查和相关设备配件检查等。

城市消防远程监控系统的设备、材料及配件进入施工现场应有清单、使用说明书、质量合格证明文件、国家法定质检机构的检验报告等文件;计算机、服务器、显示器、打印设备、数据终端等信息技术设备应为通过中国强制性产品质量认证的产品;电信终端设备、无线通信设备和涉及网间互联的网络设备等产品应具有国家信息产业主管部门电信设备进网许可证;操作系统、数据库管理系统、地理信息系统、安全管理系统和网络管理系统等平台软件应具有软件使用(授权)许可证。

三、系统布线检查

根据国家标准《建筑电气工程施工质量验收规范》(GB 50303—2015)的要求,采用目测和实际测量的方法,开展施工布线检查工作。

在建筑抹灰及地面工程结束后,进行管内或线槽内的系统布线,管内或线槽内的积水及杂物要清理干净。用户信息传输装置相连接的不同电压等级、不同电流类别的线路,不应布在同一管内或线槽的同一槽孔内。导线在管内或线槽内,不应有接头或扭结。导线的接头,应在接线盒内焊接或用端子连接。从接线盒、线槽等处引到用户信息传输装置的线路,当采用可挠金属管保护时,其长度不应大于2m。敷设在多尘或潮湿场所管路的管口和管子连接处,均应做密封处理。同一工程中的导线,要根据不同用途选择不同颜色加以区分,相同用途的导线颜色最好保持一致。电源线正极建议采用红色导线,负极采用蓝色或黑色导线。

金属管子入盒,盒外侧应套锁母,内侧应装护口;在吊顶内敷设时,盒的内外侧均应套锁母。塑料管入盒应采取相应的固定措施。明敷设各类管路和线槽时,应采用单独的卡具吊装或支撑物固定。吊装线槽或管路的吊杆直径不应小于6mm。线槽接口应平直、严密,槽盖应齐全、平整、无翘角。并列安装时,槽盖应便于开启。

管线经过建筑物的变形缝(包括沉降缝、伸缩缝、抗震缝等)处,应采取补偿措施,导线跨越变形缝的两侧应固定,并留有适当余量。

第二节 系统安装与调试

一、质量控制要求

系统安装包括组件安装和系统布线等内容,消防远程监控系统的施工过程质量控制应符合下列要求:

(1)各工序应按施工技术标准进行质量控制,每道工序完成并检查合格后,方可进行下道工序。若检查不合格,需要整改。

(2)隐蔽工程需在隐蔽前进行验收,并形成验收文件。

(3)相关各专业工种之间,进行交接检验,并经监理工程师签字确认后方可进行下道工序。

(4)安装完成后,施工单位应对远程监控系统的安装质量进行全数检查,并按有关专业调试规定进行调试。

(5)质量检查时要填写《城市消防远程监控系统施工过程质量检查记录》。

二、组件安装

(一)设置场所

用户信息传输装置应设置在联网用户的消防控制室内,联网用户未设置消防控制室时,用户信息传输装置应设置在有人值班的场所。该装置在墙上安装时,其底边距地(楼)面高度宜为 1.3 ~ 1.5m,其靠近门轴的侧面距墙不应小于 0.5m,正面操作距离不应小于 1.2m;落地安装时,其底边宜高出地(楼)面 0.1 ~ 0.2m。用户信息传输装置应安装牢固,不应倾斜;安装在轻质墙上时,应采取加固措施。

(二)电缆导线

引入用户信息传输装置的电缆或导线,配线应整齐,不宜交叉,并应固定牢靠;电缆芯线和所配导线的端部,均应标明编号,并与图纸一致,字迹应清晰且不易褪色;端子板的每个接线端,接线不得超过 2 根;电缆芯和导线,应留有不小于 200mm 的余量;导线应绑扎成束;导线穿管、线槽后,应将管口、槽口封堵。

(三)主、备电源

用户信息传输装置的主电源应有明显标志,并直接与消防电源连接,严禁使用电源插头进行连接。传输装置与备用电源之间应直接连接。用户信息传输装置使用的有线通信设备应根据国家有关电信技术要求安装,网间配合接口、信令等应符合国家有关技术标准。

(四)设备摆放

城市消防远程监控系统中监控中心的各类设备根据实际工作环境合理摆放,安装牢固,适宜使用人员的操作，并留有检查、维修的空间。远程监控系统设备和线缆应设明显标识，且标识应正确、清楚。远程监控系统设备连线应连接可靠、捆扎固定、排列整齐，不得有扭绞、压扁和保护层断裂等现象。

三、系统接地检查

城市消防远程监控系统的防雷接地应符合现行国家标准《建筑物电子信息系统防雷技术规范》（GB 50343—2012）的有关要求。在城市消防远程监控系统中的各设备金属外壳设置接地保护，其接地线应与电气保护接地干线（PE）相连接。接地应牢固并有明显的永久性标志。接地装置施工完毕后，应按规定采用专用测量仪器测量接地电阻，接地电阻应满足设计要求。

四、系统调试

城市消防远程监控系统正式投入使用前，对系统及系统组件进行调试。系统在各项功能调试后进行试运行，试运行时间不少于 1 个月。系统的设计文件和调试记录等文件要形成技术文档，存储备查。

（一）调试准备

开展系统调试的前提是用户信息传输装置、通信服务器、报警受理系统、信息查询系统、用户管理服务系统、火警信息终端等系统组件按设计要求安装完毕，同时联网单位连接的建筑消防设施（如火灾自动报警系统等）也要调试完毕或开通运行。

（二）系统调试

系统调试按安装地点不同分为联网用户端、监控中心端、消防通信指挥中心端三部分。联网用户端的系统调试主要指用户信息传输装置调试，监控中心端的系统调试主要指通信服务器、报警受理系统、信息查询系统、用户管理服务系统等组件的调试，消防通信指挥中心端进行火警信息终端调试。

1. 用户信息传输装置

（1）将用户信息传输装置与建筑消防设施（如火灾自动报警系统、报警按钮、自动触发装置）以及报警传输网络相连，并接通电源。

（2）对自检功能和操作级别、手动报警功能进行检查，用户信息传输装置应能在 10s 内将手动报警信息传送至监控中心。传输期间，应发出手动报警状态光信号，该光信号应在信息传输成功后至少保持 5min。检查监控中心接收火灾报警信息的完整性。

（3）模拟火灾报警，检查用户信息传输装置接收火灾报警信息的完整性，该传输装置应在 10s 内将信息传输至监控中心。在传输火灾报警信息期间，应发出指示火灾报警信息传输的光信号或信息提示。该光信号应在火灾报警信息传输成功或火灾自动报警系统复位后至少保持 5min。

(4)模拟建筑消防设施的各种状态,检查用户信息传输装置接收信息的完整性。该传输装置应在10s内将信息传输至监控中心。在传输建筑消防设施运行状态信息期间,应发出指示信息传输的光信号或信息提示,该光信号应在信息传输成功后至少保持5min。

(5)模拟火灾报警和建筑消防设施运行状态,检查监控中心接收信息的顺序是否体现火警优先原则。

(6)对巡检和查岗功能、消音功能和主、备电源的自动转换功能进行检查。

(7)模拟与监控中心间的报警传输网络故障,传输装置应在100s内发出故障信号。

(8)使传输装置与备用电源之间的连线断路和短路,传输装置应在100s内发出故障信号。

2.通信服务器

(1)模拟火灾报警,检查通信服务器是否能接收用户信息传输装置发送的火灾报警信息,同时检查火灾报警信息编码规则是否符合国家标准《城市消防远程监控系统第5部分:受理软件功能要求》(GB 26875.5—2011)的要求。检查通信服务器是否将接收的用户信息传输装置发送的火灾报警信息转发至报警受理座席。

(2)检查通信服务器是否具有用户信息传输装置寻址功能。

(3)模拟通信链路故障,检查通信服务器与用户信息传输装置、受理座席和其他连接终端设备的通信连接状态的正确性。

(4)检查通信服务器软件是否具有配置、退出等操作权限的功能,自动记录启动时间和退出时间的功能。

3.报警受理系统

(1)模拟火灾报警,检查报警受理系统接收用户信息传输装置发送的火灾报警信息的正确性。

(2)检查报警受理系统接收并显示火灾报警信息的完整性。火灾报警信息应包含:信息接收时间、用户名称、地址、联系人姓名、电话、单位信息、相关系统或部件的类型、状态、用户的地理信息、建筑消防设施的位置信息以及部件在建筑物中的位置信息等。

(3)检查报警受理系统与发出模拟火灾报警信息的联网用户进行警情核实和确认的功能。并检查城市消防通信指挥中心接收经确认的火灾报警信息的内容完整性,确认的火灾报警信息应包含:报警联网用户名称、地址、联系人姓名、电话、建筑物名称、报警点所在建筑物详细位置、监控中心受理员编号或姓名等;并能接收、显示和记录火警信息终端返回的确认时间、指挥中心受理员编号或姓名等信息。

(4)模拟各种建筑消防设施的运行状态变化,检查报警受理系统接收并存储建筑消防设施运行状态信息的完整性。检查对建筑消防设施故障的信息跟踪、记录和查询功能,检查故障报警信息是否能够发送到联网用户的相关人员处。

(5)模拟向用户信息传输装置发送巡检测试指令,检查用户信息传输装置接收巡检测试

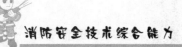

指令的完整性和报警信息的历史记录查询功能。

(6)检查报警受理系统与联网用户进行语音、数据或图像通信功能;受理的语音和相应时间记录功能;模拟故障,检查声、光提示功能;启、停时间记录和查询功能与消防地理信息。是否包括城市行政区域、道路、建筑、水源、联网用户、消防站及责任区等地理信息及其属性信息,是否对信息提供编辑、修改、放大、缩小、移动、导航、全屏显示、图层管理等功能。

4.信息查询系统

选择联网用户,查询该用户的火灾报警信息、建筑消防设施运行状态信息、消防安全管理信息和日常值班、在岗等信息。按照日期、单位名称、单位类型、建筑物类型、建筑消防设施类型、信息类型等检索项查询、统计查询信息。

5.用户管理服务系统

(1)选择联网用户,检查该用户登录系统使用权限的正确性。

(2)模拟火灾报警,查询该用户火灾报警、建筑消防设施运行状态等信息是否与报警受理系统的报警信息相同。

(3)检查建筑消防设施日常管理功能,检查对消防设施日常维护保养情况执行录入、修改、删除、查看等操作是否正常。

(4)检查联网用户的消防安全重点单位信息的系统数据录入、编辑功能。

(5)检查随机查岗功能,检查联网用户值班人员是否在岗,并检查是否收到在岗应答。

6.火警信息终端

(1)模拟火灾报警,由报警受理系统向火警信息终端发送联网用户火灾报警信息,检查火警信息终端的声、光提示情况。

(2)检查火警信息终端显示的火灾报警信息的完整性,火灾报警信息包含:报警联网用户名称、地址,联系人姓名、电话,建筑物名称,报警点所在建筑物详细位置,监控中心受理员编号或姓名等;并能接收、显示和记录火警信息终端返回的确认时间、指挥中心受理员编号或姓名等信息。

(3)进行自检操作,检查自检情况。

(4)模拟火警信息终端故障,检查声、光报警情况。

第三节 系统检测与维护

城市消防远程监控系统竣工后,由建设单位负责组织相关单位进行工程检测,选择的测试联网用户数量为 5～10 个,检测不合格的工程不得投入使用。

一、系统检测

城市消防远程监控系统检测前,首先对系统相关的文件进行审查检查,内容包括:竣工验收申请报告;系统设计文件、施工技术标准、工程合同、设计变更通知书、竣工图、隐蔽工程验收文件;施工现场质量管理检查记录;施工过程质量检查记录;系统产品的检验报告、合格证及相关材料;系统设备清单。进行现场检测时,被测试设备要全部处于正常状态,并采取措施防止对具有联动控制功能的设备造成意外损害。

（一）功能测试

(1)接收联网用户的火灾报警信息,向城市消防通信指挥中心或其他接处警中心传送经确认的火灾报警信息。

(2)接收联网用户发送的建筑消防设施运行状态信息。

(3)具有为公安消防部门提供查询联网用户的火灾报警信息、建筑消防设施运行状态信息及消防安全管理信息的功能。

(4)具有为联网用户提供自身的火灾报警信息、建筑消防设施运行状态信息查询和消防安全管理信息服务等功能。

(5)能根据联网用户发送的建筑消防设施运行状态和消防安全管理信息进行数据实时更新。

（二）性能指标测试

(1)连接 3 个联网用户,测试监控中心同时接收火灾报警信息的情况。

(2)从用户信息传输装置获取火灾报警信息到监控中心接收显示的响应时间不大于 20s。

(3)监控中心向城市消防通信指挥中心或其他接处警中心转发经确认的火灾报警信息的时间不大于 3s。

(4)监控中心与用户信息传输装置之间能够动态设置巡检方式和时间,要求通信巡检周期不大于 2h。

(5)测试系统各设备的统一时钟管理情况,要求时钟累计误差不超过 5s。

城市消防远程监控系统检测完毕后,填写《城市消防远程监控系统检测记录》。

二、系统运行管理

（一）操作要求

城市消防远程监控系统的运行及维护由具有独立法人资格的单位承担,该单位的主要技术人员应由从事火灾报警、消防设备、计算机软件、网络通信等专业 5 年以上(含 5 年)经历的人员构成。远程监控系统的运行操作人员上岗前还要具备熟练操作设备的能力。

（二）管理制度

监控中心建立机房管理制度、操作人员管理制度、系统操作与运行安全制度、应急管理制度、网络安全管理制度、数据备份与恢复方案。

（三）文件记录

监控中心日常做好交接班登记表、值班日志、接处警登记表、值班人员工作通话录音电

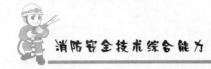

子文档和设备运行、巡检及故障记录。技术文件的记录,并及时归档,妥善保管。

三、系统使用与日常检查

用户信息传输装置投入使用后,确保设备始终处于正常工作状态,保持连续运行,不得擅自关停。一旦发现故障,应及时查找原因,并组织修复。因故障维修等原因需要暂时停用的,经消防安全责任人批准,并提前通知监控中心;恢复启用后,及时通知监控中心恢复。

(一)用户信息传输装置

联网用户人为停止火灾自动报警系统等建筑消防设施的运行时,要提前通知监控中心;联网用户的建筑消防设施故障造成误报警超过 5 次/日,且不能及时修复时,应与监控中心协商处理办法。消防控制室值班人员接到报警信号后,应以最快的方式确认是否有火灾发生,确认火灾后,在拨打火灾报警电话 119 的同时,观察用户信息传输装置是否将火灾信息传输至监控中心。监控中心通过用户服务系统向远程监控系统的联网用户提供该单位火灾报警和建筑消防设施故障情况统计月报表。

用户信息传输装置检查测试要求:

(1)每日进行 1 次自检功能检查。

(2)由火灾自动报警系统等建筑消防设施模拟生成火警,进行火灾报警信息发送试验,每个月试验次数不应少于 2 次。

(二)通信服务器软件

通信服务器软件投入使用后,要确保软件处于正常工作状态,并保持连续运行,不得擅自关闭软件。通信服务器软件必须由监控中心管理员进行维护管理,如因故障维修等原因需要暂时停用的,监控中心管理员应提前通知各联网用户单位消防安全负责人;恢复启用后,应及时通知各联网用户单位消防安全负责人。

通信服务器软件按照下列要求进行定期检查与测试:

(1)与监控中心报警受理系统之间的通信测试 1 次/日。

(2)与设置在城市消防通信指挥中心或其他接处警中心的火警信息终端之间的通信测试 1 次/日。

(3)与报警受理系统、火警信息终端、用户信息传输装置等其他终端之间的时钟检查 1 次/日。

(4)实时监测与联网单位用户信息传输装置的通信链路状态,如果检测到链路故障,则应及时告知报警受理系统,报警受理系统值班人员应及时与联网用户单位值班人员联系,尽快解除链路故障。

(5)每月检查系统数据库使用情况,必要时对硬盘进行扩充。

(6)每月进行通信服务器软件运行日志整理。

(三)报警受理系统软件

报警受理系统软件投入使用后,要确保软件处于正常工作状态,并保持连续运行,不得擅自关闭软件。报警受理系统软件必须由监控中心管理员进行维护管理,如因故障维修等原因需要暂时停用的,监控中心报警受理值班人员应提前通知系统管理员;恢复启用后,要及时通知系统管理员。

报警受理系统软件按照下列要求进行定期检查与测试:

(1)与通信服务器软件之间的通信测试1次/日。

(2)与通信服务器软件之间的时钟检查1次/日。

(3)每月进行报警受理系统软件运行日志整理。

检查内容与顺序如下:

(1)用户信息传输装置模拟报警,检查报警受理系统能否接收、显示、记录及查询用户信息传输装置发送的火灾报警信息、建筑消防设施运行状态信息。

(2)模拟系统故障信息,检查报警受理系统能否接收、显示、记录及查询通信服务器发送的系统报警信息。

(3)用户信息传输装置模拟报警,检查报警受理系统能否收到该报警信息,收到该信息后能否驱动声器件和显示界面发出声信号和显示提示。火灾报警信息声信号和显示提示是否明显区别于其他信息,报警信息的显示和处理是否优先于其他信息的显示及处理。声信号可以手动消除,当收到新的信息时,声信号是否能再启动。信息受理后,相应声信号、显示提示是否自动消除。

(4)用户信息传输装置模拟报警,检查报警受理系统能否收到该报警信息,受理用户信息传输装置发送的火灾报警、故障状态信息时,是否能显示下列内容:

①信息接收时间,用户名称、地址,联系人姓名、电话、单位信息,相关系统或部件的类型、状态等信息。

②该用户的地理信息、建筑消防设施的位置信息以及部件在建筑物中的位置信息。

③该用户信息传输装置发送的不少于5条的同类型历史信息记录。

(5)用户信息传输装置模拟报警,检查报警受理系统能否对火灾报警信息进行确认和记录归档。

(6)用户信息传输装置模拟手动报警信息,检查报警受理系统能否将信息上报至火警信息终端,信息内容是否包括报警联网用户的名称、地址、联系人姓名、电话、建筑物名称、报警点所在建筑物详细位置、监控中心受理员编号或姓名等;能否接收、显示和记录火警信息终端返回的确认时间、指挥中心受理员编号或姓名等信息;通信失败时是否能够告警。

(7)模拟至少10条用户信息传输装置故障信息,检查报警受理系统能否对用户信息传输装置发送的故障状态信息进行核实、记录、查询和统计;能否向联网用户相关人员或相关部门发送经核实的故障信息;能否对故障处理结果进行查询。

（四）信息查询系统软件

信息查询系统软件投入使用后,要确保软件处于正常工作状态,并保持连续运行,不得擅自关闭软件。信息查询系统软件必须由监控中心管理员进行维护管理,如因故障维修等原因需要暂时停用的,监控中心管理员应提前通知公安消防部门相关使用人员;恢复启用后,及时通知公安消防部门相关使用人员。

信息查询系统软件按照下列要求进行定期检查与测试:

(1)与监控中心之间的通信测试1次/日。

(2)与监控中心之间的时钟检查1次/日。

(3)每月进行信息查询系统软件运行日志整理。

检查内容与顺序是:以消防救援机构人员身份登录信息查询系统,检查信息查询系统能否查询所属辖区联网用户的火灾报警信息;能否按规定所列内容查询联网用户的建筑消防设施运行状态信息;能否查询联网用户的消防安全管理信息;能否查询所属辖区联网用户的日常值班、在岗等信息;能否对火灾报警信息、建筑消防设施运行状态信息、联网用户的消防安全管理信息、联网用户的日常值班和在岗等信息,按日期、单位名称、单位类型、建筑物类型、建筑消防设施类型、信息类型等检索项进行检索和统计。

(五)用户服务系统软件的使用与检查

用户服务系统软件投入使用后,要确保软件处于正常工作状态,并保持连续运行,不得擅自关闭软件。用户服务系统软件必须由监控中心管理员进行维护管理,如因故障维修等原因需要暂时停用的,监控中心管理员应提前通知联网用户单位消防安全负责人;恢复启用后,要及时通知联网用户单位消防安全负责人。

用户服务系统软件按照下列要求进行定期检查与测试:

(1)与监控中心的通信测试为1次/日。

(2)与监控中心的时钟检查为1次/日。

(3)每月进行用户服务系统软件运行日志整理。

检查内容与顺序如下:

(1)以联网单位用户身份登录用户服务系统,检查用户服务系统能否查询其自身的火灾报警、建筑消防设施运行状态信息及消防安全管理信息,建筑消防设施运行状态信息和消防安全管理信息是否能够包含规定的信息内容;能否对建筑消防设施日常维护保养情况进行管理;能否提供消防安全管理信息的数据录入、编辑服务;能否提供消防法律法规、消防常识和火灾情况等信息。

(2)以联网单位消防安全负责人身份登录用户服务系统,检查用户服务系统能否通过随机查岗,实现对值班人员日常值班工作的远程监督。

(3)以不同权限的联网单位用户身份登录用户服务系统,检查用户服务系统能否提供不同用户、不同权限的管理。

(六)火警信息终端软件的使用与检查

火警信息终端软件投入使用后,要确保软件处于正常工作状态,并保持连续运行,不得擅自关闭软件。火警信息终端软件必须由监控中心管理员进行维护管理,如因故障维修等原因需要暂时停用的,火警信息终端值班员应提前通知系统管理员;恢复启用后,及时通知系统管理员。

火警信息终端软件按照下列要求进行定期检查与测试:

(1)与通信服务器软件的通信测试为1次/日。

(2)与通信服务器软件的时钟检查为1次/日。

(3)每月进行火警信息终端软件运行日志整理。

检查内容与顺序如下:

用户信息传输装置模拟手动报警信息,经报警受理系统受理确认以后,检查火警信息终端能否接收、显示、记录及查询监控中心报警受理系统发送的火灾报警信息;能否收到火灾报警及系统内部故障告警信息,是否能驱动声器件和显示界面发出声信号和显示提示。火灾报警信息声信号和显示提示是否明显区别于故障告警信息,且是否优先于其他信息的显示及处理。声信号是否能手动消除,当收到新的信息时,声信号是否能再启动。信息受理后,相应声信号、显示提示是否能自动消除;是否能显示报警联网用户的名称、地址,联系人姓名、电话,建筑物名称,报警点所在建筑物位置,联网用户的地理信息,监控中心受理员编号或姓名,接收时间等信息。经人工确认后,是否能向监控中心反馈确认时间、指挥中心受理员编号或姓名等信息。通信失败时能否告警。

四、年度检查与维护保养

1.用户信息传输装置

(1)对用户信息传输装置的主电源和备用电源进行切换试验,每半年的试验次数不少于1次。

(2)每年检测用户信息传输装置的金属外壳与电气保护接地干线(PE)的电气连续性,若发现连接处松动或断路,及时修复。

2.城市消防远程监控系统

系统投入运行满1年后,每年对下列内容进行检查:

(1)每半年检查录音文件的保存情况,必要时清理保存周期超过6个月的录音文件。

(2)每半年对通信服务器、报警受理系统、信息查询系统、用户服务系统、火警信息终端等组件进行检查、测试。

(3)每年对监控中心的火灾报警信息、建筑消防设施运行状态信息等记录进行备份,必要时清理保存周期超过1年的备份信息。

(4)每年检查系统运行及维护记录等文件是否完备、系统网络安全性以及系统日志并每年进行整理备份;每年检查数据库使用情况,必要时对硬盘存储记录进行整理。

通关练习

一、单项选择题

1. 冲洗消防给水管道直径大于( )时,应对其死角和底部进行敲打,但不得损伤管道。

A. DN500   B. DN100

C. DN150   D. DN200

2. 室内消火栓管井的消防立管安装采用( )的安装方法。

A. 从上至下   B. 从下至上

C. 从左至右   D. 从右至左

3. 应急照明配电箱和分配电装置安装在墙上时,其底边距地面高度宜为 1.3~1.5m,靠近门轴的侧面距墙不应小于 0.5m,正面操作距离不应小于( )m。

A. 1.0   B. 2.0

C. 1.5   D. 0.5

4. 消防给水系统的水源应无污染、无腐蚀、无悬浮物,水的 pH 值应为( )。

A. 2.0~5.0   B. 4.0~7.0

C. 5.0~9.0   D. 6.0~9.0

5. 下列项目不属于半年检查的内容是( )

A. 送风阀   B. 排烟防火阀

C. 活动挡烟垂壁   D. 送风口

二、多项选择题

1. 消火栓箱按安置方式可分为( )。

A. 挂置式   B. 明装式

C. 卷盘式   D. 卷置式

E. 托架式

2. 下列关于室内消火栓维修管理的说法正确的是( )

A. 检查消火栓和消防卷盘供水闸阀是否渗漏水,若渗漏水及时更换密封圈

B. 检查阀门是否漏水,若有漏水,应及时修复

C. 检查报警按钮、指示灯及控制线路,应功能正常、无故障

D. 对消火栓、供水阀门及消防卷盘等所有转动部位应定期加注润滑油

E. 对管路进行外观检查,若有腐蚀、机械损伤等,应及时修复

3. 下列属于干粉灭火系统日检查内容的是( )。

A. 干粉储存装置外观

B. 灭火控制器运行情况

C. 防护区及干粉储存装置间

D. 启动气体储瓶和驱动气体储瓶压力

E. 驱动气体储瓶充装量

4. 下列属于系统观感质量综合验收内容的是(　　)

A. 工程质量事故处理报告

B. 各类调节装置安装应正确牢固,调节灵活,操作方便

C. 风机的安装应正确牢固

D. 防烟、排烟系统工程质量控制资料检查记录

E. 风管、部件及管道的支架、吊架型式、位置及间距应符合要求

5. 消防设施现场检查包括(　　)。

A. 产品合法性检查　　　　　　　　B. 产品质量检查

C. 产品一致性检查　　　　　　　　D. 产品合理性检查

E. 产品安全性检查

参考答案及解析

一、单项选择题

1. B　【解析】冲洗管道直径大于 DN100 时,应对其死角和底部进行敲打,但不得损伤管道。

2. B　【解析】室内消火栓管井的消防立管安装采用从下至上的安装方法。

3. A　【解析】应急照明配电箱和分配电装置安装在墙上时,其底边距地面高度宜为 1.3~1.5m,靠近门轴的侧面距墙不应小于 0.5m,正面操作距离不应小于 1.0m。

4. D　【解析】消防给水系统的水源应无污染、无腐蚀、无悬浮物,水的 pH 值应为 6.0~9.0。

5. C　【解析】每半年应对全部排烟防火阀、送风阀或送风口、排烟阀或排烟口进行自动和手动启动试验一次。

二、多项选择题

1. ACDE　【解析】消火栓箱按水带的安置方式可分为:挂置式、卷盘式、卷置式、托架式。

2. ACD　【解析】室内消火栓箱内应经常保持清洁、干燥,防止锈蚀、碰伤或其他损坏,每半年少进行一次全面的检查维修。主要内容有:

(1)检查消火栓和消防卷盘供水闸阀是否渗漏水,若渗漏水及时更换密封圈。

(2)对消防水枪、消防水带、消防卷盘及其他配件进行检查,全部附件应齐全完好,卷盘转动灵活。

（3）检查报警按钮、指示灯及控制线路，应功能正常、无故障。

（4）消火栓箱及箱内装配的部件外观无破损，涂层无脱落，箱门玻璃完好无缺。

（5）对消火栓、供水阀门及消防卷盘等所有转动部位应定期加注润滑油。

3.ABD 【解析】干粉灭火系统中，下列项目至少每日检查1次：

（1）干粉储存装置外观。

（2）灭火控制器运行情况。

（3）启动气体储瓶和驱动气体储瓶压力。

4.BCE 【解析】系统观感质量的综合验收包括：

（1）风管表面应平整、无损坏；接管应合理，风管的连接以及风管与风机的连接应无明显缺陷。

（2）风口表面应平整，颜色一致，安装位置正确，风口可调节部件应能正常动作。

（3）各类调节装置安装应正确牢固，调节灵活，操作方便。

（4）风管、部件及管道的支架、吊架型式、位置及间距应符合要求。

（5）风机的安装应正确牢固。

5.ABC 【解析】消防设施现场检查包括产品合法性检查、一致性检查以及产品质量检查。

第四部分 消防安全评估方法与技术

考纲导读

1. 区域火灾风险评估

根据有关规定和标准,运用区域消防安全评估技术与方法,辨识和分析影响区域消防安全的因素,确认区域火灾风险等级,组织制定控制区域火灾风险的策略。

2. 建筑火灾风险评估

根据有关规定和相关消防技术标准规范,运用建筑消防安全评估技术与方法,辨识和分析影响建筑消防安全的因素,确认建筑火灾风险等级,组织制定控制建筑火灾风险的策略。

3. 建筑性能化防火设计评估

根据有关规定,运用性能化防火设计技术,确认性能化防火设计的适用范围和基本程序,设定消防安全目标,确定火灾荷载,设计火灾场景,合理选用计算模拟软件,评估计算结果,确定建筑防火设计方案。

4. 人员密集场所消防安全评估方法与技术

根据有关规定,运用密集场所消防安全评估方法与技术,掌握人员密集场所的火灾风险,消防安全隐患的主要因素和风险控制措施。

第一章　区域消防安全评估方法与技术

```
                                              ┌ 评估目的
                                              │ 评估原则
                                     评估方法 ┤
                                              │ 评估内容及范围
                                              └ 评估流程
区域消防安全评估方法与技术 ┤
                                              ┌ 火灾风险评估方法
                                              │ 火灾风险因素识别及选择
                                     评估范例 ┤
                                              │ 火灾风险评估结果
                                              └ 消防救援机构风险控制措施建议
```

考点梳理

1. 区域火灾风险评估的目的。
2. 区域火灾风险评估的原则。
3. 区域火灾风险评估的内容。
4. 区域火灾风险评估的流程。

考点精讲

第一节　评估方法

一、评估目的

对区域进行火灾风险评估是分析区域消防安全状况和查找当前消防工作薄弱环节的有效手段,根据不同的火灾风险级别部署相应的消防救援力量,使公众和消防员的生命财产的预期风险水平与消防安全设施以及火灾和其他应急救援力量的种类和部署达到最佳的平衡效果,为政府明确消防工作发展方向、指导消防事业发展规划提供科学的参考依据。

二、评估原则

(一)系统性原则

评估指标应当构成一个完整的体系,即全面反映所需评价对象的各个方面。应涉及影响区域火灾的各个因素既包括外部因素、内部因素,也包括管理因素。

(二)实用性原则

评估指标必须与评价目的和目标密切相关。

(三)可操作性原则

评估指标体系应具有明确的层次结构,每一个子指标体系应相对独立,建立评估指标体系时需注意风险分级的明确性,以便于操作。

三、评估内容及范围

(1)分析区域范围内可能存在的火灾危险源,合理划分评估单元,建立全面的评估指标体系。

(2)对评估单元进行定性及定量分级,并结合专家意见建立权重系统。

(3)对区域的火灾风险做出客观、公正的评估结论。

(4)提出合理可行的消防安全对策及规划建议。

评估范围包括整个区域范围内的社会因素、建筑群和交通路网等。

四、评估流程

(一)信息采集

在明确火灾风险评估目的和内容的基础上,收集所需的各种资料,重点收集与区域安全相关的信息,可包括:评估区域内人口、经济、交通等概况;区域内消防重点单位情况;周边环境情况;市政消防设施相关资料;火灾事故应急救援预案;消防安全规章制度等。

(二)风险识别

火灾风险源是指能够对目标对象的评估结果产生影响的所有来源。火灾风险源一般分为客观因素和人为因素两类。

1.客观因素

气象因素引起火灾和易燃易爆物品引起火灾。

2.人为因素

电气引起火灾、用火不慎引起火灾、吸烟引起火灾和人为纵火。

(三)评估指标体系建立

在火灾风险源识别的基础上,进一步分析影响因素及其相互关系,选择出主要因素,忽略次要因素,然后对各影响因素按照不同的层次进行分类,形成不同层次的评估指标体系。区域火灾风险评估,一般分为二层或三层,每个层次的单元根据需要进一步划分为若干因素,再从火灾发生可能性和火灾危害等方面来分析各因素的火灾危险度,各个组成因素的危险度是进行系统危险分析的基础,在此基础上确定评估对象的火灾风险等级。

区域火灾风险评估可选择以下几个层次的指标体系结构:

1. 一级指标

一级指标一般包括火灾危险源、区域基础信息、消防救援力量、火灾预警防控和社会面防控能力等。

2. 二级指标

二级指标一般包括重大危险因素、人为因素、区域公共消防基础设施、灭火救援能力、火灾防控水平、火灾预警能力、公共消防安全满意度、消防管理、消防宣传教育、保障协作等。

3. 三级指标

三级指标一般包括易燃易爆危险品生产销售储存场所密度、燃气管网密度、加油加气站密度、电气火灾、用火不慎、放火致灾、吸烟不慎、温度、湿度、风力、雷电、建筑密度、人口密度、经济密度、路网密度、轨道交通密度重点保护单位密度、消防车通行能力、消防站建设水平、消防车道、消防供水能力、消防装备配置水平、万人拥有消防站、消防通信指挥调度能力、多种形式消防力量、消防安全责任制落实情况、应急预案完善情况、重大隐患排查整治情况、社会消防宣传力度、消防培训普及程度、多警联动能力、临时避难区域设置、医疗机构分布及水平等相关内容等。

(四)风险分析与计算

根据不同层次评估指标的特性,选择合理的评估方法,按照不同的风险因素确定风险概率,根据各风险因素对评估目标的影响程度进行定量或定性的分析和计算,确定各风险因素的风险等级,具体包括风险因素量化处理、模糊集值统计、指标权重确定、风险等级判断和风险分级等。

风险因素量化及处理:考虑到人为判断的不确定性和个体的认识差异,评分值的设计采用一个分值范围,由参加评估团队的人员,运用集体决策的思想,根据所建立的指标体系,按照对安全有利的程度,越有利得分越高,进行评分,从而降低不确定性和认识差异对结果准确性的影响。然后根据模糊集值统计方法,通过计算得出一个统一的结果。

根据区域火灾防控实际,在设定量化范围的基础上结合公安部办公厅 2007 年下发的《公安部办公厅关于调整火灾等级标准的通知》中的火灾事故等级分级标准,将火灾风险分为四级。火灾风险分级和火灾等级的对应关系为:(1)极高风险/特别重大火灾、重大火灾。特别重大火灾是指造成 30 人以上死亡,或者 100 人以上重伤,或者 1 亿元以上直接财产损失的火灾。重大火灾是指造成 10 人以上 30 人以下死亡,或者 50 人以上 100 人以下重伤,或者 5000 万元以上 1 亿元以下直接财产损失的火灾。(2)高风险/较大火灾。较大火灾是指造成 3 人以上 10 人以下死亡,或者 10 人以上 50 人以下重伤,或者 1000 万元以上 5000 万元以下直接财产损失的火灾。(3)中风险/一般火灾。一般火灾是指造成 3 人以下死亡,或者 10 人以下重伤,或者 1000 万元以下直接财产损失的火灾。

(五)确定评估结论

根据评估结果,明确指出建筑设计或建筑本身的消防安全状态,提出合理可行的消防安全意见。

(六)风险控制

根据火灾风险分析与计算结果,遵循针对性、技术可行性和经济合理性的原则,按照当前通行的风险规避、风险降低、风险转移以及风险自留四种风险控制措施,根据当前经济、技术、资源等条件下所能采用的控制措施,提出消除或降低火灾风险的技术措施和管理对策。

第二节 评估范例

一、火灾风险评估方法

(一)指标体系

某市城市区域火灾风险评估体系分为火灾危险源评估系统、区域基础信息评估系统、消防力量评估系统、火灾预警防控评估系统和社会面防控能力评估系统五部分。

(二)计算方法

采用模糊综合评估、模糊集值统计、专家赋分等方法进行火灾风险评估。

二、火灾风险因素识别及选择

(一)某市历史火灾数据分析

近三年各月发生火灾次数统计、起火原因统计、致死原因分布统计、各时段火灾次数统计和各场所火灾统计。

(二)火灾危险源

1. 重大危险因素

在火灾危险源评估单元中,客观因素主要考虑易燃易爆化学品生产、销售、储存场所密度、加油/加气站密度及燃气管网密度等。

2. 人为因素

导致火灾的人为因素主要包括电气火灾、用火不慎、放火致灾、吸烟不慎等。

(三)区域基础信息

1. 建筑密度

建筑密度指在一定范围内,建筑物的基底面积总和与占用地面积的比值(%)。表示建

筑物的覆盖率。它可以反映出一定用地范围内的空地率和建筑密集程度。

人均住宅使用面积不反映该区域建筑密度。

2.人口密度

人口密度是单位面积土地上居住的人口数,表示人口的密集程度的指标,通常以每平方千米内常住人口为计算单位。

3.经济密度

经济密度是指区域国民生产总值与区域面积之比,一般以每平方千米土地的产值来表示。

4.路网密度

路网密度是指城市范围内由不同功能、等级、区位的道路,以一定的密度和适当的形式组成的网络结构。

5.轨道交通密度

轨道交通密度是指每平方千米轨道交通的千米数。城市轨道交通具有运量大、速度快、安全、准点、保护环境、节约能源和用地等特点,能有效缓解城市的交通拥堵问题。

6.重点保护单位密度

重点保护单位密度是指每平方千米拥有的重点保护单位个数。

(四)消防救援力量

1.区域公共消防基础设施

(1)道路是指供消防车通行的道路。某市内道路桥梁的通行能力较好,可供各种大型消防车辆通行,但由于部分巷道较窄,消防车辆驶入时行驶速度缓慢,给灭火救援工作带来了一定的困难。

(2)消防水源包括市政消火栓、人工水源及天然水源等。该市属于消防水源薄弱地区,一旦发生较大的火灾,需要调集大量运水车辆进行运水供水,不能满足灭火救援需要。针对这种情况,应制订缺水地区的供水方案,确保各地区的灭火救援工作能够顺利进行。

2.灭火救援能力

(1)消防装备包括万人拥有消防车、消防队员空气呼吸器配备率和抢险救援主战器材配备率三个指标。

(2)万人拥有消防站是指常住人口每万人拥有的消防站(含市辖区内的消防队、政府专职消防队驻地,不包括单位专职消防队)数量,从城市规模(以人口划分)的角度反映了消防站的建设情况。

(3)通信调度能力通过消防无线通信一级网可靠通信覆盖率和消防无线通信三级组网通信设备配备率体现出来。

(五)火灾预警

1.火灾防控水平

火灾防控水平包括万人火灾发生率、十万人火灾死亡率和亿元GDP火灾损失率三个指标。

2.火灾预警能力

火灾预警能力通过消防远程监测覆盖率和建筑自动消防设施运行完好率体现。

3.公众消防安全满意度

公众消防安全满意度是指公众对所处生活、工作环境的消防安全状况的满意程度,体现了公众对社会消防状况的认知水平和社会消防事业发展的信心。

(六)社会面防控能力

(1)消防管理:消防管理包括安全责任制落实情况、应急预案完善情况和重大隐患排查整治情况等。

(2)消防宣传教育:消防宣传教育包括社会消防宣传力度、公众自防自救意识和消防培训普及程度等方面。

(3)保障协作:保障协作包括多警种联动能力、临时避难区域设置和医疗机构分布及水平等。

三、火灾风险评估结果

火灾风险评估结果包括以下几个方面的内容:基本指标专家打分表、基本指标评估结果、二级指标评估结果、一级指标评估结果、总体火灾风险评估结果和风险因素排序。

四、消防救援机构风险控制措施建议

(1)通过开展专项火灾防控整治行动,以政府为主体,整合各职能部门的力量,广泛发动企事业单位和群众,落实消防安全责任制,深入开展火灾隐患排查整改活动,加大消防宣传教育力度,增强消防工作的群众基础,以形成政府统一领导、部门依法监管、单位全面负责、公众积极参与的社会消防防控网络,从而提高全市整体的火灾防控能力。

(2)通过采用建设消防公共基础设施、征召合同制消防员、组建多种形式消防队伍、建立综合应急救援体系等措施,大力提升应急救援队伍处置重大火灾事故的能力水平。

第二章 建筑火灾风险评估方法与技术

知识框架

建筑火灾风险评估方法与技术

评估方法
- 评估目的
- 评估原则
- 评估内容
- 评估流程
- 注意事项

评估范例
- 评估目的
- 建筑概况
- 评估方法
- 指标体系构建
- 评估标准制定
- 火灾风险因素识别
- 措施有效性分析
- 结论及建议

考点梳理

1. 评估一般目的与特定目的的区别。

2. 建筑火灾风险评估的指标体系建立原则。

3. 建筑火灾风险评估的流程。

考点精讲

第一节 评估方法

一、评估目的

(一)一般目的

一般目的的评估是指建筑的所有者、使用者自身出于提高建筑消防安全程度的需要,采取建筑火灾风险评估方法,更为精细地管理建筑消防安全问题所进行的评估。主要包括:

(1)查找、分析和预测建筑及其周围环境存在的各种火灾风险源,以及可能发生火灾事故的严重程度,并确定各风险因素的火灾风险等级。

(2)根据不同风险因素的风险等级,结合自身经济和运营等的承受能力,提出针对性的消防安全对策与措施,为建筑的所有者、使用者提供参考依据,最大限度地消除或降低各项火灾风险。

(二)特定目的

特定目的的评估是指建筑的所有者、使用者根据消防法律法规的要求必须进行的建筑火灾风险评估。

二、评估原则

(一)科学性

指标体系必须以可靠的数据资料为基础,采取科学合理的分析方法,最大限度地排除评估人主观因素的影响和干扰,从而保证分析评估的质量。

(二)系统性

实际的分析对象往往是一个复杂系统,包括多个子系统,因此需要对评估对象进行详细的剖析,研究系统与子系统之间的相互关系,最大限度地识别被评估对象的所有风险,这样才能评估出它们对系统影响的重要程度。

(三)综合性

系统的安全涉及人、机、环境等多个方面,不同因素对安全的影响程度不同,因此分析方法既要充分反映评估对象各方面的最重要功能,又要防止过分强调某个因素而导致系统失去平衡。风险评估应综合考虑各方面的情况,对于同类系统应采用一致的评估标准。

(四)适用性

风险评估的方法要适合被评估建筑的具体情况,并应具有较强的可操作性。

三、评估内容

(1)分析建筑内可能存在的火灾危险源,合理划分评估单元,建立全面的评估指标体系。

(2)对评估单元进行定性及定量分级,并结合专家意见建立权重系统。

(3)对建筑的火灾风险做出客观、公正的评估结论。

(4)提出合理可行的消防安全对策及规划建议。

四、评估流程

(一)信息采集

在明确火灾风险评估目的和内容的基础上,收集与建筑安全相关的各种资料,包括建筑的地理位置、使用功能、消防设施、演练与应急救援预案、消防安全规章制度等。

(二)风险识别

开展火灾风险评估,首要任务是要确定评估对象可能面临的火灾风险主要来自哪些方面,将这个查找风险来源的过程称为火灾风险识别。

火灾风险识别是开展火灾风险评估工作所必需的基础环节,通常认为,火灾风险是火灾概率与火灾后果的综合度量。因此,衡量火灾风险的高低,不但要考虑起火的概率,而且要考虑火灾所导致后果的严重程度。

1.影响火灾发生的因素

可燃物、助燃剂(主要是氧气)和火源是物质燃烧的三个要素,简称燃烧三要素。火灾是指时间和空间上失去控制的燃烧,简单地说就是人们不希望出现的燃烧。因此,可以说可燃物、助燃剂、火源、时间和空间是火灾的五个要素。

消防工作的主要对象就是围绕着这五个要素进行控制。控制可分为两类:①对于存在生产生活用火的场所,即将火控制在一定的范围内,控制的对象是时间和空间。②对于除此之外的任何场所,控制不发生燃烧,控制的对象是燃烧三要素,即控制这三要素同时出现的条件。

在非燃烧必要场所,除了生产用可燃物存放区域以外,可燃物贯穿于穿、住、行、用等日常生活的各个方面,所以无法完全消除可燃物,只能是对可燃物进行控制。在这些可燃物之中,有些易于燃烧,有些难于燃烧。可燃物控制的目标就是将可燃物限制在一定的范围内,包括可燃物的数量和存放场所,控制的重点是易燃物质。控制的效果越好,发生火灾的可能性就越小,造成人员生命、财产损失的后果严重性就越低,火灾风险也就越小。氧气作为助燃剂,是无所不在的,所能控制的是可作为助燃剂的强氧化剂。火源与人们的生产生活密切相关,也是人们最容易控制的要素,因此火源控制也是火灾控制的首要任务。在燃烧必要场所,只要燃烧在预想的时间和空间中进行,就不会发生火灾。在时间和空间的控制中,也包含着对燃烧三要素的控制,它受燃烧三要素的影响。从以上分析可以看出,在燃烧三要素中,受人的主观能动性影响最大的是火源。正如前所述,火灾是不能完全避免的,也就是说,由于各种因素的影响,总会有火源突破控制,导致火灾的发生,例如雷电、地震、电气设备故障以及人为纵火。

2. 影响火灾后果的因素

对于规模相同的初起火灾,其火灾危险程度是相同的,但是由于后续步骤的不同,所存在的火灾风险却是不同的。

火灾风险表达式中的后果,在不同阶段会有不同的表现形式,通常可分为以下几种情形:

(1)在物质着火后,不考虑各种消防力量的干预作用,只根据物质的物理性质和周边环境条件(如通风状况、燃料数量、环境温度、燃烧时间)等自然状态下的发生、发展过程来确定火灾产生的后果。

(2)在物质着火后,考虑建筑物内部火灾自动报警、自动灭火和防火排烟等建筑消防设施的功能,单位内部人员的消防意识、初起火灾扑救能力、组织疏散能力以及单位内部可能拥有的消防队伍的灭火救援能力,根据这些因素的共同作用效率来确定火灾产生的后果。

(3)在物质着火后,除了上述建筑消防设施功能和单位相关人员能力之外,还考虑在初起火灾扑救失败之后,外部的消防力量(专业消防队、志愿消防队等)进行干预,投入灭火救援工作,根据这些因素的共同作用效率来确定火灾产生的后果。

3. 措施有效性分析

为了预防和减少火灾的发生,通常都会按照法律法规采取一些消防安全措施。这些消防安全措施一般包括防火(防止火灾发生、防止火灾扩散)、灭火(初起火灾扑救、专业队伍扑救)和应急救援(人员自救、专业队伍救援)等。消防安全措施有效性分析一般可以从以下几个方面入手:

(1)防止火灾发生。当建筑中存在这类火灾风险因素时,相应的控制措施是否有效需要进行详细的分析。

(2)防止火灾扩散。防止火灾扩散的措施通常都包括在建筑被动防火措施中,包括建筑耐火等级、防火间距、防火分区、防火分隔设施等是否满足设计、使用要求。

(3)初起火灾扑救。在有人在场的情况下,由于火灾产生的烟气人们一般能够很快发现,正确地使用人工报警装置和灭火器材将会发挥重要的作用。对于一些特定的场所,设置的火灾自动探测报警系统、自动灭火系统及防烟排烟系统等是否完好、有效地影响着建筑的消防安全。

(4)专业队伍扑救。由于各种原因,有时无法及时将火灾消灭在初起状态,导致火灾扩散蔓延,这时候就需要专业队伍进行扑救。建筑物是否具有扑救条件以及专业队伍与建筑的距离、消防装备、训练情况、人员配备等因素都需要进行仔细的分析。

(5)紧急疏散逃生。设置安全疏散设施的目的主要是使人能从发生事故的建筑物中迅速撤离到安全场所(室外或避难层、避难间等),及时转移室内重要的物资和财产,同时尽可能减少火灾造成的人员伤亡和财产损失,也为消防救援人员提供有利的灭火救援条件等。

（6）消防安全管理。消防安全管理包括消防安全责任制的落实；防火巡查、检查；消防（控制室）值班，消防设施、器材维护管理；火灾隐患整改，灭火和应急疏散预案演练，重点工种人员以及其他员工消防知识的掌握情况，组织、引导在场群众疏散的知识和技能等内容在内的宣传教育和培训等。

建筑消防安全措施涉及的内容非常广泛，上述内容只是一个简要的介绍，在实际评估中，应根据建筑的结构形式、使用功能等具体情况进行仔细的分析。

（三）评估指标体系建立

在火灾风险识别的基础上，进一步分析影响因素及其相互关系，选择出主要因素，忽略次要因素，然后对各影响因素按照不同的层次进行分类，形成不同层次的评估指标体系。再从火灾发生的可能性和火灾危害等方面分析各因素的火灾危险度，各个组成因素的危险度是进行系统危险分析的基础，在此基础上确定评估对象的火灾风险等级。

（四）风险分析与计算

根据不同层次评估指标的特性，选择合理的评估方法，按照不同的风险因素确定风险概率，根据各风险因素对评估目标的影响程度进行定量或定性的分析和计算，确定各风险因素的风险等级。

（五）风险等级判断

在经过火灾风险因素识别、建立指标体系、消防安全措施有效性分析等几个步骤之后，对于评估的建筑是否安全，其安全性处于哪个层次，需要得出一个评估结论。

（六）风险控制措施

1.风险规避

消除能够引起火灾的要素，也是控制风险的最有效的方法。由于空气无处不在，因此主要可行的措施是消除火源和可燃物。

2.风险降低

既不能消除火源，也不能清除可燃物，为了减少火灾风险，需要采取降低可燃物的存放数量或者安排适当的人员看管等措施。

3.风险转移

与他人共同分担可能面对的风险，对于建筑物而言，风险转移并不能消除或降低其面临的风险，但是对于建筑所有者或使用者而言，通过风险转移可以降低其面临的风险。风险转移主要通过建筑保险来实现。

五、注意事项

（一）做好与现行技术规范的衔接

建筑的指标参数要参照现行的技术规范进行评估。

（二）确认特殊设计建筑的边界条件

一些建筑由于规范未能完全涵盖，或者由于采用新技术、新材料，或者由于使用功能的特殊要求导致不能完全按照现行规范进行建筑消防设计,而是采用性能化消防设计的方法对这些建筑进行特殊设计。按照相关参数进行性能化设计及专家论证后,可以认为这些建筑满足规范规定的基本安全要求。

第二节 评估范例

一、评估目的

通过对体育中心的火灾风险评估,建设方、使用者和消防管理部门能够较为准确地了解其火灾危险性,掌握评估对象的主被动防火能力以及外部灭火救援能力,最大限度地消除和降低赛事和活动中存在的各项火灾风险。

二、建筑概况

(一)地理位置

体育中心的地理位置信息包括其具体的地理坐标、周围建筑的性质和建筑内外的交通状况与公共设施等方面的内容。

(二)建筑功能

体育中心赛时具有游泳、跳水、水球、花样游泳比赛等竞赛场地,平时可以满足集专业体育训练、全民健身/竞赛、商业、娱乐、办公等于一体的多功能要求。

(三)建筑设计

1.面积

参照该建筑的设计及建筑资料,对其建筑面积、基地形状、各个比赛大厅以及其他大型空间的参数进行进一步核实与确认。

2.结构

体育中心的结构体系由上部的空间网架钢结构和下部的钢筋混凝土结构组成。造型独特的钢结构网架将屋顶与墙体整合为一体。结构体系的内外两个表面均以乙烯—四氟乙烯透明膜作为外围护材料,给建筑内部的水上比赛及娱乐空间以最理想的自然光环境。

三、评估方法

体育中心属于大型的重要性建筑,需要兼顾消防保卫的动态性、立体性和综合性,且需要获得统一的最终评估结果。模糊综合评估法考虑了系统间各因素的相互作用,评估结果动态地反映了整体安全性,符合对火灾风险结果动态性的要求,运用模糊综合评估方法具有更好的适用性。对于具体的风险因素,为了获得更为精确的数据,提高评估结果的准确度,根据需要采用模拟实验、现场实验以及计算机模拟演算进行进一步的分析计算。

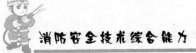

四、指标体系构建

(一)一级指标

一级指标包括火灾危险源、建筑防火特性、内部消防管理和消防保卫力量。

(二)二级指标

二级指标包括客观因素、人为因素、建筑特性、被动防火措施、主动防火措施、支援力量和消防团队。

(三)三级指标

三级指标包括电气火灾、易燃易爆危险品、周边环境、气象因素、用火不慎、放火致灾、吸烟不慎、公共区火灾荷载、建筑高度、建筑用途、建筑面积、人员荷载、内装修、消防扑救条件、防火间距、防火分隔设置、防火分区、疏散通道、耐火等级、消防给水、灭火器材配置、防排烟系统、疏散诱导系统、火灾自动报警系统、自动灭火系统、消防设施检查与维护、消防安全责任制、消防应急预案、消防培训与演练、隐患整改落实、消防组织管理机构支援力量和消防团队等相关内容。

五、评估标准制定

(一)评分标准

评分标准包括火灾危险源评分标准、建筑防火性能评分标准和内部消防管理评分标准。

(二)风险等级划分

火灾风险等级分为Ⅰ级、Ⅱ级、Ⅲ级和Ⅳ级四个级别,如下表所示。

火灾风险分级量化和特征描述

风险等级	名称	量化范围	特征描述
Ⅰ级	低风险	(85,100]	几乎不会发生火灾
Ⅱ级	中风险	(65,85]	可能发生一般火灾
Ⅲ级	高风险	(25,65]	可能发生较大火灾
Ⅳ级	极高风险	[0,25]	可能发生重大或特大火灾

六、火灾风险因素识别

(一)电气火灾

由于场馆内大量使用照明灯具,并且在许多地方可能都会有宣传材料和彩旗。如果照明灯具布置不当而靠近可燃物,可能会由于过热引燃周围可燃物发生火灾,一旦起火,将影响到赛事的正常运行,后果比较严重。

(二)易燃易爆危险品

体育中心柴油发电机房均为独立布置,油箱存储量 2h,容量 $1m^3$,电气线路敷设良好。

(三)周边环境

体育中心附近无火灾危险性高的建筑;室外有临时消防站、物流区(食品、桌椅储藏、注册房间)、交通指挥室。

(四)气象因素

1. 高温

赛事期间处于 8 月至 10 月,8 月的高温天气并不是太多,整体上还是有利于比赛的举办。

2. 大风

体育中心所处的区域,几乎没有室外的架空线。因此,除燃放焰火或相邻建筑着火而产生飞火外,赛时体育中心由于大风而引起火灾的概率较低。

3. 降水量

在比赛期间出现降水的概率基本在 30% ~ 40% 之间,出现降雨的日子以小雨天气为主,平均月降水量在 200mm 左右。

4. 雷击

赛时正处夏季,这一时期是雷电的多发时段。但由于体育中心安装有完善的避雷设施,因此雷击引起火灾的概率较低。

(五)用火不慎

体育中心使用了燃气厨房,因此有可能因为用火不慎而导致起火。如果届时能够做好工作人员的消防培训,增强消防意识,掌握火灾预防知识,加上赛事运行时间相对较短,人员固定,厨房安装有可燃气体报警装置,一旦出现燃气泄漏,将会及时发现,因此厨房出现爆炸起火的概率很低。

(六)吸烟不慎

体育中心禁止观众在场馆内吸烟,除此之外,公众的环保和安全意识的提高,也极大地降低了体育中心由于吸烟而引发火灾的可能性。

(七)放火致灾

关于火种。如果这些许可人群中混入了蓄意破坏人员,则能够轻易利用原本合法的吸烟火种作为放火或破坏其他消防设施(包括其他设施)正常运行的工具,引发混乱,对赛事造成恶劣的影响。

关于易燃易爆危险物品。炸药、爆竹、香蕉水以及各种油品等易燃易爆危险品,应该是中心区大安检范围内检查的重点。经过安检进入中心区范围内的人员,私自藏带易燃易爆危险品进入竞赛场馆的概率极低。但是作为易燃易爆物品之一的汽油,则可以随着机动车进入中心区,如果这里面混入了蓄意破坏人员,则可以从机动车内获得汽油作为纵火的武器,或者直接点燃机动车进行纵火。另外,倘若体育中心未设有独立的安检设施,破坏人员就可以将汽油带入场馆内,这样,在无须明火的情况下,就可以通过其他途径引燃汽油,引发混乱,严重影响赛事的正常运行和人身安全。

考察发生人为纵火的概率,在很大程度上依赖于大安保圈的安检与体育中心的监控水平。安保措施到位,则纵火成功的概率低;如果安保措施存在漏洞,则会使纵火成功的概率增大。

七、措施有效性分析

(一)建筑防火性能

1.建筑特性

建筑特性在建筑状况评估单元中所占比重为26%,包括公共区火灾荷载、建筑用途、建筑层数、建筑面积、人员荷载、内部装修等六个部分。

2.被动防火措施

被动防火措施在建筑状况评估单元中所占比重为32%,包括防火间距、耐火等级、防火分区、消防扑救条件、防火分隔和疏散通道等六部分。

3.主动灭火措施

主动防火措施在建筑状况评估单元中所占比重为42%,包括消防给水、防排烟系统、火灾自动报警系统、自动灭火系统、灭火器材配置和疏散诱导系统等六部分。

(二)内部消防管理

内部消防管理包括消防设施检查与维护、消防安全责任制、消防应急预案、消防培训与演练、隐患整改落实和消防管理组织机构等六部分。

1.消防设施检查与维护

体育中心所有设备维护周期为6个月,故障处理时间为1天之内,部分设备可自动巡检。

2.消防安全责任制

体育中心有消防责任制和奖惩制度,各自任务划分明确,职责划分清晰。

3.消防应急预案

体育中心目前已制定火灾应急预案和人员疏散预案。

4.消防培训与演练

体育中心制定了人员培训和演练计划,目前为止已实际演练一次,演练效果良好。

5.隐患整改落实

依据国家有关消防规范和标准,体育中心在正式投入使用前进行了火灾自动报警系统、消防供水系统、消火栓系统、自动喷水灭火系统、气体灭火系统、防排烟系统、防火卷帘、防火门等消防设施和系统检测,对发现的消防隐患已全部清除。

6. 消防管理组织机构

体育中心设消防经理 1 名,消防主管 3 名,消防助理 4 名,消防队员 14 名。组织架构较为完善,人员配备到位。

(三)消防保卫力量

1. 支援力量

支援力量是指体育中心所处辖区的消防救援力量。

2. 消防团队

消防团队是指体育中心自身配备消防团队的力量,包括人员实力、消防装备、通信能力、预案完善以及临时消防站。

八、结论及建议

(一)评估结论

采用集值统计法计算得出四级指标的最终得分以及利用加权平均求得各上级指标的得分。通过对上述各项风险指标的逐级求和,计算体育中心火灾风险的最后得分,根据分数确定火灾风险等级。

(二)评估建议

1. 人为放火火灾风险的控制

(1)加强对打火机、火柴等火种的检测与控制,防止该类物品被带入场馆。

(2)在场馆的入口或地下停车场进入场馆的入口处设置可燃气体检测仪,防止车用燃料被带入场馆。

(3)加强对停车场的巡查,防止或快速处置利用机动车燃油进行纵火事件。

2. 电气火灾风险的控制

(1)应避免将可燃物布置在高温照明灯具的正下方,并与高温照明灯具及其他高温设备保持足够的安全距离,避免因长时间烘烤或灯具爆裂引起火灾。

(2)赛事活动主办方提前估算最大临时用电量,并就活动表演的电气线路、设备布置可能存在的火灾风险问题与消防救援机构进行沟通。

3. 易燃易爆危险品火灾风险的控制

(1)燃气使用单位对场馆内燃气使用人员进行全员安全培训和教育,并持证上岗,制定燃气使用的操作规程和燃气使用人员的岗位职责。

(2)场馆运行团队应加强对燃气使用的安全检查,督促燃气使用人员落实操作规程和岗位职责。

(3)使用单位应在赛事活动期间指派专人在易燃易爆危险品的存储、使用场所值守,做好防护措施,防止高温条件下油品大量挥发。

4. 临时设施火灾风险的控制

(1)责任单位严格落实逐级责任制,做到定岗定人,并定时对岗位情况进行检查。

（2）责任单位制定完善的用火用电管理操作规程,加强对相关人员的培训。

（3）消防监督人员加强巡查,及时督促责任单位消除各种隐患。灭火救援人员做好相关的准备工作。

5. 气象因素火灾风险的控制

场馆运行团队在大风、高温、雷雨、暴雨等恶劣天气情况下,应加强场馆责任区域内电气设施和易燃可燃物的检查和维护管理,及时发现和上报可能引发火灾的险情和隐患。

6. 吸烟火灾风险的控制

（1）外事单位预先做好对各国技术人员、运动员、贵宾以及相关工作人员的禁烟宣传,劝阻技术人员、运动员、注册记者等人员在场馆内吸烟。

（2）场馆运行单位在允许吸烟区域设立专用吸烟区,在纸制垃圾箱附近显著位置张贴不安全行为致灾的宣传说明。

（3）消防监督人员、志愿者及相关安保人员对其责任区域内禁烟区进行观察与劝阻。

7. 物流仓库火灾风险的控制

责任单位应加强场馆责任区域内的仓库、物流区域的安全管理,除值守人员外,禁止其他无关人员进入仓库,严禁人员在仓库内住宿。

8. 机动车火灾风险的控制

（1）严格要求机动车按规定配备灭火器,驾驶员必须熟练掌握灭火器的使用方法。

（2）禁止车主个人在地下停车场进行车辆维修,车辆故障时请交管部门将车辆拖出中心区再进行维修,或者在地下停车场建立临时的专用维修区。

9. 焰火燃放火灾风险的控制

（1）焰火燃放团队应按照相关论证确定的焰火、礼花尺寸进行燃放。

（2）场馆运行团队应组织人员对各场馆燃放阵地范围内的树叶、废纸等可燃杂物进行清理。

（3）焰火燃放团队指派专人接受灭火培训,在燃放期间携带灭火器在指定位置进行值守,确保及时扑救焰火燃放出现意外时第一时间扑救初起火灾。

10. 用火火灾风险的控制

（1）赛事必须用火时,场馆主任应履行用火安全审批手续,并清理用火现场周围的可燃物,用阻燃材料进行分隔,并派专人进行现场看护。

（2）场馆运行单位应保持厨房内消防设施完好有效,妥善制订好厨房工作人员的班组计划,防止工作人员疲劳作业,做好上岗人员的消防安全教育工作,杜绝不安全行为,同时严禁非工作人员进入厨房区用电用火。

第三章 建筑性能化防火设计和评估方法

知识框架

建筑性能化防火
设计和评估方法

　　建筑性能化防火设计和评估方法的适用范围
　　　　　　　　适用范围
　　　　　　　　消防设施的性能化设计

　　建筑性能化防火设计基本程序与设计步骤
　　　　　　　　设计程序
　　　　　　　　设计步骤

　　资料收集安全目标设定
　　　　　　　　资料收集
　　　　　　　　被动防火系统
　　　　　　　　主动防火系统
　　　　　　　　安全疏散系统
　　　　　　　　消防救援

　　软件选取
　　　　　　　　火灾模拟
　　　　　　　　疏散模拟
　　　　　　　　模型评价

　　火灾场景和疏散场景设定
　　　　　　　　火灾场景确定
　　　　　　　　火灾场景设计
　　　　　　　　疏散场景确定

　　计算分析及结果应用
　　　　　　　　用于分析计算结果的判定准则
　　　　　　　　计算结果分析
　　　　　　　　计算结果应用

　　建筑性能化设计文件编制
　　　　　　　　建筑基本情况及性能化设计的内容
　　　　　　　　分析目的及安全目标
　　　　　　　　火灾场景设计
　　　　　　　　分析方法
　　　　　　　　计算分析与评估
　　　　　　　　不确定性分析
　　　　　　　　结论与总结
　　　　　　　　参考文献
　　　　　　　　设计单位和人员资质说明

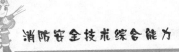

考点梳理

1. 建筑进行性能化防火设计的要求。
2. 性能化防护设计的步骤。
3. 建筑结构耐火的目标及性能要求。
4. 火灾模拟软件的选择。
5. 火灾场景的确定和疏散场景的设定。
6. 性能化防火报告的格式与内容。

考点精讲

第一节　建筑性能化防火设计和评估方法的适用范围

建筑消防性能化防火设计,是指根据建设工程使用功能和消防安全要求,运用消防安全工程学原理,采用先进适用的计算分析工具和方法,通过对建筑环境中设定火灾场景的火灾风险量化和分析,进而对建设工程消防设计方案进行综合分析评估,判断建筑抵御火灾的性能指标是否满足预设的消防安全目标,从而优化消防设计方案的工作方法。

一、适用范围

建筑防火设计以防止和减少火灾危害,保护人身和财产安全为目标。消防性能化设计以消防安全工程学为基础,采用的防火设计方法区别于传统的按照建筑规范标准进行设计。

(一)适用范围
具有下列情形之一的工程项目,可对其全部或部分进行消防性能化设计:
(1)超出现行国家工程建设消防技术标准适用范围的。
(2)按照现行国家工程建设消防技术标准进行防火分隔、防烟排烟、安全疏散、建筑构件耐火等设计时,难以满足工程项目特殊使用功能的。

(二)不适用范围
下列情况不应采用性能化设计评估方法:
(1)国家法律法规和现行国家工程建设消防技术标准强制性条文规定的。
(2)国家现行工程建设消防技术标准已有明确规定,且无特殊使用功能的建筑。
(3)住宅。
(4)医疗建筑、教学建筑、幼儿园、托儿所、老年人照料设施、歌舞娱乐游艺场所。

（5）甲、乙类厂房，甲、乙类仓库，可燃液体、气体储存设施及其他易燃、易爆工程或场所。

二、消防设施的性能化设计

（一）防火分隔

采取一定措施将建筑内某些火灾危险性较大的空间或设备重要或不能中断工作的场所与其他部位分隔开来，并在一定时间内把火势控制在规定的区域里非常重要。

（二）防火分区

防火分区是根据建筑的特点，在建筑内部采取规定要求的防火墙、楼板及其他等效的防火分隔措施分隔，用以控制和防止火灾向其他邻近区域蔓延的封闭空间，是控制建筑火灾的基本空间单元。

（三）防烟与排烟

防烟与排烟设计的基本原则是，要防止烟气进入安全疏散通道，保证疏散安全，为消防救援提供必要的有利条件。

（四）安全疏散

在传统的人员安全疏散设计中，设计人员主要依照规范的要求保证一定的安全出口个数、出口宽度和疏散距离等。对于复杂的建筑环境，如何安全可靠地组织和引导大量的人员在尽可能短的时间内疏散到室外安全区域，也可以通过性能化设计进行确定。

（五）结构耐火

有些大型公共建筑由于功能的特殊需要，难以按照我国现行防火规范的要求采用喷涂防火涂料等措施进行防火保护。因此，有必要对采用钢结构的建筑进行分析危险性，根据不同的情况提出相应的防火保护措施。

第二节　建筑性能化防火设计基本程序与设计步骤

一、设计程序

（一）基本程序

（1）确定建筑物的使用功能和用途、建筑设计的适用标准。

（2）确定需要采用性能化设计方法进行设计的问题。

（3）确定建筑物的消防安全总体目标。

（4）进行消防性能化试设计和评估验证。

（5）修改、完善设计并进一步评估验证确定是否满足所确定的消防安全目标。

（6）编制设计说明与分析报告，提交审查与批准。

（二）一般程序

（1）确定建筑设计的总目标或消防安全水平及其子目标。

（2）确定需要分析的具体问题及其性能判定标准。

（3）建立火灾场景、设定合理的火灾和确定分析方法。

（4）进行消防性能化设计与计算分析。

（5）选择和确定最终设计方案。

（三）计算分析要求

（1）针对设定的性能化分析目标，确定相应的定量判定标准。

（2）合理设定火灾。

（3）分析和评价建筑物的结构特征、性能和防火分区。

（4）分析和评价人员的特征以及建筑物和人员的安全疏散性能。

（5）计算预测火灾的蔓延特性。

（6）计算预测烟气的流动特性。

（7）分析和验证结构的耐火性能。

（8）分析和评价火灾探测与报警系统、自动灭火系统、防排烟系统等消防系统的可行性与可靠性。

（9）评估建筑物的火灾风险，综合分析性能化设计过程中的不确定性因素及其处理方法。

二、设计步骤

（一）确定工程范围

了解工程各方面的信息，如建筑的特征，使用功能和使用者特征等。

（二）确定总体目标

消防安全总体目标表示的是社会所期望的安全水平，主要是用概括性的语言进行描述，通常指保护人类生命和相邻建筑及其他财产安全等方面的需要。消防安全应达到的总体目标应该是：保护生命、保护财产、保护使用功能、保护环境不受火灾的有害影响。

功能目标是设计总体目标的基础，它把总体目标提炼为能够用工程语言进行量化的数值。概括地说，它们指出一个建筑如何才能达到社会所期望的安全目标。这项工作是通过性能要求完成的。

性能要求是性能水平的表述。建筑材料、建筑构件、系统、组件以及建筑方法等必须满足性能水平的要求，从而达到消防安全的总体目标和功能目标。在设计时每一个具体要求都涉及建筑及其系统如何工作才能满足规定的生命安全总体目标和功能目标，并且可对每项要求进行计量或计算。

（三）确定设计目标

设计目标是为满足性能要求所采用的具体方法和手段。为此允许采用两种方法去满足性能要求。这两种方法可以独立使用，也可以联合使用。

1.视为合格的规定

包括如何采用材料、构件、设计因素和设计方法的示例。

2.替代方案

如果能证明某设计方案能够达到相关的性能要求,或者与视为合格的规定等效,那么对于与"视为合格的规定"不同的设计方案,仍可以被批准为合格。

该性能方法为使用消防安全工程提供了许多机会。评估替代方案的方法不是特别指定的,所以,事实上消防安全工程评估将是证明设计方案是否符合性能规范的一个主要途径。消防安全总体目标是保护那些没有靠近初起火灾处的人员不至受到伤害。为了达到这一总体目标,其功能目标之一就是为人们提供足够到达安全地方而不被火灾吞噬的时间。其性能要求之一就是限制起火房间内的火灾蔓延。为了满足这一性能要求,可以制定防止起火房间发生轰燃的性能指标。其依据是火灾蔓延至起火房间之外的情况总是出现在轰燃发生之后,上层烟气引燃并使火灾前锋开始蔓延之时。工程设计人员可能会建立一个设计目标,从而将上层烟气温度限制在500℃,该温度以下不大可能发生轰燃。以上就是从一个总体目标到建立一种设计标准的整个分析过程。

(四)火灾危险源识别

火灾危险源识别包括内部危险源和外部危险源的识别。内部危险源识别需从以下几个方面考虑:

(1)建筑材料和制品。

(2)常用燃油、燃气、用电等设备。

(3)建筑内的人员类型。

(4)建筑用途。

外部危险源识别需从以下几个方面考虑:

(1)邻近的建筑、设施以及人员活动行为。

(2)自然环境产生的危险源。

进行火灾危险源识别时,可将类似建筑或环境条件下发生的火灾及相关数据作为参考依据。

(五)建立试设计并进行评估

在本步骤中,应提出多个消防安全设计方案,并按照规范的规定进行评估,以确定最佳的设计方案。在此过程中,许多消防安全措施的评估都是依据设计火灾曲线和设计目标进行的。在评估不同的方案时,清楚地了解该方案是否达到了设计目标是很重要的。

设计目标是一个指标。其实质是性能指标(如起火房间内轰燃的发生)能够容忍的最大火灾尺寸,这可以用最大热释放速率来描述其特征。以下一些基本因素总是在性能化设计评估中被充分考虑:起火和发展、烟气蔓延和控制、火灾蔓延和控制、火灾探测和灭火、通知居住者和组织安全疏散、消防部门的接警和现场救助。

试设计完成后即可选定最终设计方案。

(六)设定火灾场景和疏散场景

火灾场景是对一次火灾整个发展过程的定性描述,该描述确定了反映该次火灾特征并区别于其他可能发生火灾的关键事件。火灾场景的建立应包括概率因素和确定性因素,也就是说,此种火灾发生的可能性有多大,如果火灾真的发生了,它是如何发展和蔓延的。在建立火灾场景时,应主要考虑以下因素:建筑的平面布局,火灾荷载及分布状态,火灾可能发生的位置,室内人员的分布与状态,火灾可能发生时的环境因素等。

设定火灾是对一个设定火灾场景假定火灾特征的定量描述,可以用一些参数,如热释放速率、火灾增长速率、物质分解物、物质分解率等或者其他与火灾有关的可以计量或计算的参数来表现其特征。

概括设计火灾特征的最常用方法是采用火灾增长曲线。热释放速率随时间变化的"典型"火灾增长曲线,一般具有火灾增长期、最高热释放速率期、稳定燃烧期和衰减期等共同阶段。每一个需要考虑的火灾场景都应该具有这样的设计火灾曲线。

疏散场景是对人员特性、建筑环境与建筑系统,以及火灾动力学特性的定性描述,用于识别影响疏散行为和疏散时间的关键因素。

当将生命安全作为消防安全目标,在对工程设计进行评估时,应对建筑使用人员自起火后至到达安全地点前的这段时间内是否得到保护进行评估。

为说明疏散场景发生的可能性及其后果,应对建筑物使用人员的类别进行分类。建筑物使用人员对火灾情况的响应受诸多可变因素的影响,主要包括:

(1)建筑物使用人员的数量和分布情况、人员对建筑物的熟悉程度、人员的行动能力以及行动受限情况、人员的行为及其他特征。

(2)建筑物的特征,如建筑物的使用情况、出口平面布局及消防设施。

(2)警示标志、疏散路径和应急管理方案。

(4)上述因素在疏散场景制定过程中的相互影响,以及消防员和救援设施的紧急介入。

(七)完成报告编写设计文件

分析和设计报告是性能化防火设计能否被批准的关键因素。该报告需要概括分析和设计过程中的全部步骤,并且报告分析和设计结果所提出的格式和方式都要符合审查机构和客户的要求。该报告包括工程的基本信息、制订此目标的理由、设计方法(基本原理)陈述、性能评估指标、火灾场景的选择和设计火灾、设计方案的描述、消防安全管理和参考的资料、数据等。

第三节　资料收集与安全目标设定

建筑设计包括两方面内容,即对建筑空间的研究以及对构成建筑空间的建筑实体的研究。建筑设计首先要满足建筑法律法规、规范及标准的要求。

建筑设计人员在进行消防性能化设计时，首先应熟悉建筑概况，包括工程的名称、地址、占地面积、建筑面积等，并进一步收集在设计中会用到的资料，更应该去踏勘现场。

设计资料包括建筑设计说明、建筑总平面图、消防设计专篇、建筑主要楼层平面图、建筑主要立面图和剖面图。此外，还包括结构、各设备专业的相关图样等。

我国的消防工作方针是"预防为主，防消结合"，即防患于未然。要减少和预防建筑火灾，首先要确保建筑物本身的本质安全。因此，在建筑防火设计中，设计师应认真研究建筑防火措施，根据建筑物的使用功能、空间特征和人员特点，合理布置建筑平面，合理设定建筑物的耐火等级和相关构件的耐火极限，预防火灾发生，防止火灾蔓延，达到减少火灾危害、保护人的生命和财产安全的目的。

一、资料收集

资料收集包括两个方面的内容，即对建筑空间的研究以及对构成建筑空间的建筑实体的研究。建筑设计首先要满足建筑法律法规、规范及标准的要求。

建筑设计人员在进行性能化防火设计时，应熟悉建筑概况，包括工程的名称、地址、占地面积、建筑面积等，并进一步收集在设计中会用到的资料。

设计资料包括建筑设计说明、建筑总平面图、消防设计专篇、建筑主要楼层平面图、建筑主要立面图和剖面图。此外，还包括结构、各专业设备的相关图样等。

二、被动防火系统

(一)建筑结构

1. 荷载作用

建筑结构是由若干基本构件通过一定连接方式构成的整体。在建筑结构中，所有能使结构产生内力和变形的因素统称为作用。除直接以力的形式出现的作用会在结构中产生内力和变形外，其他作用，如温度的变化、混凝土收缩、基础不均匀沉降等也可在结构中产生内力和变形。直接以力的形式出现的作用称为直接作用，即荷载。其他作用则称为间接作用。设计合理的建筑结构能安全可靠地承受并传递各种荷载和间接作用。

2. 结构防火重要性

(1)良好的结构耐火性能能为人员的安全疏散提供宝贵的疏散时间，特别是在高层和大空间建筑中以及有行动受限人员的建筑内，如医院、老年人建筑、幼儿园等。

(2)为消防队员在建筑内所有人员撤出后进入建筑内实施灭火提供生命安全保证。

(二)防火分区

良好的防火分区划分和分隔构件的耐火性能能有效地将火灾控制在起火区域或某个防火分区内，从而为建筑内人员的安全疏散及消防队员的救援和灭火行为提供宝贵的时间，为减少火灾和烟气对建筑内容物和建筑结构所造成的破坏,减少灾后修复难度、费用和时间等提供条件。

火灾的蔓延方式有火焰接触、延烧、热传导、热辐射等。当可燃物为离散布置时,热辐射是一种促使火灾在室内及建筑物间蔓延的重要形式。当火灾烟气达到足够的温度时,其产生的热辐射强度将会引燃周围可燃物,从而导致火灾的蔓延。消防性能化设计时一般通过模拟计算分析得到火源所在防火区域之外的其他防火区域的烟气层最高温度。

1.设计目标

防火分区划分应能有效降低火灾危害,将火灾的财产损失控制在可接受的范围之内。

2.功能目标

建筑内采取的防火隔断措施,应能将建筑火灾控制在设定的防火空间内,而不会经水平方向和垂直方向向其他区域蔓延。

3.性能要求

(1)防火分隔构件的燃烧性能具有足够的耐火极限,并满足控制火灾的要求。

(2)着火空间内不会发生轰燃。

(3)火灾可以控制在设定的防火区域内。

(4)火灾不会发生连续蔓延。

(5)火灾的可能过火面积与满足规范要求的防火分区的过火面积基本相同。

(6)灭火系统符合设计要求,可以有效控制火灾蔓延。

(7)排烟系统符合设计要求,可以有效排除烟气和热量。

(三)防火间距

防火间距是指防止着火建筑的辐射热在一定时间内引燃相邻建筑,且便于消防扑救的间隔距离。因此,防火间距一方面有助于防止火灾在建筑之间蔓延,另一方面为火灾扑救及建筑内人员和物资的紧急疏散提供场地。防火间距主要是根据建筑物的使用性质、火灾危险性及耐火等级来确定。

1.设置原则

(1)根据火灾的辐射热对相邻建筑的影响,一般不考虑飞火、风速等因素。

(2)保证消防扑救的需要。需根据建筑高度、消防车的型号尺寸,确定消防救援操作场地的大小。

(3)在满足防止火灾蔓延及消防车作业需要的前提下,考虑节约用地。

2.功能目标

(1)防火间距应能有效防止建筑间的火灾蔓延。

(2)建筑周围应具有满足消防车展开灭火救援的条件。

3.性能要求

(1)建筑与相邻建筑、设施之间的防火间距应根据建筑的耐火等级、外墙防火构造、相邻外墙的防火措施、灭火救援条件以及设施性质等因素进行确定。

（2）工业与民用建筑与城市地下交通隧道、地下人行道及其他地下建筑之间应采取防止火灾蔓延的有效措施。

（3）建筑周围应设置消防车道或满足消防车通行与停靠、折转的平坦空地。消防车道的净空高度和净宽度以及地面承压应满足消防车通行的需要。

（4）大型工业或民用建筑周围应设置环形消防车道或其他满足消防车灭火救援的场地。

（5）供消防车停留和作业的道路与建筑物的距离应满足消防车展开和救援的要求。

三、主动防火系统

建筑的主动防火系统主要依靠火灾探测报警、防烟排烟、各类灭火设施等建筑消防设施，通过及早探测火灾、破坏已形成的燃烧条件、终止燃烧的连锁反应，来扑灭或抑制火灾。建筑主动防火系统的作用主要是通过检测火灾信号并发出相应的警报和联动启动相关建筑消防设施，为人员疏散和灭火救援提供较安全的环境，扑灭或控制不同性状的火灾，减少火灾危害。

（一）自动灭火系统

建筑内自动灭火系统设计的原则是对建筑重点部位、重点场所进行重点防护。重点场所一般包括火灾荷载大、火灾危险性高的场所、可能因火灾而导致人员疏散困难的场所和可能因火灾导致重大损失的场所。自动灭火系统的设置主要用于建筑中不能中断防火保护的场所免受火灾危害或减轻其危害程度。

1. 设计目标

为建筑中不能中断防火保护的场所提供灭火措施，使其免受火灾危害或减轻其危害程度。

2. 功能目标

建筑内设置的自动灭火系统应能够及时扑灭和控制建筑内的初起火灾，防止火灾蔓延和造成较大损失。

3. 性能要求

（1）建筑内设置的自动灭火系统应根据设置场所的用途、火灾危险性、火灾特性、环境温度和系统的性价比等确定。

（2）灭火系统的灭火剂应适用于扑救设置场所的火灾类型，且对保护对象的次生危害较小。

（3）灭火系统的类型应与火灾发展特性、建筑空间特性相适应，并在设置场所的环境温度下能安全、可靠运行和有效灭火。

（4）对于火灾报警系统识别火灾并联动的灭火系统，应有能保证系统及时启动的火灾探测控制系统。

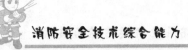

（二）排烟系统

火灾烟气的危害性主要表现在：毒害性、减光性以及烟气中携带的较高温度的气体和微粒。在建筑内设置排烟系统，不仅可及时排除火灾产生的大量烟气，阻止烟气向防烟分区外扩散，确保建筑物内人员的顺利疏散和安全避难，并为消防救援创造有利条件，而且可有效防止某些场所快速发生破坏性极大的轰燃现象。

1. 设计目标

建筑内设置的排烟系统应能保证人员安全疏散与避难。

2. 功能目标

建筑内设置的排烟系统应能及时排除火灾产生的烟气，避免或限制火焰和烟气向无火区域蔓延，确保建筑物内人员顺利疏散和安全避难，并为消防救援创造有利条件。

3. 性能要求

（1）排烟设施方式应与建筑的室内高度、结构形式、空间大小、火灾荷载、烟羽流形式及产烟量大小、室内外气象条件等条件相适应。

（2）排烟设施应具有保证其在火灾时正常动作的技术措施。

（3）机械排烟系统的室外风口布置，应能有效防止从室内排出的烟气再次被吸入。

（4）设置机械排烟设施的场所应结合建筑内部的结构形式和功能分区划分防烟分区。防烟分区及其分隔物应保证火灾烟气能在一定的时间内有效蓄积和排出。

（5）排烟口的布置应能有效避免烟气因冷却而影响排烟效果，与附近安全出口、可燃构件或可燃物的距离应能防止出现高温烟气遮挡安全出口或引燃附近可燃物的现象。

（6）排烟风机应能保证在任一排烟口或排烟阀开启时自行启动，并应在高温下和该场所允许的排烟时间内具有稳定的工作性能。

（7）排烟系统的排烟量或排烟口的面积能够将烟气控制在设计的室内高度以上，而不会不受控制地蔓延。

（8）在地上密闭场所中设置机械排烟系统时，应同时设置补风系统，补风量应能有利于排烟系统的排烟。

（三）火灾自动报警系统

火灾自动报警设施主要是在火灾发生早期及时探测到火情并报警，为人员的安全疏散提供宝贵疏散时间，通过联动启动火灾警报装置引导火灾现场人员及时疏散和进行火灾扑救，或启动有关的消防设施来扑灭或控制早期火灾，排除烟气，防止火灾蔓延，从而减少人员伤亡和火灾损失。

1. 设计目标

为人员及早提供火灾信息，避免因火灾扩大和人员疏散延迟而导致更大的伤亡和经济损失。

2. 功能目标

（1）火灾时，及时向使用人员发出报警信号，使人员能采取必要的合理措施，提高人员疏散的安全性和火灾扑救的有效性。

（2）火灾时，及时联动防止火灾蔓延和排除烟气或阻止烟气进入安全区域的相关设施。

3.性能要求

（1）建筑应根据其实际用途、预期的火灾特性、建筑空间特性和发生火灾后的危害等因素设置合适的报警设施。

（2）火灾报警装置应与保护对象的火灾危险性、火灾特性和空间高度、大小及环境条件相适应。

（3）火灾自动报警系统能可靠、准确地识别火灾信号并联动相应的消防设施。

（4）火灾自动报警系统发出的警报应能使人员清楚地识别火灾信号，并采取相应的行动。

四、安全疏散系统

建筑内应合理设置安全疏散设施和避难逃生设施，为安全疏散和救援工作创造良好的条件。

考虑到紧急疏散时人们缺乏思考疏散方法的能力和时间紧迫，所以疏散路线要简捷，易于辨认，并需设置简明易懂、醒目易见的疏散指示标志。

（一）疏散过程

（1）估算室内各个房间应疏散的人数。

（2）根据实际情况确定"假定起火点"。

（3）对每个"假定起火点"分别规划起火后避难者的避难路线。

（4）分析避难人员在每条疏散路线上的流动情况。

（5）分析高温烟气在每条疏散路线上的流动情况。

（6）研究人员避难的安全可靠度。

（7）确定属于危险的范围，重新按上述程序反复研究避难设计方案，直至选择最佳方案。

（二）疏散目标

1.设计目标

建筑内应有足够的安全疏散设施以保证人员的生命安全。

2.功能目标

安全疏散设施应确保发生火灾时，建筑内的人员在规定时间内能够安全疏散至室外安全区域。

3.性能要求

（1）应有足够的安全出口供人员安全疏散，每个房间均应有与该房间使用人数相适应的疏散出口。

（2）安全出口宽度应与建筑内使用人数相适应。

(3)建筑内的疏散应急照明与疏散指示标志均应与其所在场所相适应。

(4)安全疏散距离应与建筑内的人员行动能力相适应,确保人员疏散所用时间满足安全疏散所允许的限度。

(5)疏散设施应满足相应的防火要求,不会使人员在疏散过程中受到火灾烟气或辐射热的危害。

五、消防救援

即使建筑内有足够完善的消防设施,但由于消防系统故障、管理不善或人员个体差异等原因,仍有可能出现建筑内的人员不能按预期疏散到安全区域的情况,需要外部人员救援,外部救援人员也可能需要进入到建筑内进行灭火救援。因此,建筑设计还应考虑必要的救援通道。

(一)设计目标

消防救援设计应能为消防队员消防救援作业提供有利条件,消防车道、救援场地和救援窗口以及室外消防设施应能满足消防队员救援作业的要求。

(二)功能目标

(1)建筑物应设置保障消防车安全、快速通行的消防车道。

(2)消防车登高操作场地应能满足消防车停靠、火场供水、灭火和救援需要。

(3)消防救援窗口应能满足消防队员进入建筑物的要求。

(三)性能要求

(1)消防车道的净宽度和净空高度应大于通行消防车的宽度和高度。

(2)消防车道的耐压强度应大于消防车满载时的轮压。

(3)消防车道的转弯半径应满足消防车安全转弯的要求。

(4)消防车道之间或与城市道路之间应能相互贯通联系。

(5)消防救援窗口的尺寸和间距及可进入性满足救援要求。

(6)消防车登高操作场地的尺寸、间距以及与建筑物的距离应满足消防车展开和安全操作的要求。

在消防救援时,有必要在外墙上设置供灭火救援的入口。为方便使用,该开口的大小、位置、标识要易于人员携带装备安全进入,且便于快速识别,具体要求如下:

①每层设置可供消防救援人员进入的窗口。

②窗口的净高度和净宽度均应 1.0m,下沿距室内地面不应大于 1.2m。

③窗口间距不宜大于 20m,且每个防火分区的救援窗口不少于 2 个,设置位置与消防车登高操作场地相对应。

④窗口的玻璃易于破碎,并设置可在室外识别的明显标志。

第四节　软件选取

一、火灾模拟

火灾数值模拟是火灾研究的重要内容之一,主要分为确定性模型和随机性模型。目前用于火灾模拟的 CFD 模型主要有 FDS、PHOENICS、FLUENT 等。

利用火灾模型进行数值分析前,应着重考虑该模型对所模拟问题的适用性及预测能力,从模拟结果的准确性来看,火灾专用模拟软件由于是专门针对火灾开发的,在概念模型层面相对于通用软件更接近于真实模型,其数学模型更能反映火灾过程,因此,一般情况下,建议选择火灾专用软件,除非在专用软件无法模拟的情况下才选择通用软件。使用火灾专用软件时,应着重考虑网格独立性、边界条件设置对模拟结果的影响,使用通用软件时,还应考虑湍流模型、燃烧模型、辐射模型的选择。

火灾发展具有确定性和随机性的特点,火灾试验的影响因素较多,在选择确认试验时,应尽量选择可重复性强的试验,并应注重采用不同火灾场景下的火灾试验对其进行确认研究,以便更好地检验模型的可信度。

二、疏散模拟

(一)疏散模型分类

1.水力疏散模型

水力疏散模型通常对人员疏散过程作如下保守假设:

(1)疏散人员具有相同的特征,并且都具有足够的身体条件疏散到安全地点。

(2)疏散人员是清醒的,在疏散开始的时刻一起井然有序地进行疏散,且人员在疏散过程中不会中途返回选择其他疏散路径。

(3)在疏散过程中,人流的流量与疏散通道的宽度成正比分配,即从某一出口疏散的人数按其宽度占出口总宽度的比例进行分配。

(4)人员从各个疏散门扇疏散且所有人的疏散速度一致,保持不变。

2.人员行为模型

(1)人员行为模型模拟人在火灾中的行为,综合考虑了人与人、人与建筑物以及人与环境之间的相互作用。

(2)人员行为模型能够从一定程度上反应火灾时个人的特性对人员疏散的影响。

(二)人员行为特性

对于人员特性的考虑可以分为两方面,即单个人员独立考虑和全局考虑。

(三)软件介绍

(1)STEPS 模型可用于模拟在正常或紧急情况下,人员在不同类型建筑物中的疏散情况。

（2）SIMULEX 模型是一个能够模拟人群从复杂建筑物中疏散的模型。

（3）SGEM 空间网格疏散模型可利用 CAD 平面图生成复杂建筑的疏散图案，比较后得出最佳疏散设计路线，基本结构是细网格模型。

（4）Building EXODUS 模型可用于模拟疏散大量被很多障碍围困的人，包括 6 个在模拟疏散方面相互联系、相互传递信息的子模型，即人员、运动、行为、毒性、危险性和几何学子模型。

（四）软件选用

疏散软件能够人为设置出口障碍，通过对建筑平面信息的识别，可以在某些安全出口受阻的情况下创建另一个替代的有效距离地图来引导人员疏散，从而得出建筑物的最优化疏散设计方案。

三、模型评价

（一）计算模型的适用性

以火灾动力学软件 FDS 为例，它可用来模拟火灾热和燃烧产物的运输、气体和固体表面之间的辐射和对流传热、热解、火灾蔓延与增长等。对于开放空间或燃料控制的火灾，FDS 能相对准确地进行模拟。但 FDS 的局限性在于其限于低速流动模拟，通过分解压力项，处理状态方程，从而滤除声波的影响。

（二）计算的收敛性

如果模型没有发生时间步的截断而且能保持长的时间步，那表明该模型没有收敛性问题，反之如果经常发生时间步的截断，那模型计算将很慢，收敛性差。影响计算收敛性的因素很多，如网格尺度、计算格式精度、初始流场参数、化学反应的刚度、计算模型等。

（三）网格尺度的合理性

网格尺度的合理性一方面是计算结果不依赖于网格尺度的变化，即网格的独立性；另一方面，在保证网格独立性的同时，应考虑计算资源的能力，尽可能减少计算量，提高计算网格的经济性。

（四）时间步长的合理性

在求解微分方程时，必须注意时间步长的选择，应考虑系统的稳定性。

（五）计算区域选择的合理性

在开展建筑火灾模拟计算时，要统筹分析场景中的流动情况、温度情况和辐射情况，如针对封闭空间，还要考虑压力情况来选择合适的计算区域，这就涉及计算区域的收敛性研究，即要求计算结果不依赖于计算区域的大小。当然，选择的计算区域要满足收敛性和可接收精度要求的同时，还要尽可能节省计算时间。

第五节　火灾场景和疏散场景设定

火灾场景是对某特定火灾从引燃或者从设定的燃烧到火灾增长到最高峰以及火灾所造成的破坏的描述。火灾场景的建立应包括概率因素和确定性因素。在建立火灾场景时,应该综合考虑建筑的平面布局、火灾荷载及分布状态、火灾可能发生的位置、室内人员的分布与状态与火灾可能发生时的环境因素等。

一、火灾场景确定

(一)原则

火灾场景的确定应根据最不利的原则确定,选择火灾风险较大的火灾场景作为设定火灾场景。火灾风险较大的火灾场景一般是指最有可能发生,但其火灾危害不一定最大;或者火灾危害大,但发生的可能性较小的火灾场景。

火灾场景须能描述火灾引燃、蔓延和受控火灾的特征以及烟气和火势蔓延的可能途径、设置在建筑室内外的所有灭火设施的作用、每一个火灾场景的可能后果。在设计火灾时,应分析和确定建筑物的以下基本情况:

(1)设计火灾时,应分析和确定建筑物内的可燃物、建筑的结构、布局和建筑物的自救能力与外部救援力量。

(2)进行建筑物内可燃物的分析时应分析潜在的引火源、可燃物的种类及其燃烧性能、分布情况和火灾荷载密度。

(3)在分析建筑的结构布局时应着重考虑起火房间的外形尺寸和内部空间情况、通风口形状及分布、开启状态、房间的围护结构构件和材料的燃烧性能、力学性能、隔热性能、毒性及发烟性能、房间与相临的房间、楼层及疏散通道的关系。

(4)分析和确定建筑物在发生火灾时的自救能力与外部救援力量时应着重考虑供水情况、消火栓灭火系统、火灾报警系统的类型与设置场所、消防队的技术装备、到达火场的时间和灭火控火能力、建筑内部的自动喷水灭火系统和其他自动灭火系统(包括各种气体灭火系统、干粉灭火系统等)的类型与设置场所、烟气控制系统的设置情况。

(5)在确定火灾发展模型时,应考虑初始可燃物对相邻可燃物的引燃特征值和蔓延过程;多个可燃物同时燃烧时热释放速率的叠加关系;火灾的发展时间和火灾达到轰燃所需的时间;灭火系统和消防队对火灾发展的控制能力;通风情况对火灾发展的影响因子;烟气控制系统对火灾发展蔓延的影响因子;火灾发展对建筑构件的热作用。

(二)方法

1.事件树

事件树的构建代表与火灾场景相关的从着火到结束的事件时间顺序。事件树的构建始于初始的事件,接着构建分叉和添加分支来反映每个可能发生的事件。此过程不断反复直到表现出所有可能的初始状态。每个分叉是基于可能事件的发生来构建的。贯穿此树的路径代表研究的火灾场景。事件树表现为火灾特征、系统及特征的状态、人员的响应、火灾最终结果和影响后果的其他方面的变化。

2. 发生的概率

采用获得的数据和推荐的工程评价方法估算每个事件发生的概率。对于有些分支,初始火灾的特征是主导因素,火灾事故数据是获得合适概率的数据源。通过沿着路径直到场景的所有概率相乘来评估每个场景相关的概率。

3. 火灾后果的考虑

采用获得的可靠数据和推荐的工程评价方法来估计每个场景的后果。后果应以适当的方式来体现。此估计可以考虑随时间改变的影响。当估算因火灾导致人员死伤的后果时,应保证使用的数据是与研究中的场景相关的。有关人员行为取决于环境的性质。

4. 风险评定

按风险顺序评定程序,风险可通过后果的概率和场景的发生概率相乘进行估算。

5. 最终选择

对于每一个消防安全目标,应选用风险级别最高的火灾场景进行定量分析。所选的场景应该代表主要的累加风险,即所有场景的风险总和。

(1)应考虑一个火灾场景对风险的重大影响,否则可能忽略一个特殊的消防安全系统或特殊的设计。

(2)在此阶段,由于一个场景产生的结果导致设计所需采用的费用相当高,而不考虑它对风险的重大影响是不恰当的。应该在详细的分析之后,来决定是否接受这个导致成本过高的特殊火灾场景的风险。

二、火灾场景设计

设计火灾是对某一特定火灾场景的工程描述,可以用一些参数如热释放速率、火灾增长速率、物质分解物、物质分解率等或者其他与火灾有关的可以计量或计算的参数来表现其特征。

(一)火灾危险源辨识

设计火灾场景,首先应进行火灾危险源的辨识。分析建筑物里可能面临的火灾风险主要来自哪些方面。分析可燃物的种类、火灾荷载的密度、可燃物的燃烧特征等。火灾危险源识别是开展火灾场景设计的基础环节,只有充分、全面地把握建筑物所面临的火灾风险的来源,才能完整、准确地对各类火灾风险进行分析、评判,进行采取针对性的消防设计措施,确保将火灾风险控制在可接受的范围之内。

(二)火灾增长曲线

火灾在点燃后热释放速率将不断增加,热释放速率增加的快慢与可燃物的性质、数量、

摆放方式、通风条件等有关。在设计火灾增长曲线时可采用以下几种方法:

(1)可燃物实际的燃烧实验数据。

(2)类似可燃物实际的燃烧实验数据。

(3)根据类似的可燃物燃烧实验数据推导出的预测算法。

(4)基于物质的燃烧特性的计算方法。

(5)火灾蔓延与发展数学模型。

大量实验表明,多数火灾从点燃到发展再到充分燃烧阶段,火灾中的热释放速率大体上按照时间的平方的关系增长,只是增长的速度有快有慢,因此在实际设计中人们常常采用这一种称为"t平方火"的火灾增长模型对实际火灾进行模拟。火灾的增长规律可用下面的方程描述:

$$Q = \alpha t^2$$

式中 Q——热释放速率(kW);

α——火灾增长系数(kW/s^2);

t——时间(s)。

"t平方火"的增长速度一般分为慢速、中速、快速、超快速四种类型,实际火灾中,热释放速率的变化是一个非常复杂的过程,上述设计的火灾增长曲线只是与实际火灾相似,为了使设计的火灾曲线能够反映实际火灾的特性,应做适当的保守考虑,如选择较快的增长速度或较大的热释放速率等。

"t平方火"的对比情况

增长类型	火灾增长系数/(kW/s^2)	达到1MW的时间/s	典型可燃材料
超快速	0.1876	75	油池火、易燃的装饰家具、轻质的窗帘
快速	0.0469	150	装满东西的邮袋、塑料泡沫、叠放的木架
中速	0.01172	300	棉与聚酯纤维弹簧床垫、木制办公桌
慢速	0.00293	600	厚重的木制品

(三)设定火灾

1.根据自动喷水灭火系统

对于安装自动喷水灭火系统的区域,其火灾发展通常将受到自动喷水灭火系统的控制,一般情况下自动喷水灭火系统能够在火灾的起始阶段将火扑灭,至少是将火势控制在一定强度下。

2.根据燃烧实验数据确定方法

根据物品的实际燃烧实验数据来确定最大热释放速率是最直接和最准确的方法,一些物品的最大热释放速率可以通过一些科技文献或火灾试验数据库得到。

3. 根据轰燃条件确定火灾功率

轰燃是火灾从初期的增长阶段向充分发展阶段转变的一个相对短暂的过程。发生轰燃时室内的大部分物品开始剧烈燃烧,可以认为此时的火灾的功率,即热释放速率,达到最大值。

4. 燃料控制型火灾的计算方法

对于燃料控制型火灾,即火灾的燃烧速度由燃料的性质和数量决定时,如果知道燃料燃烧时单位面积的热释放速率,那么可以根据火灾发生时的燃烧面积乘以该燃料单位面积的热释放速率得到最大的热释放速率。

三、疏散场景确定

疏散场景设计需要考虑影响人员安全疏散的诸多影响因素,特别是疏散通道的情况、人员状态、火灾烟气和人员的心理因素。根据烟气计算的火灾场景建立相应疏散模型,并应考虑火灾烟气阻塞出口的最不利工况,计算人员安全疏散时间。

(一)疏散过程

疏散是伴随着新的冲动的产生和在行动过程中采取新的决定的一个连续的过程。在某种程度上一种简化过程的方法就是从工程学的角度将疏散过程分为察觉、行为和反应、运动三个阶段。

(二)安全疏散标准

如果人员疏散到安全地点所需要的时间小于通过判断火场人员疏散耐受条件得出的危险来临时间,并且考虑到一定的安全余量,则可认为人员疏散是安全的,疏散设计合理。

疏散时间(T_{RSET})包括疏散开始时间(T_{start})和疏散行动时间(T_{action})两部分。

1. 疏散开始时间

疏散开始时间即从起火到开始疏散的时间,一般地,疏散开始时间与火灾探测系统、报警系统、起火场所、人员相对位置,疏散人员状态及状况、建筑物形状及管理状况、疏散诱导手段等因素有关。疏散开始时间(T_{start})可分为探测时间(T_d)、报警时间(T_a)和人员的疏散预动时间(T_{pre})。

2. 疏散行动时间

疏散行动时间(T_{action})即从疏散开始至疏散到安全地点的时间,它由疏散动态模拟模型得到。疏散行动时间预测是以建筑中人员在疏散过程中有序进行,不发生恐慌为前提的。

(三)疏散相关参数

1. 火灾探测时间

设计方案中所采用的火灾探测器类型和探测方式不同,探测到火灾的时间也不相同。通常,感烟探测器要快于感温探测器,感温探测器要快于自动喷水灭火系统喷头的动作时间,线型感烟探测器的报警时间与探测器安装高度及探测间距有关,图像火焰探测器则与火焰长度有关。因此,在计算火灾探测时间时可以通过计算火灾中烟气的减光度、温度或火焰长度等特性参数来预测火灾探测时间。

一般情况下,对于安装火灾感温探测器的区域,火灾探测时间可采用 DETACT 分析软件进行预测。对于安装火灾感烟探测器的区域,火灾可以通过计算各火灾场景内感烟探测器动作时间来确定。为了安全起见,也可将喷头动作的时间作为火灾探测时间。

2. 疏散准备时间

发生火灾时,通知人们疏散的方式不同,建筑物的功能和室内环境不同,人们得到发生火灾的消息并准备疏散的时间也不同。

3. 疏散开始时间

疏散开始时间包括火灾探测时间和疏散准备时间两部分,可将前面的分析结果相加得到。

(四)人员数量

人员数量通常由区域的面积与该区域内的人员密度的乘积来确定。在有固定座椅的区域,则可以按照座椅数来确定人数。在业主方和设计方能够确定未来建筑内的最大容量时,则应按照该值确定疏散人数。否则,需要参考国内外相关标准,由各相关方协商确定。

(五)人员行进速度

人员行进速度与人员密度、年龄和灵活性有关。当人员密度小于 0.5 人/m² 时,人群在水平地面上的行进速度可达 70m/min 并且不会发生拥挤,下楼梯的速度可达 51~63m/min。相反,当人员密度大于 3.5 人/m² 时,人群将非常拥挤,基本上无法移动。

(六)流量系数

人员密度与对应的人员行进速度的乘积,即单位时间内通过单位宽度的人流数量称为流量系数。流动系数反映了单位宽度的通行能力。

(七)安全裕度

在疏散行动时间的计算中,有些计算模型假设疏散人员具有相同的特征,在疏散开始过程中疏散人员按既定的疏散路径有序地进行疏散,在疏散过程中人流的流量与疏散通道的宽度成正比分配,人员从每个可用的疏散出口疏散且所有人的疏散速度一致并保持不变。

考虑到危险来临时间和疏散行动时间分析中存在的不确定性,需要增加一个安全余量。当危险来临时间分析与疏散行动时间分析中,计算参数取为相对保守值时,安全裕度可以取小一些,否则,安全裕度应取较大值。一般情况下,安全裕度建议取为 0~1 倍的疏散行动时间。

对于商业建筑来说,由于人员类型复杂,对周围的环境和疏散路线并不都十分熟悉,所以在选择安全裕度时,取值建议不应小于 0.5 倍的疏散行动时间。

第六节 计算分析及结果运用

根据计算结果确定或者修改完善设计,对于上述火灾场景能否达到设定的设计目标进行分析评价。若设计不能满足设定的消防安全目标或低于规范规定的性能水平,则需要对其进行修改与完善,并重新进行评估,直至其满足设定的消防安全目标为止。

一、用于分析计算结果的判定准则

(一)人员生命安全判定准则

火灾对人员的危害主要来源于火灾产生的烟气,主要表现在烟气的热作用和毒性方面,另外对于疏散而言,烟气的能见度也是一个重要的影响因素。所以在分析火灾对疏散的影响时,一般从温度、毒性气体的浓度、能见度等方面进行讨论。

(二)防止火灾蔓延扩大判定准则

为减少火灾时财产损失和降低对工作运营的影响,消防设计主要是通过采用一系列消防安全措施控制火灾的大面积蔓延扩大来实现的。造成火灾蔓延的因素很多,如飞火、热对流、热辐射等。在性能化的分析中,不论是同一防火分区内的火灾蔓延,还是相邻建筑物之间的火灾蔓延,都是在一定的设定火灾规模下通过控制可燃物间距,或在一定间距条件下控制火灾的规模等方式来防止火灾蔓延的。性能化分析中通常采用热辐射分析方法来分析火灾蔓延情况。

火灾发生时,火源对周围将产生热辐射和热对流,火源周围的可燃物在热辐射和热对流的作用下温度会逐渐升高,当达到其点燃温度时可能会发生燃烧,导致火灾的蔓延。

根据澳大利亚建筑规范协会出版的《防火安全工程指南》提供的资料,在火灾通过热辐射蔓延的设计中,当被引燃物是很薄很轻的窗帘、松散地堆放的报纸等非常容易被点燃的物品时,其临界辐射强度可取为 $10kW/m^2$;当被引燃物是带软垫的家具等一般物品时,其临界辐射强度可取为 $20kW/m^2$;对于厚度为 5cm 或更厚的木板等很难被引燃的物品,其临界辐射强度可取为 $40kW/m^2$。如果不能确定可燃物的性质,为了安全起见,其临界辐射强度取为 $10kW/m^2$。

(三)钢结构防火保护判定准则

火灾下钢结构破坏判定准则可分为构件和结构两个层次,分别对应局部构件破坏和整体结构破坏。一般来说,其判定准则有下列三种形式:

(1)在规定的结构耐火极限时间内,结构或构件的承载力 R_d 应不小于各种作用所产生的组合效应 S_m,即 $R_d \geq S_m$。

(2)在各种作用效应组合下,结构或构件的耐火时间 t_d 应不小于规定的结构或构件的耐火极限 t_m 即 $t_d \geq t_m$。

（3）火灾情景下，结构极限状态时的临界温度 T_d 应不小于在规定的耐火时间内结构所经历的最高温度 T_m，即 $T_d \geqslant T_m$。

上述三个要求在本质上是等效的，进行结构抗火设计时，满足其一即可。

如采用临界温度法验证钢结构防火安全性，判定指标可采用日本"耐火安全检证法"提供的临界温度指标，即 $T_d = 325℃$。

二、计算结果分析

1. 烟气模拟分析

烟气模拟分析需要首先在软件中输入计算参数，一般火灾模拟需要输入的参数包括：模型场景物理模型、边界条件、定义火源、定义消防系统。

烟气模拟分析可以得到烟气运动规律和模拟空间的环境参数指标，经常用到的参数包括：烟气的温度、烟气的能见度、烟气的毒性、气体流速、辐射强度。

2. 疏散模拟分析

疏散模拟分析需要首先在软件中输入计算参数，一般疏散模拟需要输入的参数包括：人员疏散空间模型、人员特性、流量系数、边界层宽度。

人员疏散分析可以得到人员疏散的状态，可得到的结果包括：人员疏散行动时间、最小行走路径、疏散出口拥堵情况、出口利用的有效性。

三、计算结果应用

计算结果可以用于判定所设置的安全目标是否可以实现，以下以人员安全疏散为例进行说明。保证人员安全疏散是建筑防火设计中的一个重要的安全目标，人员安全疏散即建筑物内发生火灾时整个建筑系统（包括消防系统）能够为建筑中的所有人员提供足够的时间疏散到安全的地点，整个疏散过程中不应受到火灾的危害。

如果建筑的使用者撤离到安全地点所花的时间（T_{RSET}）小于火势发展到超出人体耐受极限的时间（T_{ASET}），则表明达到了保证人员生命安全的要求。即保证安全疏散的判定准则为

$$T_{RSET} + T_s < T_{ASET}$$

式中 T_{RSET}——疏散时间；

T_{ASET}——开始出现人体不可忍受情况的时间，也称可用疏散时间或危险来临时间；

T_s——安全裕度，即防火设计为疏散人员所提供的安全余量。

疏散时间 T_{RSET}（或以 t_{escape} 表示），即建筑中人员从疏散开始至全部人员疏散到安全区域所需要的时间，疏散过程大致可分为感知火灾、疏散行动准备、疏散行动、到达安全区域等几个阶段。

危险来临时间 T_{ASET}（或以 t_{risk} 表示），即疏散人员开始出现生理或心理不可忍受情况的时间。一般情况下，火灾烟气是影响人员疏散的最主要因素，常常以烟气下降一定高度或浓

度超标的时间作为危险来临时间。

下面对某一地下机械停车库应用案例进行分析。

1. 烟气流动模拟分析

停车库采取机械排烟方式。车库内不划分防烟分区。机械排烟量按6次换气/h确定并考虑1.5倍的安全余量,所需机械排烟量不应小于$7.5 \times 10^4 \mathrm{m}^3/\mathrm{h}$。采取机械补风方式,低位补风,机械补风量不应小于排烟量的1/2。

地下六层发生小汽车火灾,自动灭火系统和排烟系统有效,设计最大热释放速率为1.5MW,快速"t平方火",模拟时段为1200s。

模拟结果表明,排烟方案至少在271s为B1层人员安全疏散提供保证,至少在308s为B2层人员安全疏散提供保证,至少在357s为B3层人员安全疏散提供保证,至少在517s为B4层人员安全疏散提供保证,至少在638s为B5层人员安全疏散提供保证,至少在960s为B6层人员安全疏散提供保证。

2. 人员疏散模拟分析

该机械车库设置2部楼梯,可用总疏散宽度为1.8m。疏散人数按检修测试状态考虑,保守设置每层2人,共12人。

对于发生火灾的封闭房间,则可采用日本"避难安全检证法"提供的房间疏散开始时间量化计算方法。本工程单层房间面积为493m^2,计算得到疏散开始时间为45s,考虑一定安全系数,取为60s。

利用Pathfinder软件模拟疏散行动时间。

对B1层至B6层进行人员疏散整体模拟分析,可以看出:人员通过2部楼梯向上疏散至室外安全区,人员全部疏散至安全区域所需的行动时间为62s。

第七节　建筑性能化设计文件编制

在性能化报告中,应明确表述设计的消防安全目标,充分解释如何来满足目标,提出基础设计标准,明确描述火灾场景,并证明火灾场景选择的正确性等。不得从其他国家的规范中断章取义引用条文,而应以我国国家标准的规定为基础进行等效性验证。

一、建筑基本情况及性能化设计的内容

(一)建筑基本情况

1. 工程介绍

工程介绍应对项目的建筑概况、区域位置、总平面设计、建筑设计等方面进行说明,主要由设计院提供。该部分内容可配有相关的总平面图、效果图、建筑平、立、剖图纸等。

2. 消防设计

消防设计主要包括该项目常规的消防设计说明,主要根据设计院提供的消防设计专篇

进行撰写。该部分内容可配防火分区图纸以及其他相关的消防图纸。

(二)性能化设计的内容

1. 主要消防安全问题

对项目存在的消防问题进行汇总,主要包括防火分区问题和人员疏散问题。

2. 性能化设计评估范围及内容

通过对项目消防问题的总结,以解决不满足规范的消防问题为目的,制定相应的性能化设计评估范围及内容,对于可应用现行相关规范展开设计的区域应遵照现行规范执行。

3. 性能化设计评估原则

对于项目存在的特殊消防设计问题,将本着安全适用、技术先进的原则,采用合理的消防设计理念和方法,通过对消防设计方案的分析和安全评估,使得制定的解决方案能更好地满足本项目的消防安全要求,并最大限度地满足业主商业功能需求。

二、分析目的及安全目标

分析目的及安全目标应包括建筑业主、建筑使用方、建筑设计单位、性能化消防设计咨询单位和消防主管机构共同认定的总体安全目标和性能目标,并说明性能目标是如何建立的。

(一)分析目的

消防设计的目的在于防止火灾发生,及时发现火情,发布火灾警报、有组织、有计划地将楼内人员撤出,采取正确方法扑灭或控制大火并将商业损失控制在一定范围之内。

(二)安全目标

(1)为使用者提供安全保障。

(2)将火灾控制在一定范围,尽量减少财产损失。

(3)为消防救援人员提供消防条件并保障其生命安全。

(4)尽量减少对运营的干扰。

(5)保证结构的安全。

三、火灾场景设计

火灾场景设计需要说明选择火灾场景的依据和方法,并对每一个火灾场景进行讨论,列出最终需要分析的典型火灾场景。

四、分析方法

(一)疏散设计分析方法

疏散设计分析,即根据设定的人员类型和数量,对疏散人员疏散所需时间的分析。本项目以行为模型来预测疏散行动时间,采用模拟分析工具 Pathfinder 进行计算。人数确定方

法:分析所使用的疏散人数应根据不同建筑场所功能不同,分别按密度或座位数进行计算。

(二)防烟排烟系统设计与分析

防排烟系统设计的主要目的是保证人员的疏散安全,即保证人员在疏散过程中不会受到火灾产生的烟气的危害。此外应为消防救援提供一个救援和展开灭火战斗的安全通道和区域,免受火灾的影响,及时排除火灾中产生的大量热量,减少热烟气对建筑结构的损伤。

五、计算分析与评估

(一)烟气模拟分析与评估

烟气模拟分析与评估部分应主要包括每个火灾场景的防排烟系统设计情况介绍、计算参数的设置,温度、能见度等参数在关键时间点的模拟结果以及计算结果小结。

(二)疏散模拟分析与评估

疏散模拟分析与评估部分应主要包括对应每个火灾场景设计的疏散场景、每个场景的疏散策略、疏散模拟在关键时间点的人员分布示意图以及计算结果小结。

(三)计算结果与性能判定标准的比较

将各火灾场景的危险来临时间与相对应的疏散场景下人员疏散时间进行对比,判定人员疏散的安全性。

六、不确定性分析

(一)疏散过程中的人员不确定性分析

采用行为模型来计算人员的疏散时间的假设为疏散人员都具有足够的身体条件自行疏散到安全地点,人员疏散行走且井然有序。在预测疏散时间时,人员的特性参数包括对建筑物的熟悉程度、人员的身体条件及行为特征、人员的数量及分布等。

(二)火灾蔓延的不确定性分析

(1)可燃材料和可燃物本身的对火反应特性分析。

(2)可燃物的形状、摆放方式等。

(3)可燃物之间的相对空间位置分析。

(4)火灾时的通风状况分析。

(5)其他燃烧物体以及高温体、热烟气层的热反馈分析。

(6)灭火救援和消防系统的作用效果分析。

(7)空间内的防火分隔方式与面积大小分析。

七、结论与总结

结论与总结部分应包括防火要求、管理要求、使用中的限制条件等。

(一)模拟结果总结

对各场景下烟气及疏散模拟结果进行分析,并得出结论。

(二)消防策略总结

针对项目存在的消防问题提出相应的解决措施,对采取的消防策略进行总结。

(三)注意事项及建议

对实施消防策略时设计方、管理方应注意的内容进行说明,并提出相应的建议。

八、参考文献

参考文献应包括主要的设计规范、相关技术文献等技术资料。

九、设计单位和人员资质说明

(一)专家评议

为了保证设计过程的正确性一般有必要对设计报告进行第三方的复核或再评估,最终还需要组织专家论证会,对性能化设计报告与复核报告进行论证,接受专家的评审和质疑,最后以论证会上形成的专家组意见作为调整性能化设计与评估报告与设计方案的依据。

(二)深化调整设计报告

在初步设计中,有些条件和参数可能只有在后续的施工设计阶段才能确定下来,而这些条件或参数却是性能化设计需要的。性能化设计中提出的假设和边界条件,在施工设计阶段也可能会被改变。诸如此类的问题都需要在后续的设计工作中不断深化。

(三)性能化消防设计的实体验证

为了加强消防监督管理,性能化设计单位应配合建设单位完成验证工作,并对验证结果是否满足设计要求提供书面意见,该意见应作为性能化设计报告的补充资料。

第四章　人员密集场所消防安全评估方法与技术

知识框架

人员密集场所消防安全评估方法与技术
- 评估工作程序及步骤
  - 人员密集场所
  - 评估目的
  - 评估工作程序和步骤
- 评估范例
  - 评估目的
  - 评估场所概况
  - 评估内容和检查情况
  - 评估结论
  - 安全对策和建议措施

考点梳理

1. 评估目的的要点。
2. 评估工作程序和步骤。

考点精讲

第一节　评估工作程序及步骤

一、人员密集场所

人员密集场所是指公众聚集场所,医院的门诊楼、病房楼,学校的教学楼、图书馆、食堂和集体宿舍,养老院,福利院,托儿所,幼儿园,公共图书馆的阅览室,公共展览馆,博物馆的展示厅,劳动密集型企业的生产加工车间和员工集体宿舍,旅游、宗教活动场所等。

公众聚集场所是指宾馆、饭店、商场、集贸市场、客运车站候车室、客运码头候船厅、民用机场航站楼、体育场馆、会堂、公共娱乐场所,以及其他与所列场所功能相同或相似的场所。

公共娱乐场所是指具有文化娱乐、健身休闲功能并向公众开放的室内场所,包括影剧院、录像厅、礼堂等演出、放映场所,舞厅、卡拉 OK 厅等歌舞娱乐场所,具有娱乐功能的夜总会、音乐茶座、酒吧和餐饮场所,游艺、游乐场所,保龄球馆、旱冰场、桑拿等娱乐、健身、休闲场所和互联网上网服务营业场所,以及其他与所列场所功能相同或相似的营业性场所。

二、评估目的

人员密集场所的消防安全评估旨在对场所合法性、消防设施状态、消防安全管理现状进行逐项的定性评估,全面掌握该类场所的消防安全水平,针对存在不合法和火灾隐患的场所及时进行整改,以提高人员密集场所的整体消防安全水平。

三、评估工作程序和步骤

人员密集场所消防安全评估工作程序和步骤主要包括前期准备、现场检查、评估判定、报告编制,

(一)前期准备

前期准备工作包括:明确消防安全评估对象和评估范围。收集消防安全评估需要的相关资料,确定评估对象适用的消防法律法规、技术标准规范。编制评估计划(包括场所主要火灾风险分析、评估单元确定、评估方法与现场检查方法选择、评估工作计划进度安排和评估人员分工等)等。

人员密集场所消防安全评估应根据评估对象的实际情况确定评估单元,包括消防安全管理单元、建筑防火单元、安全疏散设施单元、消防设施单元等,确定各评估单元的基本评估内容。

(二)现场检查方法

现场检查以检查表法为基本方法,在前期准备阶段,应根据具体场所和相关技术标准规范的要求,编制评估指标体系和评估检查表。检查表中除了检查结果和备注栏内容需现场检查记录外,其他内容应根据评估对象和评估单元的实际情况编制。

人员密集场所消防安全评估现场检查时可采用的检查方法包括资料核对、问卷调查、外观检查、功能测试等,实际检查时可采用单一方法或几种方法的组合。

抽查的基本原则如下:

(1)对防火间距、消防车道的设置及疏散楼梯的形式和数量应全部检查。

(2)对防火分区进行抽查时,抽样位置应至少包括建筑的首层、顶层、标准层与地下层。

(3)对安全疏散设施及消防设施进行抽查时,各设施、设备的抽查数量不少于2处,当总数不大于2处时,全部检查。当抽查到的设施设备有不合格检查项,对该设施设备再抽样检查4处,不足4处时,全部检查。

(三)评估判定标准

人员密集场所消防安全评估判定标准检查项分为3类,分别为直接判定项(A项)、关键

项(B项)、一般项(C项)。

(四)报告编制

消防安全评估的最终结果应形成评估报告。报告的正文内容至少应包括：

(1)消防安全评估项目概况。

(2)消防安全基本情况。综述评估对象的消防安全情况。

(3)消防安全评估方法及现场检查方法。说明采用的评估方法和现场检查方法。

(4)消防安全评估内容。

(5)消防安全评估结论。

(6)消防安全对策、措施及建议。根据场所特点，以及现场检查和定性、定量评估的结果，针对各评估单元存在的问题提出对策、措施及建议，其内容包括但不仅限于管理制度、消防设施设备设置、安全疏散以及隐患整改等方面。消防安全对策、措施及建议的内容应具有合理性、经济性和可操作性。

第二节　评估范例

一、评估目的

通过对某家具城的消防安全评估，使使用方、物业管理方和消防救援机构能够较为全面准确地了解该场所的消防安全水平，掌握评估对象的消防设施状态和消防安全管理水平，最大限度地消除隐患，提高场所的消防安全水平。

二、评估场所概况

评估场所概况包括地理位置和场所建筑设计。

三、评估内容和检查情况

评估内容包括消防安全管理单元、建筑防火单元、安全疏散单元、消防设施单元和单元不合格项。

四、评估结论

根据家具城的消防安全现状的检查项中直接判定项(A项)、关键项(B项)和一般项(C项)的综合计算和判定，由于存在建筑首层改造后未依法办理消防行政许可或备案手续，存在A项，可直接判定为差。

五、安全对策和建议措施

(1)为降低家具城火灾风险，消除隐患，提供整体消防安全水平，建议针对首层商铺改造后的消防隐患进行整改,并取得消防备案手续。

(2)消防安全管理单元的合格率低于85%,基本情况为一般。建议采取以下措施:

①针对存在的消防隐患,建议在场所每层的关键出入口设置消防安全告知牌,安全疏散指示图,定时播放消防安全广播和消防公益广告视频,并针对有关火灾隐患限期整改。

②针对消防控制室、消防水泵房等消防安全重点部位,设置明显的重点部位标识和防火标识,制定相关的管理制度,明确具体责任部门和责任人,制定事故应急处置操作程序和应急预案。

③该商业综合体内商铺较多,从业人员较多,志愿消防队员仅配备6名,不能满足人员密集场所的志愿消防队员配备比例要求,建议增配志愿消防队员,并培训合格。

④为提高微型消防站的实际作用,提高初起火灾扑灭能力,发挥消防员的作用,建议完善微型消防站管理制度,明确岗位培训,日常训练、防火巡查、值守联动、队伍管理、考核评价等内容。

⑤完善预案修订和持续改进记录,明确预案的制修订、持续改进情况及预案演练的评估制度。

(3)建筑防火单元的合格率大于85%,基本情况为好。但针对首层改造造成的防火分区面积超规范问题,应加强首层尤其是夹层的防火管理、防火分隔设施管理。商铺内墙面电器安装与可燃装修材料之间应采取防火隔热措施。

(4)安全疏散设施单元的合格率较低,主要是未设置区域安全疏散指示图,并建议对直通避难走道的疏散门进行改造,设置前室,前室内配置消火栓、应急照明、应急广播和消防专线电话等消防设施。

(5)消防设施单元合格率较高。建议聘请有资质的第三方单位对首层店铺跃层平台内的机械排烟系统进行改造,使消防控制中心能实现对排烟口的联动控制。

通关练习

一、单项选择题

1.区域火灾风险评估的( )指标一般包括火灾危险源、区域基础信息、消防力量和社会面防控能力等。

A.一级 B.二级 C.三级 D.四级

2.建筑防火性能评估单元不包括( )。

A.建筑特性 B.被动防火措施

C.主动防火措施 D.功能性防护措施

3.在建立建筑火灾风险评估指标体系时,一般遵循的原则不包括( )。

A.科学性 B.系统性 C.适用性 D.单一性

4.在建筑火灾风险评估中、量化范围在[0,25]属于(　　)级风险。

A. Ⅰ 　　　　　　B. Ⅱ 　　　　　　C. Ⅲ 　　　　　　D. Ⅳ

5.火灾防控水平的指标不包括(　　)。

A.万人火灾发生率 　　　　　　　　B.亿元GDP火灾损失率

C.十万人火灾死亡率 　　　　　　　D.消防远程监测覆盖率

二、多项选择题

1.疏散模拟分析需要首先在软件中输入计算参数,一般疏散模拟需要输入的参数包括(　　)。

A.人员疏散空间模型 　　　　　　　B.人员数量

C.人员特性 　　　　　　　　　　　D.流量系数

E.边界层宽度

2.人员疏散分析可以得到人员疏散的状态,可得到的结果包括(　　)。

A.人员疏散行动时间 　　　　　　　B.最小行走路径

C.疏散出口拥堵情况 　　　　　　　D.出口利用的有效性

E.人员疏散数量

3.常用的风险控制措施包括(　　)。

A.风险分析 　　　　　　　　　　　B.风险判别

C.风险消除 　　　　　　　　　　　D.风险减少

E.风险转移

4.建筑火灾风险评估的原则有(　　)。

A.科学性 　　　　　　　　　　　　B.系统性

C.综合性 　　　　　　　　　　　　D.适用性

E.专业性

5.设计目标常见的生命安全判定标准包括(　　)。

A.热效应 　　　　　　　　　　　　B.火灾蔓延

C.烟气损害 　　　　　　　　　　　D.毒性

E.能见度

参考答案及解析

一、单项选择题

1. A 　【解析】区域火灾风险评估的一级指标一般包括火灾危险源、区域基础信息、消防力量和社会面防控能力等。

2. D 　【解析】建筑防火性能评估单元的包括建筑特性、被动防火措施、主动防火措施三个方面。

　　3. D 【解析】在建立建筑火灾风险评估指标体系时,一般遵循的原则有:(1)科学性;(2)系统性;(3)综合性;(4)适用性。

　　4. D 【解析】在建筑火灾风险评估中,量化范围在[0,25]属于Ⅳ级风险。

　　5. D 【解析】火灾防控水平的指标包括万人火灾发生率、十万人火灾死亡率和亿元GDP火灾损失率。

　　二、多项选择题

　　1. ACDE 【解析】疏散模拟分析需要首先在软件中输入计算参数,一般疏散模拟需要输入的参数包括:(1)人员疏散空间模型;(2)人员特性;(3)流量系数;(4)边界层宽度。

　　2. ABCD 【解析】人员疏散分析可以得到人员疏散的状态,可得到的结果包括:(1)人员疏散行动时间;(2)最小行走路径;(3)疏散出口拥堵情况;(4)出口利用的有效性。

　　3. CDE 【解析】常用的风险控制措施包括风险消除、风险减少、风险转移。

　　4. ABCD 【解析】建筑火灾风险评估原则有科学性、系统性、综合性和适用性。

　　5. ADE 【解析】生命安全判定标准包括热效应、毒性和能见度等。

第五部分　消防安全管理

考纲导读

1. 社会单位消防安全管理

根据消防法律法规和有关规定,组织制定单位消防安全管理的原则、目标和要求,检查和分析单位依法履行消防安全职责的情况,辨识单位消防安全管理存在的薄弱环节,判断单位消防安全管理制度的完整性和适用性,解决单位消防安全管理问题。

2. 单位消防安全宣传教育培训

根据消防法律法规和有关规定,确认消防宣传教育培训的主要内容,制定消防宣传教育培训的方案,分析单位消防宣传教育培训制度建设与落实情况,评估消防宣传教育培训效果,解决消防宣传教育培训方面的问题。

3. 消防应急预案制定与演练方案

根据消防法律法规和有关规定,确认应急预案制定的方法、程序与内容,分析单位消防应急预案的完整性和适用性,确认消防演练的方案,指导开展消防演练,评估演练的效果,发现、解决预案制定和演练方面的问题。

4. 建设工程施工现场消防安全管理

根据消防法律法规和有关规定,运用相关消防技术和标准规范,确认施工现场消防管理内容与要求,辨识和分析施工现场消防安全隐患,解决施工现场消防安全管理问题。

5. 大型群众性活动消防安全管理

根据消防法律法规和有关规定,辨识和分析大型群众性活动的主要特点和火灾风险因素,组织制定消防安全方案,解决消防安全技术问题。

6. 概述

我国已基本形成政府统一领导、部门依法监督、单位全面负责、公民积极参与的消防工作局面,全面施行了消防安全责任制。

消防安全管理的性质和特性:性质包括自然属性和社会属性;特性包括:全方位性、全天候性、全过程性、全员性、强制性。

我国消防工作的原则为"政府统一领导、部门依法监督、单位全面负责、公民积极参与", 这四者都是消防工作的主体,是消防安全管理活动的主体。消防安全管理的原则包括谁主管谁负责、依靠群众、依法管理、科学管理、综合治理五个原则;消防安全管理的方法包括基本方法(行政方法、法律方法、行为激励方法、咨询顾问方法、经济奖励方法、宣传教育方法、舆论监督方法),技术方法(安全检查表分析法、因果分析法、事件树分析法、消防安全状况评估分析法)。

消防安全管理的对象,即消防安全管理资源,主要包括人、财、物、信息、时间、事务六个方面。

消防安全管理依据包括法律政策依据和规章制度依据。

消防安全管理的过程就是从选择最佳消防安全目标开始到实现最佳消防安全目标的过程。其最佳目标就是在一定的条件下,通过消防安全管理活动将火灾发生的危险性和火灾造成的危害性降到最低。

第一章　社会单位消防安全管理

知识框架

社会单位消防安全管理

消防安全重点单位
- 消防安全重点单位的界定标准
- 消防安全重点单位的界定程序

消防安全组织和职责
- 消防安全组织
- 消防安全职责

消防安全制度及其落实
- 消防安全制度的主要内容
- 单位消防安全制度的落实

消防安全重点部位的确定和管理
- 消防安全重点部位的确定
- 消防安全重点部位的管理

火灾隐患与重大火灾隐患的判定
- 火灾隐患
- 重大火灾隐患
- 火灾隐患整改

消防档案
- 消防档案的作用
- 消防档案的内容
- 消防档案的管理要求

考点梳理

1. 消防安全管理人的职责。
2. 单位的消防安全管理制度。
3. 单位做好消防安全管理的措施。
4. 消防安全重点部位管理的措施。
5. 消防档案的内容。

考点精讲

第一节 消防安全重点单位

消防安全重点单位指发生火灾可能性较大以及发生火灾可能造成重大的人身伤亡或者重大财产损失的单位。

一、消防安全重点单位的界定标准

(一)商场、宾馆、体育场、会堂、公共娱乐场所等公众聚集场所

(1)建筑面积在 $1000m^2$(含本数,下同)以上且经营可燃商品的商场(商场、市场)。

(2)客房数在 50 间以上的饭店。

(3)公共的体育场(馆)、会堂。

(4)建筑面积在 $200m^2$ 以上的公共娱乐场所。

(二)医院、养老院和寄宿制的学校、托儿所、幼儿园

(1)住院床位在 50 张以上的医院。

(2)老人住宿床位在 50 张以上的养老院。

(3)学生住宿床位在 100 张以上的学校。

(4)幼儿住宿床位在 50 张以上的托儿所、幼儿园。

(三)国家机关

(1)县级以上的党委、人大、政府、政协。

(2)监察委、人民检察院、人民法院。

(3)中央和国务院各部委。

(4)共青团中央、全国总工会、全国妇联等的办事机关。

(四)广播、电视和邮政、通信枢纽

(1)广播电台、电视台。

(2)城镇的邮政和通信枢纽单位。

(五)客运车站、码头、民用机场

(1)候车厅、候船厅的建筑面积在 $500m^2$ 以上的客运车站和客运码头。

(2)民用机场。

(六)公共图书馆、展览馆、博物馆、档案馆以及具有火灾危险性的文物保护单位

(1)建筑面积在 $2000m^2$ 以上的公共图书馆、展览馆。

(2)公共博物馆、档案馆。

(3)具有火灾危险性的县级以上文物保护单位。

(七)发电厂(站)和电网经营企业

(八)易燃易爆化学品的生产、充装、储存、供应、销售单位

(1)生产易燃易爆化学品的工厂。

(2)易燃易爆气体和液体的灌装站、调压站。

(3)储存易燃易爆化学品的专用仓库(堆场、储罐场所)。

(4)易燃易爆化学品的专业运输单位。

(5)营业性汽车加油站、加气站、液化石油气供应站(换瓶站)。

(6)经营易燃易爆化学品的化工商店。

(九)劳动密集型生产、加工企业

生产车间员工在 100 人以上的服装、鞋帽、玩具等劳动密集型企业。

(十)重要的科研单位

界定标准由省级消防救援机构根据实际情况确定。

(十一)高层公共建筑、地下铁道、地下观光隧道、粮、棉、木材、百货等物资仓库和堆场、重点工程的施工现场

(1)高层公共建筑的办公楼(写字楼)、公寓楼等。

(2)城市地下铁道、地下观光隧道等地下公共建筑和城市重要的交通隧道。

(3)国家储备粮库、总储备量在 10000t 以上的其他粮库。

(4)总储量在 500t 以上的棉库。

(5)总储量在 10000m³ 以上的木材堆场。

(6)总储存价值在 1000 万元以上的可燃物品仓库、堆场。

(7)国家和省级等重点工程的施工现场。

(十二)其他发生火灾可能性较大以及一旦发生火灾可能造成人身重大伤亡或财产重大损失的单位

界定标准由省级消防救援机构根据实际情况确定。

二、消防安全重点单位的界定程序

(一)申报

符合消防安全重点单位界定标准的单位,向所在地消防救援机构申报备案,申报时,单位填写《消防安全重点单位申报登记表》,连同所确定的本单位消防安全责任人、消防安全管理人名单和资料一并报所在地消防救援机构。如遇单位规模变化或者人员发生变动,及时向消防救援机构报告。单位申报时应注意以下几点:

(1)个体工商户如符合企业登记标准且经营规模符合消防安全重点单位界定标准,应当向当地消防救援机构备案。

（2）重点工程的施工现场符合消防安全重点单位界定标准的,由施工单位负责申报备案。工程竣工后,按照"谁使用,谁负责"的原则申报备案。

（3）同一栋建筑物中各自独立的产权单位或者使用单位,符合重点单位界定标准的,由各个单位分别独立申报备案;建筑物本身符合消防安全重点单位界定标准的,该建筑物产权单位也要独立申报备案。

（4）符合消防安全重点单位界定标准,不在同一县级行政区域内且有隶属关系的单位,法人单位要向所在地消防救援机构申报备案;在同一县级行政区域内且隶属关系,下属单位如具备法人资格,各单位都需向所在地消防救援机构申报备案。

（二）核定

消防救援机构接到申报后,对申报备案单位的情况进行核实审定,按照分级管理的原则,对确定的消防安全重点单位进行登记造册。

（三）告知

对已确定的消防安全重点单位,消防救援机构将采用《消防安全重点单位告知书》的形式,告知消防安全重点单位要落实本单位消防安全主体责任,消防安全责任人、消防安全管理人、消防安全管理归口部门要切实履行消防安全工作职责,做好本单位消防安全管理工作。

（四）公告

消防救援机构于每年的第一季度对本辖区消防安全重点单位进行核查调整,由应急管理部门上报本级人民政府,并通过报刊、电视、互联网网站等媒体将本地区的消防安全重点单位向全社会公告。

第二节 消防安全组织和职责

一、消防安全组织

消防安全组织是指为了实现单位消防安全目标设立的机构或部门,是单位内部消防管理的组织形式,是负责本单位防火灭火的工作网络。

（一）消防安全组织组成

消防安全组织由消防安全委员会或消防工作领导小组、消防安全管理归口部门和其他部门组成。多产权单位或大型的企业应成立消防安全委员会。

（二）消防安全组织的目的

（1）贯彻"预防为主、防消结合"的消防工作方针,制定科学合理、行之有效的各种消防安全管理制度和措施。

（2）落实消防安全自我管理、自我检查、自我整改、自我负责的机制,做好火灾事故和风险的防范,确保本单位消防安全。

二、消防安全组织的职责

（1）消防安全委员会或消防工作领导小组由主要领导（一般为单位的消防安全责任人）负责，消防安全管理部门和其他部门的主要负责人组成，并履行下列职责：

①认真贯彻执行《中华人民共和国消防法》和国家、行业、地方政府等有关消防管理行政法规、技术规范。

②起草下发本单位有关消防管理工作文件，制定有关消防管理规定、制度，组织、策划重大消防管理活动。

③督促、指导消防管理部门和其他部门加强消防基础档案和消防设施建设，落实逐级防火责任制，推动消防管理科学化、技术化、法制化、规范化。

④组织对本单位专（兼）职消防管理人员的业务培训，指导、鼓励本单位职工积极参加消防活动，推动开展消防知识、技能培训。

⑤组织防火检查和重点时期的抽查工作。

⑥组织对重大火灾隐患的认定和整改工作。

⑦组织对消防安全重点部位消防应急预案的制订、演练、完善工作，依工作实际，统一有关消防工作标准。

⑧支持、配合消防救援机构的日常消防管理监督工作，协助火灾事故的调查、处理以及消防救援机构交办的其他工作。

（2）单位应结合自身特点和工作实际需要，设置或者确定消防安全管理的归口职能部门。消防安全管理部门履行下列职责：

①依照消防救援机构布置的工作，结合单位实际情况，研究和制订计划并贯彻实施。定期或不定期向单位主管领导和领导小组及消防救援机构汇报工作情况。

②负责处理单位消防安全委员会或消防工作领导小组和主管领导交办的日常工作，发现违反消防规定的行为，及时提出纠正意见，如未采纳，可向单位消防安全委员会、消防工作领导小组或向当地消防救援机构报告。

③推行逐级防火责任制和岗位防火责任制，贯彻执行国家消防法律法规和单位的各项规章制度。

④进行经常性的消防教育，普及消防常识，组织和训练专职（志愿）消防队。

⑤经常深入单位内部进行防火检查，协助各部门搞好火灾隐患整改工作。

⑥负责消防器材分布管理、检查、保管维修及使用。

⑦协助领导和有关部门处理单位发生的火灾事故，详细登记每起火灾事故，定期分析单位消防工作形势。

⑧严格用火、用电管理，执行审批动火申请制度，安排专人现场进行监督和指导，跟班作业。

⑨建立健全消防档案。

⑩积极参加消防部门组织的各项安全工作会议,并做好记录,会后向单位消防安全责任人、管理人汇报有关情况。

(3)其他部门消防安全职责:其他部门应按照分工,建立和完善本部门消防安全管理规章制度、程序、方法和措施,负责部门内部日常消防安全管理,形成自上而下的一级抓一级、一级对一级负责的消防管理体系。

①下级部门对上级部门负责,上级部门要与直属下级部门按照职责签订《消防安全责任书》和《消防安全管理承诺书》。

②明确本部门及所有岗位人员的消防工作职责,真正承担起与部门、岗位相适应的消防安全责任,做到分工合理、责任分明,各司其职、各尽其责。

③应当配合消防安全管理部门、专(兼)职消防队员实施本部门职责范围内的每日防火巡查、每月防火检查等消防安全工作,并在相关的检查记录内签字,及时落实火灾隐患整改措施及防范措施等。

④应指定责任心强、工作能力高的人员为本部门的消防安全工作人员,负责保管和检查属于本部门管辖范围内的各种消防设施,发生故障后,及时向本部门消防安全责任人和消防安全管理归口部门汇报,协调解决相关事宜。

⑤负责监督、检查和落实与本部门工作有关的消防安全制度的执行和落实。

⑥积极组织本部门职工参加消防知识教育和灭火应急疏散演练,提高消防安全意识。

⑦在发生火灾或其他突发情况时,按照灭火应急疏散预案所做的规定和分工,履行职责。

二、消防安全职责

《消防法》第十六条、第十七条规定了单位应当履行的消防安全职责,公安部61号令要求单位应当落实逐级消防安全责任制和岗位消防安全责任制,明确逐级和岗位消防安全职责,确定各级、各岗位的消防安全责任人,对本级、本岗位的消防安全负责,层层落实消防安全责任。

(一)单位职责

单位是消防安全管理的责任主体,单位的法定代表人或者主要负责人、实际控制人是本单位、本场所的消防安全责任人,按照安全自查,隐患自除、责任自负的工作原则,对单位、场所消防安全全面负责。消防安全重点单位依法确定消防安全管理人,具体负责组织实施单位消防安全管理工作。

1.一般单位职责

单位依法组织实施消防安全管理工作,建立健全消防安全责任体系,必须落实消防安全主体责任,履行下列职责:

（1）明确各级、各岗位消防安全责任人及其职责,制定本单位的消防安全制度、消防安全操作规程、灭火和应急疏散预案。定期组织开展灭火和应急疏散演练,进行消防工作检查考核,保证各项规章制度落实。

（2）保证防火检查巡查、消防设施器材维护保养、建筑消防设施检测、火灾隐患整改、专职或者志愿消防队和微型消防站建设等消防工作所需资金的投入。生产经营单位安全费用中应列支适当比例用于消防工作。

（3）按照相关标准配备消防设施、器材,设置消防安全标志,定期检验维修,对建筑消防设施每年至少组织一次全面检测,确保完好有效。设有消防控制室的,实行 24h 值班制度,每班不少于 2 人,并持证上岗。

（4）保障疏散通道、安全出口、消防车通道畅通,保证防火防烟分区、防火间距符合消防技术标准。保证建筑构件、建筑材料和室内装修装饰材料等符合消防技术标准。人员密集场所的门窗不得设置影响逃生和灭火救援的障碍物。

（5）定期开展防火检查、巡查,及时消除火灾隐患。

（6）根据需要建立专职或者志愿消防队、微型消防站,加强队伍建设,定期组织训练演练,加强消防装备配备和灭火药剂储备,建立与消防专业队伍联勤联动机制,提高扑救初起火灾能力。

（7）消防法律、法规、规章以及政策文件规定的其他职责。

2. 消防安全重点单位职责

消防安全重点单位除依法履行单位消防安全管理职责外,还需履行下列职责:

（1）明确承担单位消防安全管理的部门,确定消防安全管理人,并报当地消防救援机构备案,组织实施本单位消防安全管理。消防安全管理人应依法经过消防培训。

（2）建立消防档案,确定消防安全重点部位,设置防火标志,实行严格管理。

（3）按照相关标准和用电、用气安全管理规定,安装、使用电器产品,燃气用具和敷设电气线路、管线,并定期维护保养、检测。

（4）组织员工进行岗前消防安全培训,定期组织消防安全培训和疏散演练。

（5）根据需要建立微型消防站,积极参与消防安全区域联防联控,提高自防自救能力。

（6）积极应用消防远程监控、电气火灾监测、物联网技术等技防物防措施。

3. 火灾高危单位职责

对容易造成群死群伤火灾的人员密集场所、易燃易爆单位和高层、地下公共建筑等火灾高危单位,除履行一般单位职责、消防安全重点单位职责外,还要履行下列职责:

（1）定期召开消防安全工作例会,研究本单位消防工作,处理涉及消防经费投入、消防设施设备购置、火灾隐患整改等重大问题。

（2）鼓励消防安全管理人取得注册消防工程师执业资格,消防安全责任人和特有工种人员须经消防安全培训;自动消防设施操作人员应取得消防设施操作员资格证书。

（3）专职消防队或者微型消防站应当根据本单位火灾危险特性配备相应的消防装备器材，储备足够的灭火救援药剂和物资，定期组织消防业务学习和灭火技能训练。

（4）按照国家标准配备应急逃生设施设备和疏散引导器材。

（5）建立消防安全评估制度，由具有资质的机构定期开展评估，评估结果向社会公开。

（6）参加火灾公众责任保险。

4.多单位共用建筑的单位职责

大（中）型建筑，尤其是各类综合体建筑中，大量存在两个及两个以上产权单位、租赁单位共同使用建筑的情况，为了方便管理，建筑产权、使用单位通常将这类建筑委托物业服务单位统一管理。这类建筑中的相关单位，按照下列要求履行职责：

（1）建设（产权）单位提供符合消防安全要求的建筑物，并提供经住房和城乡建设主管部门验收合格或者竣工验收备案抽查合格、已备案的证明文件资料。

（2）产权单位、使用单位、管理单位等在订立的合同中，依照有关规定明确各方的消防安全责任，明确消防专有、共用部位，以及专有、共用消防设施的消防安全责任、义务。

（3）产权单位、使用单位确定责任人或者委托管理，对共用的疏散通道、安全出口、建筑消防设施和消防车通道进行统一管理；其他单位对各自使用、管理场所依法履行消防安全管理职责。

（4）物业服务单位按照合同约定提供消防安全管理服务，对管理区域内的共用消防设施和疏散通道、安全出口、消防车通道进行维护管理，及时劝阻和制止占用、堵塞、封闭疏散通道、安全出口、消防车通道等行为，劝阻和制止无效的，立即向相关主管部门报告；定期开展防火检查巡查和消防宣传教育。

（5）建筑局部施工需要使用明火时，施工单位和使用管理单位要共同采取措施，将施工区和使用区进行防火分隔，清除动火区域的易燃物、可燃物，配置消防器材，专人监护，确保施工区和使用区的消防安全。

5.消防技术服务单位职责

消防设施检测、维护保养和消防安全评估、咨询、监测等消防技术服务机构应依法获得相应的资质，依法依规提供消防安全技术服务，并对服务质量负责。

（二）人员职责

消防安全管理人员主要分为消防安全责任人、消防安全管理人、专（兼）职消防安全管理人员、自动消防设施操作人员、部门消防安全负责人等。单位可以根据实际需要成立由内部人员组成的志愿消防队，定期组织开展使用灭火器材、引导员工疏散演习等方面训练，发挥其开展防火检查、消防宣传的作用，提高单位的自防自救能力。

1.消防安全责任人职责

法人单位的法定代表人或者非法人单位的主要负责人是依照法律或者组织章程，行使职权的第一责任人，处于决策者、指挥者的重要地位。为了确保消防安全管理落到实处，必须明确单位的法人代表或者主要负责人是消防安全责任人,对单位的消防安全工作全面负责,在履行单位消防安全管理职责、承担单位因消防违法行为和火灾事故所产生的行政或者刑事责任等方面,承担"第一责任人"的责任。

2.消防安全管理人职责

消防安全重点单位一般规模较大,而多数单位的法定代表人或者主要负责人不可能事必躬亲。为了确保消防安全重点单位消防安全管理工作切实有人抓,需要依法确定消防安全管理人来具体组织、实施本单位的消防安全管理工作。消防安全管理人是指单位中担任一定领导职务或者具有一定管理权限的人员,受单位消防安全责任人委托,具体负责组织实施单位消防安全管理工作,并对单位消防安全责任人负责。

3.专(兼)职消防安全管理人员职责

专(兼)职消防安全管理人员是做好消防安全的重要力量,在消防安全责任人和消防安全管理人的领导下开展消防安全管理工作。

专(兼)职消防安全管理人员履行下列责任:

(1)掌握消防法律法规,了解本单位消防安全状况,及时向上级报告。

(2)提请确定消防安全重点单位,提出落实消防安全管理措施的建议。

(3)实施日常防火检查、巡查,及时发现火灾隐患,落实火灾隐患整改措施。

(4)管理、维护消防设施、灭火器材和消防安全标志。

(5)组织开展消防宣传,对全体员工进行教育培训。

(6)编制灭火和应急疏散预案,组织演练。

(7)记录有关消防安全管理工作开展情况,完善消防档案。

(8)完成其他消防安全管理工作。

4.自动消防设施操作人员职责

自动消防设施操作人员包括单位消防控制室值班操作人员以及自动消防设施维护管理人员等。

(1)消防控制室值班操作人员履行下列职责:

①熟悉和掌握消防控制室设备的功能及操作规程,持证上岗;按照规定测试自动消防设施的功能,保障消防控制室设备的正常运行。

②核实、确认火警信息,火灾确认后,立即报火警并向消防主管人员报告,随即启动灭火和应急疏散预案。

③及时确认故障报警信息,排除消防设施故障,不能排除的立即向部门主管人员或者消防安全管理人报告。

④不间断值守岗位,做好消防控制室的火警、故障和值班记录。

(2)自动消防设施维护管理人员履行下列职责:

①熟悉和掌握消防设施的功能和操作规程。

②按照管理制度和操作规程等对消防设施进行检查、维护和保养,保证消防设施和消防电源处于正常运行状态,确保有关阀门处于正确位置。

③发现故障及时排除,不能排除的及时向上级主管人员报告。

④做好消防设施运行、操作和故障记录。

5.部门消防安全责任人职责

部门主要负责人作为本部门消防安全责任人,其应当履行下列职责:

(1)组织实施本部门的消防安全管理工作计划。

(2)根据本部门的实际情况,开展消防安全教育与培训,制定消防安全管理制度,落实消防安全措施。

(3)按照规定实施消防安全巡查和定期检查,管理消防安全重点部位,维护管辖范围的消防设施。

(4)及时发现和消除火灾隐患,不能消除的,应采取相应措施并及时向消防安全管理人报告。

(5)发现火灾,及时报警,并组织人员疏散和初起火灾扑救。

6.志愿消防队员职责

志愿消防队员来自单位员工,是发生火灾时单位的主要灭火力量。应对其定期组织训练、考核和应急疏散演练,其应当履行下列消防安全责任:

(1)熟悉本单位灭火与应急疏散预案和本人在志愿消防队中的职责分工。

(2)参加消防业务培训及灭火和应急疏散演练,了解消防知识,掌握灭火与疏散技能,会使用灭火器材及消防设施。

(3)做好本部门、本岗位日常防火安全工作,宣传消防安全常识,督促他人共同遵守,开展群众性自防自救工作。

(4)发生火灾时须立即赶赴现场,服从现场指挥,积极参加扑救火灾、人员疏散、救助伤员、保护现场等工作。

7.单位员工职责

单位员工按照岗位分工,做好各自岗位的消防安全管理工作,履行下列职责:

(1)明确各自消防安全责任,认真执行本单位的消防安全制度和消防安全操作规程,维护消防安全,预防火灾。

(2)保护消防设施和器材,保障消防通道畅通。

(3)发现火灾,及时报警。

(4)参加有组织的灭火工作。

(5)发生火灾后,公共场所的现场工作人员应当立即组织、引导在场人员安全疏散。

(6)接受单位组织的消防安全培训,做到懂火灾的危险性、懂预防火灾措施、懂扑救火灾方法、懂火灾现场逃生方法(四懂);做到会报火警、会使用灭火器材、会扑救初起火灾、会组

织疏散逃生(四会)。

第三节　消防安全制度及其落实

消防安全管理制度,是单位在消防安全管理和生产经营活动中为保障消防安全所制定的各项制度、程序、办法、措施,是单位全体员工做好消防安全工作必须遵守的规范和准则,其根本目的是确保单位的消防安全。

一、消防安全制度的主要内容

(一)消防安全责任制

消防安全责任制是单位消防安全管理制度中最根本的制度,明确单位消防安全责任人、消防安全管理人及全体人员应履行的消防安全职责,明确逐级和岗位消防安全职责,确定各级、各岗位的消防安全责任人,层层签订责任书,层层落实消防安全责任。其主要内容包括:

(1)确定单位消防安全委员会领导机构及其职责人的消防安全职责。

(2)明确消防安全管理归口部门和消防安全管理人的消防安全职责。

(3)明确单位各个部门、岗位消防安全责任人以及专(兼)职消防安全管理人员的职责。

(4)明确单位志愿消防队、专职消防队、微型消防站的组成及其人员职责。

(5)明确各个岗位员工的岗位消防安全职责。

(二)消防安全教育、培训制度

该制度旨在提高员工的消防安全素质,使其遵循消防安全方针、消防安全管理要求,落实消防安全管理制度、措施。单位要明确消防安全教育和培训的责任部门和责任人,通过多种形式开展经常性的消防安全宣传与培训,确定消防安全教育的频次,主要内容,制定考核奖惩措施。

(三)防火巡查、检查制度

单位要明确防火巡查、检查的时间、频次和方法,确定防火巡查、检查的内容;如实记录防火巡查、检查的参加人员、检查部位、检查内容和方法、发现的火灾隐患、处理和报告程序、整改和防范措施等,并由相关人员签字确认,建档备查。

(四)安全疏散设施管理制度

单位要严格按照国家法律法规和消防技术标准规范的要求配置消防安全疏散设施,并建立消防安全疏散设施管理制度。安全疏散设施管理制度的内容要明确消防安全疏散设施管理的责任部门和责任人,明确定期维护、检查的要求,明确安全疏散设施的管理要求,以确保安全疏散通道、安全出口畅通,设施完好有效。

(五)消防设施器材维护管理制度

单位要明确按照有关规定定期对消防设施进行维护保养和维修检查的要求,明确消防设施器材维护保养的责任单位,制定每日检查、月(季)度试验检查和年度检查内容和方法,做好检查记录,填写建筑消防设施维护保养报告备案表。

（六）消防（控制室）值班制度

单位要明确消防控制室管理部门、管理人员以及操作人员的职责,明确值班制度、突发事件处置程序、报告程序、工作交接等内容。

（七）火灾隐患整改制度

单位对存在的火灾隐患应该及时予以消除,要明确和落实各级领导和各有关方面的责任,确定整改措施,落实整改资金和负责整改的部门、人员和期限,积极进行整改,以确保单位的消防安全。单位对不能确保其消防安全,随时可能引发火灾或者一旦发生火灾会严重危及人身安全的火灾隐患和危险部位,应当自行采取断然措施——停产停业停工整改。在火灾隐患未消除之前,单位应当落实防范措施,保障消防安全。

（八）用火、用电安全管理制度

单位要明确安全用电、用(动)火管理部门,明确用电、用(动)火的审批范围、程序和要求以及电焊、气焊人员的岗位资格及其职责要求等内容。

（九）灭火和应急疏散预案演练制度

单位要明确灭火和应急疏散预案的编制和演练的部门和负责人,确定演练范围、演练频次、演练程序、注意事项、演练情况记录,演练后的总结和自评以及预案修订等内容。

（十）易燃易爆危险品和场所防火防爆管理制度

单位要明确危险品的储存方法、防火措施和灭火方法,配备足够的相应的消防器材。性质与灭火方法相抵触的物品不得混存。按照储存易燃易爆危险品的仓库要求,定期检查,规定储存的数量。

（十一）专职（志原）消防队的组织管理制度

单位要确定专职（志愿）消防队的人员组成,明确归口管理,明确培训内容、频次、实施方法和要求,并严格落实,定期对专职（志愿）消防队员进行业务考核演练,明确奖惩措施并根据人员变化情况对专职（志愿）消防队员及时进行调整,补充。

（十二）燃气和电气设备的检查和管理（包括防雷、防静电）制度

单位要明确燃气和电气设备的检查和管理的部门和人员,定期进行消防安全工作考评和奖惩;要确定电气设备,燃气设备管理检查的内容、方法、频次,记录检查中发现的隐患,落实整改措施;要确定专业部门对建筑物、设备的防雷、防静电情况进行检查、测试,并做好检查记录,出具测试报告;改变燃气用途或者安装、改装、拆除固定的燃气设施和燃气器具的,应当到消防救援机构及燃气经营企业办理相关手续。

（十三）消防安全工作考评和奖惩制度

单位要确定消防安全工作考评和奖惩实施的部门,确定考评频次、考评内容(包括执行规章制度和操作规程的情况,履行岗位职责的情况等),明确考评办法、奖励和惩戒的具体行

为,并可以根据行为的程度区别奖惩等级。

二、单位消防安全制度的落实

(一)确定消防安全责任

全面落实单位的消防安全主体责任,是提高单位消防安全管理能力和水平的根本。

(二)定期开展防火巡查、检查

单位防火巡查主要包括下列内容:用火、用电、用气等情况;安全出口、疏散通道、安全疏散指示标志、应急照明等情况;常闭式防火门关闭状态、防火卷帘使用情况;消防设施、器材以及消防安全标志等情况;消防安全重点部位的人员在岗情况;其他消防安全情况。

(三)组织消防安全知识宣传教育培训

消防宣传教育培训人员应当具备宣传教育培训能力;单位应当利用展板、专栏、广播、电视、网络等形式开展消防宣传教育培训;员工上岗、转岗前,应经过消防安全培训考核;在岗人员每半年进行一次消防安全教育培训。

(四)开展灭火和疏散逃生演练

消防安全责任人、管理人应当熟悉本单位灭火力量和扑救初起火灾的组织指挥程序。起火部位员工应于1min内形成灭火第一战斗力量,火灾确认后单位应于3min内形成灭火第二战斗力量;社会单位员工应当熟悉或掌握本单位的消防设施、器材,灭火器、消火栓等消防器材、设施的使用方法,初起火灾的处置程序和扑救初起火灾基本方法,灭火和应急疏散预案。

(五)建立健全消防档案

消防档案包括消防安全基本情况和消防安全管理情况。

(六)消防安全重点单位"三项报告"备案制度

"三项"报告备案包括消防安全管理人员报告备案、消防设施维护保养报告备案和消防安全自我评估报告备案。备案时限均为5日,备案对象为当地消防救援机构。

第四节　消防安全重点部位的确定和管理

根据《机关、团体、企业、事业单位消防安全管理规定》(公安部令第61号)第十九条规定,消防安全重点部位是指容易发生火灾,一旦发生火灾可能严重危及人身和财产安全,以及对消防安全有重大影响的部位。单位应当确定消防安全重点部位,设置明确的防火标志,实行严格管理。

一、消防安全重点部位的确定

确定消防安全重点部位不仅要根据火灾危险源的辨识来确定,还应根据本单位的实际,

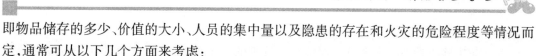

即物品储存的多少、价值的大小、人员的集中量以及隐患的存在和火灾的危险程度等情况而定,通常可从以下几个方面来考虑:

(1)容易发生火灾的部位。如化工生产车间、油漆、烘烤、熬炼、木工、电焊气割操作间;化验室、汽车库、化学危险品仓库;易燃、可燃液体储罐,可燃、助燃气体钢瓶仓库和储罐,液化石油气瓶或储罐;氧气站、乙炔站、氢气站;易燃的建筑群等。

(2)发生火灾后对消防安全有重大影响的部位,如与火灾扑救密切相关的变配电站(室)、消防控制室、消防水泵房等。

(3)性质重要、发生事故影响全局的部位,如发电站,变配电站(室),通信设备机房,生产总控制室,电子计算机房,锅炉房,档案室,资料、贵重物品和重要历史文献收藏室等。

(4)财产集中的部位,如储存大量原料、成品的仓库、货场,使用或存放先进技术设备的实验室、车间、仓库等。

(5)人员集中的部位,如单位内部的礼堂(俱乐部)、托儿所、集体宿舍、医院病房等。

加强重点部位的消防管理是做好一个单位消防安全管理、确保单位消防安全、避免和减少重特大火灾事故发生的一项重要措施。在实际工作中,各单位要结合实际,带着全局的判断力和发展的眼光来确定消防安全重点部位。

二、消防安全重点部位的管理

(一)制度管理

防火安全制度是职工在生产、经营、技术活动中做好防火安全工作必须遵守的规范的准则。在单位的防火安全制度中,明确消防重点部位。根据各消防重点部位的性质、特点和火灾危险性,制定相应的防火安全制度。

(二)标识化管理

为了突出重点、明确责任、严格管理,每个消防安全重点部位都必须设立"消防重点部位"指示牌、禁止烟火警告牌和消防安全管理牌,做到"消防安全重点部位明确、禁止烟火明确"和"防火负责人落实、志愿消防员落实、防火安全制度落实、消防器材落实、灭火预案落实",实行消防工作规范化。

(三)教育管理

从制度中明确消防安全重点部位职工为消防重点工种工人,本着"抓重点、顾一般"的原则,加强对重点部位职工的消防教育,提高其自防自救的能力。

(四)档案管理

建立和完善防火档案,是实行消防管理的一项重要基础工作,也是一项重要的业务建设。防火档案的建立必须在进行调查、统计、核实的基础上认真填写,并不断加以完善,消防重点部位的档案管理包括消防安全重点部位防火安全制度、消防安全重点部位工作人员登记表、消防安全重点部位基本情况照片成册图和消防安全重点部位灭火施救计划。

（五）日常管理

开展防火检查是消防安全重点部位日常管理的一个重要环节,其目的在于发现和消除不安全因素和火灾隐患,把火灾事故消灭在萌芽状态,做到防患于未然。防火检查可采取"六查、六结合"的方法,可收到较好的效果。

"六查"即单位组织每月查、所属部门每周查、班组每天查、专职消防员巡回查、部门之间互抽查、节日期间重点查。"六结合"即检查与宣传相结合、检查与整改相结合、检查与复查相结合、检查与记录相结合、检查与考核相结合、检查与奖惩相结合。

（六）应急管理

单位可根据各消防安全重点部位生产、储存、使用物品的性质、火灾特点及危险程度,相应配置消防设施,落实专人负责,确保随时可用。各消防安全重点部位应制订灭火预案,组织管理人员及志愿消防员结合实际开展灭火演练。

第五节 火灾隐患与重大火灾隐患的判定

一、火灾隐患

火灾隐患指潜在的有直接引起火灾事故可能,或者火灾发生时能增加对人员、财产的危害,或者是影响人员疏散以及影响灭火救援的一切不安全因素。分为一般火灾隐患和重大火灾隐患。

《消防监督检查规定》(公安部第 120 号令)规定具有下列情形之一的,确定为火灾隐患:

（1）影响人员安全疏散或者灭火救援行动,不能立即改正的。

（2）消防设施未保持完好有效,影响防火灭火功能的。

（3）擅自改变防火分区,容易导致火势蔓延、扩大的。

（4）在人员密集场所违反消防安全规定,使用、储存易燃易爆危险品,不能立即改正的。

（5）不符合城市消防安全布局要求,影响公共安全的。

（6）其他可能增加火灾实质危险性或者危害性的情形。

二、重大火灾隐患

重大火灾隐患是指违反消防法律法规、不符合消防技术标准,可能导致火灾发生或火灾危害增大,并由此可能造成重大、特大火灾事故后果和严重社会影响的各类潜在不安全因素。

（一）重大火灾隐患判定原则和程序

重大火灾隐患判定坚持科学严谨、实事求是,客观公正的原则。重大火灾隐患按照下列程序予以判定：

　　1.现场检查

组织进行现场检查,核实火灾隐患的具体情况,并获取相关影像和文字资料。

　　2.集体讨论

组织对火灾隐患进行集体讨论,做出结论性判定意见,参与人数不应少于3人。集体讨论或者技术论证时,可以听取业主和管理、使用单位等利害关系人的意见

　　3.专家技术论证

对于涉及复杂疑难的技术问题,判定重大火灾隐患有困难的,由当地政府有关行业主管部门、监督管理部门和相关消防技术专家组成技术论证专家组,进行技术论证,形成结论性判定意见。专家组人数不得少于7人,结论性判定意见至少应有2/3以上的专家同意。

　　(二)重大火灾隐患判定方法

重大火灾隐患判定方法分为直接判定和综合判定两种,直接判定要素和综合判定要素均为不能立即改正的火灾隐患要素。

下列情形不予判定为重大火灾隐患：

(1)依法进行了消防设计专家评审,并已采取相应技术措施的。

(2)单位、场所已经停产停业或者停止使用的。

(3)不足以导致重大、特别重大火灾事故或者严重社会影响的。

　　(三)重大火灾隐患直接判定：

(1)生产、储存和装卸易燃易爆危险品的工厂、仓库和专用车站、码头、储罐区,未设置在城市的边缘或相对独立的安全地带。

(2)生产、储存、经营易燃易爆危险品的场所与人员密集场所、居住场所设置在同一建筑物内,或与人员密集场所、居住场所的防火间距小于国家工程建设消防技术标准规定值的75%。

(3)城市建成区内的加油站、天然气或液化石油气加气站、加油加气合建站的储量达到或超过《汽车加油加气站设计与施工规范》(GB 50156)对一级站的规定。

(4)甲、乙类生产场所和仓库设置在建筑的地下室或半地下室。

(5)公共娱乐场所、商店、地下人员密集场所的安全出口数量不足或其总净宽度小于国家工程建设消防技术标准规定值的80%。

(6)旅馆、公共娱乐场所、商店、地下人员密集场所未按国家工程建设消防技术标准的规定设置自动喷水灭火系统或火灾自动报警系统。

(7)易燃可燃液体、可燃气体储罐(区)未按国家工程建设消防技术标准的规定设置固定灭火、冷却、可燃气体浓度报警、火灾报警设施。

(8)在人员密集场所违反消防安全规定使用、储存或销售易燃易爆危险品。

(9)托儿所、幼儿园的儿童用房以及老年人活动场所,所在楼层位置不符合国家工程建

设消防技术标准的规定。

（10）人员密集场所的居住场所采用彩钢夹芯板搭建，且彩钢夹芯板芯材的燃烧性能等级低于《建筑材料及制品燃烧性能分级》（GB 8624）规定的 A 级。

（四）重大火灾隐患综合判定

1. 综合判定要素

对于不符合直接判定的任一判定要素的火灾隐患，按照综合判定要素规定和程序进行综合判定。对于符合下列判定要素的，经综合判定，确定是否构成重大火灾隐患：

2. 总平面布置

（1）未按国家工程建设消防技术标准的规定或城市消防规划的要求设置消防车道或消防车道被堵塞、占用。

（2）建筑之间的既有防火间距被占用或小于国家工程建设消防技术标准的规定值的 80%，明火和散发火花地点与易燃易爆生产厂房、装置设备之间的防火间距小于国家工程建设消防技术标准的规定值。

（3）在厂房、库房、商场中设置员工宿舍，或是在居住等民用建筑中从事生产、储存、经营等活动，且不符合《住宿与生产储存经营合同场所消防安全技术要求》（GA 703）的规定。

（4）地下车站的站厅乘客疏散区、站台及疏散通道内设置商业经营活动场所。

3. 防火分隔

（1）原有防火分区被改变并导致实际防火分区的建筑面积大于国家工程建设消防技术标准规定值的 50%。

（2）防火门、防火卷帘等防火分隔设施损坏的数量大于该防火分区相应防火分隔设施总数的 50%。

（3）丙、丁、戊类厂房内有火灾或爆炸危险的部位未采取防火分隔等防火防爆技术措施。

4. 安全疏散设施及灭火救援条件

（1）建筑内的避难走道、避难间、避难层的设置不符合国家工程建设消防技术标准的规定，或避难走道、避难间、避难层被占用。

（2）人员密集场所内疏散楼梯间的设置形式不符合国家工程建设消防技术标准的规定。

（3）除相关规定外的其他场所或建筑物的安全出口数量或宽度不符合国家工程建设消防技术标准的规定，或既有安全出口被封堵。

（4）按国家工程建设消防技术标准的规定，建筑物应设置独立的安全出口或疏散楼梯而未设置。

（5）商店营业厅内的疏散距离大于国家工程建设消防技术标准规定值的 125%。

（6）高层建筑和地下建筑未按国家工程建设消防技术标准的规定设置疏散指示标志、应急照明，或所设置设施的损坏率大于标准规定要求设置数量的 30%；其他建筑未按国家工程建设消防技术标准的规定设置疏散指示标志、应急照明，或所设置设施的损坏率大于标准规定要求设置数量的 50% 。

（7）设有人员密集场所的高层建筑的封闭楼梯间或防烟楼梯间的门的损坏率超过其设置总数的 20% ，其他建筑的封闭楼梯间或防烟楼梯间的门的损坏率大于其设置总数的 50% 。

（8）人员密集场所内疏散走道、疏散楼梯间、前室的室内装修材料的燃烧性能不符合《建筑内部装修设计防火规范》（GB 50222）的规定。

（9）人员密集场所的疏散走道、楼梯间、疏散门或安全出口设置栅栏、卷帘门。

（10）人员密集场所的外窗被封堵或被广告牌等遮挡。

（11）高层建筑的消防车道、救援场地设置不符合要求或被占用，影响火灾扑救。

（12）消防电梯无法正常运行。

5. 消防给水及灭火设施

（1）未按国家工程建设消防技术标准的规定设置消防水源、储存泡沫液等灭火剂。

（2）未按国家工程建设消防技术标准的规定设置室外消防给水系统，或已设置但不符合标准的规定或不能正常使用。

（3）未按国家工程建设消防技术标准的规定设置室内消火栓系统，或已设置但不符合标准的规定或不能正常使用。

（4）除旅馆、公共娱乐场所、商店、地下人员密集场所外，其他场所未按国家工程建设消防技术标准的规定设置自动喷水灭火系统。

（5）未按国家工程建设消防技术标准的规定设置除自动喷水灭火系统外的其他固定灭火设施。

（6）已设置的自动喷水灭火系统或其他固定灭火设施不能正常使用或运行。

6. 防烟排烟设施

人员密集场所、高层建筑和地下建筑未按国家工程建设消防技术标准的规定设置防烟、排烟设施，或已设置但不能正常使用或运行。

7. 消防供电

（1）消防用电设备的供电负荷级别不符合国家工程建设消防技术标准的规定。

（2）消防用电设备未按国家工程建设消防技术标准的规定采用专用的供电回路。

（3）未按国家工程建设消防技术标准的规定设置消防用电设备末端自动切换装置，或已设置但不符合标准的规定或不能正常自动切换。

8. 火灾自动报警系统

（1）除旅馆、公共娱乐场所、商店、其他地下人员密集场所以外的其他场所未按国家工程建设消防技术标准的规定设置火灾自动报警系统。

（2）火灾自动报警系统不能正常运行。

（3）防烟排烟系统、消防水泵以及其他自动消防设施不能正常联动控制。

9.消防安全管理

(1)社会单位未按消防法律法规要求设置专职消防队。

(2)消防控制室操作人员未按《消防控制室通风技术要求》(GB 25506)的规定持证上岗。

10.其他

(1)生产、储存场所的建筑耐火等级与其生产、储存物品的火灾危险性类别不相匹配,违反国家工程建设消防技术标准的规定。

(2)生产、储存、装卸和经营易燃易爆危险品的场所或有粉尘爆炸危险场所未按规定设置防爆电气设备和泄压设施,或防爆电气设备和泄压设施失效。

(3)违反国家工程建设消防技术标准的规定使用燃油、燃气设备,或燃油、燃气管道敷设和紧急切断装置不符合标准规定。

(4)违反国家工程建设消防技术标准的规定在可燃材料或可燃构件上直接敷设电气线路或安装电气设备,或采用不符合标准规定的消防配电线缆和其他供配电线缆。

(5)违反国家工程建设消防技术标准的规定在人员密集场所使用易燃、可燃材料装修、装饰。

11.综合判定步骤

采用综合判定方法判定重大火灾隐患时,按照下列步骤进行综合判定,确定是否构成重大火灾隐患:

(1)确定建筑或者场所类别。

(2)确定建筑或者场所是否存在综合判定要素的情形和数量。

(3)按照"重大火灾隐患判定原则和程序"的规定,对照综合判定标准进行重大火灾隐患综合判定;

(4)对照"重大火灾隐患判定方法"中规定的不予判定为重大火灾隐患的情形,排除不予判定的重大火灾隐患。

三、火灾隐患整改

单位对存在的火灾隐患应当及时予以消除。对不能当场改正的火灾隐患,应当根据本单位的管理分工,及时将存在的火灾隐患向单位的消防安全管理人或者消防安全责任人报告,提出整改方案。消防安全管理人或者消防安全责任人应当确定整改的措施、期限以及负责整改的部门、人员,并落实整改资金。在火灾隐患未消除之前,单位应当落实防范措施,保障消防安全。不能确保消防安全,随时可能引发火灾或者一旦发生火灾将严重危及人身安全的,应当将危险部位停产停业整改。

火灾隐患整改完毕,负责整改的部门或者人员应当将整改情况记录报送消防安全责任人或者消防安全管理人,签字确认后存档备查。对于涉及城市规划布局而不能自身解决的重大大灾隐患,以及机关、团体、事业单位确无能力解决的重大火灾隐患,单位应当提出解决方案并及时向其上级主管部门或者当地人民政府报告。对当地相关部门和机构责令限期改正的火灾隐患,单位应当在规定的期限内改正,并写出火灾隐患整改复函,报送相关部门和机构。

第六节　消防档案

消防档案是消防安全重点单位在消防安全管理工作中,直接形成的文字、图表、声像等形态的历史记录。

一、消防档案的作用

(1)消防档案是消防安全重点单位的"户口簿"。

(2)消防档案是单位检查相关岗位人员履行消防安全职责的实施情况,评判专(兼)职消防(防火)管理人员业务水平、工作能力的一种凭据。

(3)消防档案反映单位对消防安全管理工作的重视程度。

二、消防档案的内容

消防档案包括两个主要的内容,即消防安全基本情况和消防安全管理情况,并附有必要的图表。消防安全基本情况是消防档案主要内容,包含了重点单位与消防安全有关的内容,是单位自身实行规范化消防安全管理的基本要求,是单位落实消防安全责任制的具体体现。

消防安全管理情况主要有消防救援机构依法填写制作的各类法律文书和有关工作记录。

三、消防档案的管理要求

消防档案的收集、整理、保管,目的是有效利用消防档案,为单位的消防安全管理工作服务。

(一)消防档案由消防安全重点单位统一保管、备查

消防档案实行集中统一管理,由单位确定或设立的专门机构来统一集中保管、备查,不得由承办机构或个人分散保存。

(二)消防档案要完整和安全

只有维护消防档案的完整和安全,才能给档案工作提供必要的物质基础。

维护消防档案的完整,有两方面的含义:一方面,从数量上要保证档案的齐全;另一方面,从质量上要维护档案的有机联系和历史真迹。

维护消防档案的安全,也有两方面的含义:一方面,从物质上力求档案不遭受毁坏,尽量

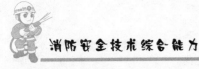

延长档案使用的时间;另一方面,消防档案也具有一定的机密性,要防止档案遗失,保证档案不被盗窃,不被泄露。

(三)消防档案分类

消防档案要按照档案形成的环节、内容、时间、形式的异同,采取"同其所同,异其所异"的方法,把档案分成若干类,类与类之间要有一定的联系,有一定的层次和顺序,前后一致。

(四)消防档案检索

消防档案检索就是把消防档案的内容和形态特征著录下来,存储在检索工具中,根据消防安全管理的需要,及时把有关档案查找出来,以供利用或者使用。

(五)消防档案销毁

为了精练档案材料,突出工作重点,应定期有目的、有计划、有标准地将档案进行清理。确已失去保存价值的材料,应按国家文书档案相关管理规定进行清理。

第二章 社会单位消防安全宣传与教育培训

知识框架

社会单位消防安全宣传与教育培训
- 消防安全宣传与教育培训概述
  - 概念
  - 意义
  - 原则
  - 目标
- 消防安全宣传与教育培训的主要内容和形式
  - 消防安全宣传的主要内容和形式
  - 消防安全教育培训的主要内容和形式

考点梳理

1. 消防安全宣传教育的原则。
2. 消防安全宣传教育的内容。

考点精讲

第一节 消防宣传与教育培训概述

消防安全宣传与教育培训是消防工作的重要组成部分,是提高国民消防安全素质的主要方法,是构筑社会消防安全"防火墙"的重要基石,通过开展消防安全宣传与教育培训工作,不断增强全民消防安全意识,提高公民消防安全素质,提升全社会抗御火灾的能力,为构建良好的消防安全环境奠定坚实的基础。

一、概念

消防安全宣传是利用一切可以影响人们消防意识形态的媒介,以提高人们消防安全意识,并进一步掌握各类消防安全常识为目的的社会行为。消防安全教育培训是一种有组织的消防安全知识传播的活动。通过教育培训,向全社会传授消防安全技能、消防安全标准、消防安全信息和消防安全理念,传递消防安全管理训诫行为。

二、意义

通过广泛宣传和不懈教育,动员督促全社会各行业、各部门、各单位以及每个社会成员积极接受消防教育并参加消防培训,深入了解和掌握基本的消防安全知识和自救逃生技能,共同维护公共消防安全,才能真正提升全社会防控火灾能力。

三、原则

按照"政府统一领导、部门依法监管、单位全面负责、公民积极参与"的原则,实行消防安全宣传教育培训责任制。

四、目标

通过开展全民消防宣传与教育培训活动,树立"全民消防,生命至上"理念,激发公民关注消防安全、学习消防知识、参与消防工作的积极性和主动性,不断提升全民消防安全素质,夯实公共消防安全基础,减少火灾危害,为实现国民经济和社会发展的奋斗目标,全面建设小康社会,创造良好的消防安全环境。

第二节　消防安全宣传与教育培训的主要内容和形式

一、消防安全宣传的主要内容和形式

(一)家庭

家庭成员学习掌握安全用火、用电、用气、用油和火灾报警、初起火灾扑救、逃生自救常识,家庭常见火灾隐患类型;教育未成年人不玩火以及明火使用中的安全要求;教育家庭成员自觉遵守消防安全管理规定,不圈占、埋压、损坏、挪用消防设施、器材,不占用消防车通道、防火间距,保持疏散通道畅通;提倡家庭制定应急疏散预案并进行演练。

(二)农村

乡镇政府、村民委员会应制定和完善消防安全宣传教育工作制度和村民防火公约,明确职责任务;指导村民建立健全自治联防制度,轮流进行消防安全提示和巡查,及时发现、消除火灾隐患。

(三)人员密集场所

人员密集场所应在安全出口、疏散通道和消防设施等位置设置消防安全提示;结合本场所情况,向在场人员提示场所火灾危险性、疏散出口和路线、灭火和逃生设备器材位置及使用方法。

(四)单位

单位应建立单位消防安全宣传教育制度,健全机构,落实人员,明确责任,定期组织开展消防安全宣传活动;应制定灭火和应急疏散预案,张贴疏散逃生路线图。消防安全重点单位至少每半年、其他单位至少每年组织一次灭火、逃生疏散演练。

(五)学校

学校应落实相关学科课程中消防安全教育内容,针对不同年龄段学生分类开展消防安全宣传;每学年至少组织师生开展一次疏散逃生演练、消防知识竞赛、消防趣味运动会等活动;有条件的学校应组织学生在校期间至少参观一次消防科普教育场馆。应利用"全国中小学生安全教育日""防灾减灾日""科技活动周""119消防宣传日"等集中开展消防宣传活动。

二、消防安全教育培训的主要内容和形式

(一)单位

单位应当根据本单位的特点,建立健全消防安全教育培训制度,明确机构和人员,保障教育培训工作经费,对职工的消防教育培训应当将本单位的火灾危险性、防火灭火措施、消防设施及灭火器材的操作使用方法、人员疏散逃生知识等作为培训的重点。

(二)学校

各级各类学校应当将消防安全知识纳入教学培训内容;在开学初、放寒(暑)假前、学生军训期间,对学生普遍开展专题消防安全教育培训;结合不同课程实验课的特点和要求,对学生进行有针对性的消防安全教育培训;组织学生到当地消防站参观体验;每学年至少组织学生开展一次应急疏散演练;对寄宿学生开展经常性的安全用火用电教育培训和应急疏散演练。

(三)社区

社区应当利用文化活动站、学习室等场所,对居民、村民开展经常性防火和灭火技能的消防安全宣传教育;组织志愿消防队、治安联防队和灾害信息员、保安人员等开展防火和灭火等消防教育安全培训;在火灾多发季节、农业收获季节、重大节日和乡村民俗活动期间,有针对性地开展防火和灭火技能的消防安全教育培训。

第三章　应急预案编制与演练

应急预案编制与演练

应急预案编制
- 应急预案概念
- 应急预案编制依据及分类
- 应急预案编制范围
- 应急预案编制程序
- 应急预案编制内容

应急预案演练
- 应急预案演练原则
- 应急预案演练分类
- 应急预案演练规划
- 应急预案演练准备
- 应急预案演练实施
- 应急预案演练评估与总结

1. 应急预案的演练目的。
2. 应急疏散预案的制定程序。
3. 应急疏散预案的制定内容。

第一节　应急预案编制

一、应急预案概念

应急预案指针对单位内部可能发生的火灾,根据灭火救援的指导思想和技战术原则以

及单位内部现有的消防设施和消防器材装备和单位内部员工的数量、质量、岗位情况而拟定的灭火救援应急方案。编制应急预案有利于掌握科学施救的主动权和增强演练的针对性。

二、应急预案编制依据及分类

(一)法规制度依据

法规制度依据包括消防法律法规规章、涉及消防安全的相关法律规定和本单位消防安全制度。

(二)客观依据

客观依据包括单位的基本情况、消防安全重点部位情况等。

(三)主观依据

主观依据包括员工的变化程度、消防安全素质和防火灭火技能等。

应急预案可大致划分为六类:多层建筑类、高层建筑类、地下建筑类、一般工矿企业类、化工类、其他类。

三、应急预案编制范围

应急预案编制主要包括消防安全重点单位、在建重点工程、其他需要制定应急预案的单位或场所。一般单位可参照本节内容制定应急预案,并可根据单位内部实际情况予以适当调整。

四、应急预案编制程序

(一)确定范围,明确重点部位

单位应结合单位的实际情况,确定范围,明确重点保卫对象或者部位。

(二)调查研究,收集资料

为使所制定的应急预案符合客观实际,应进行大量细致的调查研究工作,要正确分析、预测单位内部发生火灾的可能性和各种险情,制定出相应的火灾扑救和应急救援对策。

(三)科学计算,确定人员力量和器材装备

通过计算,确定现场灭火和疏散人员所需要的人员力量、器材装备和物资等方面的数量,为完成灭火救援应急任务提供基本依据。

(四)确定灭火救援应急行动意图

根据灾情,对灭火救援应急行动的目标、任务、手段、措施等进行总体策划和构思。其主要内容有作战行动的目标与任务、战术与技术措施、人员部署与力量安排等。

(五)严格审查,不断充实完善

应急预案实行逐级审查制度。单位安保部门制定的应急预案必须报请单位主要领导对情况设定、处置对策、人员安排部署、战术措施、技术方法、后勤保障等内容进行审查。

五、应急预案编制内容

(一)单位基本情况

单位基本情况包括单位基本概况和消防安全重点部位情况,消防设施、灭火器材情况,消防组织、志愿消防队人员及装备配备情况。

(二)应急组织机构

应急组织机构的设置应结合本单位的实际情况,遵循归口管理、统一指挥、讲究效率、权责对等和灵活机动的原则。包括火场指挥部、灭火行动组、疏散引导组、安全防护救护组、火灾现场警戒组、后勤保障组和机动组。

(三)火情预想

火情预想即对单位可能发生火灾作出的有根据、符合实际的设想,是制定应急预案的重要依据。要在调查研究、科学计划的基础上,从实际出发,根据火灾特点,使之切合实际,有较强的针对性。

(四)报警、接警处置程序

1. 报警

以快捷方便为原则确定发现火灾后的报警方式。报警时应说明着火单位、着火部位、着火物质及有无人员被困、单位具体位置、报警电话号码、报警人姓名、本单位值班领导和有关部门。

2. 接警

单位领导接警后,启动应急预案,按预案确定内部报警的方式和疏散的范围,组织指挥初起火灾的扑救和人员疏散工作,安排力量做好警戒工作。

(五)初起火灾处置程序和措施

(1)火场指挥部、各行动小组和志愿消防队迅速集结,按照职责分工,进入相应位置开展灭火救援行动。

(2)相关部位人员负责关闭空调系统和煤气总阀门,及时疏散易燃易爆化学危险物品及其他重要物品。

(六)应急疏散的组织程序和措施

1. 疏散通报

火场指挥部根据火灾的发展情况,决定发出疏散通报。通报的次序是:着火层、着火层以上各层、有可能蔓延的着火层以下的楼层。

2. 疏散引导

(1)根据建筑特点和周围情况,事先划定供疏散人员集结的安全区域。

(2)明确责任人在疏散通道上分段安排人员指明疏散方向,统计人员数量,稳定人员情绪。

（3）在预案中担负灭火和疏散救援行动的人员变化后，要及时进行调整和补充。

（4）应把引导疏散作为应急预案制定和演练的重点，加强疏散引导组的力量配备。

（七）安全防护救护和通信联络的程序及措施

（1）建筑外围安全防护。清除路障，疏导车辆和围观群众，确保消防通道畅通；维护现场秩序，严防趁火打劫；引导消防车，协助消防车取水、灭火。

（2）建筑首层出入口安全防护。禁止无关人员进入起火建筑；对火场中疏散的物品进行规整并严加看管；指引消防救援人员进入起火部位。

（3）起火部位的安全防护。引导疏散人流，维护疏散秩序；阻止无关人员进入起火部位；防护好现场的消防器材、装备。

（4）在安全区及时对受伤人员进行救治，将危重病人及时送往医院救治。

（5）利用电话、对讲机等建立有线、无线通信网络，确保火场信息传递畅通。

（6）火场指挥部、各行动组、各消防安全重点部位必须确定专人负责信息传递，保证火场指令得到及时传递、落实。

（7）安排专人在主要路口接应消防车。

（八）绘制灭火和应急疏散计划图

计划图应当力求详细准确、图文并茂、标注明确、直观明了，比例应正确，设备、物品、疏散通道、安全出口、灭火设施和器材分布位置应标注准确，假设部位及周围场所的名称应与实际相符。灭火进攻的方向、灭火装备停放位置、消防水源、物资、人员疏散路线、物资放置、人员停留地点以及指挥员位置，图中应标识明确。

（九）注意事项

编制应急预案的注意事项包括：

（1）参加演练的人员应当采取必要的个人防护措施。

（2）灭火疏散阵地设置要安全，应能进能退、攻防兼备。

（3）指挥员要密切注意火场上各种复杂情况和险情的变化，适时采取果断措施，避免伤亡。

（4）灭火救援应急行动结束后，要做好现场的清理工作。

（5）其他需要特别警示的事项。

第二节　应急预案演练

一、应急预案演练原则

应急预案演练原则有：结合实际，合理定位；着眼实战，讲求实效；精心组织，确保安全；统筹规划，厉行节约。其目的包括以下五个方面：检验预案、完善准备、锻炼队伍、磨合机制、科普宣教。

二、应急预案演练分类

根据组织形式、演练内容、演练目的与作用等不同分类方法划分,应急预案演练分为不同种类。

(1)按组织形式划分,应急预案演练可分为桌面演练和实战演练。

(2)按演练内容划分,应急预案演练可分为单项演练和综合演练。

(3)按演练目的与作用划分,应急预案演练可分为检验性演练、示范性演练和研究性演练。

三、应急预案演练规划

演练组织单位要根据实际情况,并依据相关法律法规和应急预案的规定,制订年度应急演练规划,按照"先单项后综合、先桌面后实战、循序渐进、时空有序"原则,合理规划应急演练的频次、规模、形式、时间、地点等。按照有关法律法规要求,消防安全重点单位应当每半年开展一次灭火和应急疏散预案的演练,其他单位应当每年开展一次灭火和应急疏散预案的演练。

演练应在相关预案确定的应急领导机构或指挥机构领导下组织开展。演练组织单位要成立由相关单位领导组成的演练领导小组,通常下设策划部、保障部和评估组;对于不同类型和规模的演练活动,其组织机构和职能可以适当调整。根据需要,可成立现场指挥部。

(一)演练领导小组

演练领导小组负责应急演练活动全过程的组织领导,审批决定演练的重大事项。演练领导小组组长一般由演练组织单位或其上级单位的负责人担任;副组长一般由演练组织单位或主要协办单位负责人担任;小组其他成员一般由各演练参与单位相关负责人担任。在演练实施阶段,演练领导小组组长、副组长通常分别担任演练总指挥、副总指挥。

(二)策划部

策划部负责应急演练策划、演练方案设计、演练实施组织协调、演练评估总结等工作。策划部设总策划、副总策划,下设文案组、协调组、控制组、宣传组等。

(三)保障部

保障部负责调集演练所需物资装备,购置和制作演练模型、道具、场景,准备演练场地,维持演练现场秩序,保障运输车辆,保障人员生活和安全保卫等。其成员一般是演练组织单位及参与单位后勤、财务、行政等部门人员,常称为后勤保障人员。

(四)评估组

评估组负责设计演练评估方案和编写演练评估报告,对演练准备、组织、实施及其安全事项等进行全过程、全方位评估,及时向演练领导小组、策划部和保障部提出意见、建议。其成员一般是应急管理专家、具有一定演练评估经验和突发火灾事故应急处置经验的专业人员,常称为演练评估人员。评估组可由上级或专业部门组织,也可由演练组织单位自行组织。

(五)参演人员

参演人员包括应急预案规定的有关应急管理部门(单位)工作人员、各类专兼职应急救援队伍以及志愿者队伍等。参演人员承担具体演练任务,针对模拟火灾事故场景作出应急响应行动。有时也可使用模拟人员替代未到现场参加演练的单位人员,或模拟事故的发生过程,如释放烟雾、模拟顾客等。

四、应急预案演练准备

(一)制定演练计划

1.确定演练目的

明确举办应急演练的原因、演练要解决的问题和期望达到的效果等。

2.分析演练需求

在对事先设定火灾事故风险及应急预案进行认真分析的基础上,确定需调整的演练人员、需锻炼的技能、需检验的设备、需完善的应急处置流程和需进一步明确的职责等。

3.确定演练范围

根据演练需求、经费、资源和时间等条件的限制,确定演练事件类型、等级、地域、参演机构及人数、演练方式等。演练需求和演练范围往往互为影响。

4.安排演练准备与实施的日程计划与演练经费

包括各种演练文件编写与审定的期限、物资器材准备的期限、演练实施的日期等。编制演练经费预算,明确演练经费筹措渠道。

(二)设计演练方案

1.确定演练目标

演练目标是需完成的主要演练任务及其达到的效果,应简单、具体、可量化、可实现。

2.设计演练情景与实施步骤

演练情景要为演练活动提供初始条件,还要通过一系列的情景事件引导演练活动继续,直至演练完成。演练情景包括演练场景概述和演练场景清单。

3.设计演练评估标准与方法

演练评估是通过观察、体验和记录演练活动,比较演练实际效果与目标之间的差异,总结演练成效和不足的过程。演练评估应以演练目标为基础。每项演练目标都要设计合理的评估项目方法、标准。

4.编写演练方案文件

演练方案文件是指导演练实施的详细工作文件。根据演练类别和规模的不同,演练方

案可以编为一个或多个文件。编为多个文件时可包括演练人员手册、演练控制指南、演练评估指南、演练宣传方案、演练脚本等,分别发给相关人员。对涉密应急预案的演练或不宜公开的演练内容,还要制订保密措施。

5. 演练方案评审

对综合性较强、风险较大的应急演练,评估组要对文案组制订的演练方案进行评审,确保演练方案科学可行,以确保应急演练工作的顺利进行。

(三)演练动员与培训

在演练开始前要进行演练动员和培训,确保所有演练参与人员掌握演练规则、演练情景和各自在演练中的任务。所有演练参与人员都要经过应急基本知识、演练基本概念、演练现场规则等方面的培训。

(四)演练保障

1. 人员保障

演练参与人员一般包括演练领导小组、演练总指挥、总策划、文案组人员、控制组人员、评估组人员、保障部人员、参演人员、模拟人员等,有时还会有观摩人员等其他人员。

2. 经费保障

演练组织单位每年要根据应急演练规划编制应急演练经费预算,并按照演练需要及时拨付经费。对经费使用情况进行监督检查,确保演练经费专款专用、节约高效。

3. 场地保障

根据演练方式和内容,经现场勘察后选择合适的演练场地。

4. 物资和器材保障

根据需要,准备必要的演练材料、物资和器材,制作必要的模型设施等,主要包括信息材料、物资设备、通信器材、演练情景模型和搭建必要的模拟场景及装置设施。

5. 通信保障

应急演练过程中应急指挥机构、总策划、控制组人员、参演人员、模拟人员等之间要有及时可靠的信息传递渠道。根据演练需要,可以采用多种公用或专用通信系统,必要时可组建演练专用通信与信息网络,确保演练控制信息的快速传递。

6. 安全保障

演练组织单位要高度重视演练组织与实施全过程的安全保障工作。演练现场要有必要的安保措施,演练出现意外情况时,演练总指挥与其他领导小组成员会商后可提前终止演练。

五、应急预案演练实施

(一)演练启动

演练正式启动前一般要举行简短仪式,由演练总指挥宣布演练开始并启动演练活动。

（二）演练执行

1.演练指挥与行动

演练总指挥负责演练实施全过程的指挥控制,按照演练方案要求,应急指挥机构指挥各参演队伍和人员,开展对模拟演练事件的应急处置行动,完成各项演练活动,并作出信息反馈。

2.演练过程控制

总策划负责按演练方案控制演练过程,包括桌面演练过程控制和实战演练过程控制。

3.演练解说

在演练实施过程中,演练组织单位可以安排专人对演练过程进行解说。解说内容一般包括演练背景描述、进程讲解、案例介绍、环境渲染等。

4.演练记录

演练实施过程中,一般要安排专门人员,采用文字、照片和音像等手段记录演练过程,主要包括演练实际开始与结束时间、演练过程控制情况、各项演练活动中参演人员的表现、意外情况及其处置等内容。

5.演练宣传报道

演练宣传组按照演练宣传方案做好演练宣传报道工作。认真做好信息采集、媒体组织、现场采编和播报等工作,扩大演练的宣传教育效果。对涉密应急演练要做好相关保密工作。

（三）演练结束与终止

1.演练结束

演练完毕,由总策划发出结束信号,演练总指挥宣布演练结束。演练结束后所有人员停止演练活动,按预定方案集合进行现场总结讲评或者组织疏散。保障部负责组织人员对演练现场进行清理和恢复。

2.演练终止

（1）出现真实突发事件,需要参演人员参与应急处置时,要终止演练,使参演人员迅速回归其工作岗位,履行应急处置职责。

（2）出现特殊或意外情况,短时间内不能妥善处理或解决时,可提前终止演练。

六、应急预案演练评估与总结

（一）演练评估

演练结束后可通过组织评估会议、填写演练评价表和对参演人员进行访谈等方式,也可要求参演单位提供自我评估总结材料,进一步收集演练组织实施的情况。演练评估报告的主要内容一般包括演练执行情况、预案的合理性与可操作性、应急指挥人员的指挥协调能力、参演人员的处置能力、演练所用设备装备的适用性、演练目标的实现情况、演练的成本效益分析、对完善预案的建议等。

（二）演练总结

演练总结报告的内容包括演练目的、时间和地点、参演单位和人员、演练方案概要、发现的问题与原因、经验和教训以及改进有关工作的建议等。

（三）成果运用

对演练暴露出来的问题，演练单位应当及时采取措施予以改进，包括修改完善应急预案、有针对性地加强应急人员的教育和培训、对应急物资装备有计划地更新等，并建立改进任务表，按规定时间对改进情况进行监督检查。

（四）文件归档与备案

演练组织单位在演练结束后应将演练计划、演练方案、演练评估报告、演练总结报告等资料归档保存。

对于由上级有关部门布置或参与组织的演练，或者法律、法规、规章要求备案的演练，演练组织单位应当将相应资料报有关部门备案。

（五）考核与奖惩

演练组织单位要注重对演练参与单位及人员进行考核。对在演练中表现突出的单位及个人，可给予表彰和奖励；对不按要求参加演练，或影响演练正常开展的，可给予相应批评。

第四章　施工现场消防安全管理

知识框架

施工现场消防安全管理
- 施工现场的火灾风险
  - 施工现场的火灾危险性
  - 火灾成因
- 施工现场总平面布局
  - 总平面布置
  - 防火间距
  - 临时消防车通道
- 施工现场内建筑的防火要求
  - 临时用房防火要求
  - 在建工程防火要求
- 施工现场临时消防设施设置
  - 临时消防设施设置原则
  - 灭火器设置
  - 临时消防给水系统设置
  - 临时应急照明设置
- 施工现场消防安全管理
  - 施工现场消防安全管理基本要求
  - 可燃物及易燃易爆危险品管理
  - 用火、用电、用气管理
  - 其他施工管理

考点梳理

1. 建设工程施工现场临时消防车道的设置要求。

2. 对既有建筑进行改建施工时的设计要求。

3. 建设工程施工现场消防给水系统设置的要求。

4. 建设工程施工现场消防安全管理制度的内容。

5. 施工现场动火作业的要求。

第一节　施工现场的火灾风险

一、施工现场的火灾危险性

施工现场指在建的、未完工的建筑现场,所以施工现场的火灾危险性与一般居民住宅、厂矿、企事业单位有所不同。由于未完工,尚处于施工期间,正式的消防设施如消火栓系统、自动喷水灭火系统、火灾自动报警系统均未投入使用,且施工现场内存有大量施工材料及众多现场施工人员,在一定程度上增加了施工现场的火灾危险性。

(一)易燃、可燃材料多

施工现场的可燃材料一部分存放在条件较差的临建库房内,另一部分露天堆放在施工现场,此外,施工现场还会遗留易燃、可燃的施工尾料,不能及时清理,成为可燃物。

(二)临建设施多,防火标准低

施工现场会临时搭设大量的临时用房,一般采用耐火性能较差的金属夹芯板房,临时用房往往相互连接,缺乏应有的防火间距,一旦一处起火,很容易蔓延扩大。

(三)动火作业多

施工现场会存在大量的电气焊、防水、切割等动火作业,一旦动火作业不慎,火星引燃施工现场的可燃物,极易引发火灾。

(四)临时用电安全隐患大

施工现场需要使用大量的机械设备,部分施工现场还需要解决施工人员的吃住问题。施工现场的生产、生活用电均为临时用电,若设计不合理,或任意铺设电气线路,很容易造成线路超负荷,或出现接触不良、短路等电气故障而引发火灾。

(五)人员流动性强,素质参差不齐

施工人员常分散流动,各作业工种之间相互交接,容易遗留火灾隐患,素质参差不齐,乱动机械、乱丢烟头等现象时有发生,遗留的火种未被及时发现可能酿成火灾。

(六)既有建筑进行扩建、改建火灾危险性大

对既有建筑进行扩建、改建时,如扩建、改建部分与建筑其他正常使用部分未进行有效防火隔离,很容易造成因施工环节的动火作业引燃正常使用区域的可燃物而引发火灾。

(七)易燃、可燃的隔音、保温材料用量大

目前,建筑节能、降噪的标准不断提高,建筑中隔音、保温材料的用量不断增大,市场上普遍使用的橡塑保温材料以丁腈橡胶、聚氯乙烯为主要原料,这些材料均为可燃材料,在施

工环节有较大的火灾危险性。

(八)现场施工消防安全管理不善

施工现场消防安全管理不善,可能出现因违章施工的行为,或者因分包单位消防安全责任落实不到位,而带来消防安全隐患。

二、火灾成因

(一)焊接、切割

焊接、切割作业引发火灾的主要原因有:金属火花飞溅引燃周围可燃物;产生的高温因热传导引燃其他房间或部位的可燃物;焊接导线与电焊机、焊钳连接接头处理不当,松动打火;焊接导线(焊把线)选择不当,截面过小,使用过程中超负荷使绝缘损坏,造成短路打火;焊接导线受压、磨损造成短路或铺设不当、接触高温物体或打卷使用造成涡流,过热失去绝缘短路打火;电焊回路线(搭铁线或接零线)使用、铺设不当或乱搭乱接,在焊接作业时产生电火花或接头过热引燃易燃物、可燃物;电焊回路线与电器设备或电网零线相连,电焊时大电流通过,将保护零线或电网零线烧断。

(二)电气故障

施工现场临时用电线路和乱拉乱接导致用电线路出现过负荷、接触不良或短路等电气故障而引发的火灾;临时用电线路或用电设备防护不当,造成机械损坏,受到雨水侵蚀等造成电气线路或电气设备故障而引发的火灾。

(三)用火不慎、遗留火种

施工人员的生活设施如烹饪、取暖、照明设备等使用不慎,或因吸烟乱丢烟头引燃周围可燃物,造成火灾。

第二节 施工现场总平面布局

为了保证施工现场的消防安全,应在源头消除先天隐患,在施工前,就应对施工现场的临时用房、临时设施、临时消防车通道等总平面布局进行整体规划。

一、总平面布置

(一)明确总平面布局内容

施工现场总平面布局应明确与现场防火、灭火及人员疏散密切相关的临建设施的具体位置,以满足现场防火、灭火及人员疏散的要求。下列临时用房和临时设施应纳入施工现场总平面布局:

(1)施工现场的出入口、围墙、围挡。

(2)施工现场内的临时道路。

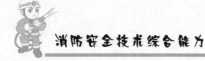

(3)给水管网或管路,以及配电线路敷设或架设的走向、高度。

(4)施工现场办公用房、宿舍、发电机房、变配电房、可燃材料库房、易燃易爆危险品库房、可燃材料堆场及其加工场、固定动火作业场等。

(5)临时消防车道、消防救援场地和消防水源。

(二)重点区域的布置原则

1.施工现场设置出入口

施工现场出入口的设置应满足消防车通行的要求,并布置在不同方向,其数量不宜少于2个。当确有困难只能设置1个出入口时,应在施工现场内设置满足消防车通行的环形道路。

2.固定动火作业场

固定动火作业场应布置在可燃材料堆场及其加工场、易燃易爆危险品库房等全年最小频率风向的上风侧;宜布置在临时办公用房、宿舍、可燃材料库房、在建工程等全年最小频率风向的上风侧。

3.危险品库房

易燃易爆危险品库房应远离明火作业区、人员密集区和建筑物相对集中区。可燃材料堆场及其加工场、易燃易爆危险品库房不应布置在架空电力线下。

二、防火间距

保持临时用房、临时设施与在建工程的防火间距是防止施工现场火灾相互蔓延的关键。

(一)临建用房与在建工程的防火间距

(1)人员住宿、可燃材料及易燃易爆危险品储存等场所严禁设置于在建工程内。

(2)易燃易爆危险品库房与在建工程应保持足够的防火间距。

(3)可燃材料堆场及其加工场、固定动火作业场与在建工程的防火间距不应小于10m。

(4)其他临时用房、临时设施与在建工程的防火间距不应小于6m。

(二)临建用房间的防火间距

(1)临时用房、临时设施的防火间距应按临时用房外墙外边线或堆场、作业场、作业棚边线间的最小距离计算。两栋临时用房相邻较高一面的外墙为防火墙时,防火间距不限。如临时用房相邻外墙有突出可燃构件时,应从其突出可燃构件的外缘算起。

(2)当办公用房、宿舍成组布置时,每组临时用房的栋数不应超过10栋,组与组之间的防火间距不应小于8m,组内临时用房之间的防火间距不应小于3.5m。当建筑构件燃烧性能为A级时,其防火间距可缩小至3m。

三、临时消防车通道

(一)临时消防车通道设置要求

(1)施工现场内应设置临时消防车通道,临时消防车道与在建工程、临时用房、可燃材料堆场及其加工场的距离应在 5m 与 40m 之间。

（2）临时消防车通道宜为环形，或在消防车通道尽端设置尺寸不小于 12m×12m 的回车场。

（3）临时消防车通道的净宽度和净空高度均不应小于 4m。

（4）临时消防车通道的右侧应设置消防车行进路线指示标示。

（5）施工现场周边道路满足消防车通行及灭火救援要求时，施工现场内可不设置临时消防车通道。

（6）临时消防车通道路基、路面及其下部设施应能承受消防车通行压力及工作荷载。

（二）临时消防救援场地的设置

1．需设临时消防救援场地的施工现场

（1）建筑高度大于 24m 的在建工程。

（2）建筑工程单体占地面积大于 3000m² 的在建工程。

（3）超过 10 栋，且为成组布置的临时用房。

2．临时消防救援场地的设置要求

（1）临时消防救援场地应在在建工程装饰装修阶段设置。

（2）临时消防救援场地应设置在在建工程的长边一侧及成组布置的临时用房场地的长边一侧。

（3）场地宽度应满足消防车正常操作要求且不应小于 6m，与在建工程外脚手架的净距不宜小于 2m，且不宜超过 6m。

第三节　施工现场内建筑的防火要求

一、临时用房防火要求

（一）宿舍、办公用房

（1）建筑构件的燃烧性能等级应为 A 级，采用金属夹心板房时，芯材燃烧性能等级应为 A 级。

（2）建筑层数不应超过 3 层，每层建筑面积不应大于 300m²，若建筑层数为 3 层或每层建筑面积大于 200m²，应设置不少于 2 部疏散楼梯，房间疏散门至疏散楼梯最大距离不超过 5m。

（3）单面布置用房时，疏散走道的净宽度不应小于 1.0m；双面布置用房时，疏散走道的净宽度不应小于 1.5m。

（4）宿舍房间的建筑面积不应大于 30m²，其他房间的建筑面积不宜大于 100m²。

（5）房间内任一点至最近疏散门的距离不应大于 15m，房门的净宽度不应小于 0.8m，房

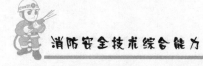

间建筑面积超过 50m² 时, 房门的净宽度不应小于 1.2m。

(6) 隔墙应从楼地面基层隔断至顶板基层底面。

(二) 特殊用房

(1) 建筑构件的燃烧性能等级应为 A 级, 建筑层数应为 1 层, 建筑面积不应大于 200m²。

(2) 可燃材料库房单个房间的建筑面积不应超过 30m², 易燃易爆危险品库房单个房间的建筑面积不应超过 20m²。

(3) 房间内任一点至最近疏散门的距离不应大于 10m, 房门的净宽度不应小于 0.8m。

(三) 其他防火要求

(1) 宿舍、办公用房不应与厨房操作间、锅炉房、变配电房等组合建造。

(2) 施工现场人员较为密集的如会议室、文化娱乐室、培训室、餐厅等房间应设置在临时用房的第一层, 其疏散门应向疏散方向开启。

二、在建工程防火要求

(一) 临时疏散通道的防火要求

(1) 临时疏散通道应具备与疏散要求相匹配的耐火性能, 其耐火极限不应低于 0.50h。

(2) 临时疏散通道为坡道, 且坡度大于 25° 时, 应修建楼梯或台阶踏步或设置防滑条。

(3) 临时疏散通道应保证疏散人员安全, 侧面如为临空面, 必须沿临空面设置高度不小于 1.2m 的防护栏杆。

(4) 临时疏散通道应保证人员有序疏散, 应设置明显的疏散指示标识及应急照明设施。

(5) 临时疏散通道应具备与疏散要求相匹配的通行能力。设置在地面上的临时疏散通道, 其净宽度不应小于 1.5m; 利用在建工程施工完毕的水平结构、楼梯作临时疏散通道, 其净宽度不应小于 1.0m; 用于疏散的爬梯及设置在脚手架上的临时疏散通道, 其净宽度不应小于 0.6m。

(6) 临时疏散通道应具备与疏散要求相匹配的承载能力。临时疏散通道不宜采用爬梯, 确需采用爬梯时, 应有可靠固定措施。

(7) 临时疏散通道如搭设在脚手架上, 脚手架作为疏散通道的支撑结构, 其承载力和耐火性能应满足相关要求。进行脚手架刚度、强度、稳定性验算时, 应考虑人员疏散荷载。脚手架应采用不燃材料搭设, 其耐火性能不应低于疏散通道的耐火性能。

(二) 既有建筑扩建、改建施工的防火要求

(1) 施工区和非施工区之间应采用耐火极限不低于 3.0h 的不燃烧体隔墙进行防火分隔。

(2) 非施工区内的消防设施应完好和有效, 疏散通道应保持畅通。

(3) 外脚手架搭设不应影响安全疏散、消防车正常通行及灭火救援操作。

（三）其他防火要求

1. 外脚手架、支模架

外脚手架、支模架的架体宜采用不燃或难燃材料搭设，其中，高层建筑和既有建筑改造工程的外脚手架、支模架的架体应采用不燃材料搭设。

2. 安全网

施工建筑外部脚手架的安全防护网将整个工程包裹在内，临时疏散通道的防护网一旦燃烧，安全设施将会成为危险设施。因此，下列防护网应该采用阻燃性安全防护网：

（1）高层建筑外脚手架的安全防护网。

（2）既有建筑外墙改造时，其外脚手架的安全防护网。

（3）临时疏散通道的安全防护网。

3. 安全疏散

作业场所应设置明显的疏散指示标志，其指示方向应指向最近的临时疏散通道入口。作业层的醒目位置应设置安全疏散示意图。

第四节　施工现场临时消防设施设置

一、临时消防设施设置原则

（一）同步设置原则

房屋建筑工程中，临时消防设施的设置与在建工程主体结构施工进度的差距不应超过3层。

（二）合理设置原则

基于经济和务实考虑，可合理利用已具备使用条件的在建工程永久性消防设施兼作施工现场的临时消防设施；当永久性消防设施无法满足使用要求时，应增设临时消防设施，并应满足相应设施的设置要求。

（三）其他设置原则

（1）为保证施工现场消防水泵供电的可靠性，消防水泵应由引至施工现场总配电箱的总断路器上端的专用配电线路供电，且应保持不间断供电。

（2）地下工程的施工作业场所宜配备防毒面具。

（3）为便于临时消防设施使用，临时消防给水系统的蓄水池、消火栓泵、室内消防竖管及水泵接合器等，应设有醒目标识。

二、灭火器设置

（一）设置场所

灭火器设置场所包括易燃易爆危险品存放及使用场所、动火作业场所、可燃材料存放、

加工及使用场所、临时用房和其他具有火灾危险的场所

(二)设置要求

(1)在选配灭火器时,应选用能扑灭多类火灾的灭火器,灭火器的类型应与配备场所可能发生的火灾类型相匹配。

(2)每个场所的灭火器数量不应少于2具。

三、临时消防给水系统设置

(一)消防水源的消防用水量

1.消防水源

(1)施工现场或其附近应设置稳定可靠的水源,并能满足临时消防用水的需要。

(2)消防水源可采用市政给水管网或天然水源。

2.消防用水量

(1)施工现场的临时消防用水量应包含临时室外消防用水量和临时室内消防用水量的总和。

(2)临时室外消防用水量应按临时用房和在建工程的临时室外消防用水量的较大者确定,施工现场火灾次数可按同时发生1次确定。

(二)临时室外消防给水系统设置要求

1.设置条件

临时用房建筑面积之和大于1000m² 或在建工程单体体积大于10000m³ 时,应设置临时室外消防给水系统。当施工现场处于市政消火栓150m 保护范围内且市政消火栓的数量满足室外消防用水量要求时,可不设置临时室外消防给水系统。

2.设置要求

(1)临时给水管网宜布置成环状,给水干管的最小管径不应小于DN100。

(2)室外消火栓应布置在在建工程、临时用房及可燃材料堆及其加工场内均匀布置,距在建工程、临时用房及可燃材料堆场及其加工场的外边线不应小于5m。

(3)室外消火栓的间距不应大于120m,最大保护半径不应大于150m。

(三)临时室内消防给水系统设置要求

1.设置条件

建筑高度大于24m 或单体体积超过30000m³ 的在建工程,应设置临时室内消防给水系统。

2.设置要求

(1)消防竖管数量不应少于2根,成环状,管径不应小于DN100。

(2)消防水泵接合器应设置在室外便于消防车取水的部位,与室外消火栓或消防水池取水口的距离宜为15~40m。

（3）消火栓接口或软管接口的间距，多层建筑不大于50m，高层建筑不大于30m。

（4）在建工程结构施工完毕的每层楼梯处应设置消防水枪、水带及软管，且每个设置点不应少于2套。

（5）中转水池及加压水泵的配置要求。对于建筑高度超过100m的在建工程，还需在楼层上增设楼层中转水池和加压水泵，楼层中转水池的有效容积不应少于10m³。要求上、下两个中转水池的高差不宜超过100m。

3. 其他设置要求

（1）临时消防给水系统的给水压力应满足消防水枪充实水柱长度不小于10m的要求；给水压力不能满足要求时，应设置消火栓泵，消火栓泵不应少于2台，且应互为备用；消火栓泵宜设置自动启动装置。

（2）当外部消防水源不能满足施工现场的临时消防用水量要求时，应在施工现场设置临时贮水池。临时贮水池宜设置在便于消防车取水的部位，其有效容积不应小于施工现场火灾延续时间内一次灭火的全部消防用水量。

（3）施工现场临时消防给水系统应与施工现场生产、生活给水系统合并设置，且应设置将生产、生活用水转为消防用水的应急阀门。应急阀门不应超过2个，且设置在易于操作的场所，并设置明显标志。

（4）严寒和寒冷地区的现场临时消防给水系统应采取防冻措施。

四、临时应急照明设置

（一）设置场所

施工现场应配备临时应急照明的场所有自备发电机房及变、配电房，水泵房，无天然采光的作业场所及疏散通道、高度超过100m的在建工程的室内疏散通道和发生火灾时仍需坚持工作的其他场所。

（二）设置要求

（1）作业场所应急照明的照度不应低于正常工作所需照度的90%，疏散通道的照度值不应小于0.5lx。

（2）临时消防应急照明灯自备电源的连续供电时间不应小于60min。

第五节 施工现场消防安全管理

一、施工现场消防安全管理基本要求

（一）消防安全责任制

根据我国现行法律法规的规定，施工现场的消防安全管理应由施工单位负责。施工现

场实行施工总承包的,由总承包单位负责。总承包单位应对施工现场防火实施统一管理,并对施工现场总平面布局,现场防火,临时消防设施、防火管理等进行总体规划,统筹安排,确保施工现场防火管理落到实处。分包单位应向总承包单位负责,并应服从总承包单位的管理,同时应承担国家法律、法规规定的消防责任和义务。监理单位应对施工现场的消防安全管理实施监理。

施工单位应根据建设项目规模、现场消防安全管理的重点,在施工现场建立消防安全管理组织机构及志愿消防组织,并应确定消防安全责任人和消防安全管理人,同时应落实相关人员的消防安全管理责任。

(二)消防安全管理制度

施工单位应针对施工现场可能导致火灾发生的施工作业及其他活动,制订消防安全管理制度。消防安全管理制度应包括下列主要内容:消防安全教育与培训制度;可燃及易燃易爆危险品管理制度;用火、用电、用气管理制度;消防安全检查制度;应急预案演练制度。

(三)防火技术方案

施工单位应编制施工现场防火技术方案,并应根据现场情况变化及时对其修改、完善。防火技术方案应包括下列主要内容:

(1)施工现场重大火灾危险源辨识。

(2)施工现场防火技术措施,即施工人员在具有火灾危险的场所进行施工作业或实施具有火灾危险的工序时,在"人、机、料、法、环"等方面应采取的防火技术措施。

(3)临时消防设施、临时疏散设施配备,并应具体明确以下相关内容:

①明确配置灭火器的场所、选配灭火器的类型和数量及最小灭火级别。

②确定消防水源,临时消防给水管网的管径、敷设线路、给水工作压力及消防水池、水泵、消火栓等设施的位置、规格、数量等。

③明确设置应急照明的场所和应急照明灯具的类型、数量、安装位置等。

④在建工程永久性消防设施临时投入使用的安排及说明。

⑤明确安全疏散的线路(位置)、疏散设施搭设的方法及要求等。

(4)临时消防设施和消防警示标识布置图。

(四)施工现场灭火及应急疏散预案

施工单位应编制施工现场灭火及应急疏散预案,并依据预案,定期开展灭火及应急疏散的演练,包括应急灭火处置机构及各级人员应急处置职责、报警、接警处置的程序和通信联络的方式、扑救初起火灾的程序和措施以及应急疏散及救援的程序和措施。

(五)消防安全教育和培训

施工人员进场前,施工现场的消防安全管理人员应向施工人员进行消防安全教育和培训。

(六)消防安全技术交底

施工作业前,施工现场的施工管理人员应向作业人员进行消防安全技术交底。消防安全技术交底的对象为在具有火灾危险场所作业的人员或实施具有火灾危险工序的人员。交底时应针对具有火灾危险的具体作业场所或工序,向作业人员传授如何预防火灾、扑灭初起火灾、自救逃生等方面的知识、技能。

(七)消防安全检查

施工过程中,施工现场的消防安全负责人应定期组织消防安全管理人员对施工现场的消防安全进行检查。消防安全检查包括可燃物及易燃易爆危险品的管理是否落实、动火作业的防火措施是否落实、是否违章操作、临时消防设施是否完好有效以及临时消防车道及临时疏散设施是否畅通。

(八)消防管理档案

施工单位应做好并保存施工现场消防安全管理的相关文件和记录,建立现场消防安全管理档案。

二、可燃物及易燃易爆危险品管理

(1)在建工程所用保温、防水、装饰、防火、防腐材料的燃烧性能等级、耐火极限符合设计要求。

(2)可燃材料及易燃易爆危险品应按计划限量进场,进场后,可燃材料宜存放于库房内,如露天存放时,应分类成垛堆放,垛高不应超过2m,单垛体积不应超过50m³,垛与垛之间的最小间距不应小于2m,且应采用不燃或难燃材料覆盖。分类专库储存,库房内通风良好,并设置禁火标志。

(3)保持良好通风,作业场所严禁明火,并应避免产生静电。

(4)施工产生的可燃、易燃建筑垃圾或余料,应及时清理。

三、用火、用电、用气管理

(一)用火管理

1.动火作业管理

(1)施工现场动火作业前,应由动火作业人提出动火作业申请,签发动火许可证。

(2)动火操作人员应按照相关规定,具有相应资格,并持证上岗作业。

(3)施工作业安排时,宜将动火作业安排在使用可燃建筑材料的施工作业前进行。确需在使用可燃建筑材料的施工作业之后进行动火作业,应采取可靠的防火措施。

(4)严禁在裸露的可燃材料上直接进行动火作业。

(5)五级(含五级)以上风力时,应停止焊接、切割等室外动火作业。

(6)动火作业后,应对现场进行检查,确认无火灾危险后,动火操作人员方可离开。

（7）《动火许可证》的签发人收到动火申请后,应前往现场查验并确认动火作业的防火措施落实后,方可签发《动火许可证》。

（8）焊接、切割、烘烤或加热等动火作业前,应对作业现场的可燃物进行清理。作业现场及其附近无法移走的可燃物,应采用不燃材料对其覆盖或隔离。

（9）焊接、切割、烘烤或加热等动火作业,应配备灭火器材,并设动火监护人进行现场监护,每个动火作业点均应设置一个监护人。

（10）动火作业申请至少应包含动火作业的人员、内容、部位或场所、时间、作业环境及灭火救援措施等内容。

2. 其他用火管理

（1）施工现场存放和使用易燃易爆物品的场所严禁明火。

（2）施工现场不应采用明火取暖。

（3）厨房操作间炉灶使用完毕后,应将炉火熄灭,排油烟机及油烟管道应定期清理油垢。

（二）用电管理

（1）电气线路应具有相应的绝缘强度和机械强度,破损、烧焦的插座、插头应及时更换。

（2）有爆炸危险的场所,按危险场所等级选用相应的电气设备,且电器设备与可燃物、易燃易爆物品和腐蚀性物品保持一定安全距离。

（3）可燃材料库房不应使用高热灯具,易燃易爆危险品库房内应使用防爆灯具。

（4）电气设备不应超负荷运行或带故障使用。

（5）应定期对电气设备和线路的运行及维护情况进行检查。

（6）配电屏上每个电气回路应设置漏电保护器、过载保护器,距配电屏2m范围内不应堆放可燃物,5m范围内不应设置可能产生较多易燃、易爆气体、粉尘的作业区。

（7）普通灯具与易燃物距离不宜小于300mm;聚光灯、碘钨灯等高热灯具与易燃物距离不宜小于500mm。

（8）禁止私自改装现场供用电设施,现场供用电设施的改装应经具有相应资质的电气工程师批准,并由具有相应资质的电工实施。

（三）用气管理

（1）储装气体的罐瓶及其附件应合格、完好和有效;严禁使用减压器及其他附件缺损的氧气瓶,严禁使用乙炔专用减压器、回火防止器及其他附件缺损的乙炔瓶。

（2）气瓶运输、存放、使用时应符合下列规定:

①气瓶应保持直立状态,并采取防倾倒措施,乙炔瓶严禁横躺卧放。

②严禁碰撞、敲打、抛掷、滚动气瓶。

③气瓶应远离火源,距火源距离不应小于10m,并应采取避免高温和防止暴晒的措施。

④燃气储装瓶罐应设置防静电装置。

（3）气瓶应分类储存,库房内通风要良好;空瓶和实瓶同库存放时,应分开放置,两者间距不应小于 1.5m。

（4）气瓶使用时应符合下列规定：

①使用前，应检查气瓶及气瓶附件的完好性，检查连接气路的气密性，并采取避免气体泄漏的措施，严禁使用已老化的橡胶气管。

②氧气瓶与乙炔瓶的工作间距不应小于 5m，气瓶与明火作业点的距离不应小于 10m。

③冬季使用气瓶，如气瓶的瓶阀、减压器等发生冻结，严禁用火烘烤或用铁器敲击瓶阀，禁止猛拧减压器的调节螺栓。

④氧气瓶内剩余气体的压力不应小于 0.1MPa。

⑤气瓶用后，应及时归库。

四、其他施工管理

（一）设置防火标识
施工现场的临时防火部位或区域，应在醒目位置设置防火警示标识。

（二）做好临时消防设施维护
（1）施工单位应做好施工现场临时消防设施的日常维护工作。

（2）临时消防车道、临时疏散通道、安全出口应保持畅通，不得遮挡、挪动疏散指示标志，不得挪用消防设施。

（3）施工现场尚未完工前，临时消防设施及临时疏散设施不应被拆除，并确保有效使用。

第五章　大型群众性活动消防安全管理

考点梳理

1. 大型群众性活动消防安全管理体系。
2. 大型群众性活动承办单位的职责。
3. 大型群众性活动消防安全管理工作的实施。

考点精讲

第一节　大型群众性活动消防安全管理

一、大型群众性活动概述

(一)概念

大型群众性活动指法人或者其他组织面向社会公众举办的每场次预计参加人数达到1000 人以上的活动,包括体育比赛、演唱会、音乐会、展览、展销、游园、灯会、庙会、花会、焰火晚会以及人才招聘会、现场开奖的彩票销售等活动。

（二）特点

大型群众性活动具有规模大、临时性和协调难等特点。

（三）火灾因素

大型群众性活动的火灾因素包括电气、明火管理不善、吸烟不慎和燃放烟花等。

二、工作指导思想

大型群众性活动的举办应坚持"预防为主，防消结合"的方针，围绕"少发生，力争不发生大的火灾事故；一旦发生火灾，要全力将火灾损失降到最低，实现少死人、力争不死人"的目标，重点管控，整体防控。

三、工作原则

大型群众性活动消防安全管理工作的原则有：以人为本，减少火灾；居安思危，预防为主；统一领导，分级负责；依法申报，加强监管；快速反应，协同应对。

四、管理组织体系

举办大型群众性活动的单位，应结合本单位实际和活动需要，成立由单位消防安全责任人任组长、消防安全管理人及单位副职领导为副组长、各部门领导为成员的消防安全保卫工作领导小组，统一指挥协调大型群众性活动的消防安全保卫工作。领导小组应设灭火行动组、通信保障组、疏散引导组、安全防护救护组和防火巡查组。

五、工作职责

（一）承办单位消防安全责任人

（1）将消防工作与承办的大型群众性活动统筹安排，批准实施方案。

（2）为大型群众性活动的消防安全提供必要的经费和组织保障。

（3）组织防火巡查、防火检查，及时处理涉及消防安全的重大问题。

（4）组织制定符合大型群众性活动实际的灭火和应急疏散预案，并实施演练。

（5）贯彻执行消防法规，保障承办活动的消防安全符合规定，掌握活动的消防安全情况。

（6）确定逐级消防安全责任，批准实施消防安全制度和保障消防安全的操作规程。

（7）根据消防法规的规定建立志愿消防队。

（8）依法申报举办大型群众性活动的消防安全检查手续，在取得合格手续的前提下方可举办。

（二）承办单位消防安全管理人

（1）拟订大型群众性活动消防安全工作方案。

（2）组织制定消防安全制度和保障消防安全的操作规程并检查督促其落实情况。

（3）组织实施防火巡查、防火检查和火灾隐患整改工作。

（4）协调活动场地所属单位做好相关消防安全工作。

（5）拟订消防安全工作的资金投入和组织保障方案。

（6）组织实施对承办活动所需的消防设施、灭火器材和消防安全标志进行检查，确保其完好有效，确保疏散通道和安全出口畅通。

（7）组织管理志愿消防队。

（8）对参加活动的演职、服务、保障等人员进行消防知识、技能的宣传教育和培训，组织灭火和应急疏散预案的实施和演练。

（9）单位消防安全责任人委托的其他消防安全管理工作。

（三）活动场地产权单位

活动场地产权单位应向大型群众性活动的承办单位提供符合消防安全要求的建筑物、场所和场地。对于承包、租赁或者委托经营、管理的，当事人在订立的合同中要依照有关规定明确各方的消防安全责任；消防车通道、涉及公共消防安全的疏散设施和其他建筑消防设施应当由产权单位或者委托管理的单位统一管理。

（四）灭火行动组

（1）结合活动举办实际，制定灭火和应急疏散预案，并报请领导小组审批后实施。

（2）实施灭火和应急疏散预案的演练，对预案存在的不合理的地方进行调整。

（3）对举办活动场地及相关设施组织消防安全检查，督促相关职能部门整改火灾隐患。

（4）组织力量在活动举办现场利用现有消防装备实施消防安全保卫，确保第一时间处置火灾事故或突发性事件。

（5）发生火灾事故时，组织人员对现场进行保护，协助当地公安机关进行事故调查。

（6）对发生的火灾事故进行分析，汲取教训，积累经验，为今后的活动举办提供强有力的安全保障。

（五）通信保障组

（1）建立通信平台有条件的单位可利用无线通信平台，建立通信联络平台。

（2）保证将领导小组长的各项指令第一时间内传达到每一个参战单位和人员。

（3）与当地消防救援机构保持紧密联系，确保第一时间向消防救援机构报警。

（六）疏散引导组

（1）掌握活动举办场所各安全通道、出口位置，了解安全通道、出口畅通情况。

（2）在关键部位，设置工作人员，确保通道、出口畅通。

（3）在发生火灾或突发事件的第一时间，引导参加活动的人员疏散。

（七）安全防护救护组

（1）做好可能发生的事件的前期预防，做到心中有数。

（2）聘请医疗机构的专业人员备齐相应的医疗设备和急救药品到活动现场。

（3）一旦发生突发事件,确保第一时间到场处置,确保人身安全。

（八）防火巡查组

（1）巡查活动现场消防设施是否完好有效。

（2）巡视活动现场安全出口、疏散通道是否畅通。

（3）巡查活动消防重点部位的运行状况、工作人员在岗情况。

（4）及时向活动的消防安全管理人报告巡查情况。

（5）巡查活动过程用火、用电情况。

（6）巡查活动过程中的其他消防不安全因素。

（7）纠正巡查过程中的消防违章行为。

六、档案管理

消防档案应当包括消防安全基本情况和消防安全管理情况,消防档案应当详实,全面反映大型群众性活动消防工作的基本情况并附有必要的图表,单位应当对消防档案统一保管、备查。

（1）消防安全基本情况应当包括以下内容:

①活动基本概况和活动消防安全重点部位情况。

②活动场所符合消防安全条件的相关文件。

③活动消防安全管理组织机构和各级消防安全责任人。

④活动消防安全工作方案、消防安全制度。

⑤消防设施、灭火器材情况。

⑥现场防火巡查力量、志愿消防队等力量部署及消防装备配备情况。

⑦与活动消防安全有关的重点工作人员情况。

⑧临时搭建的活动设施的耐火性能检测情况。

⑨灭火和应急疏散预案。

（2）消防安全管理情况应当包括以下内容:

①活动前消防救援机构进行消防安全检查的文件或资料,以及落实整改意见的情况。

②活动所需消防设备设施的配备、运行情况。

③防火检查、巡查记录。

④消防安全培训记录。

⑤灭火和应急疏散预案的演练记录。

⑥火灾情况记录。

⑦消防奖惩情况记录。

第二节　大型群众性活动消防工作实施

一、工作实施

(一)前期筹备阶段

依法办理举办大型群众性活动的各类许可事项,对活动场所、场地的消防安全情况进行收集整理,特别是要对活动场所和场地是否进行消防设计审查、消防验收等情况进行调研。

(1)编制大型群众性活动消防工作方案。

(2)检查室内活动场所重点部分消防安全现状固定消防设施及其运行情况、消防安全通道、安全出口设置情况。

(3)了解室外场所消防设施的配置情况及消防车通道预留情况。

(4)设计符合消防安全要求的舞台等为活动搭建的临时设施。

(二)集中审批阶段

(1)领导小组对各项消防安全工作方案以及各小组的组成人员进行全面复核。

(2)对制定的灭火和应急疏散预案进行审定。

(3)对灭火和应急疏散预案组织实施实战演练,及时调整预案。

(4)对活动搭建的临时设施进行全面检查,强化过程管理。

(5)在活动举办前,对活动所需的用电线路进行全电力负荷测试。

(三)现场保卫阶段

现场防火监督保卫人员主要在活动举行现场重点部位进行巡查,及时发现和清除各类不确定性因素产生的火灾隐患,协调当地公安消防救援机构工作人员对活动现场进行消防安全检查。要按照预案要求确定现场防火监督保卫人员数量、工作中心点和巡逻范围。

二、工作内容

(一)防火巡查

大型群众性活动应当组织具有专业消防知识和技能的巡查人员在活动举办前2h进行一次防火巡查;在活动举办全程开展防火巡查;活动结束时应当对活动现场进行检查,消除遗留火种。防火巡查的内容包括:

(1)及时纠正违章行为。

(2)妥善处置火灾危险。

(3)发现初起火灾应当立即报警并及时扑救。

(二)防火检查

大型群众性活动应当在活动前12h内进行防火检查。检查的内容包括:

（1）消防救援机构所提意见的整改情况以及防范措施的落实情况。

（2）安全疏散通道、疏散指示标志、应急照明和安全出口情况。

（3）消防车通道、消防水源情况。

（4）灭火器材配置及有效情况。

（5）用电设备运行情况。

（6）重点操作人员以及其他人员消防知识的掌握情况。

（7）消防安全重点部位的管理情况。

（8）易燃易爆危险物品和场所防火防爆措施的落实情况以及其他重要物资的防火安全情况。

（9）防火巡查情况。

（10）消防安全标志的设置情况和完好、有效情况。

（11）其他需要检查情况。

（三）灭火和应急疏散预案

大型群众性活动的承办单位制定的灭火和应急疏散预案包括下列内容：

（1）组织机构，包括灭火行动组、通信联络组、疏散引导组、安全防护救护组。

（2）报警和接警处置程序。

（3）应急疏散的组织程序和措施。

（4）扑救初起火灾的程序和措施。

（5）通信联络、安全防护救护的程序和措施。

通关练习

一、单项选择题

1.大型群众性活动应当组织具有专业消防知识和技能的巡查人员在活动举办前（　　　）h进行一次防火巡查。

　　A. 1　　　　　　　　B. 2　　　　　　　　C. 5　　　　　　　　D. 12

2.在岗人员应（　　　）进行一次消防安全教育培训。

　　A. 每1个月　　　　　　　　　　　　　B. 每2个月

　　C. 每季度　　　　　　　　　　　　　D. 每半年

3.大型群众性活动的主要特点不包括（　　　）。

　　A. 规模大　　　　B. 时间短　　　　C. 临时性　　　　D. 协调难

4.（　　　）是单位消防安全管理制度中最根本的制度。

　　A. 防火检查、巡查制度　　　　　　　B. 消防安全教育、培训制度

　　C. 消防安全责任制　　　　　　　　　D. 市场准入制度

5.应急预案演练的目的不包括(　　)。

　　A.检验预案　　　　　　　　　　　　B.完善准备

　　C.认知火灾　　　　　　　　　　　　D.锻炼队伍

二、多项选择题

1.消防宣传与教育培训的原则包括(　　)。

　　A.政府统一领导　　　　　　　　　　B.部门依法监督

　　C.部门全面负责　　　　　　　　　　D.单位积极参与

　　E.单位全面负责

2.消防安全管理的原则有(　　)。

　　A.谁主管谁负责原则　　　　　　　　B.依靠群众的原则

　　C.强制管理的原则　　　　　　　　　D.依法管理的原则

　　E.综合治理的原则

3.根据火灾类型,应急预案的分类不包括(　　)。

　　A.多层建筑　　　　　　　　　　　　B.单层建筑

　　C.高层建筑　　　　　　　　　　　　D.地下建筑

　　E.重点文物保护类

4."三项"报告备案包括的内容有(　　)。

　　A.消防安全制度管理备案　　　　　　B.消防安全管理人员报告备案

　　C.消防设施维护保养报告备案　　　　D.消防应急预案报告备案

　　E.消防安全自我评估报告备案

5.消防安全重点单位的界定程序包括(　　)。

　　A.申报　　　　　B.核定　　　　　C.告知　　　　　D.公告

　　E.确定

参考答案及解析

一、单项选择题

1.B　【解析】大型群众性活动应当组织具有专业消防知识和技能的巡查人员在活动举办前2h进行一次防火巡查。

2.D　【解析】在岗人员应每半年进行一次消防安全教育培训。

3.B　【解析】大型群众性活动的主要特点有规模大、临时性和协调难。

4.C　【解析】消防安全责任制是单位消防安全管理制度中最根本的制度。

5.C　【解析】应急预案的目的有:(1)检验预案;(2)完善准备;(3)锻炼队伍;(4)磨合机制;(5)科普宣教。

二、多项选择题

1. ABE 【解析】消防宣传与教育培训的原则是政府统一领导、部门依法监督、单位全面负责、公民积极参与。

2. ABDE 【解析】消防安全管理的原则有:(1)谁主管谁负责原则;(2)依靠群众的原则;(3)依法管理的原则;(4)科学管理的原则;(5)综合治理的原则。

3. BE 【解析】根据火灾类型,应急预案大致划分以下六类:(1)多层建筑类;(2)高层建筑类;(3)地下建筑类;(4)一般的工矿企业类;(5)化工类;(6)其他类。

4. BCE 【解析】"三项"报告备案包括以下内容:(1)消防安全管理人员报告备案;(2)消防设施维护保养报告备案;(3)消防安全自我评估报告备案。

5. ABCD 【解析】消防安全重点单位的界定程序包括申报、核定、告知、公告等步骤。